21世纪高等学校计算机系列规划教材

电路与模拟电子技术基础教程

龙胜春　主　编

池凯凯　吴高标　李　敏　孙惠英　副主编

清华大学出版社

北京

内 容 简 介

本书分为电路理论与模拟电子线路两部分。电路理论部分主要介绍电路的基本概念及基本定律，内容包括直流电路的各种分析方法、正弦交流电路和过渡过程分析；模拟电子线路部分主要介绍模拟电路的基本概念和基本分析方法，内容包括半导体器件、分立元件放大电路分析、集成运放的组成及应用等。本书内容简明扼要，分析深入浅出，给出了各种解题技巧及实例应用，实用性强，便于自学。

本书既可作为高等院校计算机、机械、测控等非电类专业的专业课教材，也可作为工程技术人员的自学参考书。

图书在版编目(CIP)数据

电路与模拟电子技术基础教程/龙胜春主编.—北京：清华大学出版社，2018（2023.6重印）
（21世纪高等学校计算机系列规划教材）
ISBN 978-7-302-50737-6

Ⅰ. ①电… Ⅱ. ①龙… Ⅲ. ①电路理论－高等学校－教材 ②模拟电路－电子技术－高等学校－教材 Ⅳ. ①TM13 ②TN710

中国版本图书馆 CIP 数据核字(2018)第 172068 号

责任编辑：孟毅新
封面设计：傅瑞学
责任校对：刘 静
责任印制：宋 林

出版发行：清华大学出版社
    网　　址：http://www.tup.com.cn，http://www.wqbook.com
    地　　址：北京清华大学学研大厦 A 座　　　　邮　　编：100084
    社 总 机：010-83470000　　　　　　　　邮　　购：010-62786544
    投稿与读者服务：010-62776969，c-service@tup.tsinghua.edu.cn
    质量反馈：010-62772015，zhiliang@tup.tsinghua.edu.cn
    课件下载：http://www.tup.com.cn，010-83470410
印 装 者：三河市龙大印装有限公司
经　　销：全国新华书店
开　　本：185mm×260mm　　印　张：20　　　字　　数：454 千字
版　　次：2018 年 9 月第 1 版　　　　　　　印　　次：2023 年 6 月第 6 次印刷
定　　价：59.00 元

产品编号：077433-02

前　言

本书是高等院校计算机、机械、测控、医学电子信息等相关专业的电子类基础课程教材。众所周知,"电路理论"和"模拟电子技术"是这些学科和专业不可缺少的硬件基础课,是"数字逻辑电路""计算机组成原理"和"微机原理"等课程的先修课程。但根据多年的教学经验总结,笔者认为无论从课时还是教学内容上,都不需要两门课程同时开设,但又不能缺少每门课程中必需的理论知识,为适应这一需求,我们编写了本书。

本书编写的原则是"基础概念清楚、必需理论完备、实用示例丰富、读者自学方便"。在编写时力求条理清晰,简明扼要。本书具有以下特点。

(1) 本书突出了电路理论的基本概念和常用分析方法,精简了传统电路理论中的内容,摒弃了电路分析中复杂的瞬态响应分析。

(2) 增加了半导体放大电路的分析设计实例,以缩小理论教学与实际应用之间的距离,努力使技术理论与工程实践相结合。

(3) 在体现内容先进性的同时,对基础理论部分适当加强。加强了对半导体器件的工作原理、电路模型的分析和讲解,便于学生和工程人员的自学。笔者认为,只有学好电子器件,对电子线路的理解和掌握才更容易、更深刻,今后使用工具软件设计与开发电路才能更加自如。

(4) 详略有别是本书面向素质教育在内容处理上的一种策略性尝试。书中多数内容讲解详细深入、浅显易懂,并伴有大量例题与习题;另外,有的内容只作简单介绍甚至点到为止,有的则作为"印象知识",这样既可以避免内容的简单重复,又可以给学生留有一定的思考或探求空间,以利于培养学生的形象思维和举一反三的能力。

本书由浙江工业大学计算机科学与技术学院、台州学院数信学院计算机系、浙江□□药大学医学技术学院联合申报"浙江省普通高校十三五新形态教材"□□□□□□□□□凯凯、吴高标、李敏、孙惠英任副主编。在编写本书时得到□□□□□□□□□□□骊教授的鼎力支持,在此一并表示感谢。

欢迎读者对本书不足之处提出批评指正。

目　录

第一部分

电路理论基础

第一部分

电路理论基础

第1章　电路基本概念和电路定律

第2章　线性电阻电路分析

第3章　正弦稳态电路分析

第4章　动态电路的时域分析

电路模型和电路定律

随着科学技术的发展,电工电子技术已被广泛应用于生产领域的各个部门。尽管目前使用的电子产品、电气设备种类日趋繁多,但绝大部分设备仍是由各式各样的基本电路组成的。因此,掌握电路的分析和计算方法是十分重要的,它是我们进一步学习电子技术的基础。

本章介绍电路模型、电路元件的概念,重点掌握电流和电压参考方向,R、L、C 元件的电流电压关系,依据基尔霍夫定律分析元件间的拓扑约束关系。

1.1　电路的组成及其作用

人们在工作和生活中会遇到很多实际电路,这些电路都是由一些电气元件或电气设备联接而成,能实现电能的传输、转换或者信号的传递和处理。其中电能或电信号的发生器称为电源,用电设备称为负载。由于电路中的电压、电流是在电源的作用下产生的,因此电源又称为激励源或者激励。由激励在电路中产生的电压、电流称为响应。有时根据激励与响应之间的因果关系,把激励称为输入,响应称为输出。

本书第一部分介绍的是电路理论的基础,它为第二部分的模拟电子线路分析及后续课程学习做准备。电路理论主要研究电路中发生的电磁现象,并用电流、电压、电荷、磁通等物理量描述其中的过程。电路理论中的电路分析主要任务是当电路的结构、参数及其他组件已经给定的条件下,对电路的电压、电流和功率进行分析计算。

本书讨论的对象不是实际电路,而是实际电路的电路模型。任何一个实际器件,在电流或电压作用下都包含有能量的消耗、电场能量的储存和磁场能量的储存三种基本效应,这些基本效应互相交织在一起,使实际电气器件呈现很复杂的性状。然而上述基本效应在电气器件上的表现又不是均衡的,在一定条件下,其中的某一种效应可能表现较强,处于主导地位,而别的效应可能表现较弱,处于次要地位,即使将其忽略,也不致使理论分析结果与实际情况有本质的差异。通常把呈现主导的单一电磁性质的电路元件称为理想电路元件。本书涉及的电路均指由理想电路元件构成的电路模型,同时把理想电路元件简称为电路元件,电路模型简称为电路。

图 1.1(a)所示是一个最简单的实际电路,它由三部分组成:①干电池;②白炽灯;

③连接导线及开关等。这三部分分别称为电源、负载和中间环节,它们是电路的基本组成部分。任何一个电路都可以表述成如图 1.1(b)所示的电路框图。各组成部分及其作用简述如下。

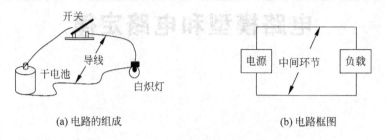

(a) 电路的组成   (b) 电路框图

图 1.1   一个简单电路及其框图

电源是供电设备,它是将其他形式的能量转换为电能或者把电能转换成另一种形式的电能或信号的装置。常见的电源设备有发电机、干电池和信号发生器等。

负载是用电设备,它是将电能转换为其他形式能量,或者接收、传递电信号的装置。实际用电设备有电阻器、电感器、电容器、电动机、扬声器等各种电路元件及电气设备。

中间环节除了连接导线和开关外,还可以是各种复杂的电子线路。它们在电路中的作用是连接电源和负载,控制电能的传送和分配等。

电路的作用常从以下两个方面考虑。

(1)在电力工程中,电路起着电能的传输与转换作用。通常,发电机发电、输电线输电、变电站变配电、电力拖动、电气照明、电热等都属于电力工程范畴。

(2)电路还起着信号的传递与处理作用,就是对输入信号进行加工处理,使之成为需要的输出信号。由于对信号进行加工处理,必须经过电流和电压的变化才能实现,因此就其本质而言,信号的传递和处理仍属于能量的转换。这方面的例子很多,例如,将一个微弱的信号输入放大电路,在其输出端得到了一个较大的而形状并未改变的信号,如图 1.2 所示。常见的收音机、扩音器电路便是放大电路的实例。

图 1.2   信号波形放大

1.2   电路参数

电路理论中的电路参数主要指电流、电压、功率、电荷、磁通等物理量。在这些物理量中,电流、电压和功率是描述电路特性的三个基本变量,这是因为电流、电压和功率是电路中比较容易被测量的三个物理量,同时电路的基本定律大多叙述的是一个电路中各部分的电流和电压之间的关系,一旦一个电路中各部分的电流和电压被确定,那么这一电路的特性也就很容易被掌握了。

1.2.1　电流及其参考方向

由物理学可知,电场的作用是使电荷运动或者移动,电荷的有规则定向运动或移动形成电流(电荷流)。单位时间内通过导体横截面的电荷量定义为电流,用 i 表示,即

$$i = \frac{\mathrm{d}q}{\mathrm{d}t} \tag{1-1}$$

习惯上规定正电荷移动的方向为电流方向。在国际单位制(SI)中,电流的单位为 A(安培,简称安),实际使用时还有 kA(千安)、mA(毫安)和 μA(微安)等单位。表 1-1 列出了 SI 单位中规定的用来构成十进倍数或分数的词头。例：$1\mu A = 10^{-6} A$。

表 1-1　SI 倍数与分数词头

倍率	词头名称词		词头符号	倍率	词头名称词		词头符号
10^{24}	尧[它]	Yotta	Y	10^{-1}	分	Deci	d
10^{21}	泽[它]	Zetta	Z	10^{-2}	厘	Centi	c
10^{18}	艾[可萨]	Exa	E	10^{-3}	毫	Milli	m
10^{15}	拍[它]	Peta	P	10^{-6}	微	Micro	μ
10^{12}	太[拉]	Tera	T	10^{-9}	纳[诺]	Nano	n
10^{9}	吉[咖]	Giga	G	10^{-12}	皮[可]	Pico	p
10^{6}	兆	Mega	M	10^{-15}	飞[母托]	Femto	f
10^{3}	千	Kilo	k	10^{-18}	阿[托]	Atto	a
10^{2}	百	Hecto	h	10^{-21}	仄[普托]	Zepto	z
10	十	Deca	da	10^{-24}	幺[科托]	Yocto	y

如果电流的大小和方向不随时间的变化而变化,则这种电流称为恒定电流或直流电流,变量用大写字母 I 表示;如果电流的大小和方向随着时间呈周期性变化,并在一周期内的电流平均值等于零,则这种电流称为交变电流,变量用小写字母 i 表示。

在分析较为复杂的直流电路时,往往事先难以判断某条支路电流的实际方向。对交流而言,其方向随时间而变,在电路图上也无法用一个箭头来表示它的实际方向。这时,可任意选定某一方向作为电流的参考方向或称正方向。所选电流的参考方向并不一定与电流的实际方向一致。当电流的实际方向与其参考方向一致时,则电流为正值,如图 1.3(a)所示;反之,当电流的实际方向与其参考方向相反时,则电流为负值,如图 1.3(b)所示。因此,在参考方向选定之后,电流值才有正负之分,在未标示电流参考方向的情况下,电流的正、负是没有意义的。

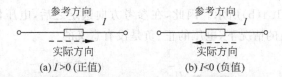

(a) $I>0$ (正值)　　　　　　(b) $I<0$ (负值)

图 1.3　电流的参考方向和实际方向

电流的参考方向除用箭头表示外,还可以采用双下标字母表示,如 I_{AB} 表示正方向是由 A 指向 B 的电流。如果正方向选定为由 B 指向 A,则为 I_{BA}。两者之间相差一个负号,

即 $I_{AB}=-I_{BA}$。

1.2.2　电压及其参考方向

在电场力作用下电荷发生运动或移动,当把电荷从电场的一点移动到另一点时,电场对电荷做功,电压就是衡量电场力对正电荷做功能力的物理量。处在电场中的电荷具有电位(势)能,恒定电场中的每一点都有一定电位,由此引入两个重要的物理量——电压与电位。

电场中某两点 A、B 间的电压(或称电压降)U_{AB} 等于将单位正电荷从 A 点移动到 B 点电场力所做的功,即

$$U_{AB} = \frac{dW_{AB}}{dq} \tag{1-2}$$

在电场中可取一点作为参考点,记为 P,设此点的电势为零,也称该参考点为参考零点。电场中的一点 A 到 P 点的电压 U_{AP} 规定为 A 点的电位,记为 V_A,即

$$U_{AP} = V_A - V_P \tag{1-3}$$

注:为了区分电压与电位,本书中电压统一使用符号 $U(u)$ 表示,电位使用符号 $V(v)$ 表示。

在电路中,可以任意选择电路中的一点作为参考零点,电路中其他的点相对于参考零点的电压降就是该点的电位。电位与电压是两个既有联系又有区别的物理量。电位是针对电路中某点而言的,选择不同的参考零点,电路中其他各个点的电位不同;而电压是针对电路中某两点而言的,其值与参考零点无关,两点间的电压不会随参考零点的不同而改变,为两点的电位差,即

$$U_{AB} = V_A - V_B \tag{1-4}$$

电压的方向规定为高电位端指向低电位端,即为电位降低的方向。在国际单位制(SI)中,电压的单位为 V(伏特,简称伏),实际使用时还有 kV(千伏)、mV(毫伏)和 μV(微伏)等单位。

如果电压的大小和方向不随时间的变化而变化,则这种电压称为恒定电压或直流电压,变量用大写字母 U 表示;如果电压的大小和方向随着时间呈周期性变化,并在一周期内的电压平均值等于零,则这种电压称为交变电压,变量用小写字母 u 表示。

与电流相似,在复杂电路中很难判断电压的实际方向。为了便于分析和计算,电压也引入参考方向。参考方向可以任意设定,通常采用"+""-"极性来表示电压的参考方向。所选电压的参考方向并不一定与电压的实际方向一致。当电压的实际方向与其参考方向一致时,则电压为正值,如图 1.4(a)所示;反之,当电压的实际方向与其参考方向相反时,则电压为负值,如图 1.4(b)所示。因此,在参考方向选定之后,电压值才有正负之分,在未标示电压参考方向的情况下,电压的正、负是没有意义的。

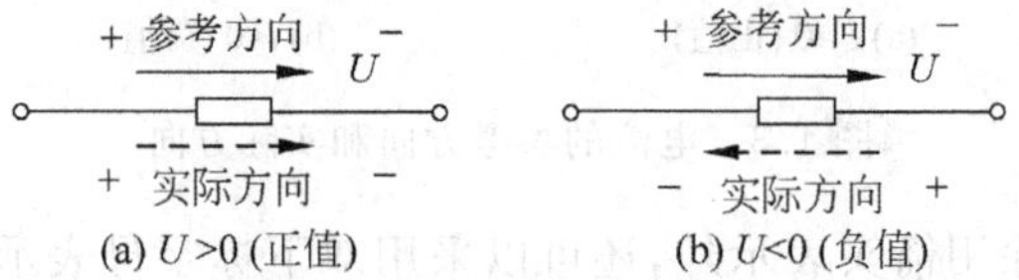

图 1.4　电压的参考方向和实际方向

电压的参考方向除用正负极性表示外,还可以采用双下标字母表示,如 U_{AB} 表示电压降低方向是由 A 指向 B 的,即假定 A 点为高电位端,B 点为低电位端。如果电压降低方向选定为由 B 指向 A,则为 U_{BA}。两者之间相差一个负号,即 $U_{AB}=-U_{BA}$。

注意:电压参考方向的正("＋")、负("－")极性只是用于两点之间的电位比较标识,相对高电位标为正极性,低电位标为负极性,正、负只是一个标识,没有实际的数值意义,更不是指电位值。

在后续的电路分析中,电压、电流的实际方向不再是关注的焦点,只要对所有元件的电压、电流变量预先标示参考方向,然后根据所标示的参考方向写出相关的电流电压关系表达式即可。对于同一个元件,如果假定电流、电压的参考方向一致,即电流参考方向从元件或支路电压参考方向的正极性流向负极性,则称它们为关联参考方向,如图 1.5(a)所示。在关联参考方向下,电阻上的电流电压关系满足欧姆定律 $U=IR$。相反地,如果所设的电流、电压参考方向相反,即电流参考方向从元件或支路电压参考方向的负极性流向正极性,则称它们为非关联参考方向,如图 1.5(b)所示。在非关联参考方向下,电阻上的电流电压关系满足欧姆定律 $U=-IR$。

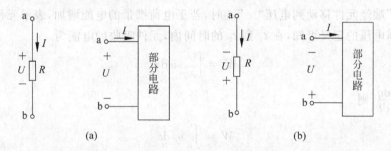

(a)　　　　　　　　　　　　　　　(b)

图 1.5　关联参考方向和非关联参考方向

【**例 1-1**】　应用欧姆定律对图 1.6 的电路列出式子,并求电阻 R。

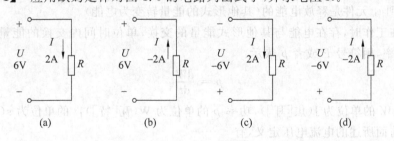

(a)　　　　　　(b)　　　　　　(c)　　　　　　(d)

图 1.6　例 1-1 电路

解　(a) $R=\dfrac{U}{I}=\dfrac{6}{2}=3(\Omega)$　　　　　　(b) $R=-\dfrac{U}{I}=-\dfrac{6}{-2}=3(\Omega)$

(c) $R=-\dfrac{U}{I}=-\dfrac{-6}{2}=3(\Omega)$　　　　　　(d) $R=\dfrac{U}{I}=\dfrac{-6}{-2}=3(\Omega)$

【**例 1-2**】　计算图 1.7 中的电阻 R 值,已知 $U_{ab}=-12V$。

解　设定 b 点为参考零点,则

q 点电位　　　　　　　　　　　　　　$V_q=3V$

a 点电位 $\qquad V_a = -12V$

p 点电位 $\qquad V_p = V_a + E_1 = -7V$

R 上的电压 $\qquad U_{pq} = -7 - 3 = -10(V)$

电阻 R 的值 $\qquad R = \dfrac{U_{pq}}{I} = \dfrac{-10}{-2} = 5(\Omega)$

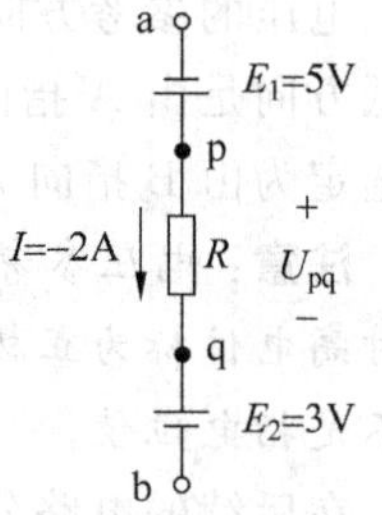

解题思路 不要考虑电流、电压的数值正负问题，要关注参考方向关联性。

图 1.7 例 1-2 电路

1.2.3 电功率和电能

在电路的分析和计算中，电功率和电能的计算是十分重要的。一方面因为电路在工作状态下总伴随有电能与其他形式能量的转换，另一方面，任何电气设备、电路元件本身都有功率限制，在使用时要注意其电流值或电压值是否超过额定值，过载或欠载都可能使设备或元件损坏，或是不能正常工作。

电荷通过电路元件时会发生能量的交换，当正电荷从元件的电压"＋"端经元件移动到电压"－"端时，若正电荷携带的电能减少，表示元件吸收能量；反之，当正电荷从元件的电压"＋"端经元件移动到电压"－"端时，若正电荷携带的电能增加，表示元件向外释放能量。根据电压的定义可知，在 t_0 到 t_1 的时间内，元件吸收的电能为

$$W = \int_{q(t_0)}^{q(t_1)} u \, dq \qquad (1-5)$$

考虑到 $i = \dfrac{dq}{dt}$，则

$$W = \int_{t_0}^{t_1} ui \, dt \qquad (1-6)$$

式中，u 和 i 都是时间的函数，并且都是代数量。因此电能也是时间的函数，且是代数量。若 $W > 0$，表示从 t_0 到 t_1 元件是吸收电能的（电能转变为其他形式的能量）；反之，若 $W < 0$，表示从 t_0 到 t_1 元件是释放电能的（其他形式的能量转变为电能）。

电路在工作时，存在电能与其他形式能量的交换，单位时间内交换的能量叫作电功率，简称功率，用符号 P 或者 p 表示：

$$p = \frac{dW}{dt} \qquad (1-7)$$

式中，电能 W 的单位为 J（焦[耳]），功率 p 的单位为 W（瓦[特]），t 的单位为 s（秒）。

根据前面所述的电流电压定义，有

$$ui = \frac{dW}{dq} \cdot \frac{dq}{dt} = \frac{dW}{dt}$$

因此有

$$p = ui \qquad (1-8)$$

任何一个二端元件或二端网络的功率均可用式(1-8)来计算。由于 u 和 i 都是代数量，因此 p 也是代数量，可正可负，实质上 p 的正负反映了功率的吸收或释放。

在关联参考方向下，若得到的功率值为正数，说明元件是耗能的负载。反之，若功率值为负数，说明元件是释放电能的，为电源。

在非关联参考方向下,若得到的功率值为正数,说明元件是释放能量的电源;反之,若得到的功率值为负数,说明元件是吸收电能的,为负载。

1.3　电路的三种工作状态

电路有开路、有载、短路三种不同的工作状态,如图 1.8 所示。

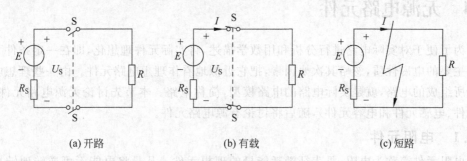

(a) 开路　　　　　　　(b) 有载　　　　　　　(c) 短路

图 1.8　电路的三种工作状态

1.3.1　开路状态

当开关 S 打开,如图 1.8(a)所示,电路的电流为零,内阻 R_S 上的电压降也等于零,故电源端电压等于电动势 E,即 $U_S = E$,电阻 R 不消耗功率。这种状态称为电路的开路状态,也称为电路的空载状态。

1.3.2　有载状态

当开关 S 合上,如图 1.8(b)所示,电流 I 通过电阻 R,电阻 R 上消耗电能。这种状态称为有载状态。此时电路的电流 I 为

$$I = \frac{E}{R + R_S} \tag{1-9}$$

电源端电压即为负载两端的端电压 U_S。

$$U_S = E - IR_S = IR \tag{1-10}$$

在有载状态下,电源端电压等于电源电动势 E 减去电源内阻 R_S 上的电压降。

用 I 乘以电压公式两边,得

$$IU_S = IE - I^2 R_S = I^2 R \tag{1-11}$$

式(1-11)是电路的功率平衡方程式,说明电路在有载状态时能量的转换情况,即负载吸收的功率等于电动势产生的功率减去其内阻的损耗。

1.3.3　短路状态

当电路的负载电阻为零时,电路为短路状态,如图 1.8(c)所示。

发生短路时,端电压 $U_S = 0$,则电流 I 为短路电流 I_S。

$$I_S = \frac{E}{R_S} \tag{1-12}$$

由于电源内阻 R_S 通常很小,故短路电流很大。它所产生的电功率 P_S 为

$$P_{\text{S}} = I_{\text{S}}^2 R_{\text{S}} = \frac{E^2}{R_{\text{S}}} \tag{1-13}$$

电能全部消耗在电源内阻 R_{S} 上并被转变为热能,因而可能损坏电源。

短路通常是一种严重的事故,为了避免出现短路故障,通常在电路中接入熔断器或自动断路器等设施,以便当发生短路时,能迅速将故障电路自动切断。

1.4   无源电路元件

为了便于对实际电路进行分析和用数学描述,将实际元件理想化,即在一定条件下突出其主要的电磁性质,忽略其次要因素,把它近似地看作理想电路元件。由一些理想电路元件所组成的电路,就是实际电路的电路模型,简称电路。本节先讨论无源电路元件(电阻元件、电感元件和电容元件),随后将讨论有源电路元件。

1.4.1   电阻元件

电阻元件简称为电阻,是表征消耗能量的理想元件。凡是将电能不可逆转地转换为其他形式能量的物理过程都可用电阻来表示。

电阻两端的电压与流过的电流遵循欧姆定律,在关联方向下,其关系式为

$$u = iR \tag{1-14}$$

式中,R 表示电阻值。式(1-14)反映了电阻上电压与电流的约束关系,也称为电阻的伏安特性。当伏安特性为一通过原点的直线,即 R 的值为常数时,该电阻称为线性电阻;反之,则称为非线性电阻,如常用的二极管等。

线性电阻元件的电阻值是一个与电压 u、电流 i 无关的常数,令 $G = \frac{1}{R}$,称为电导。电阻的单位为欧姆(Ω),电导的单位为西门子(S)。

电流流过电阻时,其消耗的功率为 $p = iu = i^2 R > 0$,说明电阻为一耗能元件。实际应用中,要正确使用电阻器,须按电阻值和额定功率来选择。

1.4.2   电感元件

电感元件简称为电感,是表征储存磁场能量的理想元件。凡是磁场储能的物理过程都可用电感来表示。电感通常用 L 表示,其单位为亨利(H),简称亨。

线圈是典型的电感元件,若忽略线圈的电阻,可认为它是理想的电感。如图1.9(a)所示,当接至交流电压 u_{L} 时,线圈中有电流 i_{L} 流进,产生交变的磁通 Φ,若线圈匝数为 N,则有 $\psi = N\Phi$,ψ 称为磁链。当线圈中无铁磁材料时,磁链 ψ 与电流 i_{L} 成正比关系,即 $\psi \propto i_{\text{L}}$,可得电感:

$$L = \frac{\psi}{i_{\text{L}}} = \frac{N\Phi}{i_{\text{L}}} \tag{1-15}$$

电感 L 与线圈的形状、尺寸及匝数有关,还与线圈所处空间介质的导磁性能有关。当线圈中无铁磁材料时,L 为常数,其电路符号如图1.9(b)所示。若线圈中存在铁磁材料,则电感 L 将不为常数。

根据法拉第电磁感应定律,当线圈中通入变化的电流 i_{L} 后,此线圈中将产生感应电

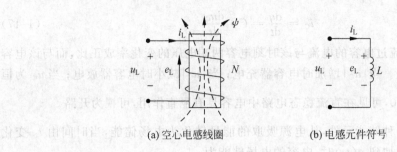

(a) 空心电感线圈   (b) 电感元件符号

图 1.9 电感元件

势 e_L,对于空芯线圈

$$e_L = -\frac{d\psi}{dt} = -L \cdot \frac{di_L}{dt}$$

$$u_L = -e_L = L \cdot \frac{di_L}{dt} \qquad (1\text{-}16)$$

e_L 的参考方向如图 1.9 所示。式(1-16)表明,任一时刻电感两端的电压与电感电流的变化率成正比,而与该时刻电感电流本身的数值无关。在直流电流中,电流恒定,$u_L = 0$,电感元件可视为短路。

电感是一种储能元件,它从电源吸取的电能被转变成磁场储能,当时间由 t_0 变化到 t_1,电流由 $i(t_0)$ 增加到 $i(t_1)$ 时,电感的磁场储能为

$$W_L(t) = \int_{t_0}^{t_1} iu\,dt = \int_{i(t_0)}^{i(t_1)} Li\,di = \frac{1}{2}Li^2(t_1) - \frac{1}{2}Li^2(t_0)$$

它取决于电感 L 和该时刻流过电感的电流值,与该时刻电感两端的电压无关。当 $|i_L|$ 增加时,$W_L(t)$ 增加,电感从电源吸取电能转换为磁场储能;当 $|i_L|$ 减小时,$W_L(t)$ 减小,电感向电源释放磁场储能。电感元件是一种储能元件,不会释放出多于它所吸收或储存的能量,因此电感元件是一种无源元件。

选择电感时,不但要选择合适的电感值,而且应使其实际工作电流不超过其额定电流。

1.4.3 电容元件

电容元件简称为电容,是表征储存电场能量的理想元件。凡是电场储能的物理过程都可用电容来表示。电容通常用 C 表示,其单位为法拉(F),简称法。

如图 1.10 所示,电容器极板上的电荷量 q 与极板间的电压 u_C 成正比,即

$$q = Cu_C$$

或

$$C = \frac{q}{u_C}$$

图 1.10 电容元件

电容 C 与极板的尺寸及其绝缘介质的性能有关。

当电容两端加一变化的电压时,极板上积储的电荷量将随电压的变化而变化,这时电路中产生电流 i_C。

$$i_C = \frac{dq}{dt} = C \cdot \frac{du_C}{dt} \tag{1-17}$$

上式表明,任一时刻流过电容的电流与该时刻电容两端电压的变化率成正比,而与该电容电压本身的数值无关。当$|u_C|$增加时电容器充电;当$|u_C|$减小时电容器放电;当u_C为恒定值时,$\dfrac{du_C}{dt}=0$,$i_C=0$,可见在直流稳态电路中电容具有隔直作用,可视为开路。

电容元件也是一种储能元件,从电源吸取的能量转化为电场储能,当时间由t_0变化到t_1,电压由$u(t_0)$增加到$u(t_1)$时,电容的电场储能为

$$W_C(t) = \int_{t_0}^{t_1} iu\,dt = \int_{u(t_0)}^{u(t_1)} Cu\,du = \frac{1}{2}Cu^2(t_1) - \frac{1}{2}Cu^2(t_0)$$

它取决于电容C和该时刻的电容电压值,而与该时刻的电容电流无关。当$|u_C|$增加时,$W_C(t)$增加,电容从电源吸取电能,即为充电的过程;当$|u_C|$减小时,$W_C(t)$减小,电容向电源释放电场储能,即为放电的过程。电容元件是一种储能元件,不会释放出多于它所吸收或储存的能量,因此电容元件也是一种无源元件。

选择电容器时,不但要选择合适的电容值,而且要选择合适的耐压值。电容器的耐压值是电容器长期可靠安全工作的最高电压。

1.5 有源电路元件

任何实际电路正常工作时必须有提供能量的电源,有源电路元件包括独立电源和受控源。独立电源是从实际电源抽象出来的理想化模型,受控源是从实际半导体器件抽象出来的理想化模型。

1.5.1 独立电源

独立电源包括独立电压源和独立电流源,分别简称为电压源和电流源。独立电源能独立地向电路提供电压或电流,而不受其他支路的电压或电流的控制。

理想电压源的端电压是恒定值U_S或为随时间变化的$u_S(t)$(如正弦交流电压),而流过的电流取决于与它相连的外电路。图1.11为它的符号和外特性。

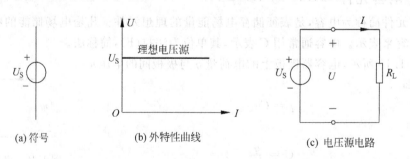

(a) 符号   (b) 外特性曲线   (c) 电压源电路

图 1.11   理想电压源的符号、外特性曲线

理想电流源的端电流是恒定值I_S或为随时间变化的$i_S(t)$(如正弦交流电流),而它的端电压取决于与它相连的外电路。图1.12为它的符号、外特性曲线及其电路。

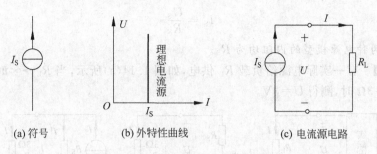

(a) 符号   (b) 外特性曲线   (c) 电流源电路

图 1.12 理想电流源的符号、外特性曲线及其电路

1.5.2 实际电源模型及其等效变换

一个实际的电源,其端电压往往会随电流的变化而变化。如电池接上负载后,其端电压会降低。这是因为电源内部存在内阻,所以一个实际的电源可以用理想电压源与内阻相串联的形式来表示。电压源模型如图 1.13(a)虚线框内电路所示。

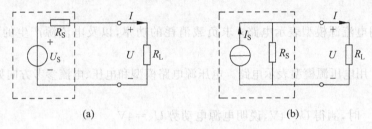

(a)   (b)

图 1.13 两种电源模型及等效互换

由图 1.13(a)所示电压源模型得

$$U = U_{\mathrm{S}} - I R_{\mathrm{S}} \tag{1-18}$$

一个实际的电源除用电压源表示外,还可用另一种电源模型来表示。如果将式(1-18)两端同时除以 R_{S},则得

$$\frac{U}{R_{\mathrm{S}}} = \frac{U_{\mathrm{S}}}{R_{\mathrm{S}}} - I = I_{\mathrm{S}} - I$$

即

$$I_{\mathrm{S}} = \frac{U}{R_{\mathrm{S}}} + I \tag{1-19}$$

这里,$I_{\mathrm{S}} = \dfrac{U_{\mathrm{S}}}{R_{\mathrm{S}}}$ 为图 1.13(a)所示电压源的短路电流,I 是负载电流,而 $\dfrac{U}{R_{\mathrm{S}}}$ 是引出的另一个电流。若用电路图表示,则如图 1.13(b)虚线框内电路所示,这就是电流源模型。

如果一个电压源模型与一个电流源模型对同一个负载能够提供等值的电压、电流和功率,则这两个电源对此负载是等效的。或者说,若两个电源的外特性(伏安特性)相同,则对任何外电路都是等效的。具备这个条件的电源互为等效电源。而等效互换的条件可由式(1-19)得出,即

$$U_{\mathrm{S}} = I_{\mathrm{S}} R_{\mathrm{S}}$$

或

$$I_S = \frac{U_S}{R_S}$$

注意：两种电源模型的内阻均为 R_S。

【例 1-3】 有一实际电源给负载 R_L 供电，如图 1.14(a)所示，当 $R_L \rightarrow \infty$ 时，测得 $U=$ 4V；当 $R_L = 3\Omega$ 时，测得 $U = 3$V。

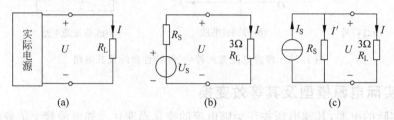

图 1.14　例 1-3 电路

(1) 试用电压源模型表示电路；求负载消耗的功率，以及电压源产生的电功率与内部损耗功率。

(2) 试用电流源模型表示电路；求负载消耗的功率，以及电流源产生的电功率与内部损耗功率。

解　(1) 用电压源模型表示电路。电压源电路模型和电压、电流参考方向如图 1.14(b)所示。

当 $R_L \rightarrow \infty$ 时，测得 $U = 4$V，说明电源电动势 $U_S = 4$V。

当 $R_L = 3\Omega$ 时，测得 $U = 3$V，则

$$I = \frac{U}{R_L} = \frac{3}{3} = 1(A)$$

由于 $I = \frac{U_S}{R_S + R_L} = \frac{4}{R_S + 3} = 1(A)$，因此 $R_S = 1\Omega$。

负载消耗的功率 $P = UI = 3 \times 1 = 3$(W)。

电压源产生的电功率 $P_S = U_S I = 4 \times 1 = 4$(W)。

电压源内部损耗功率 $P_R = I^2 R_S = 1^2 \times 1 = 1$(W)。

(2) 用等效电流源表示电路。理想电流源的电流

$$I_S = \frac{U_S}{R_S} = \frac{4}{1} = 4(A)$$

电流源模型和电压、电流的参考方向如图 1.14(c)所示。所谓等效电源是指对外电路提供相同的电流、电压和功率，因此负载电流为 $I = 1$A，负载的端电压 $U = 3$V，负载消耗功率为 $P = 3$W。

电流源产生的功率 $P_I = I_S U = 4 \times 3 = 12$(W)。

电流源内阻损耗的功率 $P_R' = \frac{U^2}{R_S} = \frac{3^2}{1} = 9$(W)。

由此可见，电压源和电流源的等效仅仅是指对外电路而言的，至于电源内部的电压、电流和功率一般并不相等。

注意：理想的电压源和理想的电流源之间不能等效互换，因为根据定义，这是两种性

质完全不同的电源模型。

【例 1-4】　利用等效电源互换原理分析图 1.15(a) 所示电路中的电流 I。

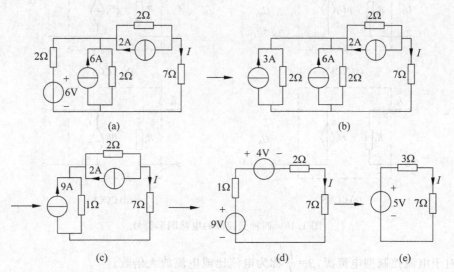

图 1.15　例 1-4 电路

解　图 1.15(a) 所示电路可简化为图 1.15(e) 所示单回路电路。简化过程如图 1.15(b) ~ 图 1.15(e) 所示,所以,由化简后的电路可求得电流。

$$I = \frac{5}{3+7} = 0.5(\text{A})$$

解题思路　电压源和电流源等效互换时,内阻相等,电压源的正极性端是电流源的电流流出方向。串联的电源尽可能转换成电压源,并联的电源尽可能转换成电流源,便于叠加。叠加原理将在 1.6 节介绍。

1.5.3　受控源

受控源向电路提供的电压或电流,是受电路中其他支路的电压或电流控制的,因而受控源又称为"非独立"电源。

前面讨论的无源电路元件和有源电路元件均为二端元件,对外只有两个端钮。受控源为四端元件(或称二端口元件),即有两对端钮。一对为输出端,对外输出电压或电流;另一对为输入端,用以输入控制量。控制量可以是电路中其他支路的电压,也可以是电流。根据控制量和受控量的特征,受控源可以分为四种:电压控制型电压源(VCVS)、电压控制型电流源(VCCS)、电流控制型电压源(CCVS)和电流控制型电流源(CCCS)。四种受控源的图形符号如图 1.16 所示。

受控源的控制量与受控量之间的关系,用比例常数表示。

对于电压控制型电压源,$\mu = \dfrac{U_o}{U_i}$ 为电压比或电压放大倍数;

对于电压控制型电流源,$g = \dfrac{I_o}{U_i}$ 称为转移电导;

对于电流控制型电压源,$r = \dfrac{U_o}{I_i}$ 称为转移电阻;

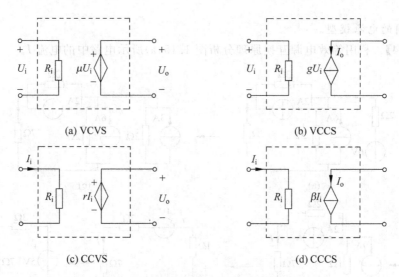

(a) VCVS

(b) VCCS

(c) CCVS

(d) CCCS

图 1.16   四种受控源的电路图形符号

对于电流控制型电流源,$\beta = \dfrac{I_o}{I_i}$ 称为电流比或电流放大倍数。

受控源也有理想与非理想之分。理想受控源的特征是:电压控制的受控源输入端钮间的电阻(输入电阻)R_i 为无穷大,电流控制的受控源输入电阻 R_i 为零;受控电压源的输出端为理想电压源,受控电流源的输出端为理想电流源。

【例 1-5】   对图 1.17 所示电路,已知独立电压源 $U_S = 15\text{mV}$,$r_{be} = 1\text{k}\Omega$,$R_C = 2\text{k}\Omega$ 及 $\beta = 100$,求输出电压 U_O。

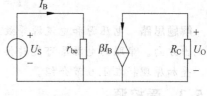

图 1.17   例 1-5 电路

解   由欧姆定律得

$$I_B = \frac{U_S}{r_{be}} = \frac{15 \times 10^{-3}}{1 \times 10^3} = 15 (\mu\text{A})$$

因此,输出电压为

$$U_O = -\beta I_B R_C = -100 \times 15 \times 10^{-6} \times 2 \times 10^3 = -3 (\text{V})$$

1.6   基尔霍夫定律

如果将电路中各个支路的电流和支路的电压作为变量来看,这些变量受到两类约束。一类是元件的特性造成的约束。例如,线性电阻元件的电流电压必须满足欧姆定律 $u = iR$,这种关系称为元件的组成关系或电压电流关系,属于元件约束;另一类约束是由于元件的相互连接给支路电流之间或支路电压之间带来的约束关系,有时称为"几何"约束或"拓扑"约束,这类约束由基尔霍夫定律来描述。

基尔霍夫定律是进行电路分析必不可少的重要依据,包含基尔霍夫电流定律和基尔霍夫电压定律。为了清晰地表述基尔霍夫定律,先要搞懂有关电路结构的一些专用名词。

1.6.1   支路、节点、回路及网孔

图 1.18 所示的是某一电路的示意图。其中方框代表一个元件,线条代表连接导线。

流过相同电流的电路可视为一条支路,电路中的每个元件所在的线路可视为一条支路,三条或三条以上支路的连接点称为节点(通常用圆点"·"表示连接节点)。每两个节点之间的电压,称为支路电压。每一条支路所流过的电流,称为支路电流。

图 1.18 所示电路中共有 6 条支路,每条支路电路用不同的支路电流描述(i_1、i_2、i_4、i_5、i_6、i_7),注意 i_3 与 i_1 是同一条支路,流过相同的电流。电流的参考方向可以任意设定,电路中还有四个节点(b、c、d、e),注意 a 点不是节点,因为它不是多条支路的连接点。可以根据电流参考方向设定关联支路电压或元件电压参考方向(U_{ae}、U_{ce}、U_{ba}、U_{ed}、U_{bd}、U_{dc}、U_{bc})。

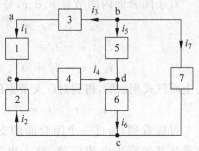

图 1.18　电路示意图

从电路的某个节点出发,经过若干条支路与节点,最终返回到起始节点,所经过的闭合路径叫作回路(注意除了起点和终点为同一节点外,其余支路和节点不允许重复出现在一个回路中)。图 1.18 所示电路中,闭合路径有:a3b5d4e1a、b7c6d5b、e4d6c2e、a3b7c2e1a、a3b7c6d4e1a、a3b5d6c2e1a、e4d5b7c2e。其中 a3b5d4e1a、b7c6d5b、e4d6c2e 三个回路又称为网孔,网孔回路的特点就是在回路中间没有任何支路穿过,是一种特殊的回路,也是今后分析电路参数时使用最广泛的一种回路。

1.6.2　基尔霍夫电流定律

基尔霍夫电流定律(Kirchhoff's Current Law,KCL)用来确定连接在同一节点上各支路的电流关系。它的定义如下。

在集总参数电路中[①],在任一时刻,对任一节点,流出(或流入)该节点的所有支路电流代数和等于零。其数学表示式为

$$\sum_{k=1}^{n} i_k = 0 \tag{1-20}$$

式中,i_k 为流出(或流入)节点的第 k 条支路的电流,n 为连接到该节点处的支路数目。

以图 1.18 所示电路为例,假设流入节点的电流为正(即电流参考方向指向节点),流出节点的电流为负,对于节点 e 运用 KCL,有

$$i_1 + i_2 - i_4 = 0$$

上式可写为

$$i_1 + i_2 = i_4 \tag{1-21}$$

式(1-21)表明,流出节点 e 的支路电流之和等于流入该节点的支路电流之和。因此 KCL 也可以理解为,任一时刻,流入任一节点的支路电流之和等于流出该节点的支路电流之和。

---

①　根据电路中信号电压、电流的频率 f 的高低,电路可分为集总参数和分布参数两类,集总参数电路应满足如下条件:电路器件及其整个实际电路尺寸 d 远小于电路最高工作频率所对应的波长 λ,即 $d \ll \lambda$ 时,可以近似地认为电信号从电路的始端流动到终端所需的时间可以忽略不计,属于集总参数电路;否则属于分布参数电路。本课程只讨论集总参数电路。

基尔霍夫电流定律通常应用于单一节点，也可以把它推广应用于包围部分电路的任一闭合面，这种闭合面也可以称为广义节点，如图 1.19 中虚线表示的闭合面所示。

对于闭合面内的节点 b、d、c，分别有

$$-i_3 - i_5 - i_7 = 0$$
$$i_4 + i_5 - i_6 = 0$$
$$i_6 + i_7 - i_2 = 0$$

将上面三式相加后，得到对广义节点的电流代数和：

$$i_4 - i_3 - i_2 = 0$$

可以看到，通过一个闭合面的支路电流代数和也满足基尔霍夫电流定律，称为电流连续性，KCL 是电荷守恒的体现。

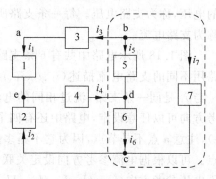

图 1.19　基尔霍夫电流定律推广应用

1.6.3　基尔霍夫电压定律

基尔霍夫电压定律(Kirchhoff's Voltage Law, KVL)用来确定回路中各元件的电压关系。它的定义如下：

在集总参数电路中，在任一时刻，沿着任一回路，所有支路电压代数和等于零。其数学表示式为

$$\sum_{k=1}^{n} u_k = 0 \tag{1-22}$$

式中，u_k 为回路中第 k 条支路的电压，n 为该回路所包含的支路数目。u_k 的符号设定为：指定回路的循行方向，当支路电压的参考方向与回路循行方向一致时，u_k 前取"+"号，反之则取"-"号。在实际电路中，一条支路可能不止一个元件，那么 u_k 可以看作回路中第 k 个元件上的电压，n 为该回路所包含的所有元件。

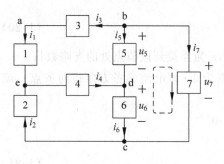

图 1.20　基尔霍夫电压定律示意图

以图 1.20 所示电路中右边网孔回路为例，假定循行方向为回路内虚线所示顺时针方向，首先根据回路中各支路电流参考方向，确定每个元件上关联电压参考方向，对回路 b7c6d5b 运用 KVL，有

$$u_7 - u_5 - u_6 = 0 \tag{1-23}$$

式(1-23)可写为

$$u_7 = u_5 + u_6 \tag{1-24}$$

此式表明，在这个回路中，沿着回路循行方向，元件 7 上的电压降等于元件 5 和 6 上的电压升之和。因此 KVL 也可以理解为，任一时刻，对任一闭合路径，沿着回路循行方向，所有元件上电压升之和等于电压降之和。另外，通过式(1-24)还可以发现，节点 b、c 之间的电压 $u_{bc} = u_7 = u_5 + u_6$，说明不论沿支路 b7c 还是沿支路 b5d6c，都能获取节点 b、c 之间的电压，说明 KVL 的电压与路径无关这一性质，是能量守恒和转换定律的反映。

KCL 在支路电流之间施加线性约束关系，KVL 则对支路电压施加线性约束关系。这两个定律仅与元件的相互连接有关，而与元件的性质无关。不论元件是线性的还是非

线性的,KCL 和 KVL 总是成立的。KCL 和 KVL 是集总参数电路的两个重要定律。

注意:对一个电路应用基尔霍夫定律或欧姆定律时,都要在电路图上标出各个支路或元件的电流和电压的参考方向,一般两者取关联参考方向。

【例 1-6】 在图 1.21 所示的电路中,已知电阻 $R_1 = 10\Omega$, $R_2 = 2\Omega$, $R_3 = 1\Omega$, $U_{S1} = 3V$, $U_{S2} = 1V$,求电路 R_3 两端电压 U_{R3}。

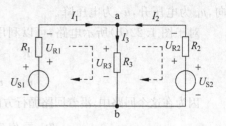

图 1.21 例 1-6 电路

解 首先要确定各支路电流的参考方向。任意设定 I_1、I_2、I_3 的参考方向如图 1.21 所示。根据电流的参考方向确定各元件上关联电压的参考方向,如图 1.21 所示。设定两个网孔回路循行方向为顺时针方向,应用 KCL 和 KVL 以及元件上关联参考方向条件下的欧姆定律,可以求得三条支路电流的值。

$$I_1 + I_2 = I_3$$
$$U_{S1} = I_1 R_1 + I_3 R_3$$
$$U_{S2} = I_2 R_2 + I_3 R_3$$

代入相应值后得

$$I_3 = 0.5A$$

因此有

$$U_{R3} = I_3 R_3 = 0.5(V)$$

解题思路 ①无论是此题的求解,还是后续的电路分析,在分析前首先必须设定每条支路的电流、电压关联参考方向;②在电路中元件两端的电压符号“+”“−”不表示某点电位的正负具体数值,只是表示某个元件两端电压从设定的“+”极指向“−”极。相邻两个元件之间的正、负没有任何关联意义。如图 1.21 中,针对节点 a,与 R_3 相连的 a 点为“+”,而与 R_2 相连的 a 点为“−”,其中的正、负没有任何关联。

基尔霍夫电压定律除了在闭合回路中使用外,还可以广泛地扩展应用到各种开口电路的端口电压求解。如图 1.22(a)、图 1.22(b)所示两个电路,对于这两个不同电路,求节点 b,c 之间电压时都可以采用 KVL 进行分析。

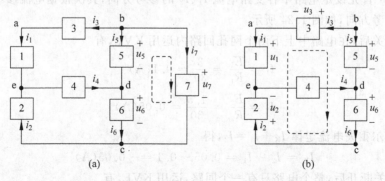

图 1.22 基尔霍夫电压定律扩展应用电路

首先对于图 1.22(a)所示电路,利用右边网孔回路列 KVL 方程,有

$$u_{bc} = u_7$$

这里需要说明的是:u_{bc} 是从 b 点指向 c 点,因此 b 点为正,c 点为负,沿着回路循行方向,u_{bc} 为电压升,u_7 为电压降。

对于图 1.22(b)所示电路,可以利用图中虚线所示回路列 KVL 方程,有

$$\begin{cases} u_{bc} + u_2 = u_1 + u_3 \\ u_5 + u_6 + u_2 = u_1 + u_3 \end{cases}$$

因为在这个回路中,沿着回路循行方向,u_{bc} 和 u_2 为电压降,u_1 和 u_3 为电压升。由上式得

$$u_{bc} = u_1 + u_3 - u_2 = u_5 + u_6$$

可以看出,对于图 1.22(b)所示电路,可以采用图 1.23 所示的开口电路,运用 KVL,有

$$u_{bc} = u_5 + u_6$$

在图 1.23 中,虚线所包围的是一个开口电路,并没有实质的电路存在,但是一样可以利用 KVL 得到节点 b、c 两端的电压。

【例 1-7】 电路如图 1.24 所示,已知 $E_1 = 3V$,$E_2 = 1.5V$,$R_1 = R_2 = 30\Omega$,求:

(1) 闭合开关 S 后,从电源经开关流向负载的电流 I_K;

(2) 开关 S 断开后,开关 S 两端间的电压 U_{ab}。

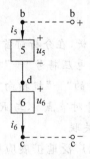

图 1.23　开口电路的 KVL 应用

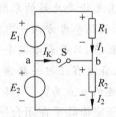

图 1.24　例 1-7 电路

解 (1)首先设定电路中各支路电流 I_1、I_2 的参考方向,其次根据电流参考方向设定关联电压参考方向,如图 1.24 所示。

合上开关后,在电路中上下两个网孔回路内运用 KVL,有

$$I_1 = \frac{E_1}{R_1} = \frac{3}{30} = 0.1(A)$$

$$I_2 = \frac{E_2}{R_2} = \frac{1.5}{30} = 0.05(A)$$

按照基尔霍夫电流定律 $I_K + I_1 = I_2$,得

$$I_K = I_2 - I_1 = 0.05 - 0.1 = -0.05(A)$$

(2)开关断开后,整个电路只有一个回路,运用 KVL,有

$$I_1 = I_2 = \frac{E_1 + E_2}{30 + 30} = 0.075(A)$$

同样运用 KVL,得
$$U_{ab} = -E_1 + I_1 R_1 = -3 + 0.075 \times 30 = -0.75(V)$$
或
$$U_{ab} = E_2 - I_2 R_2 = 1.5 - 0.075 \times 30 = -0.75(V)$$

解题思路　此题求解最大的障碍就是电压方向容易出错。在开关断开求解 U_{ab} 时,利用的是 KVL 在开口电路中的运用。假定开口电路循行方向为逆时针从 a 到 b,U_{ab} 电压方向是 a 点(＋)指向 b 点(－),那么从 a 点开始,沿着逆时针方向旋转一圈,电压升的元件是 R_2,电压降的元件是 E_2。同时要注意的是,电压 U_{ab} 在逆时针循行时也是升的,因此根据 KVL 有
$$U_{ab} + I_2 R_2 = E_2$$

以上例题主要是说明 KCL 和 KVL 在求解电路中的应用。如何根据基尔霍夫定律和欧姆定律列出电路方程,有效地求解电路参数,将在第 2 章中介绍。

1.7　电阻的串联和并联

在实际线性电路分析中,除了欧姆定律和基尔霍夫定律这两个重要定律必须始终贯彻使用外,还必须学会分析电路的结构。电路的结构形式是多种多样的,本节介绍最常见的电阻连接方式:电阻的串联和并联。

图 1.25(a)所示电路为 n 个电阻 $R_1 \sim R_n$ 的串联组合。电阻串联时,每个电阻中的电流为同一电流 i。

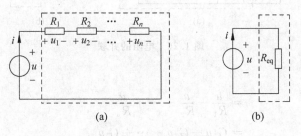

图 1.25　电阻的串联

运用 KVL,有
$$u = u_1 + u_2 + \cdots + u_n$$
由于每个电阻的电流均为 i,因此有
$$u = iR_1 + iR_2 + \cdots + iR_n = i(R_1 + R_2 + \cdots + R_n) = iR_{eq}$$
式中,
$$R_{eq} = R_1 + R_2 + \cdots + R_n = \sum_{k=1}^{n} R_k$$
R_{eq} 是 n 个电阻串联后的等效电阻,如图 1.25(b)所示。显然等效电阻必然大于任何一个串联的电阻。

电阻串联时各电阻上的电压为
$$u_k = iR_k = \frac{R_k}{R_{eq}} \cdot u \quad (k = 1, 2, 3, \cdots, n)$$

此式称为串联电阻的电压分配公式,或称分压公式。

当 $n=2$ 时,两个电阻的串联等效电阻为

$$R_{\text{eq}} = R_1 + R_2$$

两个串联电阻的电压分别为

$$u_1 = \frac{R_1}{R_{\text{eq}}} \cdot u = \frac{R_1}{R_1 + R_2} \cdot u$$

$$u_2 = \frac{R_2}{R_{\text{eq}}} \cdot u = \frac{R_2}{R_1 + R_2} \cdot u$$

电阻串联的应用很多。譬如在负载的额定电压低于电源电压的情况下,通常需要与负载串联一个电阻,以分解部分电压。有时为了限制负载中通过过大的电流,也可以与负载串联一个限流电阻。如果需要调节电路中的电流时,一般也可以在电路中串联一个变阻器来进行调节。另外,改变串联电阻的大小可以得到不同的输出电压,这也是常见的。

图 1.26(a)所示电路为 n 个电阻 $R_1 \sim R_n$ 的并联组合。电阻并联时,每个电阻上的电压为同一电流 u。由于电压相等,总电流 i 可根据 KCL 得到。

$$i = i_1 + i_2 + \cdots + i_n$$

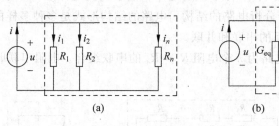

图 1.26   电阻的并联

由电路可知:

$$\begin{aligned} i &= \frac{u}{R_1} + \frac{u}{R_2} + \cdots + \frac{u}{R_n} \\ &= G_1 u + G_2 u + \cdots + G_n u \\ &= (G_1 + G_2 + \cdots + G_n) u = G_{\text{eq}} u \end{aligned}$$

式中,$G_1, G_2, \cdots, G_n$ 为电阻 $R_1, R_2, \cdots, R_n$ 的电导,而

$$G_{\text{eq}} = G_1 + G_2 + \cdots + G_n = \sum_{k=1}^{n} G_k$$

G_{eq} 是 n 个电阻并联后的等效电导,如图 1.26(b)所示。并联后的等效电阻 R_{eq} 为

$$R_{\text{eq}} = \frac{1}{G_{\text{eq}}} = \frac{1}{\sum\limits_{k=1}^{n} G_k} = \frac{1}{\sum\limits_{k=1}^{n} \dfrac{1}{R_k}}$$

或

$$\frac{1}{R_{\text{eq}}} = \sum_{k=1}^{n} \frac{1}{R_k}$$

显然并联的负载电阻越多,等效电阻越小。为了便于后续课程中简化计算表达式,将电阻并联采用并联符号"//"表示,如两个电阻的并联记为:$R_1 /\!/ R_2$。

电阻并联时流过各电阻的电流为

$$i_k = G_k u = \frac{G_k}{G_{eq}} \cdot i \quad (k = 1, 2, 3, \cdots, n)$$

此式称为并联电阻的电流分配公式，或称分流公式。

当 $n = 2$ 时，两个电阻的并联等效电阻为

$$R_{eq} = R_1 \ /\!/ \ R_2 = \frac{1}{\frac{1}{R_1} + \frac{1}{R_2}} = \frac{R_1 R_2}{R_1 + R_2}$$

两个并联电阻的电流分别为

$$i_1 = \frac{G_1}{G_{eq}} \cdot i = \frac{R_2}{R_1 + R_2} \cdot i$$

$$i_2 = \frac{G_2}{G_{eq}} \cdot i = \frac{R_1}{R_1 + R_2} \cdot i$$

一般负载都是并联运用的。负载并联运用时，它们处于同一电压下时，任何一个负载的工作情况基本上不受其他负载的影响。

有时为了某种需要，可将电路中的某一段与电阻或变阻器并联，以起分流或调节电流的作用。

在电路分析中，往往既有电阻的串联，又有电阻的并联，通常称为电阻的串并联，简称电阻的混联。对于这种混联电路，可以采用对电路的串联部分和并联部分单独进行等效简化的方法来分析。

【例 1-8】　图 1.27(a)所示为电阻混联电路。试求电路的等效电阻 R。

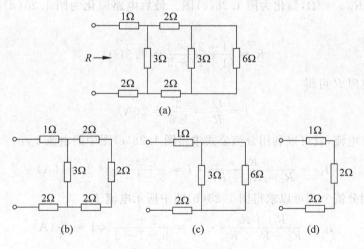

图 1.27　例 1-8 电路

解　首先从独立的电阻串并联等效变换入手。对图 1.27(a)所示的电路，先将最右侧两路独立的并联电阻等效变换为一个电阻，即将 3Ω 和 6Ω 电阻等效为一个 2Ω 电阻，得到图 1.27(b)所示电路；再将三个串联的 2Ω 电阻等效为一个 6Ω 电阻，得到图 1.27(c)所示电路，同理化简，得到图 1.27(d)所示电路，最后求得等效电阻为

$$R = 5\Omega$$

解题思路　电阻的这类 T 形串并联结构在信号发生器的衰减网络中以及数字电路

的 D/A 转换电路中都有应用,关键步骤是从电路的"末端"着手,逐步化简。

【例 1-9】　计算图 1.28(a)所示电阻电路的等效电阻 R,并求电流 I 和 I_5。

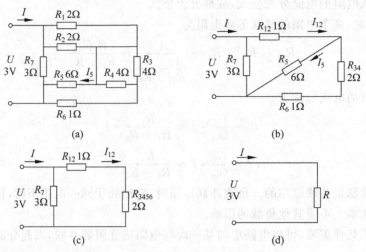

图 1.28　例 1-9 电路

　　解　首先从电路结构分析电路中的电阻哪些是串联的,哪些是并联的。在图 1.28(a)所示电路中,R_1 与 R_2 并联,得 $R_{12}=1\Omega$;R_3 与 R_4 并联,得 $R_{34}=2\Omega$。

　　由此简化为图 1.28(b)所示电路,在此图中可以很清楚地看到 R_{34} 与 R_6 串联后与 R_5 并联,因而得 $R_{3456}=2\Omega$,简化为图 1.28(c)图。最后电路简化为图 1.28(d)所示电路,等效电阻为

$$R=\frac{(1+2)\times 3}{(1+2)+3}=1.5(\Omega)$$

由等效电阻 R 可得

$$I=\frac{U}{R}=\frac{3}{1.5}=2(A)$$

得到了总电流,就可以利用分流公式求得图 1.28(c)图中的电流 I_{12}:

$$I_{12}=\frac{R_7}{R_7+R_{12}+R_{34}}\cdot I=\frac{3}{3+1+2}\times 2=1(A)$$

同样利用分流公式可以求得图 1.28(b)图中所示电流 I_5:

$$I_5=\frac{R_{34}+R_6}{R_5+R_6+R_{34}}\cdot I_{12}=\frac{2+1}{6+1+2}\times 1=\frac{1}{3}(A)$$

　　【例 1-10】　图 1.29 所示为用变阻器调节负载电阻 R_L 两端电压的分压电路。$R_L=50\Omega$,电源电压 $U=220V$,中间环节是变阻器。变阻器的规格是(100Ω,3A)。将变阻器平分为 4 段,在图上用 a、b、c、d、e 几点标注。求滑动触点分别在 a、c、d、e 点时,负载和变阻器各段所通过的电流及负载电压,并就流过变阻器的电流与其额定电流比较来说明使用时的安全问题。

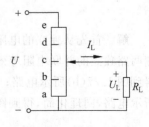

图 1.29　例 1-10 电路

解 （1）在 a 点：

$$U_L = 0, \quad I_L = 0$$

$$I_{ea} = \frac{U}{R_{ea}} = \frac{220}{100} = 2.2(\text{A})$$

（2）在 c 点，等效电阻 R' 为 R_{ca} 与 R_L 并联，再与 R_{ec} 串联，即

$$R' = \frac{R_{ca}R_L}{R_{ca}+R_L} + R_{ec} = \frac{50 \times 50}{50+50} + 50 = 25 + 50 = 75(\Omega)$$

$$I_{ec} = \frac{U}{R'} = \frac{220}{75} \approx 2.93(\text{A})$$

$$I_L = I_{ca} = \frac{2.93}{2} \approx 1.47(\text{A})$$

$$U_L = I_L R_L = 1.47 \times 50 = 73.5(\text{V})$$

注意：这时滑动触点虽然在变阻器的中点，但是输出电压不等于电源电压的一半，而是 73.5V。

（3）在 d 点：

$$R' = \frac{R_{da}R_L}{R_{da}+R_L} + R_{ed} = \frac{75 \times 50}{75+50} + 25 = 30 + 25 = 55(\Omega)$$

$$I_{ed} = \frac{U}{R'} = \frac{220}{55} = 4(\text{A})$$

$$I_L = \frac{R_{da}}{R_{da}+R_L} \cdot I_{ed} = \frac{75}{75+50} \times 4 = 2.4(\text{A})$$

$$I_{da} = I_{ed} - I_L = 4 - 2.4 = 1.6(\text{A})$$

$$U_L = I_L R_L = 2.4 \times 50 = 120(\text{V})$$

因为 $I_{ed} = 4\text{A} > 3\text{A}$，因此 ed 段电阻有被烧毁的可能。

（4）在 e 点：

$$I_{ea} = \frac{U}{R_{ea}} = \frac{220}{100} = 2.2(\text{A})$$

$$I_L = \frac{U}{R_L} = \frac{220}{50} = 4.4(\text{A})$$

$$U_L = U = 220(\text{V})$$

习题 1

1.1　求图 1.30 中所示各二端元件的功率，并说明元件是吸收功率还是发出功率。

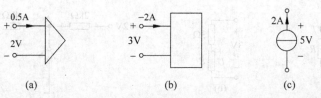

图 1.30　题 1.1 图

1.2 在图 1.31 所示电路中,元件 A 吸收功率 30W,元件 B 吸收功率 15W,元件 C 发出功率 30W,分别求出三个元件中的电流 I_1、I_2、I_3。

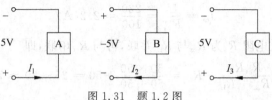

图 1.31 题 1.2 图

1.3 对图 1.32 中的电路,求电流 I 并说明电压源是工作在电源状态,还是工作在负载状态?

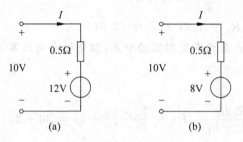

图 1.32 题 1.3 图

1.4 一只"100Ω,$100W$"的电阻与 120V 电源相串联,至少要串入多大的电阻 R 才能使该电阻正常工作? 电阻 R 上消耗的功率又为多少?

1.5 分别确定图 1.33 所示电路中的电流 I。

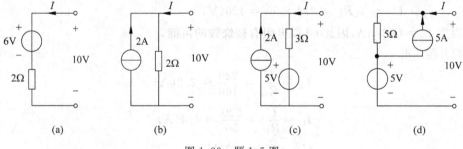

图 1.33 题 1.5 图

1.6 在图 1.34(a)所示电路中,若让 $I=0.6A$,R 的电阻值应为多少? 在图 1.34(b)所示电路中,若让 $U=0.6V$,R 的电阻值应为多少?

1.7 分别计算图 1.35 所示电路中 S 打开与闭合时 A、B 两点的电位。

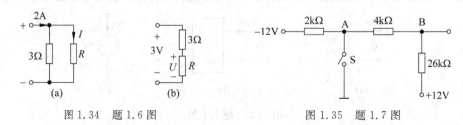

图 1.34 题 1.6 图   图 1.35 题 1.7 图

1.8 在图 1.36 所示电路中,求电压 U。

1.9 在图 1.37 所示电路中,求 AB 间的等效电阻 R_{AB}。

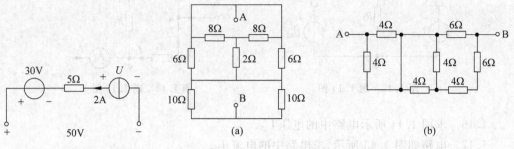

图 1.36 题 1.8 图　　　　　　图 1.37 题 1.9 图

1.10 求图 1.38 所示各电路的入端电阻 R_{ab}。

1.11 指出图 1.39 所示电路中有几个节点? 几条支路? 几个回路? 几个网孔?

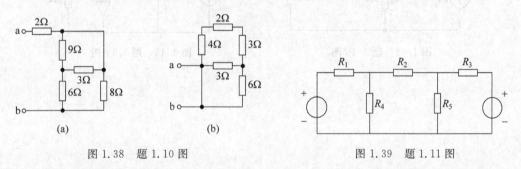

图 1.38 题 1.10 图　　　　　　图 1.39 题 1.11 图

1.12 对图 1.40 所示电路中的 a 点和 c 点列出 KCL 方程式,对回路 abca 及 acda 列出 KVL 方程式。

1.13 电路如图 1.41 所示,求电流 I 和电压 U。

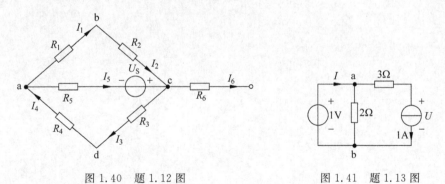

图 1.40 题 1.12 图　　　　　　图 1.41 题 1.13 图

1.14 电路如图 1.42 所示,已知 $I_1 = -1\text{A}, U_{S1} = 20\text{V}, U_{S2} = 40\text{V}, R_1 = 4\Omega, R_2 = 10\Omega$,求电阻 R_3。

1.15 在图 1.43 所示电路中,电流 $I = 10\text{mA}, I_1 = 6\text{mA}, R_1 = 3\text{k}\Omega, R_2 = 1\text{k}\Omega, R_3 = 2\text{k}\Omega$。求电流表 A_4 和 A_5 的读数各为多少?

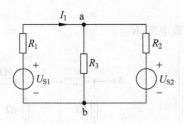

图 1.42　题 1.14 图

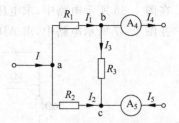

图 1.43　题 1.15 图

1.16　求图 1.44 所示电路中的电压 U_2。

1.17　电路如图 1.45 所示，求电路中的电流 I_1。

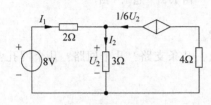

图 1.44　题 1.16 图

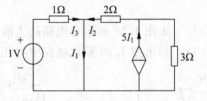

图 1.45　题 1.17 图

第 2 章

线性电阻电路分析

本章以线性电阻电路为例,介绍线性电路分析的一般方法和电路定理。一般方法是指选择一组电路未知变量列出电路方程进行求解的方法。电路定理主要包括叠加原理、戴维宁定理等,这些方法和定理在电路分析中具有普遍应用意义。

值得指出的是,本章虽然只是通过直流电路介绍常用的电路分析及参数计算方法,但这些方法只要稍加扩展,同样适用于后续的交流电路分析。

2.1　支路电流法

确定电路中的各支路电压和支路电流是电路分析的典型问题。以支路电流作为待求量,根据基尔霍夫定律列出与待求量数目相等的电流、电压方程,然后解方程组,求出支路电流,这就是支路电流法。

下面结合图 2.1 所示的电路,来说明运用支路电流法的解题步骤。

(1) 确定待求支路电流数,标出各支路电流的参考方向(方向可以任意设定,一旦设定不可随意更改),同时根据电流的参考方向,确定关联条件下各个元件上的电压的参考方向。若电路中有 b 条支路,则有 b 个支路电流参数待求。在如图 2.1 所示电路中,$b=3$,各支路的电流分别为 I_1、I_2、I_3,电阻上的关联参考电压方向如图 2.1 所示。

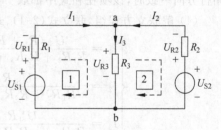

图 2.1　支路电路法例图

采用关联参考方向的优点在于一旦确定了电压、电流的参考方向,就可以直接采用欧姆定律 $U=IR$ 来分析电路参数,而不需要再考虑其数值的正负问题了。

(2) 根据基尔霍夫电流定律(KCL),列出独立的节点电流方程式。所谓独立的节点电流方程是指方程中至少包含一个在其他方程中没有出现过的新的支路电流。例如,在图 2.1 所示电路中:

① 对于节点 a,有

$$I_1 + I_2 - I_3 = 0 \tag{2-1}$$

② 对于节点 b,有

$$-I_1 - I_2 + I_3 = 0 \qquad (2\text{-}2)$$

显然,这两个方程中有一个是不独立的。

可以证明,若电路中有 n 个节点,则可列出 $(n-1)$ 个独立的节点电流方程,剩下的第 n 个节点电流方程是不独立的。

(3) 根据基尔霍夫电压定律(KVL),列出 $[b-(n-1)]$ 个回路电压方程式。

所列的电压方程应当是独立的。选择独立回路较为有效的方法是,在每选取一个新回路时,要保证至少有一条新支路(即在已选取的回路中未经过的支路)出现在回路中。比较简单的一种方法是在选择回路时,可以选择几个相邻支路围成的回路,这种回路称为网孔。简单地说,中间不含有交叉支路的回路称为网孔。

如图 2.1 所示电路中的网孔 1 和网孔 2。R_3 所在支路和 R_1、U_{S1} 所在支路组成的回路,就是网孔 1;R_3 所在支路和 R_2、U_{S2} 所在支路组成的回路,就是网孔 2;由外围两条支路 R_1、U_{S1} 和 R_2、U_{S2} 组成的回路不是网孔,因为这个回路中间有支路 R_3。具有 b 条支路,n 个节点的电路,有 $[b-(n-1)]$ 个网孔,恰好建立 $[b-(n-1)]$ 个独立回路电压方程式。取网孔来列 KVL 方程式,能保证所得到的电压方程式是独立的。但是这种利用网孔建立独立电压方程式的方法不是绝对的。当电路中含有电流源时,电流源两端的电压是未知的,一般可以避开含有电流源支路的网孔,而采用其他外围回路来建立电压方程式。

对于图 2.1 所示电路,取两个网孔来列 KVL 方程式,根据图示的绕行方向得

① 网孔 1:

$$I_1 R_1 + I_3 R_3 - U_{S1} = 0 \qquad (2\text{-}3)$$

② 网孔 2:

$$-I_2 R_2 + U_{S2} - I_3 R_3 = 0 \qquad (2\text{-}4)$$

由这两个网孔电压方程可以看到,当支路中的元件电压参考方向或电源方向与回路循行方向一致时,该项在和式中都取"+"号;不一致时,则取"-"号。

(4) 解联立方程组,联立式(2-1)、式(2-3)、式(2-4),解之,得

$$\begin{cases} I_1 = \dfrac{U_{S1}(R_2 + R_3)}{R_1 R_2 + R_2 R_3 + R_3 R_1} - \dfrac{U_{S2} R_3}{R_1 R_2 + R_2 R_3 + R_3 R_1} \\[3mm] I_2 = -\dfrac{U_{S1} R_3}{R_1 R_2 + R_2 R_3 + R_3 R_1} + \dfrac{U_{S2}(R_1 + R_3)}{R_1 R_2 + R_2 R_3 + R_3 R_1} \\[3mm] I_3 = \dfrac{U_{S1} R_2}{R_1 R_2 + R_2 R_3 + R_3 R_1} + \dfrac{U_{S2} R_1}{R_1 R_2 + R_2 R_3 + R_3 R_1} \end{cases}$$

根据计算结果的正负号与假设的参考方向相比较,即可得到各支路电流的实际方向。实际在后续分析可知,不需要关注电路中的电压及电流的实际方向。

【例 2-1】 用支路电流法求图 2.2 所示电路中各支路电流。已知 $R_1 = 8\Omega$,$R_2 = 4\Omega$,$R_3 = 2\Omega$,$R_4 = 12\Omega$,$U_{S1} = 36\text{V}$,$U_{S2} = 24\text{V}$。

解 (1) 设定各支路电流参考方向及电阻上关联电压参考方向,如图 2.2 所示。

(2) 选定节点 O 为参考节点,节点 ①、②、③ 为独立节点,列 KCL 方程如下。

$$\begin{cases} I_1 + I_4 = I_5 \\ I_1 + I_2 = I_3 \\ I_4 + I_6 = I_2 \end{cases} \qquad (2\text{-}5)$$

（3）电路中的三个网孔 1、2、3 为独立回路，列 KVL 方程如下。

$$\begin{cases} U_{S1} = I_1 R_1 + I_3 R_3 \\ U_{S2} = I_2 R_2 + I_3 R_3 \\ I_1 R_1 = I_2 R_2 + I_4 R_4 \end{cases} \tag{2-6}$$

（4）联立方程组（2-5）和方程组（2-6），求解 6 个方程，可得

$$I_1 = 3A, \quad I_2 = 3A, \quad I_3 = 6A, \quad I_4 = 1A, \quad I_5 = 4A, \quad I_6 = 2A$$

思考　如果用电流源取代电路中的电压源 U_{S2}，应如何计算各支路电流？

【例 2-2】 用支路电流法求图 2.3 所示电路中各支路电流和受控源端电压。

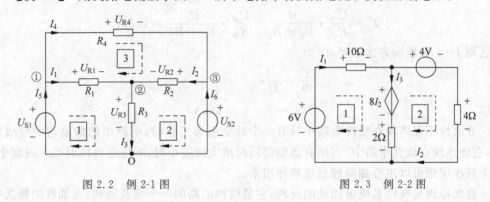

图 2.2　例 2-1 图　　　　　　　　图 2.3　例 2-2 图

解

（1）设定各支路电流参考方向及电阻上关联电压参考方向，如图 2.3 所示。

需要注意的是，图 2.3 所示电路中受控源为电流控制型电压源（CCVS），$8I_2$ 为受控电压源的电压值，而不是电流值，这里将这条支路电流设定为 I_3，参考方向如图 2.3 所示。

（2）根据 KCL，列节点电流方程如下。

$$I_1 = I_2 + I_3$$

（3）根据 KVL，列回路电压方程如下。

$$\begin{cases} 10I_1 + 8I_2 + 2I_3 = 6 \\ 2I_3 + 8I_2 = 4 + 4I_2 \end{cases}$$

（4）联立求解以上三个方程，可得

$$I_1 = -1A, \quad I_2 = 3A, \quad I_3 = -4A$$

从上面的讨论可以看出，支路电流法能解决一切复杂电路的分析与计算。因而支路电流法是分析复杂电路的基本方法。然而当电路中的支路数量较多时（一般不超过 5 个未知量），采用这种方法求解方程显得比较麻烦，这时需要考虑其他的电路分析方法。

2.2　叠加原理

线性系统的线性性质包含齐次性和可加性。所谓齐次性，是指线性电路中只有一个独立电源工作时，电路中的激励（电压源和电流源）与响应（支路电流或电压）成正比。

【例 2-3】 图 2.4 所示电路中,已知各电阻 $R_1 = 3\Omega$,
$R_2 = 2\Omega, R_3 = 6\Omega, R_4 = 2\Omega, I = 1A$,求 U_{ab}。

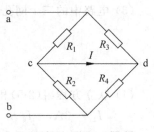

图 2.4 例 2-3 图

解   本例可以采用 2.1 节介绍的支路电流法计算。不
难发现,图 2.4 中支路至少有 6 条,计算相对繁杂,如果应用齐
次定理,可使分析简便。首先计算 ab 端端口的等效电阻:

$$R_{ab} = R_1 \mathbin{/\mkern-5mu/} R_3 + R_2 \mathbin{/\mkern-5mu/} R_4 = 3\Omega$$

设 $U_{ab} = 9V$(任意假设一个便于计算的值),此时对应图 2.4
中的电流 I 用 I' 表示,那么

$$I' = \frac{U_{ab}}{R_{ab}} \cdot \frac{R_3}{R_1 + R_3} - \frac{U_{ab}}{R_{ab}} \cdot \frac{R_4}{R_2 + R_4} = 0.5A$$

现已知 $I = 1A$,根据齐次定理,因为

$$\frac{I'}{9} = \frac{1}{U_{ab}}$$

所以 $$U_{ab} = 2 \times 9 = 18(V)$$

齐次性不仅体现在线性电路中只有一个独立电源工作时,电路中的激励与响应成正
比,它还体现在线性电路中,当所有激励都同时增大或缩小时,响应也将同时增大或缩小,
这个齐次定理可以由叠加原理直接推导出来。

叠加原理是线性系统可加性的反映,它是线性电路的一个重要原理,可加性的概念贯
穿于电路分析之中,并在叠加原理中得到直接应用。

叠加原理:由线性元件和多个电源组成的线性电路中,任一支路的电流或电压等于
各个独立电源单独作用时在该支路所产生的各电流分量或电压分量的代数和。不工作的
独立电压源短路,独立电流源开路,但保留其内阻。

叠加原理的正确性可用下例说明。

以图 2.5(a)中支路电流 I_1 为例,在 2.1 节中由支路电流法已经求得其结果为

$$I_1 = \frac{R_2 + R_3}{R_1 R_2 + R_2 R_3 + R_3 R_1} \cdot U_{S1} - \frac{R_3}{R_1 R_2 + R_2 R_3 + R_3 R_1} \cdot U_{S2}$$

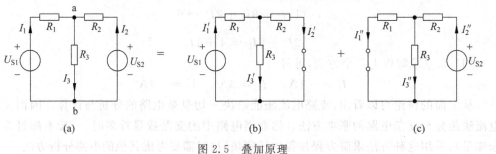

(a)   (b)   (c)

图 2.5 叠加原理

设

$$I_1' = \frac{R_2 + R_3}{R_1 R_2 + R_2 R_3 + R_3 R_1} \cdot U_{S1} \tag{2-7}$$

$$I_1'' = \frac{R_3}{R_1 R_2 + R_2 R_3 + R_3 R_1} \cdot U_{S2} \tag{2-8}$$

由
$$I_1 = I'_1 - I''_1$$

不难发现,式(2-7)中I'_1是当电路中只有U_{S1}单独作用时,在U_{S1}支路中所产生的电流,如图 2.5(b)所示。式(2-8)中I''_1是当电路中只有U_{S2}单独作用时,在U_{S1}支路中所产生的电流,如图 2.5(c)所示。图 2.5 中I''_1的方向与I_1的参考方向相反,故带负号。

同理
$$I_2 = -I'_2 + I''_2, \quad I_3 = I'_3 + I''_3$$

使用叠加原理时应注意以下几点。

(1) 叠加原理仅仅适用于线性电路,不适用于非线性电路,本书所有电路如未特殊说明,均为线性电路。

(2) 所谓电路中各个电源单独作用,是指当一个电源作用时,假设将其余电源除去,而保留电源中的电阻。除源的方法是独立电压源短路,独立电流源开路。当然也可以将电源分为几组,按组计算后再叠加,只要不重复使用电源即可,有时按组计算更为简便。

(3) 对于含受控源的电路,在应用叠加原理时,不能把受控源当作独立源一样单独作用,只能把受控源看作一般元件,与电路中所有电阻一样,不予变动,保留在各个独立电源单独作用下的各子电路中。

(4) 各子电路中的电流(或电压)参考方向与当前子电路中工作电源的方向关联比较容易计算,不一定要跟原电路的电流(或电压)参考方向保持一致。叠加的原则是子电流(或子电压)参考方向与原电路电流(或电压)参考方向一致时为正,相反为负。

(5) 叠加原理只适用于计算线性电路的电流和电压,不适用于计算功率。因为功率不是电流或电压的一次函数,即功率与电流或电压之间不是线性关系。例如图 2.5(a)中电阻R_3上的功率为
$$P_3 = I_3^2 R_3 = (I'_3 + I''_3)^2 R_3 \neq I'^2_3 R_3 + I''^2_3 R_3$$

叠加原理反映了线性电路的特性,在线性电路中,各个独立电源产生的电压或电流值互不影响,当共同作用于一个线性电路时,可以利用叠加原理分析电路,有助于简化复杂电路分析计算。下面举例具体说明叠加原理的应用。

【例 2-4】　如图 2.6(a)所示电路,已知$U_S = 15\text{V}, R_1 = 1\Omega, I_S = 10\text{A}, R_2 = R = 1\Omega$,试用叠加原理求各支路电流。

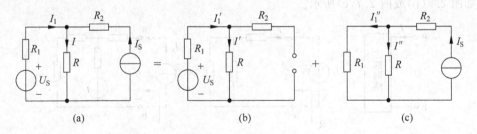

图 2.6　例 2-4 图

解　图 2.6(a)所示为电压源与电流源共同作用时的电路;图 2.6(b)所示为电压源单独作用时的电路,这里令$I_S = 0$,该支路处于开路状态;图 2.6(c)所示为电流源单独作用时的电路,这里令$U_S = 0$,电压源成为短路元件。图 2.6(a)所示电路是图 2.6(b)所示电路和图 2.6(c)所示电路的叠加。

（1）求电压源单独作用时各支路电流。设各支路电流的参考方向如图 2.6(b)所示，电流源支路不需要求子电流，所以

$$I_1' = I' = \frac{U_S}{R_1 + R} = \frac{15}{1 + 1} = 7.5(A)$$

（2）求电流源单独作用时各支路电流。各支路电流的参考方向如图 2.6(c)所示，其值分别为

$$I'' = I_S \times \frac{R_1}{R_1 + R} = 10 \times \frac{1}{1 + 1} = 5(A)$$

$$I_1'' = I_S \times \frac{R}{R_1 + R} = 10 \times \frac{1}{1 + 1} = 5(A)$$

（3）应用叠加原理求各独立电源同时作用时各支路电流：

$$I = I' + I'' = 7.5 + 5 = 12.5(A)$$

两个子电流与原始电流 I 的参考方向均一致，故相加。

$$I_1 = I_1' - I_1'' = 7.5 - 5 = 2.5(A)$$

I_1'' 的参考方向与原始电流 I_1 方向相反，故相减。

2.3   等效电源定理

在研究网络中某一部分电路的响应时，网络的其他部分如能用简单的等效电路替代，可使电路分析得到简化。等效电源定理包含戴维宁定理和诺顿定理。

2.3.1   无源二端网络输入电阻

电路（或称网络）的一个端口是它向外引出的一对端子，这对端子可以与外部电源或其他电路相连接。对闭合电路一个端口来说，从它的一个端子流入的电流一定等于从另一个端子流出的电流，这个可以根据 KCL 定律推导而得，这一类的电路（或称网络）相当于一个广义节点。这种具有向外引出一对端子的电路（或称网络）称为一端口（网络）或二端网络。图 2.7(a)所示是一个二端网络的图形表示，图形中的具体电路可以是各种各样的，如图 2.7(b)或图 2.7(c)所示。

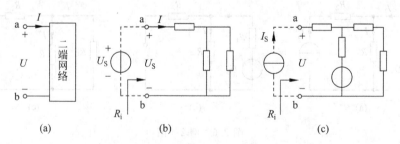

图 2.7   一端口网络(二端网络)的端口电阻

当一个二端网络中不含有任何独立电源时（可以包含受控源），这个二端网络称为无源二端网络，如图 2.7(b)所示。可以证明，无论无源二端网络内部如何复杂，端口电压与端口电流都成正比，因此，定义此端口的输入电阻 R_i 为

$$R_i = \frac{U}{I} \tag{2-9}$$

端口的输入电阻也就是端口的等效电阻,可以采用电压、电流法计算输入电阻,即在端口加电压源 U_S,然后测出端口电流 I;或在端口加电流源 I_S,然后测出端口电压 U。根据式(2-9),由 $R_i = \dfrac{U_S}{I} = \dfrac{U}{I_S}$ 可以求得该二端网络的输入电阻。

【例 2-5】 求图 2.8(a)所示电路的端口等效电阻 R_{ab},其中 $R_1 = R_2 = R_3 = 6\Omega, R_4 = R_5 = 2\Omega$。

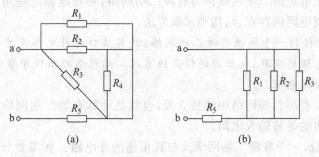

图 2.8 例 2-5 图

解 在图 2.8(a)中,由于电阻 R_4 被短路,因此可以简化成如图 2.8(b)所示的等效电路。则等效电阻为

$$R_{ab} = R_1 /\!/ R_2 /\!/ R_3 + R_5 = \frac{1}{\dfrac{1}{R_1} + \dfrac{1}{R_2} + \dfrac{1}{R_3}} + R_5 = 4\Omega$$

【例 2-6】 求图 2.9(a)所示二端网络的输入电阻 R_{ab}。

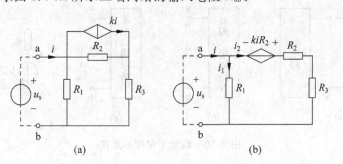

图 2.9 例 2-6 图

解 由于本例的二端网络中含有受控源,因此不能简单地利用电阻的串并联方式求解等效电阻。在端口 ab 处加电压 u_s,利用电源等效互换原理(见 1.5.2 小节),将受控电流源与 R_2 的并联等效为受控电压源与 R_2 的串联,根据 KVL 和 KCL,列出回路电压方程及节点电流方程如下。

$$\begin{cases} u_s = i_1 R_1 \\ u_s + ki R_2 - i_2(R_2 + R_3) = 0 \\ i = i_1 + i_2 \end{cases}$$

求解得

$$R_{ab} = \frac{u_s}{i} = \frac{R_1 R_3 + (1-k)R_1 R_2}{R_1 + R_2 + R_3} \tag{2-10}$$

若式(2-10)分子中出现负号,表明当二端网络中出现受控源时,在一定参数条件下,等效电阻有可能是零,甚至是负值。当出现等效负电阻时,说明该二端网络实质是一个发出功率的等效元件,这是由于受控源发出功率导致的结果。

2.3.2 戴维宁定理

内部含有独立电源的二端网络称为有源二端网络,等效电源定理用以说明有源二端网络的最简单等效电路的存在、结构和求取方法。

戴维宁定理:任何一个线性有源二端网络,就其端口对外电路而言都可以等效为一个电压源与一个电阻的串联,电压源的值是该有源二端网络的端口开路电压,电阻值是该有源二端网络的除源电阻。

除源是指除去有源二端网络中的独立源,也就是计算有源二端网络内各独立源为零后的无源二端网络的等效输入电阻。

图2.10(a)表示一个有源二端网络及与其相连的外电路。在需要分析外电路的响应参数时,若采用戴维宁定理分析法,可以将有源二端网络等效为图2.10(d)所示的含有内阻 R_{eq} 的等效电压源 U_{oc}。U_{oc} 与 R_{eq} 的串联电路就是戴维宁等效电路。其中 U_{oc} 的值是有源二端网络的开路电压,如图2.10(b)所示,将外电路断开,有源二端网络 N 的两个端口 a、b 之间的电位差 U_{ab} 就是开路电压 U_{oc}(注意供给外电路的电压方向必须一致);R_{eq} 是除源二端网络 N_0(有源二端网络 N 内的独立源取零后)端口等效电阻,求解方法同2.3.1小节无源二端网络输入电阻的计算方法,如图2.10(c)所示。

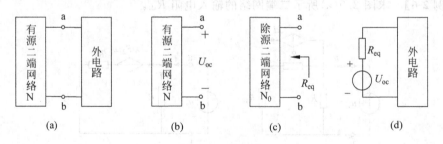

图 2.10   戴维宁定理示意图

应用戴维宁定理分析电路的步骤如下。

(1) 保留待求支路,将其看作外电路,将待求支路以外的部分作为有源二端网络,最终等效为如图2.10(d)所示电路。

(2) 去除待求部分支路,相当于将保留下来的有源二端网络开路,如图2.10(b)所示,计算该有源二端网络的开路电压 U_{oc}。

(3) 将有源二端网络内的独立源去除(电压源短路,电流源开路,保证电流源或电压源的值均为零),计算该除源二端网络的端口等效电阻 R_{eq}。

(4) 用电压源 U_{oc} 与电阻 R_{eq} 串联的支路(即戴维宁等效电路)代替原有源二端网络,与待求支路(外电路)相连,如图2.10(d)所示,分析计算待求电路参数。

这里需要注意的是等效电压源极性，由图 2.10(d)所示 U_{oc} 的电压极性方向可知：

$$U_{oc} = U_a - U_b$$

【例 2-7】　有电路如图 2.11 所示，用戴维宁定理求当电阻 R_L 分别为 2Ω、4Ω 及 16Ω 时该电阻上的电流 I。

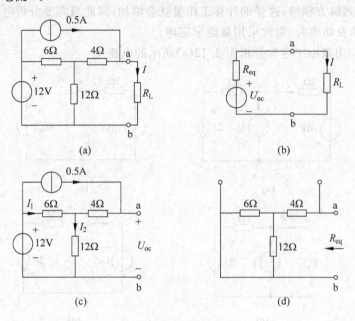

图 2.11　例 2-7 图

解　根据戴维宁定理，首先保留要分析的支路，即保留图 2.11(a)中 ab 右侧的 R_L 支路，其他部分构成的有源二端网络简化为戴维宁等效电路，如图 2.11(b)所示。

(1) 计算戴维宁等效电路中的电压源电压值，即有源二端网络的端口开路电压 U_{oc}，如图 2.11(c)所示。设定两条支路电流参考方向如图 2.11(c)所示，由于 ab 端开路，4Ω 电阻上的电流即为电流源电流 0.5A。根据 KCL 和 KVL，列方程如下。

$$\begin{cases} I_1 + 0.5 = I_2 \\ 6I_1 + 12I_2 = 12 \end{cases}$$

求解得

$$I_2 = \frac{5}{6}A$$

由 KVL 得

$$U_{oc} = 4 \times 0.5 + 12I_2 = 12(V)$$

(2) 计算戴维宁等效电路中的等效电阻 R_{eq}，等效电阻为有源二端网络的除源电阻，因此将 12V 的独立电压源短路，0.5A 的独立电流源开路，如图 2.11(d)所示。计算电路 ab 两端的等效电阻为

$$R_{eq} = 4 + 6 \ // \ 12 = 8(\Omega)$$

(3) 由图 2.11(b)所示电路，可以求得电流 I 为

$$I = \frac{U_{oc}}{R_{eq} + R_L} = \frac{12}{8 + R_L} (\text{A})$$

当 R_L 分别为 2Ω、4Ω 及 16Ω 时,该电阻上的电流分别为 1.2A、1A 和 0.5A。

从例 2-7 可以看到,如果采用支路电流法或叠加原理来分析不同 R_L 下的电流时,需要不断地重复列解方程组,这样的计算工作量就会增加,因此当需要分析电路中某一条支路的电流、电压及功率时,常常采用戴维宁定理。

【例 2-8】 用戴维宁定理分析图 2.12(a)所示的电流 I。

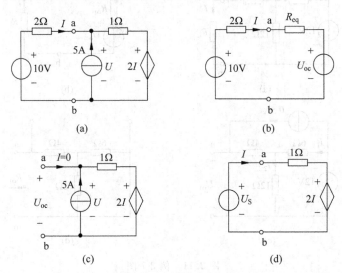

图 2.12 例 2-8 图

解 根据戴维宁定理,首先保留要分析的支路,即保留图 2.12(a)中 ab 左侧的 10V 电压源与 2Ω 的串联支路,其他部分构成的有源二端网络简化为戴维宁等效电路,如图 2.12(b)所示。

(1) 计算戴维宁等效电路中的电压源电压值,即有源二端网络的端口开路电压 U_{oc},如图 2.12(c)所示。注意到图中有一个电流型受控电压源(CCVS),由于有源二端网络的端口开路,因此端口电流 $I=0$,受控电压源的电压值也为 0,那么等效电压源的值为

$$U_{oc} = 5 \times 1 = 5(\text{V})$$

(2) 计算戴维宁等效电路中的等效电阻 R_{eq},等效电阻为有源二端网络的除源电阻,将 5A 的独立电流源开路,注意这里的受控电压源不可以被除去,因此不能采用电阻串并联的方式计算,在除源二端网络的端口 ab 处添加一个电压源 U_s,如图 2.12(d)所示。根据 KVL 可得

$$U_s = I + 2I = 3I$$

等效电阻 R_{eq} 为

$$R_{eq} = \frac{U_s}{I} = 3\Omega$$

(3) 由图 2.12(b)所示电路,可以求得电流 I 为

$$I = \frac{10 - U_{oc}}{R_{eq} + 2} = \frac{5}{5} = 1(\text{A})$$

2.3.3 诺顿定理

在 1.5.2 小节中介绍过等效电源互换定理：如果一个电压源模型（理想电压源与电阻的串联模型）与一个电流源模型（理想电流源与电阻的并联模型）能够对同一个负载（共同的外电路）提供等值的电压、电流和功率，则这两个电源对外电路而言是等效的。

有源二端网络的戴维宁定理是对外电路而言的，即二端网络和戴维宁等效电路对外电路能提供等值的电压、电流和功率。既然戴维宁等效电路是一个电压源和电阻的串联，那么根据等效电源互换定理，可以用电流源和电阻的并联模型代替戴维宁等效电路，这就是诺顿等效电路。

诺顿定理：任何一个线性有源二端网络，就其端口对外电路而言都可以等效为一个电流源与一个电阻的并联，电流源的值是该有源二端网络的端口短路电流，电阻值是该有源二端网络的除源电阻。

除源方式同戴维宁等效电路分析方法。

图 2.13(a) 表示一个有源二端网络及与其相连的外电路。在需要分析外电路的响应参数时，若采用诺顿定理分析法，可以将有源二端网络等效为图 2.13(d) 所示的含有内阻 R_{eq} 的等效电流源 I_{sc}。I_{sc} 与 R_{eq} 的并联电路就是诺顿等效电路。其中 I_{sc} 的值是有源二端网络的短路电流，如图 2.13(b) 所示。R_{eq} 是除源二端网络 N_0（有源二端网络 N 内的独立源取零后）端口等效电阻，求解方法同前所述，如图 2.13(c) 所示。

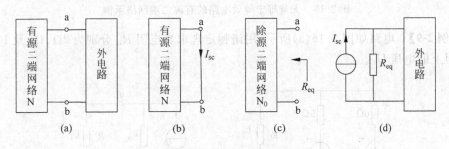

图 2.13 诺顿定理示意图

应用诺顿定理分析电路的步骤类似戴维宁等效电路，唯一需要注意的是等效电流源极性。由图 2.13(d) 可知 I_{sc} 的电流方向是从 a 点供给外电路的，因此短路电流方向应该从 a 点流向 b 点。

并非所有的电路都存在戴维宁等效电路或诺顿等效电路。戴维宁等效电路或诺顿等效电路存在的条件为：①所研究的一端口电路必须不存在与电路之外的变量相耦合的元件；②所研究的一端口电路必须满足唯一解条件。

实际求解时，将有源二端网络除源后，等效电阻 R_{eq} 有可能为零或者无穷大。如果等效电阻 R_{eq} 为零，那么戴维宁等效电路仅为一个无伴电压源 U_{oc}（即没有与之串联的等效电阻 R_{eq}），同时，该电路不存在对应的诺顿等效电路。如果等效电阻 R_{eq} 为无穷大，那么诺顿等效电路仅为一个无伴电流源 I_{sc}（即没有与之并联的等效电阻 R_{eq}），同时，该电路不存在对应的戴维宁等效电路。通常情况下，两种等效电路都是存在的。

例如，图 2.14 所示的有源二端网络中，从 a、b 两端得到的等效输入电阻均为零，这三种电路只有一个由无伴电压源 U_{S1} 构成的戴维宁等效电路,如图 2.14(c)所示,没有对应的诺顿等效电路。而图 2.15 所示的有源二端网络中,从 a、b 两端得到的等效输入电阻均为无穷大,这三种电路只有一个由无伴电流源 I_{S2} 构成的诺顿等效电路,如图 2.15(c)所示,没有对应的戴维宁等效电路。

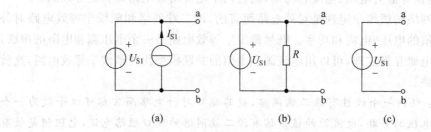

图 2.14　无诺顿等效电路的有源二端网络示例

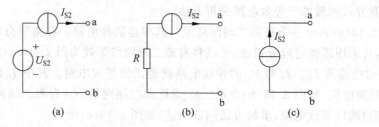

图 2.15　无戴维宁等效电路的有源二端网络示例

【例 2-9】　电路如图 2.16(a)所示,用诺顿定理求当电阻 R_L 分别为 2Ω、4Ω 及 10Ω 时该电阻上的电压 U_L。

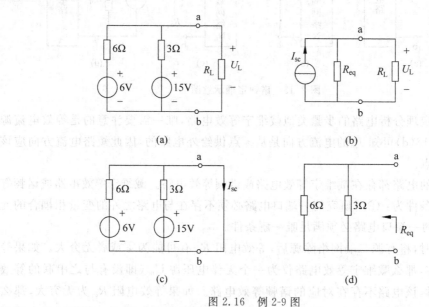

图 2.16　例 2-9 图

解　利用诺顿定理分析电路的步骤同戴维宁定理分析法。首先保留要分析的支路,即保留图 2.16(a)中 ab 右侧的 R_L 支路,其他部分构成的有源二端网络简化为诺顿等效电路,如图 2.16(b)所示。

(1) 计算诺顿等效电路中的电流源电流值,即有源二端网络的端口短路电流 I_{sc},如图 2.16(c)所示。由于短路线的作用,使 6V 电压源全部供电给 6Ω 电阻,15V 电压源全部供电给 3Ω 电阻。因此根据 KCL 可求得短路电流为

$$I_{sc} = \frac{6}{6} + \frac{15}{3} = 6(A)$$

(2) 计算诺顿等效电路中的等效电阻 R_{eq},等效电阻为有源二端网络的除源电阻,如图 2.16(d)所示,得

$$R_{eq} = 6 \ /\!/ \ 3 = 2(\Omega)$$

(3) 由图 2.16(b)可以求得电阻 R_L 上的电压为

$$U_L = \frac{R_{eq}}{R_{eq} + R_L} \cdot I_{sc} R_L = \frac{12}{2 + R_L} \cdot R_L(V)$$

当 R_L 分别为 2Ω、4Ω 及 10Ω 时,该电阻上的电压分别为 6V、8V 和 10V。

例 2-9 还有两种简单的变换方式:①采用戴维宁定理进行分析,通过计算开路电压,除源电阻得到戴维宁等效电路;②采用电源变换方法将 6V 电压源与 6Ω 电阻的串联电路等效为 1A 电流源与 6Ω 电阻的并联电路,同理,于另一条支路,利用 KCL 合并电流源支路,最终可以得到诺顿等效电路。

应用戴维宁定理或诺顿定理来等效有源二端网络时,可以求出该有源二端网络的开路电压、短路电流和除源电阻三个参数中的任意两个(可根据具体电路选择最容易求得的两个参数),如果需要求出第三个参数,可以根据电源等效变换定理来计算。

$$U_{oc} = I_{sc} R_{eq}$$

或

$$I_{sc} = \frac{U_{oc}}{R_{eq}} \tag{2-11}$$

【例 2-10】 计算图 2.17 中有源二端网络戴维宁等效电路及诺顿等效电路参数。

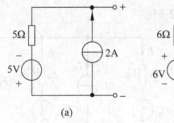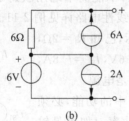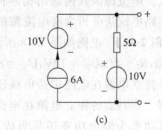

图 2.17　例 2-10 图

解　对图 2.17(a)有

$$U_{oc} = 2 \times 5 - 5 = 5(V)$$
$$R_{eq} = 5\Omega$$
$$I_{sc} = \frac{U_{oc}}{R_{eq}} = \frac{5}{5} = 1(A)$$

对图 2.17(b)有

$$U_{oc} = 36 + 6 = 42(V)$$

$$R_{eq} = 6\,\Omega$$

$$I_{sc} = \frac{U_{oc}}{R_{eq}} = \frac{42}{6} = 7(A)$$

对图 2.17(c)有

$$U_{oc} = 6 \times 5 + 10 = 40(V)$$

$$R_{eq} = 5\,\Omega$$

$$I_{sc} = \frac{U_{oc}}{R_{eq}} = \frac{40}{5} = 8(A)$$

例 2-10 可以采用短路电流计算或电源互换的方法进行验证。

注意：当有源二端网络用戴维宁等效电路或诺顿等效电路置换后,端口以外的电路(称为外电路)中的电压、电流均保持不变,这种等效仅仅对外是等效的,两个等效电路内部电源的电流、电压、功率通常是不等的。

2.4　分析方法应用实例

线性电路的分析方法有很多种,本章只介绍最常用的几种分析方法,如何灵活使用这些分析方法、快捷有效地提高线性电路分析能力是这一节的主要内容。

2.4.1　含电流源的支路电流分析法应用

2.1 节给出了支路电流分析法的具体步骤,这种分析方法一般适用于支路不超过 5 条的线性电路。当支路数过多时,这种分析方法显得比较烦琐,可以采用其他分析方法简化电路后再使用支路电流法。

电流源在支路电流分析法中经常会被忽略其两端的电压值。首先要强调的是电流源两端的电压不可以用 $U = IR$ 的方式计算,因为电流源的内阻是很大的,理想时可以看作无穷大。电流源因其内部结构不同,不能简单地用欧姆定律来分析电流与电压的关系。利用支路电流法分析含有电流源的线性电路详见例 2-11。

【例 2-11】 电路如图 2.18 所示,已知 $R_1 = 2\,\Omega$,$R_2 = 2\,\Omega$,$R_L = 2\,\Omega$,$U_{S1} = 10V$,$U_{S2} = -6V$,$I_{S1} = -8A$,判断各独立电源在电路中是负载还是电源。

解　要判断各独立电源在电路中的功能,必须判断其功率为输出功率还是吸收功率。如果是输出功率,则该独立电源呈电源功能,供出电能;反之,如果是吸收功率,则该独立电源呈负载功能,消耗电能。

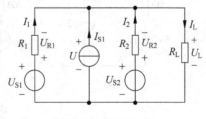

图 2.18　例 2-11 图

首先设定电流参考方向如图 2.18 所示。根据电流参考方向设定各电阻上的关联电压参考方向 U_{R1}、U_{R2}、U_L。这时必须注意电流源上的电压,可以任意设定一个电压方向如图 2.18 中的 U(这个电压在电路分析时经常被遗漏)。根据 KCL 可得

$$I_1 + I_2 + I_{S1} = I_L$$

回路电压方程尽量避开电流源,根据 KVL 可得以下两个回路电压方程。

$$U_{S1} = U_{R1} + U_L = I_1 R_1 + I_L R_L$$

$$U_{S2} = U_{R2} + U_L = I_2 R_2 + I_L R_L$$

联立三个方程,可求得三个电流参数。

$$\begin{cases} I_1 + I_2 - 8 = I_L \\ 10 = 2I_1 + 2I_L \\ -6 = 2I_2 + 2I_L \end{cases}$$

最终求得:$I_1 = 7\text{A}, I_2 = -1\text{A}, I_L = -2\text{A}$。

为了计算电流源上的功率,必须求解电流源上的电压 U,利用电流源与电阻 R_L 的串联回路,根据 KVL 可得

$$U = I_L R_L = -4\text{V}$$

最后计算三个独立电源功率:

$$P_{U_{S1}} = U_{S1} I_1 = 70\text{W}$$

$$P_{U_{S2}} = U_{S2} I_2 = 6\text{W}$$

$$P_{I_{S1}} = U I_{S1} = 32\text{W}$$

可以看到,这三个电源都是在非关联参考方向,$P > 0$,因此其功能都属于电源,供出电能。

解题思路　在此例中有几个关键点必须注意:①此例中有两个值为负数的电压源和电流源,在计算过程中,只需要设定好关联电流、电压的参考方向,按照 KCL、KVL 列方程,然后代入数值,不需要根据正负号考虑参考方向;②在用支路电流分析法时,根据 KVL 列回路电压方程时,要尽量避开含有电流源的支路,防止多一个未知变量(电流源上的电压),如果出现像本例这样的功率计算,那么可以在最后列一个含有电流源电压的回路方程进行求解;③电路中独立源功能分析不仅需要计算其功率大小,更要考虑独立源上的电压、电流关系是关联参考方向还是非关联参考方向,由此判断其功能性质为电源还是负载。

2.4.2　开口电路的 KVL 应用

基尔霍夫电压定律(KVL)是分析电路时最常用的一个定律。这个定律不仅可以用于一个闭合的回路,还可以用于一些开口电路,由此计算两点间的电位差。

【例 2-12】　电路如图 2.19(a)所示,这是后续章节中要分析的一种放大电路,电路的激励为信号源 u_s,分析输出信号 u_o 与输入信号 u_i 之间的关系。

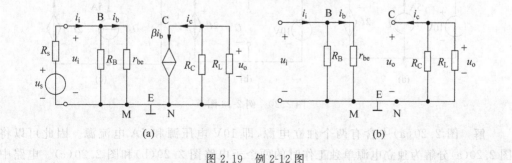

(a)　　　　　　　　　　　　(b)

图 2.19　例 2-12 图

解　根据 KCL 广义节点的概念,参考零点 E 的左侧闭合回路相当于一个广义节点,这个节点只有唯一的一条支路 MN 与其他电路(右侧电路)相连,说明这条支路电流为零(根据 KCL),因此可以将这个电路以参考零点 E 为界,左右电路分开,单独分析电流电压关系。

首先看左侧回路,可以将信号源支路忽略(并非真的开路,否则就没有电流 i_i 了),如图 2.19(b)所示,根据 KVL 可以得到

$$u_i = i_i(R_B // r_{be}) \tag{2-12}$$

或

$$u_i = i_b r_{be} \tag{2-13}$$

为了与输出 u_o 建立关系,很明显需要有共同的变量,即 i_b,因此可以选择式(2-13)。

同理,求解图 2.19(a)中右侧回路中的电压 u_o。可以将受控电流源支路开路,CN 两端的电压就是 R_L 两端的电压 u_o,根据 KVL 可得

$$u_o + i_c(R_C // R_L) = 0$$

得

$$u_o = - i_c(R_C // R_L)$$

这里需要注意的是沿着回路循行方向,两个电压方向是一致的,所以是相加。

由于受控电流源支路电流 $i_c = \beta i_b$,因此可以得到以下输入输出关系。

$$\frac{u_o}{u_i} = \frac{-\beta i_b(R_C // R_L)}{i_b r_{be}} = \frac{-\beta(R_C // R_L)}{r_{be}}$$

从输入输出关系可以看到,只要选择合适的参数,就能得到放大了的电压输出,这就是后面将要介绍的电压放大器。

解题思路　当需要求某一条支路电压差时,可以利用回路方程通过其他支路求解,也可以忽略其他支路,仅仅利用本支路参数,求解开口电压。

2.4.3　含受控源的叠加原理应用

对于含受控源的有源线性网络,叠加原理也适用,只是受控源不能单独作用,求取某一个分量时,受控源的控制量也是由分量决定的。

【例 2-13】　电路如图 2.20 所示,用叠加原理求电流 I、电压 U 和 2Ω 电阻所消耗的功率。

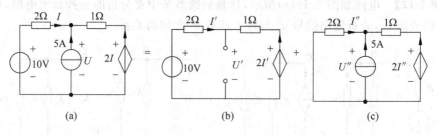

图 2.20　例 2-13 图

解　图 2.20(a)中含有两个独立电源,即 10V 电压源和 5A 电流源。因此可以将图 2.20(a)分解为独立电源单独工作时的两个子电路图 2.20(b)和图 2.20(c)。电路中的电流参考方向任意设定,如图 2.20(b)和图 2.20(c)所示。

（1）当 10V 独立电压源单独作用时,独立电流源开路,保留受控源,但是受控源的控制量不再是电流 I,而是子电流 I',受控电流源的方向不变,电压值为 $2I'$,列回路 KVL 方程:

$$2I' + I' + 2I' = 10$$

求解得
$$I' = 2A$$
$$U' = I' + 2I' = 6(V)$$

（2）当 5A 独立电流源单独作用时,独立电压源短路,依旧保留受控源,受控源的控制量为 I'',列回路 KVL 方程:

$$2I'' + (I'' + 5) + 2I'' = 0$$

求解得
$$I'' = -1A$$
$$U'' = -2I'' = 2(V)$$

（3）根据叠加原理可得

$$I = I' + I'' = 2 + (-1) = 1(A)$$
$$U = U' + U'' = 6 + 2 = 8(V)$$

（4）功率不能采用叠加原理,利用上面计算所得的电流值 I,可得 2Ω 电阻消耗的功率 P 为

$$P = I^2 R = 2W$$

解题思路　此例中的受控电流（电压）源在叠加时不仅大小只跟子电流（电压）有关,还要注意方向要与原电路参数一致,如果子电流（电压）方向与原电流（电压）相反,那么受控电流（电压）源参数方向也要改变。

【例 2-14】　电路如图 2.21（a）所示,用叠加原理求 U_3。

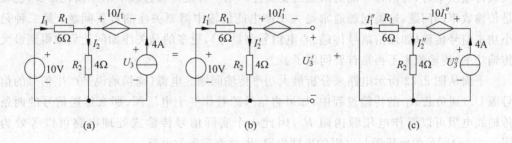

图 2.21　例 2-14 图

解　图 2.21（a）中含有两个独立电源,即 10V 电压源和 4A 电流源。因此可以将图 2.21（a）分解为独立电源单独工作时的两个子电路,如图 2.21（b）和图 2.21（c）所示。子电路中的电流参考方向可以任意设定,但是如果考虑一个电源工作能够基本判定电流实际方向时,会按实际方向设定参考方向,这样有利于欧姆定律的方便应用,如图 2.21（b）和图 2.21（c）所示。这时需要注意一点,若受控源的控制参数方向与原图相反,则被控参数方向也要相反。

（1）当 10V 独立电压源单独作用时,独立电流源开路,保留受控源,但是受控源的控制量不再是电流 I_1,而是子电流 I_1',由于 I_1' 的方向同 I_1,所以受控电压源的方向不变,电压值为 $10I_1'$,列回路 KVL 方程如下。

$$\begin{cases} (6+4)I_1' = 10 \\ 10I_1' + U_3' = 4I_1' \end{cases}$$

解得

$$I_1' = 1\text{A}$$

$$U_3' = -6\text{V}$$

（2）当 4A 独立电流源单独作用时，独立电压源短路，依旧保留受控源，受控源的控制量为 I_1''，这时必须关注，I_1'' 的参考方向与 I_1 的方向相反，因此受控电压源的方向也必须相反，由电流源分流可知

$$I_1'' = \frac{4}{6+4} \times 4 = 1.6(\text{A})$$

$$I_2'' = 4 - 1.6 = 2.4(\text{A})$$

由 KVL 列回路方程可得

$$U_3'' = 10I_1'' + 4I_2'' = 25.6(\text{V})$$

叠加有可得　　　　$U_3 = U_3' + U_3'' = 19.6\text{V}$

解题思路　叠加原理不仅适用于含有多个独立电源的线性电路，也适用于含有受控源的线性电路。对于含受控源的有源线性网络，在使用叠加原理时不能将受控源单独作用，只能将受控源考虑为某个线性元件，求取某一个分量时，受控源的控制量也是由分量表示，当分量的参考方向与原方向不同时，受控源的受控参数方向也必须改变。

2.4.4　等效电源定理在最大功率传输中的应用

在电路的分析和计算中，电源输出功率与负载吸收功率的分析十分重要。从电源向负载传输功率时，有两种可能的问题需要关注。第一种是传输过程中功率损耗多少，也就是传输效率的问题，这类问题通常是大功率电能传输中需要关注的首要问题；第二种是小功率信号传输（如通信信号传递、心电信号测量等），更多的是关注如何让负载得到最大传输功率，传输效率不再是首要问题了。

下面从图 2.22 所示电路来分析最大功率传输问题。电源（确切地说是产生信号的信号源 U_S）到负载 R_L 的传输过程中，如果将信号源看作一个电压源，那么传递信号的两条传输线电阻可以看作电压源内阻 R_S，因此一个实际信号传输或处理电路可以等效为图 2.22(a) 所示的电压源与电阻的串联电路，即戴维宁等效电路。

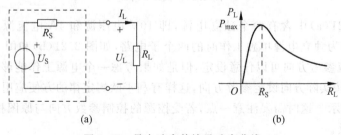

图 2.22　最大功率传输及功率曲线

【例 2-15】　信号传输或处理电路如图 2.22(a) 所示，当信号源 U_S 和等效电阻 R_S 一定时，分析负载电阻 R_L 为多大时才能从信号源获得最大的功率。

解 负载 R_L 所获得的功率 P_L 为

$$P_L = I_L^2 R_L = \left(\frac{U_S}{R_S + R_L}\right)^2 R_L = \frac{U_S^2}{R_S + R_L} \cdot \frac{R_L}{R_S + R_L} = P_S \cdot \eta$$

式中，$P_S = \dfrac{U_S^2}{R_S + R_L}$ 是电源发出的功率，$\eta = \dfrac{R_L}{R_S + R_L}$ 为传输效率。功率传输曲线如图 2.22(b) 所示。若求最大输出功率，只需要计算 $\dfrac{dP_L}{dR_L} = 0$ 条件下的 R_L 值。

$$\frac{dP_L}{dR_L} = U_S^2 \left[\frac{(R_S + R_L)^2 - R_L \times 2(R_S + R_L)}{(R_S + R_L)^4}\right] = 0$$

求解上式得

$$R_L = R_S$$

R_L 上的最大输出功率为

$$P_{max} = \frac{U_S^2}{(2R_S)^2} \cdot R_S = \frac{U_S^2}{4R_S}$$

当负载电阻 R_L 等于等效电阻 R_S 时，负载上能获得最大功率，这时称负载 R_L 与 R_S 匹配。这种匹配可以推广到负载 R_L 从有源二端网络获取输出功率的情况。如图 2.22(a) 中虚线框所示，当虚线框内为一个含源的复杂网络时，根据等效电源定理，这个有源二端网络可以等效为一个电压源 U_{oc} 与内阻 R_{eq} 的串联，当满足 $R_L = R_{eq}$ 时，可以获得最大输出功率：

$$P_{max} = \frac{U_{oc}^2}{4R_{eq}} \tag{2-14}$$

最大功率传输定理：对于给定的线性有源二端网络，其负载获得最大功率的条件是负载电阻 R_L 等于有源二端网络的等效电阻 R_{eq}，此时称为最大功率匹配或负载与信号源匹配。

【例 2-16】 电路如图 2.23 所示，问 R_L 为何值时可以获得最大功率，并求此最大功率。

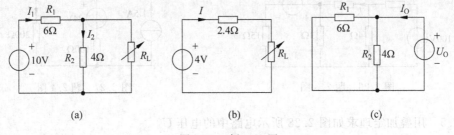

图 2.23 例 2-16 图

解 首先求出 R_L 左边有源二端网络的戴维宁等效电路，将 R_L 开路后，端口开路电压就是 4Ω 电阻上的分压。

$$U_{oc} = \frac{4}{6+4} \times 10 = 4(\text{V})$$

从端口得到的等效电阻为

$$R_{eq} = 6 \ /\!/ \ 4 = 2.4(\Omega)$$

当 $R_L = R_{eq} = 2.4\,\Omega$ 时,由式(2-14)可得最大功率为

$$P_{max} = \frac{U_{oc}^2}{4R_{eq}} = \frac{4^2}{4 \times 2.4} = 1.67(\text{W})$$

解题思路　在分析戴维宁等效电路中的端口除源电阻时,一定要从开路的端口分析,如图 2.23 的等效电阻,不可以理解为 6Ω 电阻与 4Ω 电阻的串联。如果不能理解,可以尝试在开路端口用电压源的方式求解端口电压与端口电流的比值,如图 2.23(c)所示,$R_{eq} = \dfrac{U_O}{I_O}$。

习题 2

2.1　图 2.24 中,已知 $U_{S1} = 230\text{V}$,$U_{S2} = 220\text{V}$,$R_1 = 1\Omega$,$R_2 = 2\Omega$,$R_3 = 1\Omega$,试用支路电流法求各支路电流。

2.2　图 2.25 中,已知 $U_{S1} = 230\text{V}$,$U_{S2} = 220\text{V}$,$I_S = 3\text{A}$,$R_1 = 1\Omega$,$R_2 = 2\Omega$,试用支路电流法求各支路电流和各电源的输出功率。

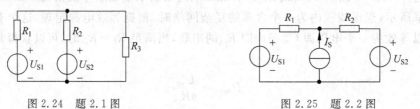

图 2.24　题 2.1 图　　　　　　　　　　图 2.25　题 2.2 图

2.3　用支路电流法求如图 2.26 所示电路中的电流 I_x。

2.4　应用叠加原理求图 2.27 所示电路中的电流 I。

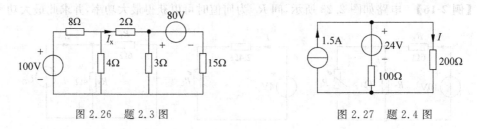

图 2.26　题 2.3 图　　　　　　　　　　图 2.27　题 2.4 图

2.5　用叠加定理求如图 2.28 所示电路中的电压 U。

2.6　将图 2.29 所示的电压源网络变换为一个等效的电流源网络。

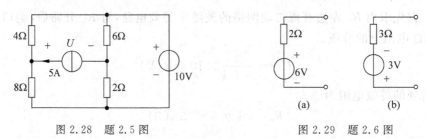

图 2.28　题 2.5 图　　　　　　　　　　图 2.29　题 2.6 图

2.7　将图 2.30 所示的电流源网络变换为一个等效的电压源网络。

2.8　求图 2.31 所示电路的戴维宁等效电路。

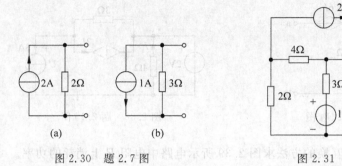

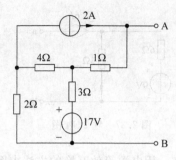

图 2.30　题 2.7 图　　　　　　　图 2.31　题 2.8 图

2.9　用诺顿定理求图 2.32 所示电路中的电流 I。

2.10　用戴维宁定理求解图 2.33 所示电路中的电流 I。再用叠加原理进行校验。

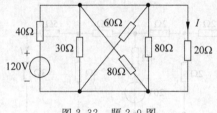
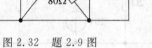

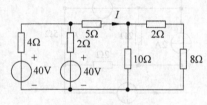

图 2.32　题 2.9 图　　　　　　　图 2.33　题 2.10 图

2.11　分别用叠加原理和戴维宁定理求解图 2.34 所示各电路中的电流 I。

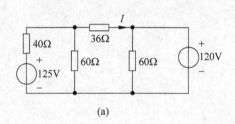

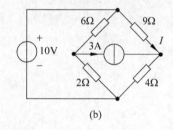

(a)　　　　　　　　　　　　　(b)

图 2.34　题 2.11 图

2.12　图 2.35 所示的电路中，$U_{S1}=12V$，$U_{S2}=24V$，$R_1=R_2=20\Omega$，$R=50\Omega$，利用电源的等效变换方法，求流过电阻 R 的电流 I。

2.13　先将图 2.36 所示的电路化简，然后求出电流 I。

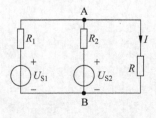

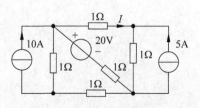

图 2.35　题 2.12 图　　　　　　　图 2.36　题 2.13 图

2.14   求图 2.37 所示各有源二端网络的戴维宁等效电路。

2.15   用戴维宁定理求图 2.38 所示电路中的电压 U。

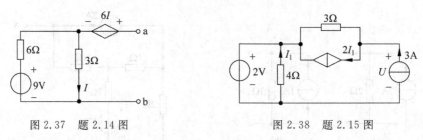

图 2.37   题 2.14 图   图 2.38   题 2.15 图

2.16   用电源等效互换的方法求图 2.39 所示电路中电阻 R 上消耗的功率。

2.17   用电源变换的方法求如图 2.40 所示电路中的电流 I。

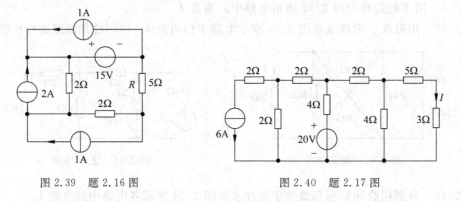

图 2.39   题 2.16 图   图 2.40   题 2.17 图

第 3 章

正弦稳态电路分析

交流电是指大小和方向随时间变化的电压和电流,正弦交流电路是指含有正弦电源(激励)而且电路各部分所产生的电压和电流(响应)均按正弦规律变化的电路。在实际生产和生活中,正弦交流电路具有广泛的应用,许多电工设备和仪器中的电路都是在正弦交流状态下进行的。例如,电力设备的设计和性能大多是根据正弦稳态电路的特点来考虑的;产生交流电的交流发电机和拖动生产机械的交流电动机与相应的直流电动机相比,具有构造简单、价格低廉的优点;调频载波信号都是高频正弦波;后面介绍的放大电路放大的信号大多是以正弦交流电为激励信号等。后文如未说明,交流电均指正弦交流电。

本章主要讲述正弦交流电的基本概念、正弦量的相量表示法;电阻、电感和电容元件的相量模型;三种单一参数电路及其串联、并联电路参数分析。本章所讨论的一些基本概念、基本理论和基本分析方法,是以后学习模拟电子技术的重要基础。

3.1 正弦交流电的基本概念

正弦波形是最常用的波形之一,周期性变化的波形常常可以分解为许多正弦波形的叠加,从而使正弦波形成为电力和电子工程中传递能量或信息的主要形式。

电路中按正弦规律变化的电流、电压统称为正弦量。正弦量的波形如图 3.1 所示。

正弦电压或电流可以用时间 t 的三角函数式来描述:

$$u(t) = U_{\mathrm{m}}\sin(\omega t + \varphi_{\mathrm{u}})$$

$$i(t) = I_{\mathrm{m}}\sin(\omega t + \varphi_{\mathrm{i}})$$

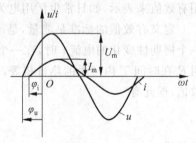

图 3.1 正弦波形

式中,$u(t)$、$i(t)$ 表示正弦交流电在某一时刻 t 的电压、电流值,称为瞬时值。当 $\sin(\omega t + \varphi) = 1$ 时,正弦量达到最大值,U_{m}、I_{m} 表示正弦交流电在变化过程中出现的最大值,又称为幅值。当 $\sin(\omega t + \varphi) = -1$ 时,正弦量达到最小值,最大值与最小值之差称为峰—峰值($2U_{\mathrm{m}}$,$2I_{\mathrm{m}}$)。ω 为正弦交流电的角频率,反映正弦交流电变化的快慢。φ_{u}、φ_{i} 为正弦交流电压和电流的初相位。幅值、角频率、初相位是描述正弦函数的三个特征量,称为正弦交流电的三要素,这三个量确定后,正弦量的表达式及波形也就确定了。

3.1.1 周期与频率

正弦量的一个变化循环称为一个周波。变化一个周波所需的时间称为周期,用符号 T 表示,周期 T 的单位是秒(s)。

正弦量每秒钟变化的周波数称为频率,用 f 表示,它的单位是赫兹(Hz)。显然,频率是周期的倒数,即

$$f = \frac{1}{T} \tag{3-1}$$

较高的频率用千赫(kHz)和兆赫(MHz)表示:

$$1\text{kHz} = 10^3\,\text{Hz}, \quad 1\text{MHz} = 10^6\,\text{Hz}$$

我国和世界上大多数国家都采用 50Hz 作为电力系统的标准频率,采用这种频率的交流电,常称为工频电源。工频电源为大多数交流电动机及照明用电所采用。

正弦交流电变化一个周期,相当于正弦函数变化 2π 弧度,每秒钟变化的弧度数称为角频率,用 ω 表示。它与周期、频率的关系为

$$\omega = \frac{2\pi}{T} = 2\pi f \tag{3-2}$$

角频率的单位是弧度/秒(rad/s)。ω、f、T 都是表征正弦量变化速度的,频率 f 越高,则变化越快。

3.1.2 幅值与有效值

正弦交流电量的大小可由瞬时值、幅值、有效值来表示。正弦量在某一时刻的值称为瞬时值,本书中规定一律用小写字母表示,如电势 e、电压 u、电流 i 等。显然,瞬时值是随时间变化的,是时间的函数。正弦量变化过程中达到的最大值称为幅值,用下标为 m 的大写字母来表示,如电动热 E_m、电压 U_m、电流 I_m 等。

用瞬时值或幅值来表示正弦量在测量和使用上并不方便,在工程中常将周期电流或电压在一个周期内产生的平均效应换算为等效的直流量,以衡量和比较周期电流或电压的效应,这一等效的直流量称为周期量的有效值,用相应的大写字母表示。正弦量的值常用有效值来表示,如日常生活用电为交流 220V,指的就是正弦交流电压的有效值。

定义有效值的标准是能量,是通过电流的热效应来规定的。若在电阻 R 上通过任何一个周期性变化的电流 i 时,在一个周期 T 内产生的热量与某个直流电流 I 通过同一电阻 R 在时间 T 内产生的热量相等,那么这个等效的直流电流 I 就定义为交流电流 i 的有效值,据此有

$$\int_0^T i^2 R\,\mathrm{d}t = I^2 R T$$

有效值

$$I = \sqrt{\frac{1}{T}\int_0^T i^2\,\mathrm{d}t}$$

对于正弦电流 $i = I_m\sin(\omega t + \varphi_i)$,有效值为

$$I = \sqrt{\frac{1}{T}\int_0^T I_m^2\sin^2(\omega t + \varphi_i)\,\mathrm{d}t} = \frac{I_m}{\sqrt{2}} \tag{3-3a}$$

同理,正弦电压的有效值为
$$U = \frac{U_{\mathrm{m}}}{\sqrt{2}} \qquad\qquad (3\text{-}3\mathrm{b})$$

正弦电势的有效值为
$$E = \frac{E_{\mathrm{m}}}{\sqrt{2}} \qquad\qquad (3\text{-}3\mathrm{c})$$

式(3-3)表明,正弦交流电的有效值为其幅值的 $\dfrac{1}{\sqrt{2}}$,如 220V 的照明用电,其幅值则为 311V。因此,正弦量的三角函数式也可表示为

$$u = U_{\mathrm{m}}\sin(\omega t + \varphi_{\mathrm{u}}) = \sqrt{2}\,U\sin(\omega t + \varphi_{\mathrm{u}})$$
$$i = I_{\mathrm{m}}\sin(\omega t + \varphi_{\mathrm{i}}) = \sqrt{2}\,I\sin(\omega t + \varphi_{\mathrm{i}})$$
$$e = E_{\mathrm{m}}\sin(\omega t + \varphi_{\mathrm{e}}) = \sqrt{2}\,E\sin(\omega t + \varphi_{\mathrm{e}})$$

上式中的有效值(U、I、E)、ω、φ 也可以用来表示正弦交流电的三要素。工程中使用的交流电气设备铭牌上标出的额定电压、额定电流数值、由交流电压表、电流表测量出来的电压、电流值均指有效值。

3.1.3　初相

正弦交流电在不同时刻得到的瞬时值是不同的。对于正弦量 $i = I_{\mathrm{m}}\sin(\omega t + \varphi_{\mathrm{i}})$,其中 $\omega t + \varphi_{\mathrm{i}}$ 称为正弦量的相位,它是随时间变化的电角度,也叫作相位角,单位是弧度(rad)。$t = 0$ 时的相位 φ_{i} 称为初相位,简称初相。工程上习惯用度作单位,而且 $|\varphi_{\mathrm{i}}| \leqslant 180°$。正弦量的初相不同,其初始值也不同,得到的正弦波形也不一样,图 3.2 表示了不同初相下所对应的正弦电流 $i = I_{\mathrm{m}}\sin(\omega t + \varphi_{\mathrm{i}})$ 的波形。

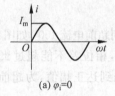 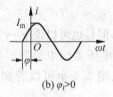 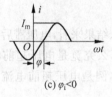

(a) $\varphi_{\mathrm{i}}=0$　　　　　　　(b) $\varphi_{\mathrm{i}}>0$　　　　　　　(c) $\varphi_{\mathrm{i}}<0$

图 3.2　不同初相时的正弦电流波形

对于两个同频率的正弦量,如
$$u = U_{\mathrm{m}}\sin(\omega t + \varphi_{\mathrm{u}})$$
$$i = I_{\mathrm{m}}\sin(\omega t + \varphi_{\mathrm{i}})$$

其初相位分别为 φ_{u}、φ_{i},它们的相位差为
$$\varphi = (\omega t + \varphi_{\mathrm{u}}) - (\omega t + \varphi_{\mathrm{i}}) = \varphi_{\mathrm{u}} - \varphi_{\mathrm{i}}$$

可见两个同频正弦量的相位差取决于两个正弦量的初相位。不同时刻电压、电流的相位不同,但它们的相位差不变。当 $\varphi > 0$(即 $\varphi_{\mathrm{u}} > \varphi_{\mathrm{i}}$)时,电压 u 比电流 i 先到达正幅值,称电压 u 在相位上比电流 i 超前 φ 角,或称电流 i 在相位上比电压 u 滞后(落后)φ 角,如图 3.3(a)所示;反之,当 $\varphi < 0$(即 $\varphi_{\mathrm{u}} < \varphi_{\mathrm{i}}$)时,电流 i 比电压 u 先到达正幅值,在相位上电流 i 比电压 u 超前 φ 角,如图 3.3(b)所示。

也有特例:当相位差 $\varphi = 0$(即 $\varphi_{\mathrm{u}} = \varphi_{\mathrm{i}}$)时,称电压 u 与电流 i 为同相,如图 3.3(c)所

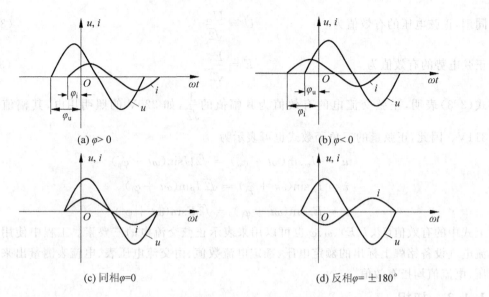

(a) $\varphi>0$ (b) $\varphi<0$

(c) 同相$\varphi=0$ (d) 反相$\varphi=\pm180°$

图 3.3   同频率两个正弦量的相位差

示。当相位差 $\varphi=\varphi_u-\varphi_i=\pm180°$时,电压 u 与电流 i 为反相,如图 3.3(d)所示。

注意：相位差是基于两个正弦量同频的基础上。

【**例 3-1**】   已知 $i=10\sin(314t+150°)$A,$u=50\sin(314t-60°)$V,求这两个正弦量的相位差。

解   按照相位差定义可得

$$\varphi=\varphi_u-\varphi_i=-60°-150°=-210°$$

从结果来看,电压滞后电流 $210°$,但是也可以说下一个电压周期超前电流 $150°$,如图 3.4 所示。那么究竟是电压超前电流还是电压滞后电流呢？我们规定,相位差不能超过 $\pm180°$。所以本例是电压超前电流 $150°$。从图 3.4 也可以看到,u 比 i 先到达正幅值,为超前。

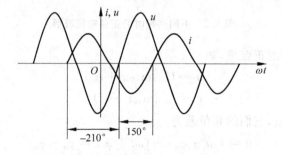

图 3.4   例 3-1 电压、电流波形图

【**例 3-2**】   已知 $u=12\cos(314t-120°)$V,$i=-2\sin(314t+60°)$A,求：

（1）角频率 ω、频率 f、周期 T、最大值 U_m、I_m 及初相位 φ_u 和 φ_i；

（2）u 和 i 的相位差；

（3）用交流电压表和交流电流表测量电压及电流时,两个表的读数。

解   （1）分析正弦量时,首先应该将正弦量的表示式写成标准形式,本书所有正弦量

的数学描述均以 sin 函数表示,因此有

$$u = 12\cos(314t - 120°)\text{V} = 12\sin(314t - 120° + 90°)\text{V} = 12\sin(314t - 30°)\text{V}$$

$$i = -2\sin(314t + 60°)\text{A} = 2\sin(314t + 60° - 180°)\text{A} = 2\sin(314t - 120°)\text{A}$$

根据上两式可得

$$\omega = 314\text{rad/s}, \quad f = \frac{\omega}{2\pi} = 50\text{Hz}, \quad T = \frac{1}{f} = 0.02\text{s}$$

$$U_m = 12\text{V}, \quad I_m = 2\text{A}, \quad \varphi_u = -30°, \quad \varphi_i = -120°$$

(2) 相位差为 $\varphi = \varphi_u - \varphi_i = -30° - (-120°) = 90°$,说明电压超前电流 90°。

(3) 用交流电压表和交流电流表测量电压、电流时,交流表的读数均为有效值,即

$$U = \frac{U_m}{\sqrt{2}} = 6\sqrt{2}\text{V}, \quad I = \frac{I_m}{\sqrt{2}} = \sqrt{2}\text{A}$$

3.2　正弦交流电的表示法

在正弦稳态电路的分析中,经常要进行大量的同频率正弦量相加减的计算,直接采用正弦量的瞬态表达式进行运算时,三角函数的计算是很烦琐的。由于正弦稳态响应与激励都是同频率正弦量,可以应用数学上的变换思想,利用正弦量与复数可以互换的特点,将正弦量用复数表示,由复数计算代替正弦量计算,大大降低了计算的复杂度,最终可以将复数形式的计算结果反变换成正弦量。这种变换方法称为相量法,表示正弦量的复数称为相量。

3.2.1　复数

相量法是建立在复数运算的基础上,因此本小节将对复数及其运算进行简要的介绍。

1. 复数的表示形式

复数一般有代数式、三角函数式、指数式和极坐标式四种表示形式。

假设 A 是复平面上的一个点,可以采用原点指向 A 点的向量来表示其复数形式,如图 3.5 所示。复数 A 的代数式为

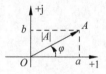

$$A = a + jb$$

式中,$j = \sqrt{-1}$ 为虚单位;a 是复数 A 的实部,记为 $a = \text{Re}[A]$;b 为复数 A 的虚部,记为 $b = \text{Im}[A]$。

图 3.5　复数的向量表示

根据图 3.5,还可以采用三角函数式表示复数 A:

$$A = |A|(\cos\varphi + j\sin\varphi)$$

式中,$|A|$ 为向量的长度,称为复数 A 的模;φ 是向量与正实轴的夹角,称为复数 A 的辐角。

由图 3.5 可知:

$$a = |A|\cos\varphi$$

$$b = |A|\sin\varphi$$

$$|A| = \sqrt{a^2 + b^2}$$

$$\varphi = \arctan\frac{b}{a}$$

根据欧拉公式 $e^{j\varphi}=\cos\varphi+j\sin\varphi$，复数还可以表示为指数形式：

$$A=|A|(\cos\varphi+j\sin\varphi)=|A|e^{j\varphi}$$

为了方便书写，复数的指数形式还可以用极坐标形式表示为

$$A=|A|e^{j\varphi}=|A|\underline{/\varphi}$$

这四种形式可以互相转换，通常复数的加减运算会采用代数式；复数的乘除运算会采用指数形式或极坐标形式。

复数 $e^{j\varphi}=1\underline{/\varphi}$ 是模等于 1 而辐角为 φ 的复数；复数 $A=|A|e^{j\varphi}$，乘以 $e^{j\varphi}$ 等于把长度为 $|A|$ 的向量逆时针方向旋转一个角度 φ，而 A 的模 $|A|$ 不变，因此 $e^{j\varphi}$ 称为旋转因子。

由欧拉公式不难看出：

$$e^{j90°}=\cos90°+j\sin90°=j$$
$$e^{-j90°}=\cos(-90°)+j\sin(-90°)=-j$$

因此 j 和 $-j$ 均为旋转因子，分别称为 90°旋转因子和 $-90°$旋转因子。例如，一个复数乘以 j，等于把该复数在复平面上逆时针旋转 90°；一个复数乘以 $-j$（相当于除以 j），等于把该复数在复平面上顺时针旋转 90°。

2. 复数的运算

1）复数的加减运算

一般情况下，采用复数的代数式进行复数的加减运算。

设有复数 $F_1=a_1+jb_1$，$F_2=a_2+jb_2$，那么有

$$F_1\pm F_2=(a_1+jb_1)\pm(a_2+jb_2)=(a_1\pm a_2)+j(b_1\pm b_2)$$

即实现复数相加（减）的原则是复数的实部与实部相加（减），虚部与虚部相加（减）。

复数的加减运算也可以采用复平面上平行四边形制图法进行，如图 3.6 所示。

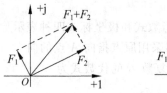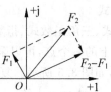

图 3.6　复数加减运算图解法

2）复数的乘除运算

复数的乘除运算通常采用复数的指数形式或极坐标形式比较方便。

对两个复数 $F_1=a_1+jb_1$，$F_2=a_2+jb_2$，首先需要将其转换为指数形式或极坐标形式。例如：

$$F_1=|F_1|e^{j\varphi_1}$$

式中，$|F_1|=\sqrt{a_1^2+b_1^2}$，$\varphi_1=\arctan\dfrac{b_1}{a_1}$。

$$F_2=|F_2|e^{j\varphi_2}$$

式中，$|F_2|=\sqrt{a_2^2+b_2^2}$，$\varphi_2=\arctan\dfrac{b_2}{a_2}$。

这两个复数的乘除结果为

$$F_1 F_2 = |F_1| e^{j\varphi_1} |F_2| e^{j\varphi_2} = |F_1||F_2| e^{j(\varphi_1 + \varphi_2)} = |F_1||F_2| \underline{/\varphi_1 + \varphi_2}$$

$$\frac{F_1}{F_2} = \frac{|F_1| e^{j\varphi_1}}{|F_2| e^{j\varphi_2}} = \frac{|F_1|}{|F_2|} e^{j(\varphi_1 - \varphi_2)} = \frac{|F_1|}{|F_2|} \underline{/\varphi_1 - \varphi_2}$$

即实现复数相乘(除)的原则是模与模相乘(除),辐角与辐角相加(减)。

在某些数据比较特殊的复数运算中,采用代数式进行复数乘除运算也可以很简便地得到结果,这里不再赘述。

3.2.2　旋转矢量法

正弦交流电有几种不同的表示形式,如前面述及的三角函数表示法和波形图表示法。前者能方便地求得任意时刻的瞬时值,后者形象直观。但两者共同的不足是两个正弦量加减运算时,运算比较复杂。而相量表示法能解决上述的不足,为此,先讨论旋转矢量表示法。

设有一个正弦电流 $i = I_m \sin(\omega t + \varphi)$,如图 3.7 所示,左边为一以角速度 ω 作逆时针旋转的矢量 A,它的长度代表正弦量的幅值 I_m,初始位置($t=0$)与横坐标的夹角反映了正弦量的初相 φ,这个旋转矢量相关参数正是正弦量的三要素,因此可用来表示正弦量。旋转矢量在旋转过程中,每一瞬时在纵轴上的投影反映了该时刻正弦量的瞬时值。如在 $t=0$ 时,$i_0 = I_m \sin\varphi$;在 $t=t_1$ 时,$i_1 = I_m \sin(\omega t_1 + \varphi)$。

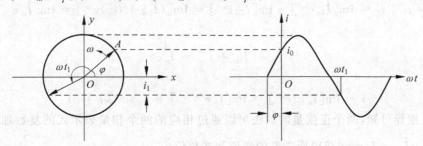

图 3.7　用旋转矢量表示的正弦量

在线性非时变正弦稳态电路中,只要电源(激励)是正弦量,所有的电压、电流都是同一频率的正弦量。本书将在此基础上将频率考虑为固定常量,因此,只要确定了一个旋转矢量的幅值和初相,就可以写出它所表示的正弦交流电的瞬时表达式。反之,给定一个正弦量的瞬时表达式,也可确定对应的旋转矢量。

3.2.3　相量表示法

正弦量可以用一个旋转的有向线段(矢量)来表示,而有向线段可以用复数来表示,复数的模表示正弦量的大小(幅值),复数的辐角表示正弦量的初相位。把表示正弦量的复数称为相量,用相量表示的正弦量称为正弦量的相量表示法。为了区别相量与复数,将相量符号用大写字母上面加一点来表示,如电压相量 $\dot{U}_m$、电流相量 $\dot{I}_m$ 等。一个正弦量 $i = I_m \sin(\omega t + \varphi)$ 的相量表示法为:$\dot{I}_m = I_m \underline{/\varphi} = I_m(\cos\varphi + j\sin\varphi)$。

相量有幅值相量和有效值相量,有效值相量与幅值相量的关系为 $\dot{U} = \dfrac{\dot{U}_m}{\sqrt{2}}$,$\dot{I} = \dfrac{\dot{I}_m}{\sqrt{2}}$。因

此一个正弦量 $i = I_\mathrm{m}\sin(\omega t + \varphi)$ 的有效值相量表示法为：$\dot{I} = I\underline{/\varphi} = I(\cos\varphi + \mathrm{j}\sin\varphi)$，由于正弦交流电常以有效值形式表示，后续不特殊说明的都采用有效值相量。

正弦量可以采用相量表示法来描述，那么正弦量相加的结果是否也可以采用相量相加的结果来描述呢？下面论证同频复数加法与正弦量加法之间的关系。

如前所述，一个正弦量 $i = I_\mathrm{m}\sin(\omega t + \varphi)$ 的幅值相量表示法为 $\dot{I}_\mathrm{m} = I_\mathrm{m}\underline{/\varphi} = I_\mathrm{m}\mathrm{e}^{\mathrm{j}\varphi}$。由数学公式可知，对于一个复数

$$I_\mathrm{m}\mathrm{e}^{\mathrm{j}(\omega t + \varphi)} = I_\mathrm{m}\mathrm{e}^{\mathrm{j}\omega t}\mathrm{e}^{\mathrm{j}\varphi} = \dot{I}_\mathrm{m}\mathrm{e}^{\mathrm{j}\omega t}$$

根据欧拉公式有

$$I_\mathrm{m}\mathrm{e}^{\mathrm{j}(\omega t + \varphi)} = I_\mathrm{m}\cos(\omega t + \varphi) + \mathrm{j}I_\mathrm{m}\sin(\omega t + \varphi) \tag{3-4}$$

说明正弦电流量 i 为式(3-4)复数的虚部，即

$$i = I_\mathrm{m}\sin(\omega t + \varphi) = \mathrm{Im}[I_\mathrm{m}\mathrm{e}^{\mathrm{j}(\omega t + \varphi)}] = \mathrm{Im}[\dot{I}_\mathrm{m}\mathrm{e}^{\mathrm{j}\omega t}]$$

现有两个同频正弦电流分别为

$$i_1 = I_{1\mathrm{m}}\sin(\omega t + \varphi_1) = \mathrm{Im}[\dot{I}_{1\mathrm{m}}\mathrm{e}^{\mathrm{j}\omega t}]$$

$$i_2 = I_{2\mathrm{m}}\sin(\omega t + \varphi_2) = \mathrm{Im}[\dot{I}_{2\mathrm{m}}\mathrm{e}^{\mathrm{j}\omega t}]$$

则

$$i = i_1 + i_2 = \mathrm{Im}[\dot{I}_{1\mathrm{m}}\mathrm{e}^{\mathrm{j}\omega t}] + \mathrm{Im}[\dot{I}_{2\mathrm{m}}\mathrm{e}^{\mathrm{j}\omega t}] = \mathrm{Im}[(\dot{I}_{1\mathrm{m}} + \dot{I}_{2\mathrm{m}})\mathrm{e}^{\mathrm{j}\omega t}] = \mathrm{Im}[\dot{I}_\mathrm{m}\mathrm{e}^{\mathrm{j}\omega t}]$$

式中：

$$\dot{I}_\mathrm{m} = \dot{I}_{1\mathrm{m}} + \dot{I}_{2\mathrm{m}} = I_\mathrm{m}\mathrm{e}^{\mathrm{j}\varphi}$$

从而有

$$i = \mathrm{Im}[I_\mathrm{m}\mathrm{e}^{\mathrm{j}\varphi}\mathrm{e}^{\mathrm{j}\omega t}] = \mathrm{Im}[I_\mathrm{m}\mathrm{e}^{\mathrm{j}(\omega t + \varphi)}] = I_\mathrm{m}\sin(\omega t + \varphi)$$

由此推导可知，两个正弦量的加法可以通过相应的两个相量表示式的复数加法运算 $\dot{I}_\mathrm{m} = \dot{I}_{1\mathrm{m}} + \dot{I}_{2\mathrm{m}} = I_\mathrm{m}\mathrm{e}^{\mathrm{j}\varphi}$ 来获得所需要的幅值和初相位。

正弦稳态电路中的电流是与激励同频率的正弦函数，由基尔霍夫电流定律可知：

$$\sum i(t) = \sum I_{km}\sin(\omega t + \varphi_k)$$
$$= \sum \mathrm{Im}[I_{km}\mathrm{e}^{\mathrm{j}\varphi_k}\mathrm{e}^{\mathrm{j}\omega t}] = \mathrm{Im}\sum[I_{km}\mathrm{e}^{\mathrm{j}\varphi_k}\mathrm{e}^{\mathrm{j}\omega t}]$$
$$= \mathrm{Im}\sum[\sqrt{2}\,\dot{I}_k\mathrm{e}^{\mathrm{j}\omega t}] = \mathrm{Im}[\sqrt{2}\mathrm{e}^{\mathrm{j}\omega t}\sum \dot{I}_k] = 0 \tag{3-5}$$

因此有

$$\sum \dot{I}_k = 0$$

或

$$\sum \dot{I} = 0$$

这是基尔霍夫电流定律的相量形式。当电路中的正弦电流用相量表示时，可以根据此式列出各节点的电流相量方程，式(3-5)中 Im 是取虚部的符号。

同理，基尔霍夫电压定律 $\sum u(t) = 0$ 在正弦电路中的相量形式为

$$\sum \dot{U} = 0$$

当电路中的正弦电压用相量表示时，可根据基尔霍夫电压定律的相量形式写出各回路的电压相量方程，最后将求解出来的相量反变换成正弦量。

【例 3-3】 已知 $i_1 = 12\sin(314t - 45°)\,\text{A}$，$i_2 = -2\sin(314t + 45°)\,\text{A}$，计算这两个电流之和 i。

解　首先写出这两个电流的相量表示式，要注意写相量表示式时必须先将正弦量写成标准形式，因此有

$$i_2 = -2\sin(314t + 45°) = 2\sin(314t + 45° - 180°) = 2\sin(314t - 135°)\,\text{A}$$

相量表示式为

$$\dot{I}_1 = \frac{12}{\sqrt{2}}\underline{/-45°} = \frac{12}{\sqrt{2}}[\cos(-45°) + j\sin(-45°)] = 6 - j6\,(\text{A})$$

$$\dot{I}_2 = \frac{2}{\sqrt{2}}\underline{/-135°} = \frac{2}{\sqrt{2}}[\cos(-135°) + j\sin(-135°)] = -1 - j\,(\text{A})$$

$$\dot{I} = \dot{I}_1 + \dot{I}_2 = (6 - j6) + (-1 - j) = 5 - j7 = \sqrt{5^2 + 7^2}\,\underline{/\arctan\left(-\frac{7}{5}\right)} = 8.6\underline{/-54.5°}$$

最后，将相量和的结果反变换为正弦电流表达式：

$$i = 8.6\sqrt{2}\sin(314t - 54.5°)\,\text{A} = 11.6\sin(314t - 54.5°)\,\text{A}$$

由此例可以看到，相量运算的实质就是复数运算，通过复数形式不但可以用来描述正弦量，还可以非常便捷地实现正弦量的加减运算。

注意：相量表示式只是正弦量的描述形式，不等同于正弦量，其表示式不包含频率成分，因此要正确描述正弦量时，必须单独写出瞬时表达式，不能在相量表达式后面直接用等号，即

$$\dot{I} = 8.6\underline{/-54.5°} \neq 11.6\sin(314t - 54.5°)\,(\text{A})$$

3.3　单一元件的交流电路

在 3.2 节的理论叙述中，已经得到一个重要结论，即在线性非时变正弦稳态电路中，所有的电压、电流都是在同一频率的正弦量。本节将在此基础上直接用相量通过复数形式的电路方程来描述单一元件交流电路中的电流电压伏安特性（也称元件约束关系 VCR，Voltage Current Relation）及其功率分析。

3.3.1　纯电阻电路

1. 元件约束关系

电路如图 3.8(a) 所示，设电阻 R 两端电压为 u_R，流过电流为 i_R，参考方向如图 3.8(a) 所示。

首先设流过电阻的电流 i_R 为

$$i_R = I_{Rm}\sin(\omega t + \varphi_i) = \sqrt{2}\,I_R\sin(\omega t + \varphi_i)$$

根据欧姆定律

$$u_R = Ri_R = RI_{Rm}\sin(\omega t + \varphi_i) = U_{Rm}\sin(\omega t + \varphi_u) = \sqrt{2}\,U_R\sin(\omega t + \varphi_u)$$

从电阻上流过的电流 i_R 与其端电压 u_R 的表达式不难看出,电阻上的电压、电流不但为同频率的正弦量,而且在相位上具有同相位的关系(相位差为零),图 3.8(b)所示为电压和电流的正弦波形。

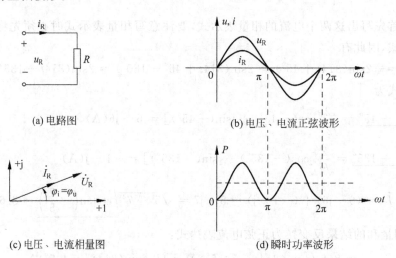

(a) 电路图   (b) 电压、电流正弦波形

(c) 电压、电流相量图   (d) 瞬时功率波形

图 3.8　电阻元件交流电路电压、电流功率波形图及相量图

由电压、电流瞬时值表达式还可以得到

$$U_{Rm} = RI_{Rm} \quad 或 \quad U_R = RI_R \tag{3-6}$$

即在电阻元件电路中,电压的幅值(或有效值)与电流的幅值(或有效值)之比即为电阻 R。

用相量表示法表示电阻上的电压、电流:

$$\dot{U}_R = U_R\underline{/\varphi_u}, \quad \dot{I}_R = I_R\underline{/\varphi_i} \tag{3-7}$$

因为

$$\frac{\dot{U}_R}{\dot{I}_R} = \frac{U_R\underline{/\varphi_u}}{I_R\underline{/\varphi_i}} = R$$

因此有

$$\dot{U}_R = R\dot{I}_R \tag{3-8}$$

由式(3-8)可以看到,电阻上的电流、电压相量表示形式同样满足欧姆定律,根据相量关系可画出电压和电流的相量图,如图 3.8(c)所示。

2. 功率计算

在任一瞬间,某个元件上电压瞬时值 u 与电流瞬时值 i 的乘积,称为瞬时功率,用小写字母 p 表示,电阻 R 上的瞬时功率为

$$p_R = u_R i_R = U_{Rm} I_{Rm} \sin^2(\omega t + \varphi_i) = 2U_R I_R \sin^2(\omega t + \varphi_i) = U_R I_R [1 - \cos 2(\omega t + \varphi_i)]$$

式中，p_R 包含两个部分：一部分为恒定值 $U_R I_R$，另一部分为以 2ω 角频率随时间变化的正弦量。瞬时功率的最大值为 $2U_R I_R$，最小值为 0，因此有 $p_R \geqslant 0$，即瞬时功率总是为正值，如图 3.8(d)所示。这表明电阻元件始终从电源吸取电能并转化为热能，是一种耗能元件。

瞬时功率在一个周期内的平均值称为平均功率，用大写字母 P 表示。电阻 R 的平均功率为

$$P_R = \frac{1}{T} \int_0^T p_R \, dt = \frac{1}{T} \int_0^T U_R I_R [1 - \cos 2(\omega t + \varphi_i)] dt = U_R I_R = R I_R^2 = \frac{U_R^2}{R}$$

不难看出，如用电阻元件上电压、电流的有效值计算平均功率，其计算公式与直流电路完全一致。

平均功率又称为有功功率，它的单位是瓦(W)或千瓦(kW)。对于正弦交流电路，通常提到的功率都是指平均功率，也就是实际元件或电子设备的耗电功率。如一盏 40W 的日光灯，我们无法确定其某个时刻消耗的瞬时功率，但是可以得到其点亮后消耗的平均功率为 40W。

【例 3-4】 将一阻值为 50Ω 的电阻元件接至电压为 $100V$ 的工频正弦电源上，求电阻上流过的电流及消耗的平均功率。若保持电压有效值不变，电源频率改变时，电流及平均功率如何变化？

解　$I = \dfrac{U}{R} = \dfrac{100}{50} = 2(A)$；$P_R = I^2 R = 4 \times 50 = 200(W)$。

由于电阻值与电源频率无关，在电压有效值保持不变时，电流有效值及平均功率保持不变。

3.3.2　纯电感电路

1. 元件约束关系

在第 1 章中已讨论过，对于一个理想电感元件 L，在电压和电流取关联参考方向时，其元件约束条件 VCR 为

$$u_L = L \frac{di_L}{dt}$$

电路如图 3.9(a)所示，设流过电感 L 的电流 i_L 为

$$i_L = I_{Lm} \sin(\omega t + \varphi_i) = \sqrt{2} I_L \sin(\omega t + \varphi_i)$$

则电感电压 u_L 为

$$u_L = L \frac{di_L}{dt} = \omega L I_{Lm} \cos(\omega t + \varphi_i) = U_{Lm} \sin(\omega t + \varphi_i + 90°) = U_{Lm} \sin(\omega t + \varphi_u)$$

由电压电流瞬时值表达式可以得到

$$U_{Lm} = \omega L I_{Lm} \quad \text{或} \quad U_L = \omega L I_L \tag{3-9}$$

$$\varphi_u = \varphi_i + 90°$$

电感元件和电阻元件的电压与电流关系有着很大的差别：相位上，电阻元件的电压电流是同相位的，而电感元件的电压比电流超前 90°，电压、电流波形如图 3.9(b)所示；

大小上,电阻元件的电压电流之比仅与电阻阻值有关,与频率无关,表明电阻元件对任何频率正弦电流的阻力都一样,但是电感元件的电压电流有效值之比为

$$\frac{U_L}{I_L} = \omega L = 2\pi f L = X_L$$

符号 X_L 称为感抗。显然,X_L 与电阻 R 的单位相同(Ω,欧姆),其物理意义也与 R 一样,都是对电流的阻力。所不同的是,X_L 与工作频率成正比,频率越高,电感对电流的阻力越大。在同样的 u_L 电压作用下,X_L 越大,电流 i_L 越小。因此在直流条件下,电感的理想感抗为零,可以认为电感就是一根短路线。

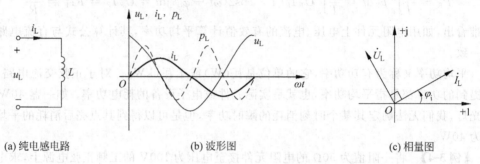

(a) 纯电感电路   (b) 波形图   (c) 相量图

图 3.9   电感元件交流电路电压、电流功率波形图及相量图

电感的频率特性反映了电感元件具有通低频、阻高频的能力,这一特性使它在工程技术中得到了广泛应用。电感常与其他元件组合在一起,完成滤波(滤除无效的频率成分)和选频(选择有效的频率成分)等任务。

由电感上的电流电压瞬时表达式得到其相量表示式为

$$\dot{U}_L = U_L \underline{/\varphi_u}, \qquad \dot{I}_L = I_L \underline{/\varphi_i} \tag{3-10}$$

因为

$$\frac{\dot{U}_L}{\dot{I}_L} = \frac{U_L \underline{/\varphi_u}}{I_L \underline{/\varphi_i}} = X_L \underline{/90°} = jX_L$$

因此有

$$\dot{U}_L = jX_L \dot{I}_L = j\omega L \dot{I}_L \tag{3-11}$$

由式(3-11)可以看到,电感上的电流、电压相量表示形式同样满足欧姆定律,根据相量关系可画出电压和电流的相量图,如图 3.9(c)所示。

2. 功率计算

根据瞬时功率定义,电感上的瞬时功率为

$$\begin{aligned}
p_L &= u_L i_L = U_{Lm}\sin(\omega t + \varphi_i + 90°)I_{Lm}\sin(\omega t + \varphi_i) \\
&= \frac{1}{2}U_{Lm}I_{Lm}\sin 2(\omega t + \varphi_i) = U_L I_L \sin 2(\omega t + \varphi_i)
\end{aligned}$$

由上式可知电感元件的瞬时功率是幅值为 $U_L I_L$ 的正弦量以 2ω 角频率随时间变化,波形如图 3.9(b)中虚线所示。当瞬时功率为正值,即 $p_L > 0$ 时,电感从电源吸取能量,转化为磁场储能;当瞬时功率为负值,即 $p_L < 0$ 时,电感将存储的磁场能量释放出来,并转化为

电能返回给电源。这表明电感元件与电源之间存在着能量交换,对纯电感元件,它从电源吸取的能量与返回给电源的能量相等,其平均功率损耗 P_L 为零,即有功功率为零。

$$P_L = \frac{1}{T}\int_0^T p_L \mathrm{d}t = \frac{1}{T}\int_0^T U_L I_L \sin 2(\omega t + \varphi_i)\mathrm{d}t = 0$$

因此纯电感元件是一种储能元件,本身并不消耗电能。它与电源之间电磁能量互换的规模可以用无功功率 Q_L 来衡量,无功功率由瞬时功率的幅值来反映,即

$$Q_L = U_L I_L = I_L^2 X_L = \frac{U_L^2}{X_L}$$

无功功率的单位是无功伏安,简称乏(Var),也有表示为千乏(kVar),它与有功功率有本质的区别,有功功率是真正损耗掉的功率,而无功功率并不表示电路损耗的电功率,它仅仅反映电路中的储能元件与电源之间能量互换的规模大小。

3. 实际电感线圈模型

前面讨论的电感线圈是一种理想的电感模型,根据其平均功率(有功功率 P)为零可知,理想电感线圈无能量损耗。但实际的电感线圈由于电阻的存在而要产生功率损耗。可以用一个电阻 r 和电感 L 串联的电路模型来等效一个实际的电感线圈,如图 3.10 所示。

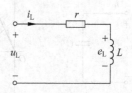

图 3.10　实际电感线圈电路模型

【例 3-5】　已知电感量 $L = 50\mathrm{mH}$ 的空芯线圈,若电阻 r 忽略不计,接到电压为 220V 的正弦工频电源,求感抗 X_L、电流 i_L 及无功功率 Q_L。如保持电源电压值不变,而电源频率变为 5000Hz,这时 X_L 和 I_L 多大?

解　当 $f = 50\mathrm{Hz}$ 时:

$$\omega = 2\pi f = 2\pi \times 50 = 314(\mathrm{rad/s})$$

$$X_L = \omega L = 314 \times 50 \times 10^{-3} = 15.7(\Omega)$$

令 $\dot{U}_L = 220\underline{/0°}\mathrm{V}$,则

$$\dot{I}_L = \frac{\dot{U}_L}{\mathrm{j}X_L} = \frac{220\underline{/0°}}{\mathrm{j}15.7} = 14\underline{/-90°}(\mathrm{A})$$

$$i_L = 14\sqrt{2}\sin(314t - 90°)\mathrm{A}$$

$$Q_L = U_L I_L = 220 \times 14 = 3080(\mathrm{Var})$$

当 $f = 5000\mathrm{Hz}$ 时:

$$X_L = 2\pi f L = 2\pi \times 5000 \times 50 \times 10^{-3} = 1570(\Omega)$$

$$I_L = \frac{U_L}{X_L} = \frac{220}{1570} = 0.14(\mathrm{A})$$

可见在电压有效值一定时,频率越高,则通过电感元件的电流有效值越小。

3.3.3　纯电容电路

1. 元件约束关系

在第 1 章中已讨论过,对于一个理想电容元件,在电压和电流取关联参考方向时,其元件约束条件 VCR 为

$$i_C = C \cdot \frac{du_C}{dt}$$

电路如图 3.11(a)所示,设电容器两端电压 u_C 为

$$u_C = U_{Cm}\sin(\omega t + \varphi_u) = \sqrt{2}\, U_C\sin(\omega t + \varphi_u)$$

则流过电容的电流 i_C 为

$$i_C = C\frac{du_C}{dt} = \omega C U_{Cm}\cos(\omega t + \varphi_u) = I_{Cm}\sin(\omega t + \varphi_u + 90°) = I_{Cm}\sin(\omega t + \varphi_i)$$

由电压电流瞬时值表达式可以得到

$$U_{Cm} = \frac{I_{Cm}}{\omega C} \quad 或 \quad U_C = \frac{I_C}{\omega C} \tag{3-12}$$

$$\varphi_i = \varphi_u + 90°$$

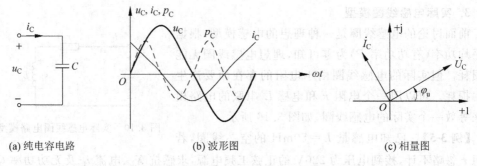

(a) 纯电容电路   (b) 波形图   (c) 相量图

图 3.11　电容元件交流电路电压、电流功率波形图及相量图

不难发现,相位上,电容元件的电压比电流滞后 90°,电压、电流波形如图 3.11(b)所示;大小上,电容元件的电压电流有效值之比为

$$\frac{U_C}{I_C} = \frac{1}{\omega C} = \frac{1}{2\pi f C} = X_C$$

X_C 称为容抗。显然,X_C 与电阻 R 的单位相同(Ω,欧姆),其物理意义也与 R 一样,都是对电流的阻力。所不同的是,X_C 与工作频率成反比,频率越低,则电容对电流的阻力越大。在同样的 u_C 电压作用下,X_C 越大,电流 i_C 越小。因此在直流条件下,电容的理想容抗为无穷,相当于断路,称电容具有隔直作用。

由电容上的电流电压瞬时值表达式得到其相量表示式为

$$\dot{U}_C = U_C \underline{/\varphi_u}, \quad \dot{I}_C = I_C \underline{/\varphi_i} \tag{3-13}$$

因为

$$\frac{\dot{U}_C}{\dot{I}_C} = \frac{U_C \underline{/\varphi_u}}{I_C \underline{/\varphi_i}} = X_C \underline{/-90°} = -\mathrm{j}X_C$$

因此有

$$\dot{U}_C = -\mathrm{j}X_C \dot{I}_C = \frac{1}{\mathrm{j}\omega C}\dot{I}_C \tag{3-14}$$

由式(3.14)可以看到,电感上的电流电压相量表示形式同样满足欧姆定律,根据相量关系可画出电压和电流的相量图,如图 3.11(c)所示。

2. 功率计算

根据瞬时功率定义,电容上的瞬时功率为

$$p_C = u_C i_C = U_{Cm} \sin(\omega t + \varphi_u) I_{Cm} \sin(\omega t + \varphi_u + 90°)$$

$$= \frac{1}{2} U_{Cm} I_{Cm} \sin 2(\omega t + \varphi_u) = U_C I_C \sin 2(\omega t + \varphi_u)$$

由上式可知,电容元件的瞬时功率与电感元件相似,是幅值为 $U_C I_C$ 的正弦量以 2ω 的角频率随时间变化,波形如图 3.11(b) 中虚线所示。当瞬时功率为正值,即 $p_C > 0$ 时,电容从电源吸取能量,转化为电容电场储能;当瞬时功率为负值,即 $p_C < 0$ 时,电容将储存的电场能量释放出来,返回给电源。这表明电容元件与电源之间存在着能量交换,对纯电容元件,它从电源吸取的能量与返回给电源的能量相等,其平均功率损耗 P_C 为零,即有功功率为零。

$$P_C = \frac{1}{T} \int_0^T p_C \mathrm{d}t = \frac{1}{T} \int_0^T U_C I_C \sin 2(\omega t + \varphi_u) \mathrm{d}t = 0$$

因此纯电容元件也是一种储能元件,本身并不消耗电能。它与电源之间电场能量互换的规模可以用无功功率 Q_C 来衡量,无功功率由瞬时功率的幅值来反映,即

$$Q_C = U_C I_C = I_C^2 X_C = \frac{U_C^2}{X_C}$$

Q_C 的单位与 Q_L 是一样的,为无功伏安,简称乏(Var),也有表示为千乏(kVar)的。

【例 3-6】 将 $15 \mu F$ 的电容器接至 $220V$ 的正弦电压源,试计算电源频率为工频和 $5000 Hz$ 两种情况下的容抗 X_C、电流 I_C 及无功功率 Q_C。

解　当 $f = 50 Hz$ 时:

$$X_C = \frac{1}{2\pi f C} = \frac{1}{2\pi \times 50 \times 15 \times 10^{-6}} = 212(\Omega)$$

$$I_C = \frac{U_C}{X_C} = \frac{220}{212} = 1.04(A)$$

$$Q_C = U_C I_C = 220 \times 1.04 = 228.8(Var)$$

当 $f = 5000 Hz$ 时:

$$X_C = \frac{1}{2\pi \times 5000 \times 15 \times 10^{-6}} = 2.12(\Omega)$$

$$I_C = \frac{220}{2.12} = 104(A)$$

$$Q_C = 220 \times 104 = 22880(Var)$$

可见,在电压有效值一定时,频率越高,容抗越小,电容电流有效值越大,与电源之间的能量交换规模也越大。

3.3.4　单一元件交流电路特性比较

为了更好地学习后续的内容,将本节与 3.2 节内容以表格的形式来对比学习。表 3-1 所示是正弦量的各种表示方法。表 3-2 所示是单一元件交流电路特性基本关系。通过对照,可以清楚地了解到各种单一元件上电流、电压之间的关系及功率值。

表 3-1　正弦量的各种表示方法

三角函数式(瞬时值表示式)		$i=I_m\sin(\omega t+\varphi)$		
正弦波形				
相量式或复数式	定义	用复数的模表示正弦量的幅值(或有效值),辐角表示正弦量的初相位		
	直角坐标形式	$\dot{I}=I(\cos\varphi+\mathrm{j}\sin\varphi)$		
	极坐标形式	$\dot{I}=I\angle\varphi$	$\dot{I}_m=\sqrt{2}\,\dot{I}$	
	指数形式	$\dot{I}=I\mathrm{e}^{\mathrm{j}\varphi}$		
相量图	定义	相量的长度等于正弦量的幅值(或有效值),相量的起始位置与横轴之间的夹角等于正弦量的初相位。当相量以正弦量角频率绕原点逆时针旋转时,任一瞬间在纵轴上的投影等于该时刻正弦量的瞬时值		
	表示形式($\varphi>0$)			
注意		相量不等于正弦量,只是正弦量的一种表示方法,即 $i\neq\dot{I}$(或 $\dot{I}_m$),$\dot{I}_m\neq I_m\sin(\omega t+\varphi)$		

表 3-2　单一元件交流电路特性基本关系(设 $i=I_m\sin(\omega t+\varphi_i)$)

电路参数		R	L	C
电压、电流关系	瞬时值	$u_R=Ri=U_R\sin\omega t$	$u_L=L\dfrac{\mathrm{d}i}{\mathrm{d}t}=U_L\sin(\omega t+90°)$	$u_C=\dfrac{1}{C}\int i\mathrm{d}t=U_C\sin(\omega t-90°)$
	有效值	$U_R=RI$	$U_L=\omega LI=X_LI$	$U_C=\dfrac{1}{\omega C}I=X_CI$
	相量式	$\dot{U}_R=R\dot{I}$	$\dot{U}_L=\mathrm{j}X_L\dot{I}$	$\dot{U}_C=-\mathrm{j}X_C\dot{I}$
	相量图			
	相位差	u_R 与 i 同相	u_L 超前 i90°	u_C 滞后 i90°
瞬时功率		$p_R=U_RI[1-\cos2(\omega t+\varphi_i)]$	$p_L=U_LI\sin2(\omega t+\varphi_i)$	$p_C=-U_CI\sin2(\omega t+\varphi_i)$
有功功率 单位:W(瓦)		$P_R=U_RI=I^2R=\dfrac{U_R^2}{R}$	0	0
无功功率 单位:Var(乏)		0	$Q_L=U_LI=I^2X_L=\dfrac{U_L^2}{X_L}$	$^*Q_C=-U_CI=-I^2X_C=-\dfrac{U_C^2}{X_C}$
注意		除了瞬时电流或电压满足基尔霍夫电流定律及电压定律,还可以采用相量形式实现 KCL 及 KVL 分析,不可以用有效值或最大值进行 KCL 及 KVL 分析。即有 $\sum\dot{I}=0$ 或 $\sum\dot{U}=0$,而 $\sum I\neq0$ 或 $\sum U\neq0$		

* 由于表 3-2 采用了统一的电流,因此电感与电容的无功功率差了一个负号。

3.4　正弦交流电路分析

3.4.1　正弦交流电路无源二端网络阻抗

　　在 2.3.1 小节中介绍了直流电路无源二端网络的端口电阻可以通过电阻串并联的方式简化为一个电阻，或通过二端网络端口电压与电流之比来获得等效电阻。在正弦稳态交流电路中，线性非时变无源二端网络的电压和电流为同频率的正弦量，如图 3.12(a) 所示。

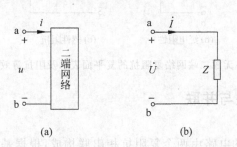

图 3.12　一端口网络(二端网络)的复阻抗

　　设端口的电压电流相量分别为 $\dot{U} = U\underline{/\varphi_u}$ 和 $\dot{I} = I\underline{/\varphi_i}$，则其端口的相量形式就是欧姆定律的相量形式，端电压相量 $\dot{U}$ 与电流相量 $\dot{I}$ 的比值定义为复阻抗 Z，如图 3.12(b) 所示，即有

$$Z = \frac{\dot{U}}{\dot{I}} = \frac{U}{I}\underline{/\varphi_u - \varphi_i} = |Z|\underline{/\varphi_z}$$

或

$$\dot{U} = Z\dot{I} \tag{3-15}$$

　　必须说明的是，复阻抗 Z 表示的欧姆定律相量形式仅仅描述了 Z 是一个复数，不是一个正弦量对应的复数，也因此称 Z 为复阻抗(因为 Z 不是相量，因此 Z 的符号上面不能加"·")。其模 $|Z| = \dfrac{U}{I}$ 称为阻抗模(经常将 Z、$|Z|$ 简称阻抗)，辐角 $\varphi_z = \varphi_u - \varphi_i$ 称为阻抗角。Z 的单位和符号均与电阻相同，Z 的代数形式为

$$Z = R + jX \tag{3-16}$$

式中，R 为等效电阻分量，X 为等效电抗分量。电阻、电抗及复阻抗关系可以在复平面上用复数形式表示，如图 3.13(a) 所示(此图仅代表阻抗角大于零的感性阻抗)。根据其值不同，可以确定无源二端网络的阻抗特性。

　　(1) 纯电阻性电路(纯电阻性阻抗)。当电抗分量 X 为零时，$Z = R$，复阻抗呈纯电阻性，无源二端网络的等效电路如图 3.13(b) 所示。

　　(2) 感性电路(感性阻抗)。当电抗分量 X 大于零且 $R = 0$ 时，复阻抗呈纯电感性；若 R 不等于零，称电路为感性电路，或将等效阻抗称感性阻抗，X 为感性电抗分量，无源二端网络的等效电路如图 3.13(c) 所示。

（3）容性电路（容性阻抗）。当电抗分量 X 小于零且 $R=0$ 时，复阻抗呈纯电容性；若 R 不等于零，称电路为容性电路，或将等效阻抗称容性阻抗，X 为容性电抗分量，无源二端网络的等效电路如图 3.13(d) 所示。

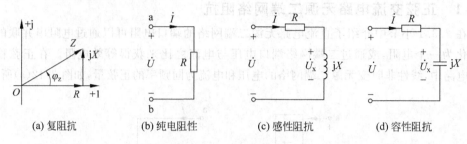

(a) 复阻抗　　　　　　(b) 纯电阻性　　　　　(c) 感性阻抗　　　　　(d) 容性阻抗

图 3.13　无源二端网络复阻抗的复平面表示及阻抗等效相量模型

3.4.2　阻抗的串联与并联

1. 阻抗的串联

如图 3.14(a) 所示的电路由两个复阻抗相串联构成，根据基尔霍夫电压定律的相量形式有

$$\dot{U} = \dot{U}_1 + \dot{U}_2 = \dot{I} Z_1 + \dot{I} Z_2 = \dot{I}(Z_1 + Z_2)$$

两个串联的复数阻抗可以用一个等效的复数阻抗 Z 来代表，其等效电路如图 3.14(b) 所示。其中，端电压 $\dot{U}$ 与电流 $\dot{I}$ 应保持不变，则

$$\dot{U} = \dot{I} Z$$

可得

$$Z = Z_1 + Z_2$$

由此可以推导得出，若有 n 个复数阻抗相串联，则有

$$Z = Z_1 + Z_2 + \cdots + Z_n$$

直流电路中各串联电阻的分压原理也可应用到正弦交流电路中。例如，在图 3.14(a) 中有

$$\dot{U}_1 = \frac{Z_1}{Z_1 + Z_2} \cdot \dot{U}$$

$$\dot{U}_2 = \frac{Z_2}{Z_1 + Z_2} \cdot \dot{U}$$

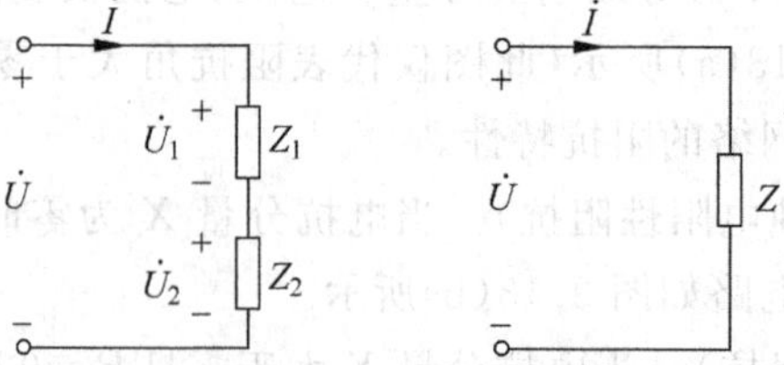

(a) 电路相量模型图　　　　　　(b) 等效相量模型

图 3.14　阻抗的串联

2. 阻抗的并联

如图 3.15(a)所示电路由两个复阻抗 Z_1、Z_2 并联构成,根据基尔霍夫电流定律的相量形式有

$$\dot{I} = \dot{I}_1 + \dot{I}_2 = \frac{\dot{U}}{Z_1} + \frac{\dot{U}}{Z_2} = \dot{U}\left(\frac{1}{Z_1} + \frac{1}{Z_2}\right) \tag{3-17}$$

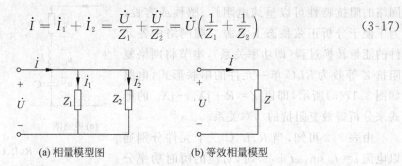

(a) 相量模型图　　　　　(b) 等效相量模型

图 3.15　阻抗的并联

两个并联的复数阻抗可以用一个等效的复数阻抗 Z 来表示,其等效电路如图 3.15(b)所示。其端电压与端电流的关系为

$$\dot{I} = \frac{\dot{U}}{Z} \tag{3-18}$$

由式(3-17)和式(3-18)可得

$$\frac{1}{Z} = \frac{1}{Z_1} + \frac{1}{Z_2}$$

或

$$Z = \frac{Z_1 Z_2}{Z_1 + Z_2}$$

由此可以推导得出,若有 n 个复数阻抗相并联,则有

$$\frac{1}{Z} = \frac{1}{Z_1} + \frac{1}{Z_2} + \cdots + \frac{1}{Z_n}$$

同样地,直流电路中各并联电阻的分流原理也可以应用到正弦交流电路中。例如,在图 3.15(a)中有

$$\dot{I}_1 = \frac{Z_2}{Z_1 + Z_2} \cdot \dot{I}$$

$$\dot{I}_2 = \frac{Z_1}{Z_1 + Z_2} \cdot \dot{I}$$

【例 3-7】　电路如图 3.16 所示,求 a、b 端的等效阻抗。

解　根据电路中各阻抗之间的串、并联关系可得

$$Z_{ab} = R_1 \mathbin{/\mkern-5mu/} [R_2 + jX_L + R_3 \mathbin{/\mkern-5mu/} (-jX_C)]$$

$$= 1 \mathbin{/\mkern-5mu/} \left[1 + j4 + \frac{2 \times (-j2)}{2 - j2}\right] = 1 \mathbin{/\mkern-5mu/} (2 + j3)$$

$$= \frac{1 \times (2 + j3)}{1 + 2 + j3} = \frac{5}{6} + j\frac{1}{6} \ (\Omega)$$

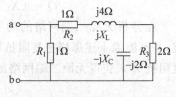

图 3.16　例 3-7 图

3.4.3 正弦稳态电路的功率

由 3.4.1 小节的分析可得出结论,任何一个无源二端网络都可以等效成单一的复阻抗 $Z=R+jX$,根据 Z 的阻抗角不同,无源二端网络的阻抗特性可以呈纯电阻性、感性或容性。为了便于分析正弦稳态下无源二端网络中各元件的能量转换过程(即功率关系),本节将网络复阻抗 Z 等效为 RLC 单一元件的串联形式,电路如图 3.17(a)所示,即以 $Z=R+jX_L-jX_C$ 的形式来分析等效复阻抗的功率关系。

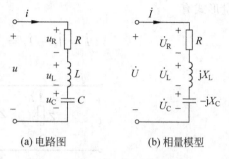

(a) 电路图   (b) 相量模型

图 3.17 R、L、C 串联交流电路

由表 3-2 可知,当 R、L、C 三个元件分别通以电流 $i=I_m\sin(\omega t+\varphi_i)$ 时,对应的瞬时功率分别为

$$p_R = U_R I[1-\cos2(\omega t+\varphi_i)] = RI^2[1-\cos2(\omega t+\varphi_i)]$$

$$p_L = U_L I\sin2(\omega t+\varphi_i) = X_L I^2\sin2(\omega t+\varphi_i)$$

$$p_C = -U_C I\sin2(\omega t+\varphi_i) = -X_C I^2\sin2(\omega t+\varphi_i)$$

整个 RLC 串联电路的瞬时功率为上述三项瞬时功率之和,即

$$p = RI^2[1-\cos2(\omega t+\varphi_i)] + X_L I^2\sin2(\omega t+\varphi_i) - X_C I^2\sin2(\omega t+\varphi_i)$$

$$= RI^2[1-\cos2(\omega t+\varphi_i)] + (X_L-X_C)I^2\sin2(\omega t+\varphi_i)$$

这个瞬时功率公式分为两部分,第一部分始终大于或等于零,其平均值是电路中电阻消耗的电能,属于瞬时功率中不可逆部分,不再返回给外部电路。瞬时功率平均值就是无源二端网络的有功功率 P,即

$$P = RI^2 = U_R I$$

第二部分是电抗元件的瞬时功率,其平均值为零,说明这部分电路没有功率损耗,其主要作用是储能元件与外部电路的能量转换。从第二部分中可以看到,电感和电容的瞬时功率反相,在能量交换过程中,彼此互补,即电感吸收(或释放)能量时,恰好是电容释放(或吸收)能量,彼此互补后的不足部分再与外部电路进行能量转换,这是瞬时功率中的可逆部分。

当 $X_L=X_C$ 时,L 与 C 之间完全互补,瞬时功率第二部分为零,这时电路阻抗特性呈纯电阻性。当 $X_L\neq X_C$ 时,除了 LC 能量交换互补外,其不足部分与外电路能量交换的最大规模就是这个无源二端网络的无功功率 Q,即

$$Q = (X_L-X_C)I^2 = U_L I - U_C I = Q_L - Q_C$$

在分析无源二端网络的功率特性时,有时只了解网络端口电压、端口电流和等效阻抗,并不能像上述那样把复阻抗等效为 RLC 的串联,那么如何通过端口的电压 u、电流 i、复阻抗 Z 来获得无源二端网络的功率关系呢?由图 3.17(b)可知:

$$\dot{U} = \dot{U}_R + \dot{U}_L + \dot{U}_C$$

根据各元件伏安特性的相量形式

$$\dot{U}_R = R\dot{I}, \quad \dot{U}_L = jX_L\dot{I}, \quad \dot{U}_C = -jX_C\dot{I}$$

可知

$$\dot{U} = R\,\dot{I} + jX_L\,\dot{I} - jX_C\,\dot{I} = (R + jX_L - jX_C)\,\dot{I} = Z\,\dot{I} \tag{3-19}$$

式中，

$$Z = R + jX_L - jX_C = |Z| \angle\varphi$$

复阻抗的模和阻抗角分别为

$$|Z| = \sqrt{R^2 + (X_L - X_C)^2} = \sqrt{R^2 + X^2}$$

$$\varphi = \arctan\frac{X}{R} = \arctan\frac{X_L - X_C}{R}$$

由式(3-19)还可以得到

$$Z = \frac{\dot{U}}{\dot{I}} = \frac{U\angle\varphi_u}{I\angle\varphi_i} = \frac{U}{I}\angle\varphi_u - \varphi_i = |Z|\,e^{j\varphi}$$

因此有

$$U = |Z|\,I$$

$$R = |Z|\cos\varphi = \frac{U}{I}\cos\varphi$$

$$X_L - X_C = |Z|\sin\varphi = \frac{U}{I}\sin\varphi$$

$$\begin{aligned}
U = |Z|\,I &= \sqrt{R^2 + (X_L - X_C)^2} \cdot I \\
&= \sqrt{R^2 I^2 + (X_L - X_C)^2 I^2} \\
&= \sqrt{U_R^2 + (U_L - U_C)^2} \\
&= \sqrt{U_R^2 + U_X^2}
\end{aligned}$$

由上式关系不难看出，电阻 R、电抗 $(X_L - X_C)$ 及复阻抗 $|Z|$ 构成一个直角三角形，称为阻抗三角形，如图 3.18(a)所示。而串联电路的基尔霍夫电压相量关系可以用图 3.18(b)所示，U_R、$U_L - U_C$、U 也构成一个直角三角形，称为电压三角形。很显然，阻抗三角形与电压三角形是相似三角形。

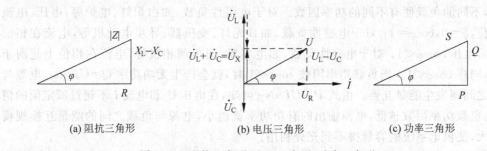

(a) 阻抗三角形　　　(b) 电压三角形　　　(c) 功率三角形

图 3.18　阻抗三角形、电压三角形、功率三角形

根据阻抗三角形和电压三角形中各参数关系，可以得到无源二端网络有功功率 P 为

$$P = U_R I = UI\cos\varphi$$

无功功率 Q 为

$$Q = U_L I - U_C I = UI\sin\varphi$$

把端电压 U 与端电流 I 的乘积定义为视在功率,用符号 S 来表示,则

$$S = UI$$

视在功率是满足无源二端网络有功功率和无功功率两者的需要时,要求外部提供的功率容量,如变压器、交流发电机等的容量一般都用视在功率来表示。视在功率的单位是伏安(V・A)或千伏安(kV・A)。

P、Q、S 三者之间存在以下关系:

$$P = I^2 R = UI\cos\varphi = S\cos\varphi \tag{3-20}$$

$$Q = I^2 X = UI\sin\varphi = S\sin\varphi \tag{3-21}$$

$$S = I^2|Z| = UI = \sqrt{P^2 + Q^2} \tag{3-22}$$

$$\cos\varphi = \frac{P}{S} = \frac{R}{|Z|} = \frac{R}{\sqrt{R^2 + X^2}} \tag{3-23}$$

显然,P、Q、S 也构成一个直角三角形,称为功率三角形,如图 3.18(c)所示。φ 即为阻抗角,可见阻抗三角形、电压三角形和功率三角形均为相似三角形。由于 P、Q、S 都不是正弦量,因此不能用相量来描述。功率三角形只是反映三者之间的关系,便于我们理解和记忆。

在正弦交流电路中,无源二端网络吸收的平均功率(有功功率 P)不但与网络端口的电压、电流有效值有关,还与电压和电流的相位差 φ 有关。式(3-23)中的 $\cos\varphi$ 称为功率因数,纯电阻电路的功率因数等于1,纯电抗电路的功率因数等于零。一般情况下,功率因数在 0 和 1 之间。φ 也因此可以称为功率因素角。

3.4.4 功率因数的提高

1. 提高功率因数的意义

当负载的功率因数比较低时,电路中会出现较大的无功功率,由此带来的主要问题是电源设备的利用率降低和输电线路的损耗增加。前面介绍了正弦交流电路中负载的平均功率为 $P=UI\cos\varphi$,说明平均功率不仅与电压 U、电流 I 有关,还与电路功率因数 $\cos\varphi$ 有关。由式(3-23)可知,功率因数取决于负载本身的参数及性质,R、X 确定了,$\cos\varphi$ 也就确定了,不同的负载便有不同的功率因数。对于电阻性负载,如白炽灯、电炉等,电压、电流同相位,$\varphi=0$,$\cos\varphi=1$;对于电感性负载,如日光灯、变压器、异步电动机等,电流在相位上滞后电压,$\cos\varphi<1$;对于电容性负载,如电容器、同步调相机等,电流在相位上超前于电压,同样 $\cos\varphi<1$。当负载功率因数 $\cos\varphi<1$ 时,就会产生无功功率 $Q=UI\sin\varphi$,电源与负载之间便发生能量互换。由式 $P=UI\cos\varphi$ 可知,在电压 U 和电流 I 不超过额定值的情况下,负载功率因数越低,电源输出的有功功率就越小,电源与负载之间的能量互换规模就越大,使供电系统的容量得不到充分利用。

例如,供电设备的容量为 1000kV・A,当负载功率因数 $\cos\varphi=1$ 时,可以输出 1000kW 的有功功率。而在 $\cos\varphi=0.6$ 时,只能提供 600kW 的有功功率。

从另一个角度来看,电流 $I = \dfrac{P}{U\cos\varphi}$,当电源电压 U 和输出有功功率 P 一定时,功率因数越低,电源向负载需提供的线路电流就越大,线路上的损耗及电源内部的损耗也越

大,降低了输电线路电能传输的效率。因此,提高供电线路的功率因数对电力工业建设和节约电能具有重大意义。

我国电力部门一般规定,高压供电的工业企业的平均功率因数不应低于0.95,其他用户的功率因数应不低于0.9。

2. 提高功率因数的方法

绝大部分工业负载的功率因数都是滞后的,即为感性负载。如生产中最常用的异步电动机在额定运行时功率因数为0.7~0.9,而轻载时可能小于0.5。其他如日光灯一般为0.45~0.6。感性负载是引起功率因数较低的根本原因。

那么如何来提高功率因数呢? 通常可以从两个方面提高负载的功率因数。

(1) 改进用电设备的功率因数,这需要更换或改进设备。而感性负载利用线圈建立磁场是它们正常工作的必要条件之一,因此用电设备本身的功率因数并不能任意提高,要提高功率因数,应在保证负载正常工作和不增加功率损耗的前提下来实现。

(2) 提高功率因数最有效的方法是在感性负载两端适当地并联电容器,这种电容器称为补偿电容器,利用电容的超前电流来补偿负载的滞后电流。接入电容后,不会改变原用电设备的工作状态,同时由于电容器是一种储能元件,本身并不消耗电能,因此并联电容器后整个负载的有功功率仍保持不变。补偿电容器一般安置在用电设备的输入端,如日光灯两端并联一个电容器,也可以安装在变电所内,补偿整个电网的功率因数。

如图3.19(a)所示为一感性负载电路,在其两端并联一个补偿电容后电路如图3.19(b)所示。

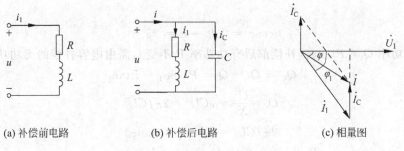

(a) 补偿前电路　　　　　(b) 补偿后电路　　　　　(c) 相量图

图 3.19　功率因数提高的方法

设原电路功率因数为$\cos\varphi_1$,电流为i_1,电容补偿后整个负载电路功率因数为$\cos\varphi$,电流为i,可作出相量图如图3.19(c)所示。电容中的超前电流恰好抵消了感性负载电流i_1无功分量的一部分,但i_1的有功分量不受影响,总电流i的值减小,同时与电压$\dot{U}$的相位差由原来的φ_1减小为φ,使$\cos\varphi > \cos\varphi_1$,达到了提高供电线路功率因数的目的。

注意:这里所讲的提高功率因数指的是提高并联电路总的功率因数,也就是使供电线路中总电流i与电压u的相位差减小。

而电容补偿前后,原感性负载的电流$I_1 = \dfrac{U}{\sqrt{R^2 + X_L^2}}$及其功率因数$\cos\varphi_1 = \dfrac{R}{\sqrt{R^2 + X_L^2}}$均保持不变。另外,由于电容本身不消耗有功功率,电路总的有功功率也保持

不变,即

$$P = UI_1\cos\varphi_1 = UI\cos\varphi$$

则有

$$I_1 = \frac{P}{U\cos\varphi_1}, \quad I = \frac{P}{U\cos\varphi}$$

由图 3.19(c)相量图可得,补偿电容中的超前电流为

$$I_C = I_1\sin\varphi_1 - I\sin\varphi = \frac{P}{U}(\tan\varphi_1 - \tan\varphi)$$

而

$$I_C = \frac{U}{X_C} = \omega CU$$

因此

$$\omega CU = \frac{P}{U}(\tan\varphi_1 - \tan\varphi)$$

补偿电容值为

$$C = \frac{P}{\omega U^2}(\tan\varphi_1 - \tan\varphi) \tag{3-24}$$

感性电路的功率因数越低,即滞后角 φ_1 越大,需要补偿的电容值也越大。选择适当的电容值,可使电路的功率因数达到所要求的值。

【例 3-8】 工频电源电压有效值为 220V,给一个感性负载供电,功率为 20kW,功率因数为 0.6,现要求将电路功率因数提高至 0.9,应给该负载并联多大的补偿电容?

解 利用补偿电容并联前后电路总的无功功率变化来分析:

$$P = 20\text{kW}, \quad U = 220\text{V}, \quad f = 50\text{Hz}$$

补偿前:

$$\cos\varphi_1 = 0.6 \rightarrow \varphi_1 = 53.1°$$

补偿后:

$$\cos\varphi = 0.9 \rightarrow \varphi = 25.8°$$

无功功率 $Q_1 = P\tan\varphi_1$(补偿前后有功功率 P 不变),需由电容补偿的无功功率为

$$Q_C = Q_1 - Q = P\tan\varphi_1 - P\tan\varphi$$

而

$$Q_C = \frac{U^2}{X_C} = \omega CU^2 = 2\pi fCU^2$$

可得

$$2\pi fCU^2 = P(\tan\varphi_1 - \tan\varphi)$$

$$C = \frac{P}{2\pi fU^2}(\tan\varphi_1 - \tan\varphi)$$

$$= \frac{20 \times 10^3}{2\pi \times 50 \times 220^2}(\tan53.1° - \tan25.8°) = 1116(\mu\text{F})$$

解题思路 本题从无功功率补偿前后的变化量来思考补偿电容计算方法。通过分析可以看到,这类补偿电容的计算可以直接采用公式(3-24)代入的方法计算,不需要复杂推导。

【例 3-9】 工频电源电压有效值为 220V,给一个感性负载供电,已知负载电阻 $R = 4\Omega$,$X_L = 10\Omega$,输电线路的线路电阻 $R_0 = 0.5\Omega$,问:(1)线路损耗为多少?(2)若不改变负载的工作状态,并将功率因数提高到 0.9,应并联多大的电容器? 此时线路损耗为多少?(3)并联电容后用户一年(以每年 365 天,每天用电 8 小时计算)可节约电能多少 kW·h(度)? 用户的用电量有无变化?

解　(1) 电路工作图如图 3.19(b)所示,用户的负载电流为

$$I_1 = \frac{U}{|Z_1|} = \frac{U}{\sqrt{R^2 + X_L^2}} = \frac{220}{\sqrt{4^2 + 10^2}} = 20.43(\text{A})$$

则线路损耗为

$$\Delta P_1 = R_0 I_1^2 = 0.5 \times 20.43^2 = 208.6(\text{W})$$

(2) 并联电容前,电路的功率因数为

$$\cos\varphi = \frac{R}{\sqrt{R^2 + X_L^2}} = \frac{4}{\sqrt{4^2 + 10^2}} = 0.37$$

对应的 $\tan\varphi = 2.5$,而负载有功功率为

$$P = UI_1\cos\varphi = 220 \times 20.43 \times 0.37 = 1663(\text{W})$$

若使功率因数提高到 $0.9(\cos\varphi = 0.9, \tan\varphi = 0.4843)$,则并联电容为

$$C = \frac{P}{\omega U^2} \cdot (\tan\varphi_1 - \tan\varphi) = \frac{1663}{314 \times 220^2} \times (2.5 - 0.4843) = 220(\mu\text{F})$$

此时输电线路上的电流为

$$I = \frac{P}{U\cos\varphi} = \frac{1663}{220 \times 0.9} = 8.4(\text{A})$$

线路损耗为

$$\Delta P_2 = R_0 I^2 = 0.5 \times 8.4^2 = 35.28(\text{W})$$

(3) 并联电容后,节省的功率为

$$\Delta P = \Delta P_1 - \Delta P_2 = 208.6 - 35.28 = 173.32(\text{W})$$

一年可节省的电能为

$$W = \Delta P \times 365 \times 8 \times 10^{-3} = 506.1(\text{kW} \cdot \text{h})$$

用户的用电量不变,因为并联电容不影响原负载的工作情况。

3.5　正弦交流电路分析应用

3.5.1　正弦交流电路的相量解析法

解析法又称为分析法,它是一种应用数学推导、演绎去求解数学模型的方法。正弦交流电路相量解析法的应用关键是能熟练应用数学中的复数运算。根据正弦交流电路中的电流、电压、阻抗等参数,利用欧姆定律、基尔霍夫电流电压定律及各种线性电路分析方法来分析电路中各部分的电流、电压、功率关系。解析分析法的主要步骤如下。

(1) 将实际电路(时域电路)变换为相量模型电路,电流电压参数用相量表示,L、C 用感抗($\mathrm{j}X_L$)和容抗($-\mathrm{j}X_C$)表示。

(2) 根据 KCL 和 KVL 的相量形式,建立电路中电流、电压关系的相量方程,利用复数运算法则求解方程。

(3) 利用反变换求出所求得的相量解对应的时域表示式。

【例 3-10】　电压 $u = 100\sqrt{2}\sin 1000t\,\text{V}$ 加于 RLC 串联电路端口(见图 3.17),已知 $R = 40\Omega, L = 80\text{mH}, C = 20\mu\text{F}$。

(1) 计算电流有效值 I;

（2）写出电流 i、电感电压 u_L 及电容电压 u_C 的瞬时表达式；

（3）画出各电压、电流的相量图。

解　（1）$X_L = \omega L = 1000 \times 80 \times 10^{-3} = 80(\Omega)$

$$X_C = \frac{1}{\omega C} = \frac{1}{1000 \times 20 \times 10^{-6}} = 50(\Omega)$$

$$Z = R + j(X_L - X_C) = 40 + j(80 - 50) = 40 + j30 = 50\underline{/36.9^\circ}(\Omega)$$

$$I = \frac{U}{|Z|} = \frac{100}{50} = 2(A)$$

（2）由题意得 u 的相量为 $\dot{U} = 100\underline{/0^\circ}\text{V}$，则有

$$\dot{I} = \frac{\dot{U}}{Z} = \frac{100\underline{/0^\circ}}{50\underline{/36.9^\circ}} = 2\underline{/-36.9^\circ}(A)$$

$$i = 2\sqrt{2}\sin(1000t - 36.9^\circ)A$$

$$\dot{U}_L = jX_L\dot{I} = j80 \times 2\underline{/-36.9^\circ} = 160\underline{/53.1^\circ}(V)$$

$$u_L = 160\sqrt{2}\sin(1000t + 53.1)(V)$$

$$\dot{U}_C = -jX_C\dot{I} = -j50 \times 2\underline{/-36.9^\circ} = 100\underline{/-126.9^\circ}(V)$$

$$u_C = 100\sqrt{2}\sin(1000t - 126.9^\circ)(V)$$

（3）$\dot{U}_R = R\dot{I} = 40 \times 2\underline{/-36.9^\circ} = 80\underline{/-36.9^\circ}(V)$，相量图
如图 3.20 所示。

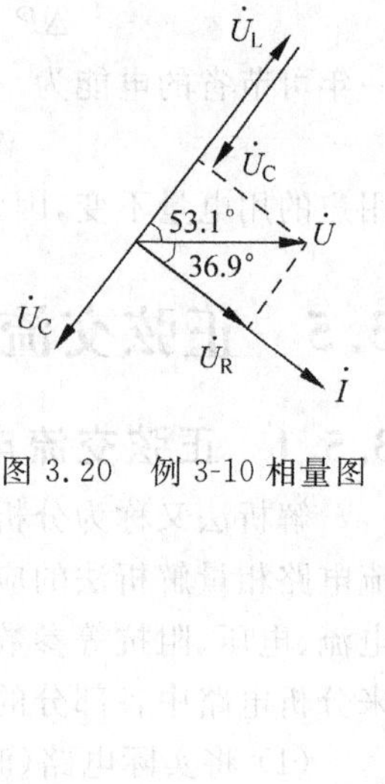

【例 3-11】　电路如图 3.21(a)所示，电压 $u = 100\sqrt{2}\sin1000t\text{V}$
加于 R、L、C 并联电路端口，已知 $R = 40\Omega$，$L = 80\text{mH}$，$C = 20\mu\text{F}$。
求电流 i，并画出电流、电压相量图。

解　由例 3-10 可知，感抗、容抗和电压相量分别为

$$X_L = 80\Omega, \quad X_C = 50\Omega, \quad \dot{U} = 100\underline{/0^\circ}$$

电路的相量模型如图 3-21(b)所示，利用 R、L、C 元件伏安关系
的相量形式，得各支路电流分别为

图 3.20　例 3-10 相量图

$$\dot{I}_R = \frac{\dot{U}}{R} = \frac{100\underline{/0^\circ}}{40} = 2.5\underline{/0^\circ}(A)$$

$$\dot{I}_L = \frac{\dot{U}}{jX_L} = \frac{100\underline{/0^\circ}}{j80} = 1.25\underline{/-90^\circ}(A)$$

$$\dot{I}_C = \frac{\dot{U}}{-jX_C} = \frac{100\underline{/0^\circ}}{-j50} = 2\underline{/90^\circ}(A)$$

根据 KCL 相量形式，得总电流 i 的相量为

$$\dot{I} = \dot{I}_R + \dot{I}_L + \dot{I}_C = 2.5\underline{/0^\circ} + 1.25\underline{/-90^\circ} + 2\underline{/90^\circ} = 2.5 + j0.75 = 2.61\underline{/16.7^\circ}(A)$$

故

$$i = 2.61\sqrt{2}\sin(1000t + 16.7^\circ)A$$

相量图如图 3.21(c)所示。

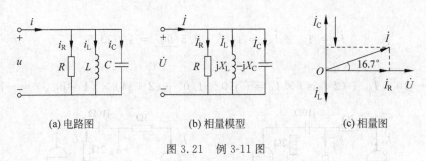

(a) 电路图   (b) 相量模型   (c) 相量图

图 3.21　例 3-11 图

【例 3-12】 如图 3.22 所示电路中，$u = 220\sqrt{2}\sin(250t + 20°)$，$R = 110\Omega$，$C_1 = 20\mu\text{F}$，$C_2 = 80\mu\text{F}$，$L = 1\text{H}$。求电流表 A_1、A_2 的读数和电路的输入阻抗。

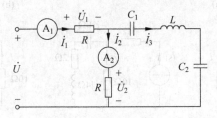

图 3.22　例 3-12 图

解　C_1 与 C_2 串联的等效电容为

$$C = \frac{C_1 C_2}{C_1 + C_2} = \frac{20 \times 80}{20 + 80} = 16(\mu\text{F})$$

则电感与电容串联支路的阻抗为

$$Z_{\text{串}} = j\omega L + \frac{1}{j\omega C} = j\left(250 \times 1 - \frac{1}{16 \times 10^{-6} \times 250}\right) = 0$$

说明 $\dot{I}_2$ 支路被短路，因此 A_2 读数为 0。由

$$\dot{I}_1 = \frac{\dot{U}}{R} = \frac{220\underline{/20°}}{110} = 2\underline{/20°}(\text{A})$$

可以得到 A_1 的读数为 2A。电路的输入阻抗 $Z_{\text{总}} = R$，呈纯电阻性。

解题思路　串联电容的电容量要按电阻并联的方式计算，也可以直接用容抗相加的方式计算。例 3-10～例 3-12 的关键在于掌握 KCL、KVL 的相量分析方法，只要了解电压、电流、阻抗三要素中的两个要素，就能获得第三个参数值。从例 3-10 和例 3-11 中还能看到，在串联电路中，感抗大于容抗时，电路性质为感性的，端口电压超前电流；但在并联电路中，当感抗大于容抗时，电路性质为容性的，端口电流超前电压。因此不能单纯地通过感抗和容抗的大小来决定电路复阻抗的性质。

【例 3-13】 正弦交流电路的相量模型如图 3.23(a) 所示，已知 $\dot{I}_{\text{S1}} = 1\underline{/0°}\text{A}$，$\dot{I}_{\text{S2}} = 0.5\underline{/90°}$，求 10Ω 电阻支路中的电流 $\dot{I}$。

解　方法一：应用戴维宁定理解题。

(1) 将待求支路去除，如图 3.23(b) 所示，求端口的开路电压 $\dot{U}_{\text{oc}}$。根据 KCL 可以

求得

$$\dot{I}_3 = \dot{I}_{S1} - \dot{I}_{S2} = 1\underline{/0°} - 0.5\underline{/90°} = 1 + j0.5$$

因此有

$$\dot{U}_{oc} = -j10 \times \dot{I}_{S1} + (2+j4) \times \dot{I}_3 = -j10 \times 1\underline{/0°} + (2+j4) \times (1+j0.5) = -j5(V)$$

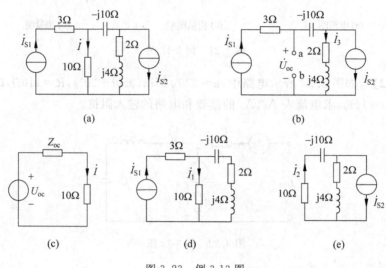

图 3.23   例 3-13 图

（2）求图 3.23(b)戴维宁等效电路相量模型中的等效除源阻抗 Z_{oc}。电流源置零后，ab 端口的等效阻抗为

$$Z_{oc} = -j10 + 2 + j4 = 2 - j6(\Omega)$$

（3）根据图 3.23(c)所示戴维宁等效电路相量模型,计算 10Ω 电阻支路中的电流 $\dot{I}$ 为

$$\dot{I} = \frac{\dot{U}_{oc}}{10 + Z_{oc}} = \frac{-j5}{10 + 2 - j6} = \frac{5\underline{/-90°}}{13.42\underline{/-26.56°}} = 0.37\underline{/-63.44°}(A)$$

方法二：应用叠加原理解题。

（1）电流源 $\dot{I}_{S1}$ 单独工作时,电路的相量模型如图 3.23(d)所示。由分流公式可得

$$\dot{I}_1 = \frac{-j10 + 2 + j4}{10 - j10 + 2 + j4} \times \dot{I}_{S1} = \frac{2-j6}{12-j6} = \frac{6.324\underline{/-71.56°}}{13.42\underline{/-26.56°}} = 0.47\underline{/-45°}(A)$$

（2）电流源 $\dot{I}_{S2}$ 单独工作时,电路的相量模型如图 3.23(e)所示。由分流公式可得

$$\dot{I}_2 = \frac{2+j4}{10 - j10 + 2 + j4} \times \dot{I}_{S2} = \frac{2+j4}{12-j6} \times 0.5\underline{/-90°} = \frac{2.236\underline{/-25.56°}}{13.42\underline{/-26.56°}} = 0.1666(A)$$

（3）叠加后电流为

$$\dot{I} = \dot{I}_1 - \dot{I}_2 = 0.47\underline{/-45°} - 0.1666 = 0.37\underline{/-63.44°}(A)$$

解题思路   直流电路分析方法同样适用于正弦交流电路,只是在分析时各支路电压、电流只能采用相量表示形式,阻抗必须采用复阻抗表示方式。

【例 3-14】 电路如图 3.24 所示,已知 u_S 为正弦交流工频电源,三个电压表读数均为 200V,电流表读数为 2A,试求参数 R、L、C。

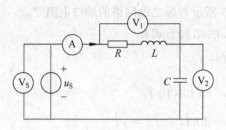

图 3.24　例 3-14 图

解　电压表和电流表读数均为有效值,根据电容两端电压、电流有效值关系可以得到

$$X_C = \frac{U_2}{I} = \frac{200}{2} = 100(\Omega) = \frac{1}{\omega C}$$

可得

$$C = \frac{1}{\omega X_C} = \frac{1}{2\pi f X_C} = \frac{1}{2 \times 3.14 \times 50 \times 100} = 31.85(\mu F)$$

设电流相量表达式为 $\dot{I} = 2\underline{/0^\circ}$,则电容上电压相量形式为 $\dot{U}_2 = 200\underline{/-90^\circ}$。

设电源电压和 RL 串联支路电压相量表达式分别为

$$\dot{U}_S = 200\underline{/\varphi_S}, \quad \dot{U}_1 = 200\underline{/\varphi_1}$$

由 KVL 得

$$\dot{U}_S = \dot{U}_1 + \dot{U}_2$$

即

$$200\underline{/\varphi_S} = 200\underline{/\varphi_1} + 200\underline{/-90^\circ}$$

$$200\cos\varphi_S + j200\sin\varphi_S = 200\cos\varphi_1 + j200\sin\varphi_1 - j200$$

由等式左、右虚实部对应相等可得

$$\begin{cases} \cos\varphi_S = \cos\varphi_1 \\ \sin\varphi_S = \sin\varphi_1 - 1 \end{cases}$$

两式平方后相加,得

$$\sin\varphi_1 = 0.5, \quad \varphi_1 = 30^\circ$$

因此

$$Z_1 = R + jX_L = \frac{\dot{U}_1}{\dot{I}} = \frac{200\underline{/30^\circ}}{2\underline{/0^\circ}} = 100\underline{/30^\circ} = (86.6 + j50)(\Omega)$$

所以

$$R = 86.6\Omega, \quad X_L = 50\Omega, \quad L = \frac{X_L}{\omega} = \frac{50}{314} = 0.159(H)$$

解题思路　正弦交流电路分析不可以直接采用有效值进行 KCL、KVL 计算,本例的电源电压有效值明显不能等于电路中两部分电压有效值之和。当采用相量分析法时,如果没有指明电路中任一参数的初相量,可以任意设定一个且仅有一个参数的初相量为零。一般而言,可以在串联电路中选择串联支路电流相量的初相量为零;或在并联电路中选择并联支路电压相量的初相量为零。以此为参考相量,从而获取电路中其他参数的相量。

【例 3-15】 求图 3.25 所示有源二端网络的端口电阻 Z_{ab}。

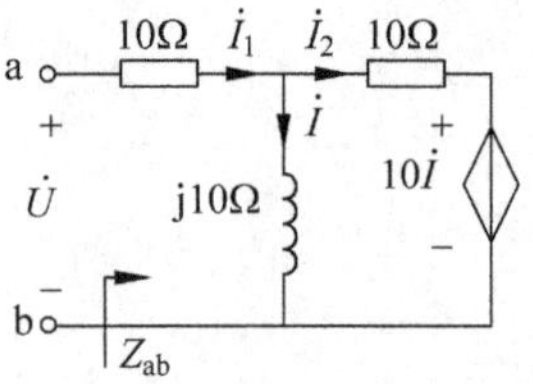

解 根据 KCL、KVL 的相量形式有

$$\begin{cases} \dot{I}_1 = \dot{I} + \dot{I}_2 \\ \text{j}10\,\dot{I} = 10\,\dot{I} + 10\,\dot{I}_2 \end{cases}$$

得

$$\dot{I}_2 = (\text{j} - 1)\,\dot{I}, \quad \dot{I}_1 = \text{j}\,\dot{I}$$

$$\dot{U} = 10\,\dot{I}_1 + \text{j}10\,\dot{I} = 20\,\dot{I}_1$$

图 3.25　例 3-15 图

所以

$$Z_{ab} = \frac{\dot{U}}{\dot{I}_1} = 20\Omega$$

解题思路 当电路中含有受控源元件时,端口电阻不能采用受控源除源的方式,必须利用端口的电压与电流关系比值来计算电路中的等效电阻。这种解题思路同样适用于叠加原理,受控源不能单独作用。

3.5.2　正弦交流电路的相量图分析法

相量图分析法是正弦交流电路的辅助分析方法。相量图可以直观地显示各相量之间的关系,不仅可以在图中反映各相量的模(有效值),更可以利用各相量之间的位置关系(相位关系)获取一种更为简便的分析方法。当然,相量图分析法并不是适用于所有电路分析,在某些条件下采用相量图分析法可能更优于解析法。

【例 3-16】 图 3.26(a)所示电路相量模型中,已知 $U_1 = 80\text{V}, U_2 = 60\text{V}$,求电压 U;图 3.26(b)所示电路相量模型中,已知 $I_1 = 60\text{A}, I_2 = 80\text{A}$,求电流 I。

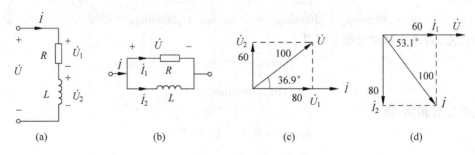

(a)　　　　　(b)　　　　　(c)　　　　　(d)

图 3.26　例 3-16 图

解 本题可以采用解析法,利用 KVL 求解,但是本题更简单的思路是利用相量图分析法求解。图 3.26(a)所示电路中,假设串联电流 $\dot{I}$ 的初相位为 $0°$,$\dot{U}_1$ 与 $\dot{I}$ 同相,$\dot{U}_2$ 超前 $\dot{I}$ $90°$。图 3.26(b)所示电路中,假设并联电压 $\dot{U}$ 的初相位为 $0°$,$\dot{I}_1$ 与 $\dot{U}$ 同相,$\dot{I}_2$ 滞后 $\dot{U}$ $90°$。根据电压、电流有效值,按比例可作出相量图分别如图 3.26(c)和图 3.26(d)所示。

根据相量图中各电压值的几何关系,可知电压 U 为 100V、电流 I 为 100A。

解题思路 相量的初相位设定可以参考例 3-14 的解题思路。

【例 3-17】　图 3.27(a)所示电路相量模型中,正弦电压 $U_S=380\text{V}$,$f=50\text{Hz}$,电容可调。当电容 $C=68\mu\text{F}$ 时,交流电流表 A 的读数最小,其值为 2A,求图 3.27(a)中电流表 A_1 的读数。

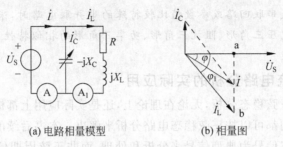

(a) 电路相量模型　　　　　　(b) 相量图

图 3.27　例 3-17 图

解　本题如果采用解析法分析,可以从并联电路的复阻抗最大时对应的电流最小的解题思路入手。很显然,此题利用相量图分析法会简单得多。

首先,无论电容 C 是否可调,由于电源电压不变,对应的 RL 串联支路电流 $\dot{I}_L$ 不会改变。令电源电压的相量为 $\dot{U}_S=380\underline{/0°}\text{V}$,那么感性支路电流滞后电压,对应的 $\dot{I}_L$ 可以定性地画在相量图的相应位置,如图 3.27(b)所示。电容上的电流 $\dot{I}_C$ 超前电压 90°,当电容值改变时,电容相量始终与 $\dot{U}_S$ 垂直,电流 $\dot{I}_C$ 有效值可能随着电容量的变化上下变动。根据相量求和的平行四边形法则,电流 $\dot{I}=\dot{I}_C+\dot{I}_L$ 的相量末端一定在与 $\dot{I}_C$ 平行的 ab 虚线上上下移动。当 $\dot{I}$ 指向 a 点时,对应的有效值一定是最小的,这时的 $\dot{I}_L$ 有效值为直角三角形斜边,即

$$I_L=\sqrt{I_C^2+I^2}=\sqrt{\left(\frac{U_S}{X_C}\right)^2+I^2}=\sqrt{(2\times3.14\times50\times68\times10^{-6}\times380)^2+2^2}=8.36(\text{A})$$

【例 3-18】　图 3.28 所示电路相量模型中,已知电容 $C=1\mu\text{F}$,正弦电压 $\dot{U}_S$ 工作频率为 800Hz,现欲使 $\dot{U}_R$ 超前 $\dot{U}_S60°$ 相位,试求电阻 R 的值。

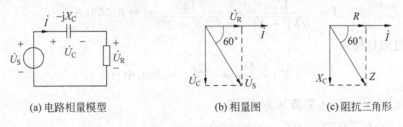

(a) 电路相量模型　　　　　(b) 相量图　　　　　(c) 阻抗三角形

图 3.28　例 3-18 图

解　本题为单一的串联电路,可以假设电流 $\dot{I}$ 为参考相量,初相位设置为 0°,根据电阻上的电压 $\dot{U}_R$ 与电流 $\dot{I}$ 同相,电容上的电压 $\dot{U}_C$ 滞后电流 90°,可以得到 $\dot{U}_S=\dot{U}_R+\dot{U}_C$,相量图如图 3.28(b)所示。在 3.4.3 小节中曾介绍电压三角形与阻抗三角形是相似三角形,因此可以得到阻抗三角形如图 3.28(c)所示。因此有

$$R = \frac{X_C}{\tan 60°} = \frac{1}{\sqrt{3}} \times \frac{1}{2\pi fC} = \frac{1}{\sqrt{3}} \times \frac{1}{2 \times 3.14 \times 800 \times 10^{-6}} = 115(\Omega)$$

解题思路　相量图分析法只能作为正弦交流电路的一种辅助分析方法,当电路出现单纯性的并联回路或串联回路或参数值比较特殊的串并联电路时,采用相量图分析法比较方便。同时利用电压三角形、阻抗三角形、功率三角形的相似特性,还能够延伸计算相关的阻抗及功率参数。

3.5.3　正弦交流电路分析的实际应用

对线性电路的正弦稳态分析,无论在理论上,还是实际应用上都极为重要。电力工程中遇到的大多数问题都可以按正弦稳态电路分析来解决。本书后续的电子技术基础中的信号都是以正弦稳态信号为典型信号来分析和处理,而非正弦周期信号也可以分解为频率成整数倍的正弦函数的无穷级数,这类问题也可以应用正弦稳态分析方法处理。

本节将给出几个正弦交流电路分析的实际应用示例。

【例 3-19】　有一小功率电风扇,为了降低其风扇转速,可在电源和电动机之间串入一个电阻 R,如图 3.29(a)所示;或串入一个电感线圈 L_1(线圈内阻可忽略不计),如图 3.29(b)所示,以此降低电动机的端电压 $\dot{U}_1$。已知电动机内阻 $R_L = 190\Omega$,$X_L = 260\Omega$,电源电压有效值为 220V,为了使电风扇两端电压($\dot{U}_1$)降至 180V,请问需要多大的电阻或电感? 用户选择这两种电路中哪个更优?

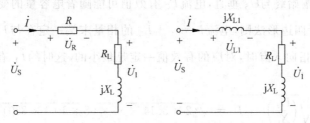

图 3.29　例 3-19 图

解　电动机的端电压 $U_1 = 180$V,故流过电动机的电流为

$$I = \frac{U_1}{\sqrt{R_L^2 + X_L^2}} = \frac{180}{\sqrt{190^2 + 260^2}} = 0.559(\text{A})$$

电路总的复阻抗模为

$$|Z| = \frac{U_s}{I} = \frac{220}{0.559} = 393.6(\Omega)$$

若采用图 3.29(a)所示电阻降压方式,则

$$\sqrt{(R + R_L)^2 + X_L^2} = 393.6(\Omega)$$

$$R = \sqrt{393.6^2 - X_L^2} - R_L = \sqrt{393.6^2 - 260^2} - 190 = 105.5(\Omega)$$

若采用图 3.29(b)所示电感线圈 L_1 降压方式,则

$$\sqrt{(X_{L1} + X_L)^2 + R_L^2} = 393.6(\Omega)$$

$$\omega L_1 = \sqrt{393.6^2 - R_L^2} - X_L = \sqrt{393.6^2 - 190^2} - 260 = 84.7(\Omega)$$

因此电感线圈 L_1 的电感为

$$L_1 = \frac{84.7}{314} = 0.27(\mathrm{H})$$

采用电阻或电感线圈的方式都可以起到分压的作用,但是由于电阻是纯耗电元件,电感线圈只交换能量不耗电,因此在实际应用时采用电感分压更理想。

【例 3-20】 图 3.30 所示电路是一个实用移相电路,求电压 $\dot{U}_o$。

解 利用理想运算放大器的虚断(流入运放的电流为零)性质,有

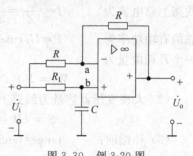

图 3.30 例 3-20 图

$$\frac{\dot{U}_i - \dot{U}_a}{R} = \frac{\dot{U}_a - \dot{U}_o}{R}$$

得

$$\dot{U}_a = \frac{1}{2}(\dot{U}_i + \dot{U}_o)$$

$$\dot{U}_b = \frac{\frac{1}{\mathrm{j}\omega C}}{R_1 + \frac{1}{\mathrm{j}\omega C}} \cdot \dot{U}_i = \frac{1}{1 + \mathrm{j}\omega R_1 C} \cdot \dot{U}_i$$

由理想运算放大器的虚短(a、b 两点电位相等)性质,有

$$\dot{U}_a = \dot{U}_b$$

因此有

$$\frac{1}{1 + \mathrm{j}\omega RC} \cdot \dot{U}_i = \frac{1}{2}(\dot{U}_i + \dot{U}_o)$$

得

$$\dot{U}_o = \frac{2}{1 + \mathrm{j}\omega R_1 C} \cdot \dot{U}_i - \dot{U}_i = \frac{1 - \mathrm{j}\omega R_1 C}{1 + \mathrm{j}\omega R_1 C} \cdot \dot{U}_i = 1 \underline{/ -2\arctan\omega C R_1} \cdot \dot{U}_i$$

由此可见,输出电压 $\dot{U}_o$ 的幅值与输入电压 $\dot{U}_i$ 的幅值相等,但是当电阻 R_1 变化时,$\dot{U}_o$ 的相位会相应地滞后 $\dot{U}_i$,实现输出与输入相位的差异。

移相电路可以驱动输入波形的相位向前或向后移动一定角度(本例为滞后移相电路),通常用于校正原电路中已经存在的不必要的相移或用于产生某种特定的效果。如整流装置的单相导电作用,会引起整流变压器交变磁场波形的畸变,从而产生各种谐波分量。抑制谐波的有效办法之一是通过对整流变压器高压侧进行移相,这种办法可以基本消除幅值较大的低次谐波。

【例 3-21】 已知某大楼共有荧光灯管 100 支,每个灯管电阻为 120Ω,镇流器电阻为 50Ω,电感值为 0.8H,电源为 220V 工频供电,求:

(1) 大楼每月耗电量(假设所有灯管每天工作 8 小时,一个月按 30 天计算);

(2) 如果采用单相变压器供电,此变压器的最小容量;

(3) 如果把负载功率因数提高到 0.9,需要的补偿电容;

(4) 按实际补偿电容并联计算,大楼一个月可以节约电量百分比。

解 (1) 首先计算一支荧光灯管的感抗和复阻抗:

$$X_L = \omega L = 314 \times 0.8 = 251.2(\Omega)$$

$$Z_1 = R + r + jX_L = 120 + 50 + j251.2 = 303.3\underline{/55.9°}$$

100 支荧光灯管并联后总的阻抗为

$$Z = 3.033\underline{/55.9°}$$

线路上总电流为 $\qquad I = \dfrac{U}{|Z|} = \dfrac{220}{3.033} = 72.5(\text{A})$

总的有功功率为 $\qquad P = UI\cos\varphi = 220 \times 72.5 \times \cos55.9° = 8942.2(\text{W})$

一个月耗电量为

$$W = P \times 30 \times 8 \times 10^{-3} = 2146.1(\text{kW} \cdot \text{h})$$

（2）大楼变压器容量为线路上的视在功率，即

$$S = UI = 220 \times 72.5 = 15950(\text{V} \cdot \text{A})$$

（3）补偿前： $\qquad \tan\varphi = \tan55.9° = 1.48$

补偿后： $\qquad \cos\varphi_1 = 0.9 \rightarrow \varphi_1 = 25.8° \rightarrow \tan\varphi_1 = 0.48$

可得补偿电容为

$$C = \frac{P}{2\pi f U^2} \times (\tan\varphi - \tan\varphi_1) = \frac{8942.2}{314 \times 220^2} \times (1.48 - 0.48) = 588(\mu\text{F})$$

（4）实际市场上电容标准值没有 $588\mu\text{F}$ 这个值，由电容值越大，功率因数越高的原则，可以选择 $680\mu\text{F}$ 的电解电容。

由 $\qquad \tan\varphi_1 = \tan\varphi - \dfrac{2\pi f C U^2}{P} = 1.48 - \dfrac{314 \times 680 \times 10^{-6} \times 220^2}{8942.2} = 0.32$

得 $\qquad \varphi_1 = 17.7°$

线路总电流为

$$I_1 = \frac{P}{U\cos\varphi} = \frac{8942.2}{220 \times \cos17.7°} = 42.7(\text{A})$$

假设线路电阻为 ΔR，那么总的节约电能百分比为

$$\Delta W = \frac{W_R - W_{1R}}{W_R} = \frac{P_R - P_{1R}}{P_R} = \frac{I^2\Delta R - I_1^2\Delta R}{I^2\Delta R} = 65\%$$

习题 3

3.1　填空题。

1. 正弦交流电的三要素是指正弦量的_____、_____和_____。

2. 单一电阻元件的正弦交流电路中，复阻抗 $Z=$_____；单一电感元件的正弦交流电路中，复阻抗 $Z=$_____；单一电容元件的正弦交流电路中，复阻抗 $Z=$_____；电阻电感相串联的正弦交流电路中，复阻抗 $Z=$_____；电阻电容相串联的正弦交流电路中，复阻抗 $Z=$_____；电阻电感电容相串联的正弦交流电路中，复阻抗 $Z=$_____。

3. 在 RLC 串联电路中，电路复阻抗虚部大于零时，电路呈_____性；若复阻抗虚部小于零时，电路呈_____性；当电路复阻抗的虚部等于零时，电路呈_____性。

3.2　选择题。

1. 实验室中的交流电压表和电流表，其读值是交流电的（　　）。

    A. 最大值   B. 有效值   C. 瞬时值

2. 某电阻元件的额定数据为"$1k\Omega$、$2.5W$",正常使用时允许流过的最大电流为(   )。

    A. 50mA   B. 2.5mA   C. 250mA

3. $314\mu F$ 电容元件用在 $100Hz$ 的正弦交流电路中,所呈现的容抗值为(   )。

    A. 0.197Ω B. 31.8Ω C. 5.1Ω

4. R、L 串联的正弦交流电路中,复阻抗为(   )。

    A. $Z=R+jL$ B. $Z=R+\omega L$ C. $Z=R+jX_L$

5. 电容元件的正弦交流电路中,电压有效值不变,当频率增大时,电路中电流将(   )。

    A. 增大   B. 减小   C. 不变

6. 电感元件的正弦交流电路中,电压有效值不变,当频率增大时,电路中电流将(   )。

    A. 增大   B. 减小   C. 不变

7. 在 RL 串联交流电路中,R 上端电压为 $16V$,L 上端电压为 $12V$,则总电压为(   )。

    A. 28V   B. 20V   C. 4V

8. 电感、电容相串联的正弦交流电路,消耗的有功功率为(   )。

    A. UI B. I^2X C. 0

9. 在图 3.31 所示的电路中,$R=X_L=X_C$,并已知安培表 A_1 的读数为 $3A$,则安培表 A_2、A_3 的读数应为(   )。

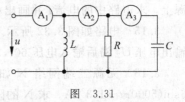

图 3.31

    A. 1A、1A   B. 3A、0A

    C. 4.24A、3A

3.3   已知 $u_A=220\sqrt{2}\sin314t\,V$,$u_B=220\sqrt{2}\sin(314t-120°)V$。

1. 指出各正弦量的幅值、有效值、初相、角频率、频率、周期及两者之间的相位差各为多少。

2. 画出 u_A、u_B 的波形。

3.4   下列表达式中哪些是正确的? 哪些是错误的?

1. $\dot{I}=4-j3A$ 2. $I=5\underline{/30°}A$

3. $\dot{U}=2\sin(\omega t-60°)V$ 4. $U=2e^{j60°}$

5. $i=5\cos314t$ 6. $5\sqrt{2}\sin(314t+45°)=5\underline{/45°}A$

3.5   将下列复数化为代数形式。

1. $60e^{j30°}$ 2. $10\underline{/45°}$ 3. $2\underline{/-60°}$

3.6   已知 $u_1=10\sqrt{2}\cos\omega t\,V$,$u_2=60\sin(\omega t+45°)V$,试分别写出电压 u_1、u_2 的相量形式,并求电压 $u=u_1+u_2$。

3.7   已知通过线圈的电流 $i=10\sqrt{2}\sin314t\,A$,线圈的电感 $L=70mH$(电阻可以忽略不计)。设电流 i,外施电压 u 为关联参考方向,试计算在 $t=\dfrac{T}{6},\dfrac{T}{4},\dfrac{T}{2}$ 的瞬时电流、电压的数值。

3.8　在 $50\mu F$ 的电容两端加一正弦电压 $u=220\sqrt{2}\sin314t\,V$。设电压 u 和 i 为关联参考方向,试计算 $t=\dfrac{T}{6},\dfrac{T}{4},\dfrac{T}{2}$ 的瞬时电流和电压的数值。

3.9　某元件上的电压为 $u=-65\cos(314t+30°)V$,电流为 $i=10\sin(314t+30°)A$。判断该元件是什么类型的元件,并计算它的值。

3.10　RL 串联电路接到 220V 的直流电源时功率为 1.2kW,接在 220V、50Hz 的电源时有功功率为 0.6kW,试求 R、L 值。

3.11　具有电阻为 4Ω 和电感为 25.5mH 的线圈接到频率为 50Hz、电压为 115V 的正弦电源上。求通过线圈的电流。如果这只线圈接到电压为 115V 的直流电源上,则电流又是多少?

3.12　已知 RL 串联电路的端电压 $u=220\sqrt{2}\sin(314t+30°)V$,通过它的电流 $I=5A$ 且滞后电压 45°,求电路的 R 值和 L 值。

3.13　已知一线圈在 50Hz、50V 情况下测得通过它的电流为 1A,在 100Hz、50V 下测得电流为 0.8A,求线圈的参数 R 值和 L 值。

3.14　电阻 $R=40\Omega$,和一个 $25\mu F$ 的电容器相串联后接到 $u=100\sqrt{2}\sin500t\,V$ 的电源上。求电路中的电流 $\dot{I}$ 并画出相量图。

3.15　电路如图 3.32 所示。已知电容 $C=0.1\mu F$,输入电压 $U_1=5V$,$f=50Hz$,若使输出电压 U_2 滞后输入电压 60°,求电路中的电阻。

3.16　无源二端网络 N 如图 3.33 所示,已知:$u=300\cos(5000\pi t+70°)V$,$i=6\sin(5000\pi t+123°)A$。求 N 的阻抗,并画出最简等效电路。

3.17　图 3.34 所示的电路中,已知 $Z=(30+j30)\Omega$,$jX_L=j10\Omega$,$-jX_C=-j10\Omega$,又知 $U_Z=85V$,求电路端电压有效值 U 及电流有效值 I。

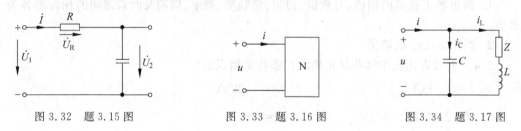

图 3.32　题 3.15 图　　　　图 3.33　题 3.16 图　　　　图 3.34　题 3.17 图

3.18　已知 RLC 串联电路中,电阻 $R=16\Omega$,感抗 $X_L=30\Omega$,容抗 $X_C=18\Omega$,电路端电压为 220V,试求电路中的有功功率 P、无功功率 Q、视在功率 S 及功率因数 $\cos\varphi$。

3.19　已知正弦交流电路中 $Z_1=30+j40\Omega$,$Z_2=8-j6\Omega$,并联后接入 $u=220\sqrt{2}\sin\omega t\,V$ 的电源。求各支路电流 $\dot{I}_1$、$\dot{I}_2$ 和总电流 $\dot{I}$,并作出电路相量图。

3.20　已知图 3.35(a)所示的电路中电压表读数 V_1 为 30V、V_2 为 60V。图 3.35(b)所示的电路中电压表读数 V_1 为 15V、V_2 为 80V、V_3 为 100V。求图中电压源有效电压 U_S。

3.21　已知图 3.36 所示的正弦电流电路中电流表的读数分别为 $A_1=5A$,$A_2=20A$,$A_3=25A$。求:(1)电流表 A 的读数;(2)维持电流表 A_1 的读数不变,把电源的频

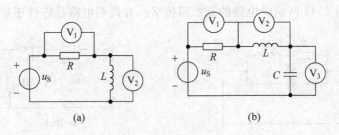

图 3.35　题 3.20 图

率提高一倍,此时电流表 A 的读数。

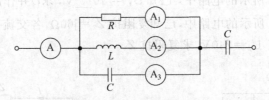

图 3.36　题 3.21 图

3.22　已知图 3.37 所示的电路中,$Z_1 = \mathrm{j}60\Omega$,各交流电压表的读数分别为 V =
100V,$V_1 = 171$V,$V_2 = 240$V。求阻抗 Z_2。

3.23　已知图 3.38 所示的电路中,$U = 8$V,$Z = (1 - \mathrm{j}0.5)\Omega$,$Z_1 = (1 + \mathrm{j}1)\Omega$,$Z_2 = (3 - \mathrm{j}1)\Omega$。求各支路的电流和电路的输入导纳。

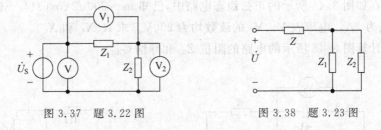

图 3.37　题 3.22 图　　　　　　　图 3.38　题 3.23 图

3.24　已知图 3.39 所示的电路中,$R_1 = 100\Omega$,$L_1 = 1$H,$R_2 = 200\Omega$,$L_2 = 1$H,电流
$I_2 = 0$,电压 $U_S = 100\sqrt{2}$ V,$\omega = 100$rad/s,求其他各支路电流。

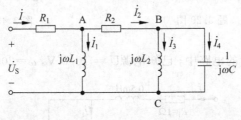

图 3.39　题 3.24 图

3.25　已知图 3.40 所示的电路中,$R_1 = 5\Omega$,$R_2 = X_L$,端口电压为 100V,X_C 的电流
为 10A,R_2 的电流为 $10\sqrt{2}$A。求 X_C、R_2、X_L。

3.26 求图 3.41 所示的电路的复数阻抗 Z_{ab},并说明电路是感性还是容性的。

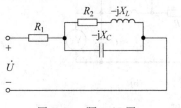

图 3.40 题 3.25 图

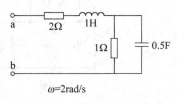

$\omega=2\text{rad/s}$

图 3.41 题 3.26 图

3.27 如图 3.42 所示的电路中,已知 $U_1 = 10\underline{/0°}$V,求 $\dot{U}$ 并作出相量图。

3.28 在图 3.43 所示的电路中,已知复阻抗 $Z_2 = j60\Omega$,各交流电压的有效值分别为 $U_S = 100$V,$U_1 = 171$V,$U_2 = 240$V,求复阻抗 Z_1。

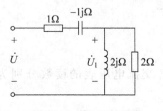

图 3.42 题 3.27 图

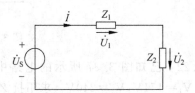

图 3.43 题 3.28 图

3.29 在如图 3.44 所示的正弦稳态电路中,已知 $u_S = 200\sqrt{2}\cos(314t+60°)$V,电流表 A 的读数为 2A。电压表 V_1、V_2 的读数均为 200V。求 R、X_L 和 X_C。

3.30 计算图 3.45 所示的电路的阻抗 Z_{AB} 和导纳 G_{AB}。

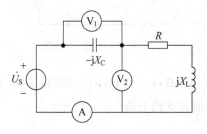

图 3.44 题 3.29 图

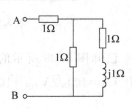

图 3.45 题 3.30 图

3.31 图 3.46 所示的电路中,已知电源 $\dot{U} = 10\underline{/0°}$V,$\omega=2000\text{rad/s}$,求电流 $\dot{I}$。

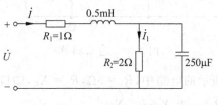

图 3.46 题 3.31 图

3.32　有一个 $U=220\text{V}$、$P=40\text{W}$、$\cos\varphi=0.443$ 的荧光灯,为了提高功率因数,并联一个 $C=4.75\mu\text{F}$ 的电容器,试求并联电容后电路的电流和功率因数(电源频率为 50Hz)。

3.33　功率为 60W、功率因数为 0.5 的荧光灯负载与功率为 100W 的白炽灯各 50 只并联在 220V 的正弦电源上(电源频率为 50Hz)。如果要把电路的功率因数提高到 0.92,应并联多大的电容?

第 4 章

线性动态电路的时频分析

加于其上的电压和电流之间的关系可用线性的代数或微分方程来描述的元件,称为线性元件。电阻、电容和电感元件是线性元件。完全由线性元件、独立源或线性受控源构成的电路,称为线性电路。

电容元件和电感元件的电压和电流的约束关系是通过导数或积分来表达的,因此称为动态元件。含有动态元件电容或电感的电路叫作动态电路。动态电路的伏安关系是用微分或积分方程表示的。动态电路的分析是指分析电路中电压、电流随时间变化的规律。动态电路分析的方法有时域分析法和频域分析法。

本章介绍线性动态电路的时域分析和频域分析。时域分析包括一阶电路的零输入响应、零状态响应、全响应的分析。频域分析包括对电路的谐振频率、幅频特性、相频特性等的分析。

4.1 过渡过程和换路定律

4.1.1 过渡过程

对含有直流、交流电源的动态电路,若电路已经接通了相当长的时间,电路中各元件的电压和电流均为稳定的工作状态时,则称电路达到了稳定状态,简称稳态。

对于动态电路,由于电路中含有储能元件(电感元件和电容元件),如果电路发生某些变动,如电路参数的改变、电路结构的变动、电源的改变等,电路的原有状态就被改变,电路中的电容器可能出现充电或放电现象,电感线圈可能出现磁化或去磁现象。而储能元件上的电场或磁场能量所发生的变化一般是不能瞬间完成,必须经历一定的过程才能达到新的稳态。这种介于两种稳态之间的变化过程叫作过渡过程。过渡过程中的电流或电压状态被称为瞬态或暂态。

动态电路中出现过渡过程的根本原因是换路后储能元件中的储能发生了变化,且储能不能突变,即会经历一个变化的过程。若换路后电路中各储能元件的能量并没有变化,那么电路也不会出现过渡过程。

研究动态电路的过渡过程具有十分重要的理论意义和现实意义。一方面,电路过渡过程的特性广泛地应用于通信、计算机、自动控制等许多工程实际中,如利用电容充、放电时过渡过程的特点来组成各种脉冲生成电路或延时电路等,以获得脉冲、锯齿等特定波形的信号。另一方面,在电路的过渡过程中由于储能元件状态发生变化而使电路可能出现过电压、过电流等现象,从而引起电路的一些误动作,甚至造成电气设备或电路元件的损坏,因此在设计电气设备时必须予以考虑,以确保其安全运行。

4.1.2 换路定律

电路结构和元件参数的突然改变称为换路。通常假设换路操作是瞬间完成的。

在线性动态电路发生换路后,电路的暂态是一个时变过程,在分析动态电路的暂态变化过程时,通常将换路瞬间的时刻规定为零时刻,即此刻 $t=0$,并用 $t=0_-$ 表示换路前的终了时刻,$t=0_+$ 表示换路后的最初时刻,0_- 和 0_+ 在数值上均为零。本章中的线性动态电路的时域分析是研究电路变量从 $t=0_-$ 时刻到 $t=0_+$ 时刻其量值所发生的变化,继而进一步求出 $t>0$ 后的变化。电路发生换路后,电路变量从 $t=0_-$ 到 $t \to \infty$ 的整个时间段内的变化称为电路的动态响应。

$t=0_-$ 时刻的电路变量由换路前的稳态电路来确定。而在换路的瞬间即从 $t=0_-$ 时刻到 $t=0_+$ 时刻,有些变量是连续变化的,有些变量则会发生突变。换路定律描述电感的电流和电容的电压从 $t=0_-$ 时刻到 $t=0_+$ 时刻的变化情况,具体如下。

换路定律:换路前后瞬间,电感元件中的电流不会突变,其数学表达式为

$$i_L(0_+) = i_L(0_-) \tag{4-1}$$

换路前后瞬间,电容元件两端的电压不会突变,其数学表达式为

$$u_C(0_+) = u_C(0_-) \tag{4-2}$$

换路瞬间电容电压和电感电流不能突变是因为储能元件上的能量一般不能突变。电容中储存的电场能量 $0.5Cu_C^2$,电感中储存的磁场能量 $0.5Li_L^2$,如果电容电压 u_C 和电感电流 i_L 突变,则意味着电容中的电场能量和电感中的磁场能量发生突变,而能量 W 的跃变又意味着瞬时功率 $\left(p=\dfrac{dW}{dt}\right)$ 为无限大,在一般情况下这是不可能的。因此电容电压和电感电流只能是连续变化,不能突变。换路定律还可从另一角度来证实,若在换路前后瞬间,电容电压和电感电流是可以突变的,则有电容上流过的电流 $i_C = C\dfrac{du_C}{dt} \to \infty$,电感两端的电压 $u_L = L\dfrac{di_L}{dt} \to \infty$,这在实际电路中显然也是不可能的。

除了电容电压 u_C 和电感电流 i_L 外,其他元件上的电压和电流,包括电容电流 i_C 和电感电压 u_L 并无连续性,即电阻两端电压 u_R 或电流 i_R 可以突变,流过电容的电流和电感两端电压也都可以突变。

换路定律适用于换路瞬间,可根据它来确定 $t=0_+$ 时电路各部分的电压与电流的值,即过渡过程的初始值。

【例 4-1】 在图 4.1(a)所示的电路中,已知 $U_s=10\text{V}$,$R_1=1\Omega$,$R_2=4\Omega$,$L=0.1\text{mH}$,求开关闭合时 i_1、i_2、i_L 及 u_L 的初始值。

解 开关闭合前,电路处于稳定状态,直至 $t=0_-$ 时刻:

$$i_L(0_-) = \frac{U_s}{R_1 + R_2} = \frac{10}{1+4} = 2(\text{A})$$

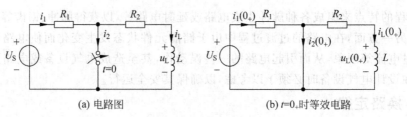

(a) 电路图   (b) t=0₊时等效电路

图 4.1 例 4-1 图

由换路定律得

$$i_L(0_+) = i_L(0_-) = 2A$$

图 4.1(b)为开关闭合后初始时刻 $t=0_+$ 时的等效电路,图中:

$$i_1(0_+) = \frac{U_S}{R_1} = 10A$$

$$i_2(0_+) = i_1(0_+) - i_L(0_+) = 10 - 2 = 8(A)$$

$$u_L(0_+) = -R_2 i_L(0_+) = -4 \times 2 = -8(V)$$

由于电感和电容在某一时刻的储能只与流过电感的电流和电容两端的电压有关,而储能不会突变,因此换路前后电感电流和电容电压不能突变,而其余电压和电流均可能发生突变。如本例中 $i_1(0_-)=2A$, $i_2(0_-)=0$, $u_L(0_-)=0$,它们在换路后均发生了突变。

【例 4-2】 在图 4.2(a)所示的电路中,已知 $R=40\Omega$, $R_1=R_2=10\Omega$, $U_S=50V$, $t=0$ 时开关闭合。求 $u_C(0_+)$、$i_L(0_+)$、$i(0_+)$、$u_L(0_+)$ 和 $i_C(0_+)$。

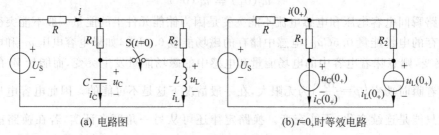

(a) 电路图   (b) t=0₊时等效电路

图 4.2 例 4-2 图

解 换路前电路为稳定的直流电路,电容相当于开路,电感相当于短路,故有

$$u_C(0_-) = \frac{R_2}{R + R_2} \times U_S = \frac{10}{40 + 10} \times 50 = 10(V)$$

$$i_L(0_-) = \frac{U_S}{R + R_2} = \frac{50}{40 + 10} = 1(A)$$

因为换路后 u_C 和 i_L 都不会跃变,所以

$$u_C(0_+) = u_C(0_-) = 10V$$

$$i_L(0_+) = i_L(0_-) = 1A$$

$t=0_+$ 时等效电路中,可以把电容用电压为 $u_C(0_+)$ 的电压源等效代替,把电感用电流为 $i_L(0_+)$ 的电流源等效代替,得到 $t=0_+$ 时的等效电路如图 4.2(b)所示,进而可求得

$$i(0_+) = \frac{U_S - u_C(0_+)}{R + \dfrac{R_1 R_2}{R_1 + R_2}} = \frac{50 - 10}{40 + 5} = \frac{8}{9}(A)$$

$$u_L(0_+) = u_C(0_+) = 10\text{V}$$

$$i_C(0_+) = i(0_+) - i_L(0_+) = -\frac{1}{9}\text{A}$$

【例 4-3】 在图 4.3(a)所示的电路中,已知 $R=10\Omega, R_1=2\Omega, U_s=10\text{V}, C=0.5\text{F}$, $L=3\text{H}, t=0$ 时,将开关打开。求 $u_C(0_+)$、$i_L(0_+)$、$i_C(0_+)$、$u_L(0_+)$、$\dfrac{du_C}{dt}(0_+)$ 和 $\dfrac{di_L}{dt}(0_+)$。

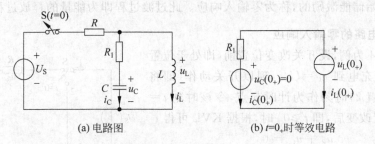

(a) 电路图　　　　　　(b) $t=0_+$ 时等效电路

图 4.3　例 4-3 图

解　换路前电路为稳定的直流电路,电容相当于开路,电感相当于短路,故有

$$u_C(0_-) = 0\text{V}$$

$$i_L(0_-) = \frac{U_s}{R} = 1\text{A}$$

换路后 u_C 和 i_L 都不会跃变。画出 $t=0_+$ 时的等效电路如图 4.3(b)所示。

由此等效电路得

$$u_C(0_+) = u_C(0_-) = 0\text{V}$$

$$i_L(0_+) = i_L(0_-) = 1\text{A}$$

$$i_C(0_+) = -i_L(0_+) = -1\text{A}$$

由 $i_C = C \cdot \dfrac{du_C}{dt}$ 得

$$\frac{du_C}{dt}(0_+) = \frac{i_C(0_+)}{C} = -2\text{V/s}$$

$$u_L(0_+) = -R_1 i_L(0_+) = -2\text{V}$$

而 $u_L = L \cdot \dfrac{di_L}{dt}$,故

$$\frac{di_L}{dt}(0_+) = \frac{u_L(0_+)}{L} = -\frac{2}{3}\text{A/s}$$

4.2　一阶动态电路的瞬态响应

若动态电路仅含一个动态元件,则所得的电路方程为一阶微分方程,故称该动态电路为一阶动态电路。

在换路后的新电路中,任一元件、任一支路、任一回路等由于电路中的激励所引起的电路变量(如电压、电流、功率等)的变化被称为电路的响应。而导致响应发生的激励源有

两种,一种是电源,另一种是换路时刻具有一定储能的储能元件。对于线性电路,总响应是两种激励分别产生的响应的叠加。

本节介绍一阶动态电路的零输入响应、零状态响应和全响应。

4.2.1　一阶动态电路的零输入响应

本小节主要介绍一阶动态电路在外施激励为零的条件下的瞬态响应,此响应是由储能元件的初始储能激励的,称为零输入响应。此过渡过程即为能量的释放过程。

1. RC 电路的零输入响应

以图 4.4 为例,设开关改变位置前(即处于位置 1 时)电容已充电到 $u_C = U_S$。现以开关动作(即将开关置于位置 2)时刻作为计时起点,令该时刻 $t = 0$。开关位置改变后,即 $t \geqslant 0_+$ 时,根据 KVL 可得

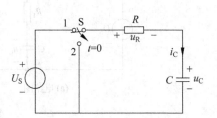

图 4.4　RC 放电电路

$$u_R + u_C = 0$$

将 $u_R = Ri_C$ 和 $i_C = C \cdot \dfrac{\mathrm{d}u_C}{\mathrm{d}t}$ 代入上式,可得

$$RC \cdot \frac{\mathrm{d}u_C}{\mathrm{d}t} + u_C = 0 \tag{4-3}$$

该式为一阶齐次微分方程,通解是一个随时间变化的指数函数,设

$$u_C = Ae^{pt}$$

式中,A 为积分常数,p 为特征方程的根,代入式(4-3),得出该微分方程的特征方程如下。

$$RCp + 1 = 0$$

则特征根为

$$p = -\frac{1}{RC} = -\frac{1}{\tau}$$

式中,$\tau = RC$,称为电路的时间常数,单位是秒(s)。因此,微分方程的通解为

$$u_C = Ae^{-t/\tau}$$

由于 $t = 0_+$ 时电容电压为 $u_C(0_+)$,所以有

$$Ae^{-\frac{0}{\tau}} = A = u_C(0_+)$$

因此,对于零输入响应,$t \geqslant 0_+$ 时电容电压的表达式为

$$u_C = u_C(0_+)e^{-t/\tau} \tag{4-4}$$

电容 C 上的放电电流 i_C 为

$$i_C = C \cdot \frac{\mathrm{d}u_C}{\mathrm{d}t} = -\frac{1}{R} \cdot u_C(0_+)e^{-t/\tau} \tag{4-5}$$

式中,负号表示放电电流的实际方向与充电电流方向相反。

另外,电阻上的电压为

$$u_R = -u_C = -u_C(0_+)e^{-t/\tau} \tag{4-6}$$

从上述分析可见,RC 电路的零输入响应 u_C、i_C 和 u_R 都是按照同样的指数规律衰减的。

本电路中,由换路定律可知道,换路瞬间电容两端的电压保持不变,即 $u_C(0_+) = u_C(0_-) = U_s$,所以

$$u_C = U_s e^{-t/\tau}$$

$$i_C = -\frac{U_s}{R} \cdot e^{-t/\tau}$$

根据式(4-4)和式(4-5),u_C 和 i_C 的变化规律如图 4.5 所示。

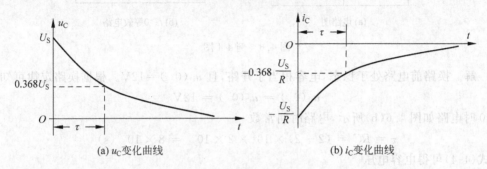

(a) u_C变化曲线　　　　　　　　　　(b) i_C变化曲线

图 4.5　电容放电曲线

根据式(4-4),在表 4-1 中列出了电容电压在 $t=0$、$t=\tau$、$t=2\tau$、…时刻的值。

表 4-1　电容电压在不同时刻的值

t	0	τ	2τ	3τ	4τ	…	∞
$u_C(t)$	$u_C(0_+)$	$0.368u_C(0_+)$	$0.135u_C(0_+)$	$0.05u_C(0_+)$	$0.018u_C(0_+)$	…	0

在理论上,要经过无限长时间 u_C 才能衰减到零,但换路后经过 $3\tau\sim5\tau$ 时间,响应已衰减到初始值的 5%以下,一般在工程上即认为过渡过程结束。从表 4-1 可见,时间常数 τ 就是响应从初始值衰减到初始值的 36.8% 所需的时间。事实上,在过渡过程中从任意时刻开始算起,经过一个时间常数 τ 后响应都会衰减 63.2%。例如,在 $t=t_0$ 时,响应为

$$u_C(t_0) = u_C(0_+)e^{-t_0/\tau}$$

经过一个时间常数 τ,即在 $t=t_0+\tau$ 时,响应变化为

$$u_C(t_0 + \tau) = u_C(0_+)e^{-(t_0+\tau)/\tau} = e^{-1}u_C(t_0)e^{-t_0/\tau} \approx 0.368u_C(t_0)e^{-t_0/\tau}$$

即经过一个时间常数 τ 后,响应衰减了 63.2%,也即衰减到原值的 36.8%。

时间常数 τ 的大小决定了一阶电路过渡过程的进展速度。τ 越小,响应衰减的越快,过渡过程的时间越短。由 $\tau=RC$ 知,R、C 值越小,τ 越小。这在物理概念上是很容易理解的。当 $u_C(0_+)$ 一定时,C 越小,电容储存的初始能量就越少,同样条件下放电的时间也就越短;R 越小,放电电流越大,同样条件下电容里的储能消耗得越快。所以改变电路参数 R 或 C 即可控制过渡过程的快慢。

在放电过程中,电容不断放出能量,电阻则不断地消耗能量,最后储存在电容中的电场能量全部被电阻消耗掉。

【例 4-4】 如图 4.6(a)所示的电路,换路前电路处于稳态,求 $t \geqslant 0$ 时的 u_C。

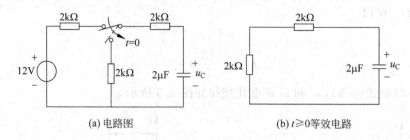

(a) 电路图　　　　　　　　　　(b) $t \geqslant 0$ 等效电路

图 4.6　例 4-4 图

解　换路前电路处于稳态,电容相当于开路,且 $u_C(0_-)=12\mathrm{V}$。根据换路定律可知

$$u_C(0_+) = u_C(0_-) = 12\mathrm{V}$$

$t \geqslant 0$ 时电路如图 4.6(b)所示,电路时间常数

$$\tau = RC = (2+2) \times 10^3 \times 2 \times 10^{-6} = 8 \times 10^{-3}\,(\mathrm{s})$$

由式(4-4)可得电容电压

$$u_C = u_C(0_+)\mathrm{e}^{-t/\tau} = 12\mathrm{e}^{-125t}\,\mathrm{V}$$

2. RL 电路的零输入响应

以图 4.7 所示电路为例,电源为直流电压源,设开

关动作前电路处于稳态,则电感中电流 $i_L(0_-) = \dfrac{U_S}{R_S}$。

在 $t=0$ 时刻将开关打开,电感线圈将通过电阻 R 释放

磁场能量。根据 KVL 可得

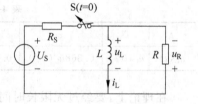

图 4.7　RL 电路的零输入响应

$$u_L + u_R = 0$$

将 $u_R = Ri_L$ 及 $u_L = L \cdot \dfrac{\mathrm{d}i_L}{\mathrm{d}t}$ 代入上式,有

$$L \cdot \frac{\mathrm{d}i_L}{\mathrm{d}t} + Ri_L = 0 \tag{4-7}$$

式(4-7)为一阶齐次微分方程,通解可表示为 $i_L = A\mathrm{e}^{pt}$。其相应的特征方程为

$$Lp + R = 0$$

求解得出特征根为

$$p = -R/L$$

故微分方程式(4-7)的通解为

$$i_L = A\mathrm{e}^{-t/\tau}$$

式中,$\tau = L/R$,称为电路的时间常数,单位是秒(s)。

由于 $t = 0_+$ 时电感电流为 $i_L(0_+)$,所以有

$$A\mathrm{e}^{-0/\tau} = A = i_L(0_+)$$

因此得到 $t \geqslant 0$ 时电感电流为

$$i_L = i_L(0_+)\mathrm{e}^{-t/\tau} \tag{4-8}$$

$$u_L = L \cdot \frac{\mathrm{d}i_L}{\mathrm{d}t} = -Ri_L(0_+)\mathrm{e}^{-t/\tau} \tag{4-9}$$

$$u_R = -u_L = Ri_L(0_+)e^{-t/\tau} \tag{4-10}$$

本电路中,由换路定律可知,换路瞬间流过电感的电流保持不变,即 $i(0_+)=i(0_-)=U_S/R_S$,所以

$$i_L = \frac{U_S}{R_S} \cdot e^{-t/\tau}$$

$$u_L = -R \cdot \frac{U_S}{R_S} \cdot e^{-t/\tau}$$

式中,$\tau = \dfrac{L}{R}$,R 的单位为 Ω,L 的单位为 H,τ 的单位为 s,称 τ 为 RL 电路的时间常数,它具有如同 RC 电路中 $\tau = RC$ 一样的物理意义。在整个过渡过程中,储存在电感中的磁场能量 $W_L = \dfrac{1}{2}Li_L^2(0_+)$ 全部被电阻吸收消耗掉。图 4.8 所示为 i_L、u_L、u_R 随时间变化的曲线。

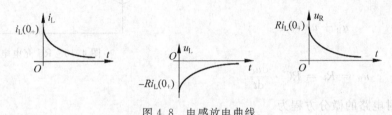

图 4.8 电感放电曲线

将 RC 电路和 RL 电路的零输入响应式(4-4)与式(4-8)进行对照,可以看到它们之间存在的对应关系。若令 $f(t)$ 表示零输入响应 u_C 或 i_L,$f(0_+)$ 表示变量的初始值 $u_C(0_+)$ 或 $i_L(0_+)$,τ 为时间常数 RC 或 L/R,则零输入响应的通解表达式为:

$$f(t) = f(0_+)e^{-t/\tau} \quad (t > 0) \tag{4-11}$$

可见,一阶电路的零输入响应是与初始值呈线性关系的。此外,式(4-11)不仅适用于本小节所有电路 u_C、i_L 的零输入响应的计算,而且适用于任何一阶电路任意变量的零输入响应的计算。

【例 4-5】 图 4.9 所示电路中 $U_S = 30\text{V}$,$R = 4\Omega$,电压表内阻 $R_V = 5\text{k}\Omega$,$L = 0.4\text{H}$。求 $t > 0$ 时的电感电流 i_L 及电压表两端的电压 u_V。

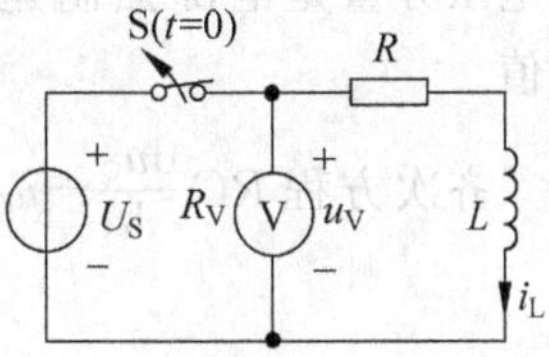

解 开关打开前电路为直流稳态,忽略电压表中的分流,有

$$i_L(0_-) = \frac{U_S}{R} = 7.5\text{A}$$

换路后电感通过电阻 R 及电压表释放能量,有

$$i_L(0_+) = i_L(0_-) = 7.5\text{A}$$

时间常数为

$$\tau = \frac{L}{R + R_V} \approx 8 \times 10^{-5}\text{s}$$

由式(4-11)可写出 $t > 0$ 时的电感电流 i_L 及电压表两端的电压 u_V 如下。

图 4.9 例 4-5 图

$$i_L = i_L(0_+)e^{-t/\tau} = 7.5e^{-1.25\times10^4 t}\,A$$

$$u_V = -R_V i_L = -3.75 \times 10^4 e^{-1.25\times10^4 t}\,V$$

4.2.2   一阶动态电路的零状态响应

若换路前电路中储能元件的初始状态(即储能)为零,则称电路处于零初始状态,电路在零初始状态下的响应叫作零状态响应。此时储能元件的初始储能为零,响应单纯由外加电源激励,因此该过渡过程即为能量的建立过程。本小节介绍一阶动态电路在零初始状态下的瞬态响应。

1. RC 电路在直流电源激励下的零状态响应

如图 4.10 所示的 RC 电路,开关动作前电路处于稳态,$u_C(0_-)=0$。换路后 $u_C(0_+)=u_C(0_-)=0$,所以为零初始状态。当开关闭合后,由基尔霍夫定律得

图 4.10   RC 充电电路

$$u_R + u_C = U_S$$

又由

$$u_R = Ri = RC \cdot \frac{du_C}{dt}$$

可得 $t \geqslant 0$ 时电路的微分方程为

$$RC \cdot \frac{du_C}{dt} + u_C = U_S \tag{4-12}$$

该微分方程为一阶非齐次微分方程,它的全解由该微分方程的特解 u_C' 和与它对应的齐次方程 $RC\dfrac{du_C}{dt}+u_C=0$ 的通解 u_C'' 相加而成。

特解 u_C' 可以是满足原微分方程的任何一个解,不过通常取电路在 $t=\infty$ 时的稳态值作为特解,故 u_C' 又称为响应的稳态分量,即

$$u_C' = u_C(\infty) \tag{4-13}$$

该电压分量是电源强制建立起来的,当 $t\rightarrow\infty$ 时过渡过程结束,电容电压达到新的稳态值。

齐次方程 $RC\dfrac{du_C}{dt}+u_C=0$ 的通解 u_C'' 是一个随时间变化的指数函数,设

$$u_C'' = Ae^{pt} \tag{4-14}$$

并代入齐次方程,得出该微分方程的特征方程为

$$RCp + 1 = 0$$

则特征根为

$$p = -\frac{1}{RC}$$

因此通解为

$$u_C'' = Ae^{-t/\tau} \tag{4-15}$$

式中，$\tau = RC$，称为时间常数，单位是 s(秒)。

通解是一个随时间衰减的指数函数，其变化规律与激励无关，当 $t \to \infty$ 时 $u''_C \to 0$，因此又称为响应的瞬态分量。

由上述可知，式(4-12)的全解可写为

$$u_C = u'_C + u''_C = u_C(\infty) + A e^{-t/\tau} \tag{4-16}$$

由于 u_C 的初始值为 $u_C(0_+)$，而 $u_C(0_+)$ 的值是可以根据换路定律来得到的，因此在 $t = 0_+$ 时，式(4-16)可写为

$$u_C(\infty) + A e^{-0/\tau} = u_C(\infty) + A = u_C(0_+)$$

从而

$$A = u_C(0_+) - u_C(\infty)$$

所以式(4-12)的全解可写为

$$u_C = u_C(\infty) + [u_C(0_+) - u_C(\infty)] e^{-t/\tau} \tag{4-17}$$

对于图 4.10 所示的 RC 电路的零状态响应，$u_C(0_-) = 0$。由换路定律得 $u_C(0_+) = u_C(0_-) = 0$。因此零状态响应为

$$u_C = u_C(\infty)(1 - e^{-t/\tau}) \tag{4-18}$$

另外，由于电容 C 上充电电压的最终值等于电源电压 U_S，所以其稳态分量为 $u_C(\infty) = U_S$。故

$$u_C = U_S(1 - e^{-t/\tau}) \tag{4-19}$$

电容 C 的充电电流为

$$i_C = C \cdot \frac{\mathrm{d}u_C}{\mathrm{d}t} = \frac{U_S}{R} \cdot e^{-t/\tau} \tag{4-20}$$

u_C、i_C 随时间变化的曲线如图 4.11 所示。当 $t = 0$ 时刻开关闭合后，电路接通直流电源，电源即向电容 C 充电。在 $t = 0_+$ 时刻，电容器极板上尚未积聚电荷，$u_C(0_+) = 0$，充电电流 $i_C(0_+) = \dfrac{U_S}{R}$ 达最大，充电最快。随着电容器极板上电荷的不断增加，u_C 不断上升，充电电流 i_C 不断减小，充电变慢。直到电容器极板上积聚的电荷达最大值，$u_C = U_S$ 时，充电电流 $i_C = 0$，充电过程结束，电路达到稳定状态。稳态时 $i(\infty) = 0$，$u_C(\infty) = U_S$，电容相当于开路。充电过程的实质就是电容从电源吸取能量转化为电场储能的过程。充电过程的快慢即暂态分量衰减的速度取决于时间常数 $\tau = RC$，τ 越小衰减越快。

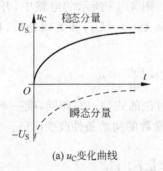

(a) u_C 变化曲线

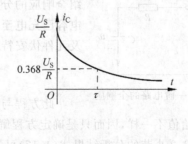

(b) i_C 变化曲线

图 4.11　电容充电曲线

【例 4-6】 在图 4.10 所示的电路中,已知 $U_S=100V$, $R=2\Omega$, $C=5\mu F$,换路前电路无储能。求:(1)当 $t \geqslant 0$ 时的 u_C;(2)当 $t=3\tau$ 及 $t=5\tau$ 时 u_C 的值。

解 (1)因为 $u_C(0_+)=u_C(0_-)=0$, $u_C(\infty)=U_S=100V$,故时间常数

$$\tau=RC=2 \times 5 \times 10^{-6}=1 \times 10^{-5}(s)$$

由式(4-18)得电容电压为

$$u_C=100(1-e^{-10^5 t})V$$

(2)当 $t=3\tau$ 时, $u_C(3\tau)=100(1-e^{-3\tau/\tau})=100(1-e^{-3})=95(V)$;

当 $t=5\tau$ 时, $u_C(5\tau)=100(1-e^{-5\tau/\tau})=100(1-e^{-5})=99.3(V)$。

由本例可知,理论上 u_C 要经过无限长时间才能达到稳态值,实际上经过 $3\tau \sim 5\tau$, u_C 已接近稳态值。故工程上可认为经 $3\tau \sim 5\tau$ 过渡过程基本结束。

2. RL 电路在直流电源激励下的零状态响应

类似于 4.2.2 小节的分析,可以相应地推导出图 4.12 所示的 RL 电路在直流电源激励下的零状态响应如下。

$$i_L=i_L(\infty)+[i_L(0_+)-i_L(\infty)]e^{-t/\tau} \quad (4-21)$$

式中, $\tau=L/R$,称为电路的时间常数,单位是秒(s)。

由于 $i_L(0_+)=i_L(0_-)=0$,图 4.12 电路的零状态响应为

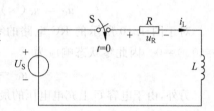

图 4.12 RL 充电电路

$$i_L=i_L(\infty)(1-e^{-t/\tau}) \quad (4-22)$$

由式子(4-18)和(4-22)可知,一阶电路的零状态响应通用表达式为

$$f(t)=f(\infty)(1-e^{-t/\tau}) \quad (t \geqslant 0) \quad (4-23)$$

式中, $f(\infty)$ 为响应 $f(t)$ 的稳态值,显然,一阶电路的零状态响应与激励呈线性关系。同样,式(4-23)适用于任意变量的一阶零状态响应的计算。

4.2.3 一阶动态电路的全响应

非零初始状态的一阶电路在电源激励下的响应叫作全响应。由于电路中储能元件的初始储能不为零,全响应由外加电源和初始条件共同作用而产生。显然,零输入响应和零状态响应都是全响应的特例。

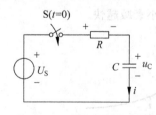

图 4.13 一阶电路的全响应

现以 RC 串联电路接通直流电源的电路响应为例来介绍全响应的分析方法。图 4.13 所示的电路中,开关动作前电容已充电至 U_0,即 $u_C(0_-)=U_0$,开关闭合后,根据 KVL 及元件伏安特性可得

$$RC \cdot \frac{du_C}{dt}+u_C=U_S$$

此方程与上一节讨论的式(4-12)相同,唯一不同的只是电容的初始值不一样,因而只是确定方程解的积分常数的初始条件改变而已。

由 4.2.2 小节的分析结果式(4-17)可知

$$u_C=u_C(\infty)+[u_C(0_+)-u_C(\infty)]e^{-t/\tau} \quad (4-24)$$

式中，$\tau = RC$ 为电路的时间常数。

由换路定律得 $u_C(0_+) = u_C(0_-) = U_0$，因此有

$$u_C = u_C(\infty) + [U_0 - u_C(\infty)]e^{-t/\tau}$$

另外，由于电容 C 上充电电压的最终值等于电源电压 U_s，所以其稳态分量为 $u_C(\infty) = U_s$。故

$$u_C = U_s + (U_0 - U_s)e^{-t/\tau} \tag{4-25}$$

分析式(4-25)或式(4-24)可知，响应的第一项是由外加电源强制建立起来的，我们称为响应的强制分量；第二项是由电路本身的结构和参数决定的，称为响应的固有分量。所以全响应可表示为

全响应 = 强制分量 + 固有分量

一般情况下，电路的时间常数都是正的，因此固有分量将随着时间的推移而最终消失，电路达到新的稳态，此时又称固有分量为瞬态分量，强制分量为稳态分量，所以全响应又可表示为

全响应 = 稳态分量 + 瞬态分量

如果把式(4-24)中的电容电压改写成

$$u_C = u_C(0_+)e^{-t/\tau} + u_C(\infty)(1 - e^{-t/\tau}) \tag{4-26}$$

则可以发现，式(4-26)第一项正是由电容初始储能单独激励下的零输入响应(即式(4-4))，而第二项则是外加电源单独激励时的零状态响应(即式(4-18))，这正是线性电路叠加性质的体现。所以全响应又可表示为

全响应 = 零输入响应 + 零状态响应

上述第一、第二种分解方式说明了电路过渡过程的物理实质，第三种分解方式则说明了初始状态和激励与响应之间的因果关系，这只是不同的分解方法而已，电路的实际响应仍是全响应，是由初始值、特解和时间常数三个要素决定的。

对于 RL 串联电路的全响应，类似于上面的分析，可以得到电感的电流为

$$i_L = i_L(\infty) + [i_L(0_+) - i_L(\infty)]e^{-t/\tau} \tag{4-27}$$

式中，$\tau = L/R$ 为电路的时间常数。

综上所述，在直流电源激励下，设响应的初始值为 $f(0_+)$，特解为稳态解 $f(\infty)$，时间常数为 τ，则全响应 $f(t)$ 可写为

$$f(t) = f(\infty) + [f(0_+) - f(\infty)]e^{-t/\tau} \tag{4-28}$$

显然，零输入响应表达式(4-11)和零状态响应表达式(4-23)都是公式(4-28)的特例。

4.3　一阶动态电路的三要素法

基于一阶动态电路的零输入响应、零状态响应、全响应的分析可知，无论是 RC 一阶动态电路还是 RL 一阶动态电路，只要求出 $f(0_+)$、$f(\infty)$ 和 τ 这三个要素，就可根据式(4-28)直接写出零输入响应、直流电源激励下的零状态响应以及直流电源和初始储能共同激励的全响应，这种方法称为三要素法。

需要指出，RC 一阶动态电路的时间常数为 $\tau = RC$，RL 一阶动态电路的时间常数为

$\tau = L/R$。另外,对某一具体电路而言,所有元件上响应的时间常数都是相同的。当电路变量的初始值、特解和时间常数可以确定时,可直接应用三要素法求过渡过程的响应。

电容电压 u_C 和电感电流 i_L 的初始值比其他非独立初始值容易确定,因此对于相对复杂的电路,可应用戴维宁定理或诺顿定理把储能元件以外的一端口网络进行等效变换,然后利用式(4-28)求解 u_C 和 i_L,再由等效变换的原电路求解其他电压和电流的响应。实际应用时,要视电路的具体情况选择不同的方法。

【例 4-7】 在图 4.14(a)所示的电路中,已知 $i_S = 10\text{A}, R = 2\Omega, C = 0.5\mu\text{F}, g_m = 0.125\text{A/V}, u_C(0_-) = 2\text{V}$。若 $t = 0$ 时开关闭合,求 u_C、i_C 和 i_1。

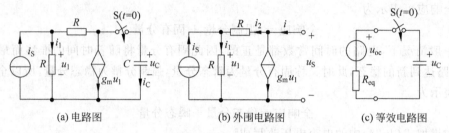

(a) 电路图   (b) 外围电路图   (c) 等效电路图

图 4.14   例 4-7 图

解   先将电容以外的电路化简成直流电压源串联上一个电阻的电路。把电容去掉,如图 4.14(b)所示,根据 KCL 得

$$i_2 = i - g_m u_1$$

以及

$$i_1 = i_S + i_2 = i_S + i - g_m u_1$$

又由于

$$u_1 = R i_1 = R(i_S + i - g_m u_1)$$

即

$$u_1 = \frac{R i_S + R i}{1 + R g_m}$$

所以

$$
\begin{aligned}
u_S &= R i_2 + u_1 \\
&= R(i - g_m u_1) + u_1 \\
&= \frac{1 - R g_m}{1 + R g_m} \cdot R i_S + \frac{2R}{1 + R g_m} \cdot i \\
&= 12 + 3.2i
\end{aligned}
$$

根据戴维宁定理可知其等效电压源电压及等效电阻分别为

$$u_{oc} = 12\text{V}, \quad R_{eq} = 3.2\Omega$$

等效电路如图 4.14(c)所示。由此等效电路可求得电容电压的稳态值为 $u_C(\infty) = 12\text{V}$,电路的时间常数 $\tau = R_{eq}C = 3.2 \times 0.5 \times 10^{-6} = 1.6 \times 10^{-6}$。又根据换路定律知初始值 $u_C(0_+) = u_C(0_-) = 2\text{V}$,按照三要素法可得电容电压为

$$u_C = u_C(\infty) + [u_C(0_+) - u_C(\infty)]\text{e}^{-t/\tau} = (12 - 10\text{e}^{-6.25 \times 10^5 t})\text{V}$$

再求得电容电流为

$$i_C = C \cdot \frac{du_C}{dt} = 3.125 e^{-6.25 \times 10^5 t} (A)$$

由图 4.14(a)知 $i = -i_C$，所以

$$i_1 = \frac{u_1}{R} = \frac{i_S - i_C}{1 + R g_m} = \frac{10 - 3.125 e^{-6.25 \times 10^5 t}}{1 + 2 \times 0.125} = 8 - 2.5 e^{-6.25 \times 10^5 t} (A)$$

解题思路　本例采用戴维宁定理将电容支路以外的电路等效为一个电压源和电阻的串联方式进行分析。而戴维宁等效求解并未采用计算开路电压 u_{oc} 的方式，而采用了另外一种方式，即 $u_S = u_{oc} + i R_{eq}$。这种方式更容易理解后续利用 $i = -i_C$ 求解电流的思路。

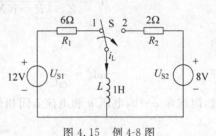

图 4.15　例 4-8 图

【例 4-8】　如图 4.15 所示的电路，换路前已处于稳态，试用三要素法求 $t \geqslant 0$ 时的电流 i_L。

解　换路前，$i_L(0_-) = \frac{U_{S1}}{R_1} = \frac{12}{6} = 2(A)$。由换路定律得

$$i_L(0_+) = i_L(0_-) = 2A$$

当 $t \to \infty$ 时，电路达稳态，此时

$$i_L(\infty) = \frac{U_{S2}}{R_2} = 4A$$

时间常数 $\tau = \frac{L}{R_2} = \frac{1}{2} s$。

根据三要素法得电感电流 i_L 为

$$i_L = i_L(\infty) + [i_L(0_+) - i_L(\infty)] e^{-t/\tau} = 4 - 2 e^{-2t} (A)$$

*4.4　电路的谐振

在线性动态电路中，当电源(或信号源)是交流电时，感抗 X_L 和容抗 X_C 都与频率有关。当调节电路参数或电源频率，使电路中感抗和容抗的作用完全抵销时，电路便呈纯电阻性质，端电压与端电流同相位，这种现象称为电路的谐振。

谐振时，由于 $\varphi = 0$，因而 $\sin\varphi = 0$，总的无功功率 $Q = Q_L - Q_C = 0$。可见，谐振的实质就是电容中的电场能与电感中的电磁能相互转换，完全互相补偿。

电路发生谐振时，如果电路中的 $|Q_L|$(即 $|Q_C|$)数值较大，即有比较多的能量在 L 和 C 中相互转换，而有功功率 P 数值较小，即电路中消耗的能量不多，这说明电路谐振的程度比较强。因此，通常用电路中电感或电容的无功功率的绝对值与电路中有功功率的比值来表示电路谐振的程度，该比值用 Q 表示，称为电路的品质因数或简称 Q 值，即

$$Q = \frac{|Q_L|}{P} \quad \text{或} \quad Q = \frac{|Q_C|}{P} \tag{4-29}$$

Q 是个无量纲的物理量，一般从几十到几百。

在无线电、通信工程等弱电系统中常利用电路的谐振构成选频电路,而在强电系统中往往要避免谐振的发生。常见的谐振电路为串联谐振和并联谐振,下面分别说明这两种谐振。

4.4.1　RLC 串联谐振电路

在图 4.16(a)所示的电阻 R、电感 L、电容 C 串联电路中,电流为

$$\dot{I} = \frac{\dot{U}}{Z} = \frac{\dot{U}}{R + j(X_L - X_C)} = \frac{\dot{U}}{R + j\left(\omega L - \dfrac{1}{\omega C}\right)}$$

当 $$X_L = X_C \tag{4-30}$$

即 $$\omega L = \frac{1}{\omega C} \tag{4-31}$$

时,阻抗角 $\varphi = 0$,电压 u 和电流 i 同相位,这时电路发生串联谐振。此时

$$\omega = \omega_0 = \frac{1}{\sqrt{LC}} \tag{4-32}$$

或 $$f = f_0 = \frac{1}{2\pi \sqrt{LC}} \tag{4-33}$$

式中,ω_0 称为谐振角频率,f_0 称为谐振频率,由于二者只相差常数 2π,常常都把它们称为谐振频率。谐振频率完全取决于电路元件的参数,故又称为电路的固有振荡频率。

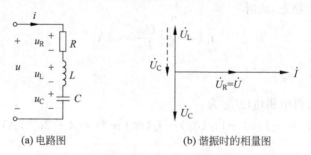

(a) 电路图　　　　　(b) 谐振时的相量图

图 4.16　RLC 串联电路

谐振时的相量图如图 4.16(b)所示,串联谐振电路的品质因数

$$Q = \frac{Q_L}{P} = \frac{I^2 X_L}{I^2 R} = \frac{\omega_0 L}{R} = \frac{1}{R}\sqrt{\frac{L}{C}} \tag{4-34}$$

归纳起来,串联谐振有如下特点。

(1)电路呈现阻性,总电压与总电流同相位。

(2)阻抗模达到最小值 $|Z| = R$。

(3)电路中电流有效值达到最大值 $I = \dfrac{U}{R}$。

(4)电感与电容两端电压大小相等,相位相反,电容与电感既不从电源吸收有功功率,也不吸收无功功率,而是在它们内部进行能量交换。$U = U_R$,U_L(或 U_C)与 U_R 的比值为

$$\frac{U_L}{U_R} = \frac{IX_L}{IR} = Q$$

由于串联谐振电路中的 R 一般很小，所以 Q 值总大于 1，其数值约为几十，有的可达几百。发生串联谐振时，电感和电容元件两端会产生比总电压高出 Q 倍的高电压，又因为 $U_L = U_C$，所以串联谐振又叫作电压谐振。在电力工程中，这种高电压可能击穿电容或电感，因此，要避免电压谐振或接近电压谐振的发生。在通信工程中恰好相反，由于其工作信号比较微弱，往往利用电压谐振来获得比较高的电压。

在无线电接收装置中，天线回路便是一个利用 RLC 串联谐振的电路，如图 4.17(a) 所示。它的作用是从天线所接收到的众多不同频率的无线电信号中选出所需要的信号，抑制其他不需要的信号。

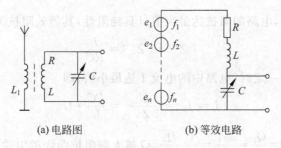

(a) 电路图　　　　　　(b) 等效电路

图 4.17　无线电接收机输入电路

无线电接收机输入电路的主要部分是天线线圈 L_1 及由具有一定内阻的电感线圈 L 和可变电容器 C 组成的串联谐振电路。天线所收到的各种不同频率的信号都会在谐振电路中感应出相应的电势 $e_1, e_2, \cdots, e_n$ 如图 4.17(b) 所示。调节电容器 C，使电路在某个电台发射信号频率时发生谐振，则该频率信号便在电路中产生较强的谐振电流，从而在电容两端获得最大的电压输出。而其他电台发射的信号，由于其频率偏离谐振频率，它们在电路中产生的电流很弱，因此，这些信号在电容两端的输出电压都很小。这种调节电路元件参数，使电路达到谐振的操作过程，称为调谐。通过调谐，便可以在众多频率的信号中，选出所需要的频率信号，而抑制住其他干扰信号。

4.4.2　RLC 并联谐振电路

并联谐振电路有两种情况，第一种是电阻 R、电感 L 和电容 C 三者并联；第二种是如图 4.18 所示的感性负载和电容器并联的电路。实际上的并联谐振电路往往是第二种情况，因此本小节仅介绍这种并联谐振电路。

图 4.18 所示电路端口的等效阻抗为

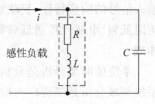

图 4.18　并联电路

$$Z = \frac{(R + \mathrm{j}\omega L) \cdot \dfrac{1}{\mathrm{j}\omega C}}{(R + \mathrm{j}\omega L) + \dfrac{1}{\mathrm{j}\omega C}} = \frac{R + \mathrm{j}\omega L}{1 - \omega^2 LC + \mathrm{j}\omega RC} \tag{4-35}$$

由于线圈电阻较小，在谐振频率附近，一般 $\omega L \gg R$，因此

$$Z \approx \frac{\mathrm{j}\omega L}{1 - \omega^2 LC + \mathrm{j}\omega RC} = \frac{1}{\dfrac{RC}{L} + \mathrm{j}\left(\omega C - \dfrac{1}{\omega L}\right)} \tag{4-36}$$

谐振时,阻抗角 $\varphi = 0$,端电压与端电流同相位,即

$$\omega C - \frac{1}{\omega_0 L} = 0$$

得

$$\omega = \frac{1}{\sqrt{LC}} \tag{4-37}$$

或

$$f = \frac{1}{2\pi\sqrt{LC}} \tag{4-38}$$

与串联谐振一样,也可以通过调整电路参数或电源频率使电路发生谐振。并联谐振时有如下特点。

（1）并联谐振时,电路的阻抗达最大值且具纯阻性,其等效阻抗为

$$|Z| = |Z_0| = \frac{L}{RC}$$

（2）在信号电压一定时,电路中的电流 I 达最小值,即

$$I = I_0 = \frac{U}{|Z_0|} = \frac{RC}{L} \cdot U$$

（3）品质因数 $Q = \dfrac{Q_C}{P} = \dfrac{\omega_0 L}{R} = \dfrac{1}{R}\sqrt{\dfrac{L}{C}}$,$Q$ 越大则阻抗曲线越尖锐。

并联谐振时,电路的总电流最小,而支路的电流往往大于电路的总电流,因此,并联谐振也称为电流谐振。发生并联谐振时,在电感和电容元件中可能流过很大的电流,因此会造成电路的熔断器熔断或烧毁电气设备的事故;但并联谐振在无线电工程中得到了广泛的应用,如利用并联谐振时阻抗高的特点可以选择信号或消除干扰。

*4.5　频率特性

当电路中激励源的频率变化时,电路中的感抗、容抗将跟随频率变化,电路的工作状态跟随频率而变化。所谓频率特性,又称为频率响应,是指系统或元件对不同频率的正弦输入信号的响应特性,反映输出信号的幅度和相位随着频率变化的规律。电容元件通高频阻低频、电感元件通低频阻高频的性质,正是两种元件在不同的频率情况下响应不同的体现。

系统的时域分析是分析系统的直接方法,比较直观,但分析高阶系统是比较困难的。系统频域分析是工程广为应用的系统分析和综合的间接方法。频域分析不仅可以了解系统频率特性,如截止频率、谐振频率等,而且可以间接了解系统时域特性,如快速性,稳定性等,为分析和设计系统提供更简便、更可靠的方法。

本节介绍在电路其他参数不变的前提下,仅改变电路（电源）工作频率时的电路响应情况。

4.5.1　幅频特性与幅频特性曲线

频率响应是指系统对正弦输入的稳态响应。若输入正弦信号

$$x_i(t) = X_i \sin\omega t \tag{4-39}$$

根据微分方程解的理论,系统的稳态输出仍然为与输入信号同频率的正弦信号,只是其幅

值和相位发生了变化。输出幅值正比于输入的幅值 X_i，而且是输入正弦频率 ω 的函数；输出的相位与 X_i 无关，只与输入信号产生一个相位差 φ，且也是输入信号频率 ω 的函数。即线性系统的稳态输出为

$$x_o(t) = X_o(\omega)\sin[\omega t + \varphi(\omega)] \tag{4-40}$$

由此可知，输出信号与输入信号的幅值比是 ω 的函数，称为系统的幅频特性，记为 $A(\omega)$。输出信号与输入信号相位差也是 ω 的函数，称为系统的相频特性，记为 $\varphi(\omega)$。

幅频特性表示为

$$A(\omega) = \frac{X_o(\omega)}{X_i} \tag{4-41}$$

幅频特性描述的是输入信号幅度固定、输出信号的幅度随频率变化而变化的规律。

在以频率为横轴，$A(\omega)$ 为纵轴的平面上所绘出的曲线称为该响应的幅频特性曲线。

4.5.2　相频特性与相频特性曲线

相频特性描述的是输出信号的相位与输入信号的相位差值随频率变化而变化的规律。在以频率为横轴，$\varphi(\omega)$ 为纵轴的平面上所绘出的曲线称为该响应的相频特性曲线。

下面以 RLC 串联电路为例，说明幅频特性和相频特性，如图 4.19 所示。

当以电容电压作为输出时，电压传递函数为

$$\begin{aligned}
H_C(j\omega) &= \frac{\dot{U}_C}{\dot{U}} = \frac{1/j\omega C}{R + j(\omega L - 1/\omega C)} \\
&= \frac{1}{(1 - \omega^2 LC) + j\omega RC} \\
&= \frac{(1 - \omega^2 LC) - j\omega RC}{(1 - \omega^2 LC)^2 + (\omega RC)^2}
\end{aligned} \tag{4-42}$$

因此幅频特性为

$$|H_C(j\omega)| = \frac{1}{\sqrt{(1 - \omega^2 LC)^2 + (\omega RC)^2}} \tag{4-43}$$

进一步结合 $\omega_0 = 1/\sqrt{LC}$ 和 $Q = \dfrac{\omega_0 L}{R} = \dfrac{1}{R\omega_0 C} = \dfrac{1}{R}\sqrt{\dfrac{L}{C}}$ 可得幅频特性为

$$|H_C(j\omega)| = \frac{1}{\sqrt{\left[1 - \left(\dfrac{\omega}{\omega_0}\right)^2\right]^2 + \dfrac{1}{Q^2}\left(\dfrac{\omega}{\omega_0}\right)^2}} \tag{4-44}$$

根据上式可知，当 $\omega = 0$ 时，$|H_C(j\omega)| = 1$；当 $\omega = \omega_0$ 时，$|H_C(j\omega)| = Q$；当 $\omega \to \infty$ 时，$|H_C(j\omega)| \to 0$。电容电压幅频特性曲线如图 4.20 所示。

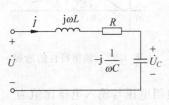

图 4.19　RLC 串联电路

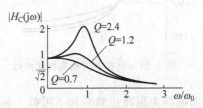

图 4.20　电容电压幅频特性曲线

另外,从式(4-42)可知相频特性为

$$\varphi_C(\omega) = \begin{cases} -\arctan\dfrac{\omega CR}{1-\omega^2 LC} & 0 \leqslant \omega < \omega_0 \\ -90° & \omega = \omega_0 \\ -\arctan\dfrac{\omega CR}{1-\omega^2 LC}-180° & \omega > \omega_0 \end{cases} \tag{4-45}$$

进一步结合 $\omega_0 = 1/\sqrt{LC}$ 和 $Q = \dfrac{\omega_0 L}{R} = \dfrac{1}{R\omega_0 C} = \dfrac{1}{R}\sqrt{\dfrac{L}{C}}$ 可得

$$\varphi_C(\omega) = \begin{cases} -\arctan\dfrac{1}{Q\left(\dfrac{\omega_0}{\omega}-\dfrac{\omega}{\omega_0}\right)} & 0 \leqslant \omega < \omega_0 \\ -90° & \omega = \omega_0 \\ -\arctan\dfrac{1}{Q\left(\dfrac{\omega_0}{\omega}-\dfrac{\omega}{\omega_0}\right)}-180° & \omega > \omega_0 \end{cases} \tag{4-46}$$

由式(4-46)可知,当 $\dfrac{\omega}{\omega_0}\to 0$ 时,$\varphi_C(\omega)\to 0°$;当 $\dfrac{\omega}{\omega_0}\to 1$ 时,$\varphi_C(\omega)\to -90°$;当 $\dfrac{\omega}{\omega_0}\to\infty$ 时,$\varphi_C(\omega)\to -180°$。电容电压相频特性曲线如图 4.21 所示。

4.5.3　通频带

谐振电路频率选择性的好坏可以用通频带宽度 $\Delta\omega$ 来衡量。下面以 RLC 串联谐振电路为例,来说明通频带。

如前面所述,当信号源频率为谐振频率 ω_0 时,电路电流达到最大;当信号源频率偏离谐振频率 ω_0 时,电路电流下降。由于电阻上的电压幅值正比于电路电流的幅度($U_R = RI(\omega)$),因此考虑电阻电压的幅频特性等价于考虑电流大小如何随频率的变化而变化。如图 4.22 所示,在谐振频率 ω_0 附近,当电阻电压下降至其谐振电压的 $1/\sqrt{2}\approx 0.707$ 时所覆盖的频率范围,称为通频带。ω_2 和 ω_1 分别叫作上限截止频率和下限截止频率。通频带宽度 $\Delta\omega = \omega_2 - \omega_1$。

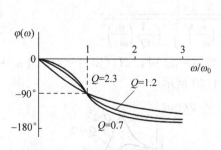

图 4.21　电容电压相频特性曲线

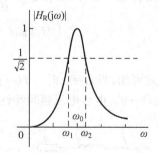

图 4.22　频率特性的通频

下面推导上限截止频率和下限截止频率的值。电阻电压与输入电压比值为

$$H_R(j\omega) = \frac{\dot{U}_R}{\dot{U}} = \frac{R}{R + j\left(\omega L - \frac{1}{\omega C}\right)}$$

其幅频特性为

$$|H_R(j\omega)| = \frac{1}{\sqrt{1 + Q^2\left(\frac{\omega}{\omega_0} - \frac{\omega_0}{\omega}\right)^2}}$$

当 $\omega = \omega_0$ 时，$|H_R(j\omega)|$ 达到了最大值 1。

因为 $|H_R(j\omega_1)| = |H_R(j\omega_2)| = |H_R(j\omega_0)|/\sqrt{2} = 1/\sqrt{2}$，所以

$$|H_R(j\omega)| = \frac{1}{\sqrt{1 + Q^2\left(\frac{\omega}{\omega_0} - \frac{\omega_0}{\omega}\right)^2}} = \frac{1}{\sqrt{2}}$$

的两个解就是 ω_2 和 ω_1。可以求解得到

$$\omega_1 = \omega_0\left(\sqrt{1 + \left(\frac{1}{2Q}\right)^2} - \frac{1}{2Q}\right)$$

和

$$\omega_2 = \omega_0\left(\sqrt{1 + \left(\frac{1}{2Q}\right)^2} + \frac{1}{2Q}\right)$$

因此通频带宽度为

$$\Delta\omega = \omega_2 - \omega_1 = \frac{\omega_0}{Q}$$

可见，通频带宽与电路谐振时的品质因数成反比，Q 越大，通频带宽度越小，谐振曲线的形状越尖锐，电路的选择性越好。但是通频带太窄，传送信号时越容易产生波形失真。因此，在利用谐振电路的频率特性进行选频的时候，往往要综合考虑选择性与失真程度这两个方面的问题。

习题 4

4.1 填空题。

1. 暂态是指从一种_____态过渡到另一种_____态所经历的过程。

2. 换路定律指出：在电路发生换路后的一瞬间，电感元件上通过的_____和电容元件上的_____，都应保持换路前一瞬间的原有值不变。

3. 一阶 RC 电路的时间常数 $\tau =$ _____；一阶 RL 电路的时间常数 $\tau =$ _____。

4. 一阶电路全响应的三要素是指待求响应的_____值、_____值和_____值。

5. 在电路中，电源的突然接通或断开，电源瞬时值的突然跳变，某一元件的突然接入或被移去等，统称为_____。

6. 由时间常数公式可知，RC 一阶电路中，C 一定时，R 值越大，过渡过程进行的时间就越_____；RL 一阶电路中，L 一定时，R 值越大，过渡过程进行的时间就越_____。

4.2　简答题。

1. 何谓电路的过渡过程？包含有哪些元件的电路存在过渡过程？

2. 什么叫作换路？在换路瞬间，电容器上的电压初始值应等于什么？

3. 在 RC 充电及放电电路中，怎样确定电容器上的电压初始值？

4. "电容器接在直流电源上是没有电流通过的"这句话确切吗？试完整地说明。

5. RC 充电电路中，电容器两端的电压按照什么规律变化？充电电流又按什么规律变化？RC 放电电路呢？

6. RL 一阶电路与 RC 一阶电路的时间常数相同吗？其中的 R 是指某一电阻吗？

7. RL 一阶电路的零输入响应中，电感两端的电压按照什么规律变化？电感中通过的电流又按什么规律变化？RL 一阶电路的零状态响应呢？

8. 通有电流的 RL 电路被短接，电流具有怎样的变化规律？

9. 怎样计算 RL 电路的时间常数？试用物理概念解释：为什么 L 越大、R 越小则时间常数越大？

4.3　电路如图 4.23 所示，在 $t=0$ 时将开关 S 闭合，求 $i_L(0_+)$。

4.4　图 4.24 所示的电路原已达稳态，在 $t=0$ 时将开关 S 打开，求 $i(0_+)$ 及 $u(0_+)$。

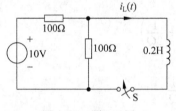

图 4.23　题 4.3 图

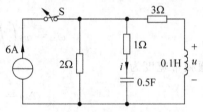

图 4.24　题 4.4 图

4.5　图 4.25 所示的电路换路前已达稳态，在 $t=0$ 时将开关 S 断开，求换路瞬间各支路电流及储能元件上的电压初始值，以及电容两端电压的全响应。

4.6　图 4.26 所示的电路中，开关 S 断开前电路已达稳态，在 $t=0$ 时将开关 S 断开，求电流 i。

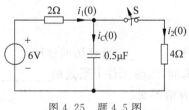

图 4.25　题 4.5 图

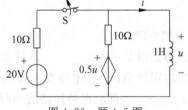

图 4.26　题 4.6 图

4.7　图 4.27 所示的电路中，换路前电路已达稳态，在 $t=0$ 时将开关 S 闭合，求 $u_C(t)$、$i_C(t)$，并画出它们的波形。

4.8　图 4.28 所示的电路原已达稳态，在 $t=0$ 时断开开关 S 后，求电压 $u(t)$。

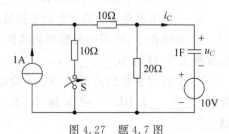

图 4.27　题 4.7 图

4.9　图 4.29 所示的电路原已达稳态。在 $t=0$ 时开关 S 闭合。求电容电压 u_C 的零输入响应,零状态响应及全响应。

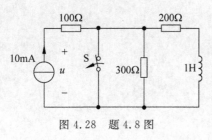

图 4.28　题 4.8 图

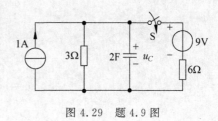

图 4.29　题 4.9 图

第二部分

模拟电子线路分析

模拟电子技术部分

第 5 章

电子技术基础绪论

电子技术是 19 世纪末、20 世纪初开始发展起来的新兴技术,是近代科学技术发展的一个重要标志。由于生产发展的需要,在 18 世纪末和 19 世纪初的这个时期,在电磁现象方面的研究工作发展得很快。1895 年,荷兰物理学家亨得里克·安顿·洛伦兹假定了电子存在。1897 年,英国物理学家汤姆逊(J. J. Thompson)用实验找出了电子。1904 年,英国人 J. A. Fleming 发明了最简单的真空电子二极管(Diode 或 Valve),用于检测微弱的无线电信号。1906 年,L. D. Forest 在二极管中安上了第三个电极(栅极,Grid),发明了具有放大作用的电子管,这是电子学早期历史中最重要的里程碑。

电子技术是根据电子学的原理,运用电子元器件设计和制造某种特定功能的电路以解决实际问题的科学,包括信息电子技术和电力电子技术两大分支。本课程属于以弱电为主的信息电子技术分支。信息电子技术包括模拟(Analog)电子技术和数字(Digital)电子技术。模拟电子技术是对电子信号进行处理的技术,处理的方式主要有信号的发生、放大、滤波、转换等。

5.1 模拟信号、模拟电路及模拟系统

5.1.1 模拟信号与模拟电路

信号是承载信息的某种传导的物理或化学作用。从广义上讲,信号包含声信号、光信号、电信号等。信号作为带有信息的某种物理量,可以随时间或空间变化。在信号分析中,根据信号的取值在时间上是否连续(不考虑个别不连续点),可以将信号分为时间连续和时间离散信号。其中,时间连续信号有两种:一种是取值是连续的,另一种是取值离散的。而时间离散信号也有两种:一种是取值连续,另一种是取值离散。所谓模拟信号,是在时间和取值上都是连续变化的信号,如语音信号,温度信号,压力信号,速度信号等,模拟信号波形示例如图 5.1 所示。如果信号的时间连续,但是信号的取值离散,则称此类信号为量化信号;反之,若信号的时间离散,取值连续,则称此类信号为抽样信号或取样信号;当信号的时间和幅值都是离散时,则称此类信号为数字信号。

应当指出,在客观世界中,多数物理量都是以模拟形式的非电量存在的,当非电量通过相应的传感器转换为随时间而变化的电压或电流信号时,这类电信号都是模拟信号。

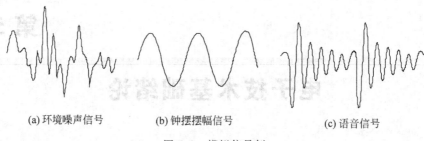

(a) 环境噪声信号   (b) 钟摆摆幅信号   (c) 语音信号

图 5.1   模拟信号例

因此,研究模拟信号的表征与处理具有重要的实际意义。模拟电路,简单地说,就是处理模拟信号的电子电路,其特点是电路的输出是一个或一些连续变化的模拟信号。

5.1.2   模拟系统

在人们的日常生活中,有许多的电子产品,如手机、计算机、电视机、冰箱等,每个电子产品就是一个电子系统。电子系统的常见模块有信号源、放大电路、信号处理电路、直流电源、数字逻辑电路、数模转换电路等。

模拟系统,是用连续方式表征与处理信号的电子系统,是一些相互连接的功能模块的集合。常见的模拟系统功能模块有:放大电路、滤波电路、信号发生器、直流电源等。如教室里的无线话筒扩音器,就是一个简单的模拟电路系统。如图 5.2 所示,语音信号经话筒变为电压信号,一般此信号较小,须经电压放大,然后用无线电发送空中,并被无线电接收机接收,在无线电接收机中进行高频放大、中频放大、解调(检波)等,再经低频电压放大和功率放大,驱动扬声器,最后以较大的音量、保真的音质播放出来,达到扩音的效果。整个过程皆为模拟信号处理,故为模拟系统。其中,小信号前置放大、低频电压放大和输出端的功率放大、电源等部分属本课程研究内容,可见,模拟电子技术是研究信号的不失真放大、产生、传输、变换、滤波、运算等的一门科学。虚线框内的无线电收发部分属高频电子线路课程的范畴。

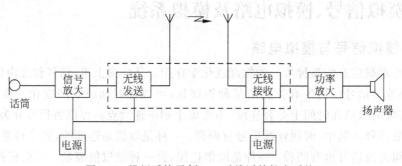

图 5.2   模拟系统示例——无线话筒扩音系统

5.2   模拟电子技术的发展及应用

电子技术是研究电子器件和电子线路的一门科学,主要有模拟电子技术和数字电子技术两个分支。1906 年世界上第一只电子管问世后,电子技术随即兴起,而首先兴起的即是模拟电子技术。

1947 年 12 月 23 日,世界上第一只晶体管在美国贝尔实验室诞生,从此翻开了微电子技术新的一页,并带动了一连串新的科学技术与现代工业的发展与变革,一场以微电子技术为主导技术的新技术革命逐渐燃发,同时随着微电子学和微电子技术的迅猛发展,一批重要的尖端技术群陆续兴起并取得突破性的进展,进而对社会的各个层面发生了并将继续发生着极为广泛、深刻而久远的影响,包括经济的或政治的,科技的或生活的,家庭的或个人的,从国防军工到国计民生的各个层面,各个领域……众所周知,印刷术、指南针等重大发明,曾经深刻地改变了先人的生活,蒸汽机的发明使人类进入了工业社会。但微电子学和微电子技术的出现及其对社会产生的巨大影响和冲击却是空前的,无与伦比的,它带来的是整个社会的变革,是工业社会向信息社会的迅速转型,而这场变革的漩涡中心就是集成电路和以集成电路为硬件基础的计算机。

微电子学和微电子技术,简单地说,是电子器件和电子设备由大变小、由小变微的科学与技术。其中微电子学是电子系统—整机—部件—元器件—工艺—材料进行综合性微型化研究设计与开发应用的一门学科。作为微电子技术象征的集成电路,就好比是电子工业等多种行业的建筑材料,而模拟电子技术则是集成电子技术的基石,其重要性不言而喻。但是,当前电子技术发展的现实表明,电子技术从分立向集成化方向转变,从模拟向数字化方向转变,从小规模向大规模方向转变的总趋势是不可逆转的,模拟电路的传统领地已经或正在被数字电路所抢占,模拟电子技术的作用或重要性受到了挑战。但是,电子技术发展到现在,其基本器件和基本电路仍是以模拟电子技术为基础的,模拟电子技术在许多领域中的优势和地位是难以动摇的,如比例放大、频率变换、信号滤波、模拟运算、稳定电源等线性操作领域,在无线电发射、无线电接收、语音通信等无线电或声频视频领域中,模拟电子技术在很长时间内将是不可替代的。到目前为止,还没有发现任何一个实际的电子系统是能够脱离模拟技术的,并且在不少场合下,模拟实现比数字实现更简单、更方便、性价比更高。因此,模拟电路不但是所有电子线路的硬件基础,对学好后续课程有着重要意义,而且其本身就具有重要的实用和研究价值。因为,一般地说,模拟电路集成技术比数字电路集成技术更复杂,实现更困难,对器件和电路元件的要求更高,因此很多领域还有待人们去探索,去研究,并有着无可限量的发展空间。

习题 5

5.1　什么是数字信号? 什么是模拟信号?

5.2　数字电路和模拟电路都有些什么区别? 各自的应用场合是什么?

第6章

常用半导体器件

6.1 半导体基础知识和 PN 结

电子技术是研究电子器件、电子电路及其应用的科学,因此,学习电子技术,必须了解电子器件。电子器件的类型很多,目前使用最广泛的是半导体器件——二极管、稳压管、晶体管、绝缘栅场效应管等。本章主要介绍这些器件的外部特性及形成原理。也就是,介绍各种电子器件从其出线端表现出来的各种电压、电流关系——技术上叫作"伏安特性"。

6.1.1 半导体的导电特性

所有物体,按导电性能可分为导电体(简称导体,如金、银、铜、铝等)、不导电体(又称绝缘体,如石材、木材、橡胶等)和半导体(如硅、锗等)。

半导体的导电能力介于导体和绝缘体之间。制造半导体器件的常用材料有半导体单晶硅(Si)或单晶锗(Ge),这种由单一原子构成的结构紧密的纯净半导体晶体称为本征半导体。

在本征半导体中,由于原子间的距离很近,每个原子外层轨道上的电子(称为价电子)既受到本身原子的束缚,又受到邻近原子的约束(吸引),使得每个价电子为相邻原子所共有,称为"共价电子"。相邻原子间组成共价键,共价键束缚着电子从而使所有的原子相互紧密地联结在一起,形成一个整体并呈电中性(原子核带的正电荷数总等于电子带的负电荷数)。不难想象,共价键中的电子由于受到相邻原子核的双重约束是不能自由运动的,故称束缚电子,所以本征半导体的导电性能很差。在绝对零度下,价电子均被束缚在共价键内,本征半导体变成不导电体。但在受到外界激发时,如光照、热辐射或电驱动等,获得较大能量的一部分价电子将挣脱共价键的束缚,脱离原子成为自由电子,遂具导电性,此现象称本征激发。本征激发每产生一个自由电子,必在共价键中留下一个空位,空位常称为空穴。在本征半导体中,自由电子和空穴总是成对出现,同时存在的。

在通常情况下(如室温下),本征半导体中的载流子数量是极其微弱的,其导电能力很差。当温度增加,或受其他能量的激励(如光照),电子的运动加剧,载流子的数目增加,导电性能也就越好,所以温度对半导体器件的性能影响很大。

6.1.2　N 型半导体和 P 型半导体

掺杂半导体,是在本征半导体中掺了少量其他元素(相对本征元素而言称为"杂质")的半导体。掺杂半导体有两种,一种叫作 N 型半导体,一种叫作 P 型半导体。

N 型半导体是以 5 价元素(如磷、砷等)为杂质的半导体。5 价杂质元素掺入 4 价本征半导体(如常用的硅、锗)中时,其外层轨道上的价电子在受到杂质原子束缚的同时还会受到本征元素原子的束缚,成为共价电子。但是,由于 5 价杂质元素外层轨道上有 5 个价电子,而 4 价的本征元素只有 4 个价电子,因此将多出一个杂质电子不受本征元素原子的束缚,成为非共价电子,这种电子只需要很小的外界能量即可挣脱杂质原子的束缚而成为自由电子,所以掺 5 价元素的杂质半导体自由电子多,电子是带负电荷的,故这种掺杂半导体称为 N 型半导体(N 为 Negative 首字母)。应当指出,脱离杂质原子的束缚每产生一个自由电子,就一定有一个杂质原子因少一个带负电荷的电子而成为正离子,这种杂质也称为施主杂质。所以在 N 型半导体中,施主杂质电离产生的自由电子和正离子总是成对出现同时存在的,但并不在共价键中留下空位,因此并不同时产生空穴。

P 型半导体是以 3 价元素(如硼、铟等)为杂质的半导体。因为 4 价的硅或锗原子有 4 个价电子,而 3 价的杂质原子只有 3 个电子,所以每个硅或锗原子共价键中因缺少一个电子而出现一个空位,即空穴。可见,在这种掺杂半导体中,空穴多而自由电子少,由于空穴是因缺少电子而出现的,故带正电荷,掺 3 价元素的杂质半导体称为 P 型半导体(P 为 Positive 首字母)。注意,由于本征原子的吸引力,这些空位会吸引邻近共价键中的价电子前来填补,从而在新处留下新的空位,相当于空穴移到(即运动到)新处,所以空穴也像自由电子那样是会运动的。应当指出,脱离杂质原子的束缚每产生一个空穴,就一定有一个杂质原子因少一个带正电荷的空穴而成为负离子,这种杂质也称为受主杂质。由上述可知,在 P 型半导体中主要是靠空穴导电的,即空穴是 P 型半导体中电流电荷的主要载体,就像导体或 N 型半导体中的自由电子(以下简称电子)是电流电荷的主要载体一样,所以电子和空穴都称为载流子。

P 型半导体或 N 型半导体中,由于本征激发,电子和空穴总是同时存在的;由于杂质电离,电子与正离子或者空穴与负离子也是同时存在的。由此可见,不同类型半导体中两种载流子数目不同,通常载流子数目多的称为多数载流子,简称为多子;载流子数目少的称为少数载流子,简称为少子。电子和空穴同时参与导电的半导体器件称为双极型器件,如即将介绍的半导体二极管和半导体三极管等;只有一种载流子参与导电的半导体器件称为单极型器件,如后续介绍的场效应管器件。

P 型半导体和 N 型半导体,虽然都有一种多数载流子和一种少数载流子,但整个晶体仍是中性的,不带电。它们是各种半导体器件的基本组成部分。

6.1.3　PN 结

一块 P 型半导体和一块 N 型半导体,按照一定的工艺有机地结合在一起,就形成一个结,这就是 PN 结,其形成示意图如图 6.1 所示。PN 结可以认为是如下形成的。

(1) N 区电子多空穴少,P 区空穴多电子少,这种电子和空穴浓度上的差异,必将引起 N 区中的电子向 P 区扩散,P 区中的空穴向 N 区扩散,分别称为电子浓度梯度扩散和空穴浓度梯度扩散(简称扩散运动)。

（2）靠近 P-N 交界处的电子将首先向 P 区扩散,电子跨过边界进入 P 区后立即陷入 P 区空穴的层层包围之中,并被空穴所"吞没",这就是电子和空穴的"复合";与此同时,边界每跨过一个电子,就带走一个负电荷,在 N 区边界处多出一个因失去电子而带正电荷的正离子(图中用"⊕"号表示)。类似地,P 区中的空穴也会因浓度梯度差异向 N 区扩散,并且每扩散过去一个空穴,就带走一个正电荷,同时在 P 区边界处留下一个负离子(图中用"⊖"号表示)……随着电子和空穴的不断扩散,P-N 交界处便形成一个电荷层,如图 6.1(a)所示。

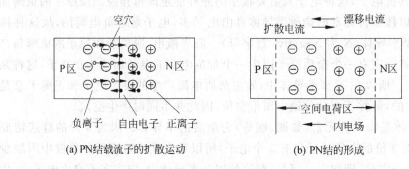

(a) PN结载流子的扩散运动   (b) PN结的形成

图 6.1   PN 结形成示意图

（3）必须指出,留在 P-N 边界两侧的正电荷和负电荷是离子电荷,是不能移动的,它们必须待在原处,所以这些电荷称为空间电荷,这个电荷层就叫作空间电荷区。随着电子和空穴的不断扩散,空间电荷区越来越厚;但与此同时,这些离子电荷的出现生成了一个由正离子电荷指向负离子电荷的内电场$\vec{E}_内$,如图 6.1(b)所示。

（4）内电场的方向从 N 区指向 P 区。内电场的出现,使少数载流子在电场力的作用下,产生漂移运动,即 P 区内的电子要漂移到 N 区。当空间电荷区比较薄时,内电场较弱,载流子的扩散运动强于漂移运动,但随着扩散运动的进行,空间电荷区的厚度增加,内电场加强,使扩散运动减弱,漂移运动加强,最后将导致载流子的扩散运动与漂移运动达到动态平衡。这时,空间电荷区的宽度不再增加,并且保持相对平衡,因而 PN 结交界面的载流子运动处于相对的稳定状态。在半导体内部出现的空间电荷区,也可以称为阻挡层、耗尽层、势垒层或 PN 结。

PN 结、空间电荷区、阻挡层、耗尽层或势垒层,指的是同一个结构。PN 结是指它的结构特征;空间电荷区是指它的离子特征;阻挡层是指它的阻挡载流子进一步扩散的功能特征;耗尽层是指载流子的分布特征——在空间电荷层中,电子和空穴都很少,可以认为是消耗殆尽,故名"耗尽层";势垒层是指它的电场特征。

6.1.4   PN 结的单向导电性

PN 结在没有外加电压作用的情况下,半导体中的扩散运动和漂移运动处于动态平衡。

如果在 PN 结上加正向电压,即外电源的正端接 P 区,负端接 N 区,也称 PN 结正向偏置,如图 6.2 所示。这时,外电场与内电场的方向相反,因此,扩散运动和漂移运动的平衡被破坏,削弱了内电场,使空间电荷区变窄,多数载流子的扩散运动增强,形成了较大的扩散电流(正向电流)。在一定范围内,外电场越强,正向电流(由 P 区流向 N 电流)越大,这时 PN 结呈现的电阻很低。

若给 PN 结加上反向电压,即外电源的正端接 N 区,负端接 P 区,也称 PN 结反向偏置,如图 6.3 所示,则外电场与内电场方向一致,也破坏了载流子扩散和漂移运动的平衡,外电场驱使空间电荷区两侧的空穴和自由电子移动,使得空间电荷增加,空间电荷区变宽,内电场增加,使多数载流子的扩散运动难以进行。但另外,内电场的增强也加剧了少数载流子的漂移运动,在外电场的作用下,P 区中的自由电子(少数载流子)越过 PN 结进入 N 区,在电路中形成了反向电流(由 N 区流向 P 区的电流)。由于少数载流子的数量很少,因此,反向电流不大,即 PN 结呈现的反向电阻很高。

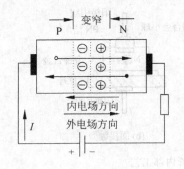
图 6.2　PN 结加正向电压

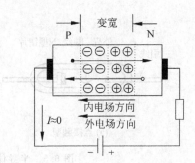
图 6.3　PN 结加反向电压

由以上的分析可知,PN 结具有单向导电性。即在 PN 结上加正向电压时,PN 结电阻很小,正向电流较大,PN 结处于导通状态;在 PN 结上加反向电压,PN 结电阻很大,反向电流很小,PN 结处于截止状态。

6.2　半导体二极管

6.2.1　基本结构

加了外引线并进行适当封装的 PN 结就是一个二极管,其结构如图 6.4(a)所示,电路符号如图 6.4(b)所示。其中,A 称为阳极或正极,K 称为阴极或负极。因为有两个电极,故名二极管。

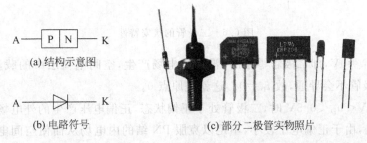

(a) 结构示意图

(b) 电路符号

(c) 部分二极管实物照片

图 6.4　半导体二极管

二极管有多种封装,如玻璃封装(俗称玻封)、塑料封装(俗称塑封)、金属封装、陶瓷封装等,其中塑封便宜,玻封易碎,金属封装牢固,陶瓷封装性能好但价高。图 6.4(c)中给出了部分封装样品实物照片。

二极管有多种类型。按所用材料分,有硅二极管、锗二极管、砷化镓二极管等。按结构分,有 P 型半导体和 N 型半导体之间用界面接触的面接触型二极管、接触面积很小的点接触型二极管(如图 6.5 所示)。点接触型二极管由于 PN 结的结面积小,不能通过较大的工作电流,但其 PN 结的结电容小,高频性能好,故一般用在高频、小功率、检波、开关电路中。面接触型二极管由于 PN 结的结面积较大,能通过较大的工作电流,但它的结电容大,工作频率较低,一般适用于低频、大功率、整流电路。按用途分,则有普通二极管、开关二极管、整流二极管以及稳压二极管、发光二极管等特种二极管,详见 6.3 节。

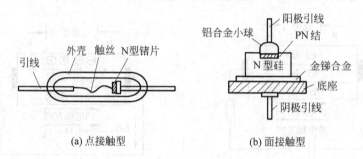

(a) 点接触型   (b) 面接触型

图 6.5   半导体二极管内部工艺

6.2.2   二极管的伏安特性

二极管的伏安特性是指二极管两端外加电压与产生的二极管电流之间的关系特性。

硅二极管的伏安特性如图 6.6 所示,图中 u_D 是二极管两端的电压,i_D 是二极管电流。曲线右侧是 $u_D > 0$,即正偏时的情况;左侧是 $u_D < 0$,即反偏时的情况。简单说明如下。

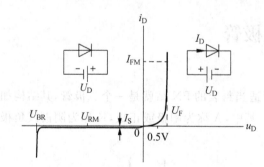

图 6.6   二极管的伏安特性

(1) 当 $u_D = 0$V,即二极管零偏时,没有外电场产生,空间电荷层中的载流子已经"耗尽",所以二极管不会导通,故 $i_D = 0$。这就是原点 0。

(2) 当 0V $< u_D < 0.5$V 时,二极管处于正偏状态,正偏电压产生的外电场使空间电荷层变薄;但是,由于正偏电压较小,不足以克服 PN 结的内电场从而使空间电荷层完全消失,所以二极管仍是不导电的,故 $i_D \approx 0$。

(3) 当二极管两端的电压上升到 $u_D = 0.5V$ 时,正偏电压产生的外电场使空间电荷区几乎消失,电子或空穴开始跨过边界进入对方区域,二极管开始导通,$i_D \neq 0$,故 0.5V 称为硅二极管的开启电压,也称门限电压或死区电压,常用 U_γ 表示。电流 i_D 由 P 区流向 N 区,称为二极管的正向电流。当 $u_D > 0.5V$ 时,随着 u_D 的增大,跨过边界进入对方区域的电子或空穴增多,存储在 P 区和 N 区中的载流子也越来越多,PN 结的导电性越来越好,所以二极管电流 i_D 随着 u_D 增大而急剧增大,理论和实验表明,此时的 $i_D \sim u_D$ 曲线近似成指数关系,如式(6-1)所示。

$$i_D = I_S(e^{u_D/U_t} - 1) \tag{6-1}$$

式中,$U_t = kT/q$ 称为热电压,k 是波尔兹曼常数($k = 1.38 \times 10^{-23} J/K$),$T$ 是绝对温度,q 是电子电荷($1.6 \times 10^{-19}C$),在室温下($27℃$,即 $T = 300°K$),$U_t \approx 26mV$。由式(6-1)可知,当 $u_D \gg U_t$ 时,括号内的 1 可以忽略,i_D 随 u_D 指数增大,如图 6.6 右侧的指数曲线所示。

(4) 当二极管反偏,即 $u_D < 0$ 时,反偏电压产生的外电场使空间电荷层变厚,不利于二极管导通,所以只有很小的、在外电场作用下由少子产生的反向电流,此电流不随反向电压的加大而增大,故称反向饱和电流(即 I_S),典型值为 $10^{-14} \sim 10^{-8}A$。不过,当反向电压太大时,如增大到某个值如 U_{BR} 时,二极管开始出现反向电流,并急剧增大,直至二极管烧毁,这种现象称为“击穿”。U_{BR} 称为反向击穿电压,这就是图 6.6 中 $u_D = 0 \sim U_{BR}$ 段的情形。注意,该段特性也可用式(6-1)表征,因为 $u_D < 0$ 且数值较大时,式(6-1)中的指数项的值趋近于 0,故 $i_D \approx -I_S$。

锗二极管的伏安特性曲线与硅二极管雷同,只是锗二极管的开启电压 U_γ 小一些(一般为 0.2V 左右),而反向饱和电流 I_S 大一些。

如上所述,二极管正偏时导通,似开关闭合,二极管反偏时截止,似开关断开,因此二极管可以作为开关适用。二极管开通后是否接通良好,关断后是否彻底断开,这种“开”或“关”完成并稳定下来之后的特性称为稳态开关特性,详见 6.2.4 小节。

在开关电路中,二极管经常处在不断地开关状态中,时开时关,因此二极管的开关速度直接影响着电路的开关特性,所以我们不但需要关注二极管的稳态开关特性,而且还需要研究二极管从开到关或从关到开过程之中的特性,这就是二极管的动态开关特性。

6.2.3　主要参数

二极管的伏安特性曲线直观地反映了它的单向导电性能,但其质量指标则用一些参数来表示。二极管参数是二极管性能的表征,是正确使用二极管的依据。半导体器件手册上给出的使用参数主要有以下 4 个。

(1) 最大反向工作电压 U_{RM}。最大反向工作电压是指二极管可以长期、安全运行的反向工作电压。一般情况下,$U_{RM} \approx U_{BR}/2$,以确保管子的安全工作。点接触型二极管的反向峰值电压一般在数十伏左右,而面接触型二极管可达数百伏。

(2) 最大正向工作电流 I_{FM}。最大正向工作电流是指二极管可以长期、安全运行的最大正向平均电流。对于整流二极管,又称为最大整流电流或额定整流电流,常用 I_F 表示。当电流超过允许值时,将由于 PN 结过热而使二极管损坏。最大整流电流的大小不仅与

PN 结的面积大小有关，而且和它的散热条件有关，大功率二极管使用时，需加装散热片以降低结温。点接触型二极管的最大整流电流一般在几十毫安以下；而面接触型二极管的最大整流电流较大。

（3）最大正向压降 U_F。最大正向压降是指流过额定电流 I_{FM} 时二极管两端的管压降，如图 6.6 所示。对集成二极管或小功率硅管，U_F 为 0.6～0.8V，锗管为 0.1～0.3V。对于大功率硅管，正向电流达安培级时，U_F 为 0.8～1.5V。必须指出，二极管的正向压降与使用温度有关，一般情况下，温度每升高 1℃结压降减少 2mV。

（4）最大反向电流 I_{RM}。最大反向电流是指二极管在反偏电压为 U_{RM} 时二极管的漏电流，I_{RM} 越小说明单向导电性越好。但 I_{RM} 会随温度升高而急剧增大，所以手册上一般给出两个数据，一个是在 25℃下的值，另一个是在 125℃左右的值。硅管的反向电流小，一般在几微安以下；锗管的反向电流较大，为硅管的几十到几百倍。

对于工作在高速、高频场合下的二极管，手册上还会给出零偏结电容 C_0、最高工作频率 f_M 或反向恢复时间 t_r 等参数。其中 C_0 是零偏置下二极管的耗尽层电容，在零偏下空间电荷层有一定的厚度，PN 结是不导电的，相对于空间电荷层而言，P 区因空穴多、N 区因电子多而相当于一个平板电容器的两个导电极板，空间电荷层内的离子电荷则相当于电容器介质中存储的电荷；当二极管两端的电压发生变化时，空间电荷层的厚度改变，即空间电荷的数量改变；电荷的改变是需要时间的，如同电容器的充放电需要时间一样，所以常用一个电容来表征这一现象，这就是结电容，一般在零偏压下测定，故名零偏结电容，用 C_0 表示。不言而喻，零偏结电容影响二极管的高频响应或开关速度。

其他参数不再详细介绍，必要时可查阅有关手册。

【例 6-1】 假定二极管的最大反向工作电压 $U_{RM}=5V$，最大正向工作电流 $I_{FM}=10mA$，最大正向压降 $U_F=0.7V$，判断图 6.7 所示电路中的二极管是否能长期、正常工作，为什么？

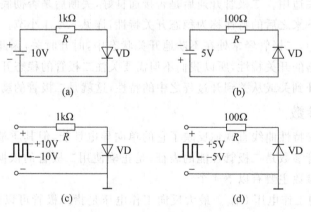

图 6.7 例 6-1 电路

解 图 6.7(a)中的二极管能正常工作。因为二极管阳极加电源正端，阴极加电源负端，二极管处于正偏导通状态，故无反向击穿问题，且工作电流 $I_D=(10-0.7)/1=9.3mA<I_{FM}=10mA$，也无电流过大问题。

图 6.7(b)中的二极管不能正常工作。因为二极管阳极接电源的"+",阴极接"-",故正偏导通,但正向电流 $I_D=(5-0.7)/0.1=43\text{mA}>I_{FM}=10\text{mA}$,二极管有烧毁危险。

图 6.7(c)中的二极管不能正常工作。因为当输入为低电平-10V 时,二极管反偏,反偏电压等于 10V$>U_{RM}$,二极管有击穿危险。

图 6.7(d)中的二极管不能正常工作。因为当输入为低电平-5V 时,二极管导通,二极管电流 $I_D=(5-0.7)/0.1=43\text{mA}>I_{FM}=10\text{mA}$,二极管有烧毁危险。

注意：图 6.7(c)和图 6.7(d)中的符号"⊥"称为"地",是电路中各点电位的参考点,"地"电位为 0V。

6.2.4 二极管的电路模型

二极管有很多应用,如限幅、钳位、整流、检波、开关等。但是,由于二极管是一种非线性元件,其伏安特性曲线如图 6.6 所示,二极管相当于一个非线性电阻,如果是高速高频应用还要考虑二极管的结电容或称极间电容等,显然这给二极管电路的分析设计带来不便。因此在一定条件下,常将二极管看成一个(些)简单的电路元件,如导通的二极管有管压降,所以可将其看成一个电阻,因为电阻上流过电流就会有压降;再如,由于二极管的管压降较小,一般只有零点几伏,所以在高电源大信号下管压降可忽略不计,从而可将导通的二极管看成一条简单的短路线……这种在一定条件下能模拟器件特性的电路称为器件的等效电路,或称为器件模型。下面是几种常用的二极管模型。

1. 理想模型

二极管反偏时截止,只有很小的反向饱和电流,所以可以认为没有电流,如同机械式开关一样彻底断开;二极管正偏时导通,管子两端有一个小的管压降,有时也可以忽略不计,如同机械式开关一样彻底接通,所以二极管特性可简化为图 6.8(a)所示,这就是二极管的理想模型,即把二极管看成一个理想二极管。

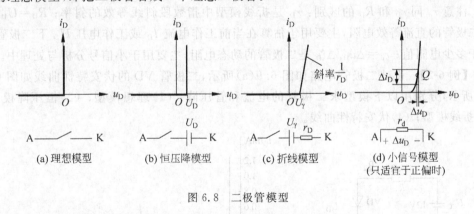

图 6.8 二极管模型

理想模型主要用于高电源电压大信号或精度要求不高的定性分析设计中。

2. 恒压降模型

二极管正偏时导通,有管压降,在低电源电压或信号幅度较小时此管压降有时是不可忽略的,但在二极管电流变化不大时可认为管压降是恒定的。考虑了二极管管压降且认为管压降恒定不变的二极管模型称为恒压降模型,如图 6.8(b)所示。

恒压降模型比理想模型更符合实际些,因此获得了广泛应用,比如在数字电路中,硅二极管管压降均取值为 0.7V。

3. 折线模型

折线模型是将二极管正偏导通时的指数曲线(见图 6.6 右侧)用斜线来代替,它既考虑了 $u_D < U_\gamma$ 时二极管不导电时的情况,又考虑了二极管正偏时管压降随着二极管电流变化的事实。如图 6.8(c)所示,模型由开启电压 U_γ、等效电阻 r_D 和理想开关组成。折线模型比理想模型或恒压降模型更准确,但用得不多。其中 r_D 的值,是由实际二极管统计测算出来的,数量级一般为 200Ω 左右。

4. 小信号模型

当二极管的工作电流变化不大时,有时需要知道二极管电流变化 Δi_D 时会引起管压降多大的变化,即 Δu_D,或反之。这时就要用到二极管的小信号模型,在小信号检波等电路中就是这种情况。

在二极管的伏安特性曲线上,在当前的工作电流 I_D 和工作电压 U_D 处,如图 6.8(d)中的 Q 点所示,由于电流或电压的变化范围很小,Q 点处的曲线可以近似地看成一条直线,其斜率 $\Delta i_D / \Delta u_D$ 就是二极管在该处的微变电导值 $1/r_d$,所以二极管相当于一个微变电阻(或称为动态电阻),这就是二极管的小信号模型,也称微变等效电路,如图 6.8(d)所示。对式(6-1)求导,即得

$$r_d \approx \frac{U_t}{I_D} \tag{6-2}$$

式中,U_t 是热电压,在室温下 $T = 300\text{K}$,$U_t = 26\text{mV}$,式(6-2)即变为以下的常用公式。

$$r_d = \frac{26(\text{mV})}{I_D(\text{mA})}(\Omega) \tag{6-3}$$

注意 r_d 同 r_D 和 R_D 的区别:r_D 是折线模型中指数段斜线等效的斜率;$R_D = U_D/I_D$ 是二极管的直流等效电阻,主要用于估算在当前工作电流 I_D 或工作电压 U_D 下二极管相当于多少电阻值;$r_d = \Delta u_D / \Delta i_D$ 是二极管的动态电阻,主要用于小信号分析与处理中。

【例 6-2】 设硅二极管电路如图 6.9(a)所示,二极管 VD 的伏安特性曲线如图 6.9(b)所示,分别用以下模型求二极管的电流和管压降:(1)理想模型;(2)恒压降模型;(3)折线模型;(4)伏安特性曲线。

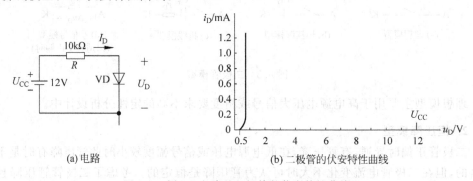

(a) 电路   (b) 二极管的伏安特性曲线

图 6.9   例 6-2 电路及二极管的伏安特性曲线

解　（1）理想模型。在理想模型中，$U_D = 0V$，所以由图 6.9(a) 电路得

$$I_D = U_{CC}/R = 12/10 = 1.2(\text{mA})$$

（2）恒压降模型。在恒压降模型中，认为管压降 U_D 恒定不变，对于硅二极管 $U_D = 0.7V$，故有

$$I_D = \frac{U_{CC} - U_D}{R}$$

$$= \frac{12 - 0.7}{10} = 1.13(\text{mA})$$

（3）折线模型。将图 6.9(a) 电路中的二极管用图 6.8(c) 的折线模型代替，变为图 6.10 所示。图中 U_γ 为开启电压，对于硅二极管 $U_\gamma = 0.5V$；r_D 是二极管等效电阻，一般取 $r_D = 200\Omega$，则

$$I_D = \frac{U_{CC} - U_r}{R + r_D}$$

$$= \frac{12 - 0.5}{10 + 0.2} = 1.127(\text{mA})$$

$$U_D = U_r + I_D r_D$$

$$= 0.5 + 1.127 \times 0.2 = 0.7225(\text{V})$$

（4）用伏安特性曲线求解——图解法。根据基尔霍夫电压定律（KVL），由图 6.9(a) 电路可知，二极管电流 I_D 和二极管电压 U_D 满足以下关系式：

$$U_{CC} = I_D R + U_D$$

即

$$I_D = \frac{U_{CC}}{R} - \frac{U_D}{R} \tag{6-4}$$

式中，U_{CC}/R 是已知常数，显然，这是 $I_D \sim U_D$ 坐标系中的一条直线：在 $U_D = 0$ 时，$I_D = U_{CC}/R$，即该直线通过纵轴上的点 $(U_D = 0, I_D = U_{CC}/R)$；当 $I_D = 0$ 时，$U_D = U_{CC}$，即该直线通过横轴上的点 $(U_D = U_{CC}, I_D = 0)$。在二极管伏安特性曲线坐标系中画出该直线，如图 6.11 所示，因为二极管既必须工作在伏安特性曲线上，又必须满足式(6-4)，所以直线与伏安特性曲线的交点 Q 所对应的电流 I_{DQ} 和电压 U_{DQ} 就是二极管当前的工作电流和工作电压，故 Q 点叫作工作点，该直线称为负载线，式(6-4)称为负载线方程。这种在伏安特性曲线上求解的方法就叫作图解法。

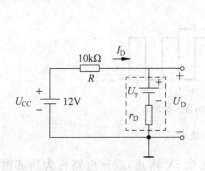

图 6.10　用折线模型求解

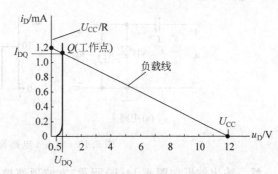

图 6.11　用图解法求解

6.2.5 二极管的应用举例

二极管有很多应用,如整流、检波、倍压、限幅、钳位,作开关和逻辑门等,其中整流和倍压等将在后续章节中介绍,开关和逻辑门等将在数字电路中学习,本节只举两个限幅和钳位的应用举例。

【例6-3】 已知二极管限幅电路,如图6.12(a)所示,输入电压 u_i 为一正弦波,如图6.12(b)所示,设 VD 为理想二极管,试定性画出电路的输出波形 u_o。

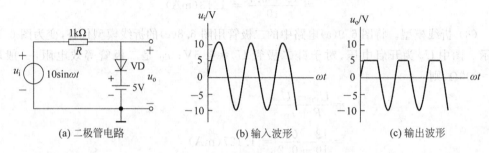

图 6.12   例 6-3 电路及输入输出波形

解   图 6.12(a)中,设二极管是理想的,二极管的阴极接电源电压 $+5V$,所以其对地电位恒等于 $+5V$。二极管的阳极经电阻 R 接输入电压 u_i,当输入电压小于 $+5V$ 时,二极管 VD 反偏截止,VD 与 $+5V$ 电源的串联支路不通,所以输出电压等于输入 u_i,如图6.12(c)中正弦部分所示。当输入电压为正半周且大于 $+5V$ 时,二极管正偏导通,输出 u_o 恒等于 $+5V$,如图6.12(c)所示,输入波形的上方部分好像被削去一样,故这种电路称为削波电路,也称限幅电路。限去波形的上方部分称为上限幅,限去波形下方部分称为下限幅,本例是限幅电平为 $+5V$ 的上限幅电路。

解题思路   分析二极管导通与否的电路时首先假设二极管不通,以此分析二极管两端电位。

思考   若要将输入信号的 $-5V$ 以下的部分限掉,图6.12(a)电路应如何改动?

【例6-4】 已知二极管钳位电路如图6.13(a)所示,输入电压 u_i 为一周期性方波,如图6.13(b)所示,方波周期 $T \ll RC$,R 和 C 是图6.13(a)电路中的电阻和电容参数。试定性画出电路的输出波形 u_o。

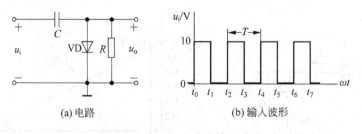

图 6.13   例 6-4 电路及输入波形

解   输出波形如图6.14(b)所示,方波顶部被钳在 $0.7V$ 附近,故该电路称为顶部钳位电路。"钳位"原理如下所述,先从 $t = t_0$ 时讲起。

（1）$t = t_0$ 时，输入 u_i 上跳到 $+10V$，由于电容上的电压不能突变，所以输出端（即二极管阳极）电位也上跳，从而输出电压变正，二极管 VD 正偏导通，输出电压被钳在 $+0.7V$ 左右（输出中的"小尖"，是刚开始导通时由二极管的导通电阻引起的压降），而电容 C 则被输入电压快速充电到 $(10 - 0.7) = 9.3(V)$，左正右负。

（2）在 $t = t_1$ 时，u_i 下跳变 10V，由于电容上的电压不能突变，所以输出端将在当前的 $+0.7V$ 的基础上下跳 10V，达到 $(0.7 - 10) = -9.3(V)$，故二极管 VD 截止，电容 C 放电，

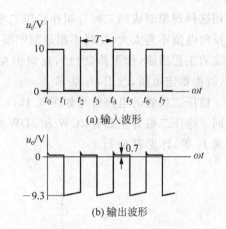

图 6.14　例 6-4 钳位电路的输入和输出波形

输出端的负压逐渐减小；因为 $RC \gg T$，所以在 $t = t_2$ 到来时输出端的负压减小得很少，因此当 $t = t_2$，u_i 再次上跳 10V 时，输出端的电压再次变正，VD 再次导通，输入波形的顶部再次被钳在 $+0.7V$……输出波形如图 6.14(b) 所示，图 6.14(a) 电路称为钳位电平为零的顶部钳位电路。

思考　如果顶部钳位电平不为 0，图 6.13(a) 电路应如何改动？如果需将输入信号的底部钳位在某个电平，图 6.13(a) 电路又应如何改动？

6.3　特殊二极管

6.2 节介绍的都是硅结型普通二极管，其中有多种用途与多种规格型号，如低压小功率的检波整流二极管（如 2AP、2DV 系列）、作高速开关用的开关二极管（如 2CK、2DK 系列）、高压大功率的低频整流二极管（如 2CP、2DZ 系列，工作电压从几十伏到几千伏，整流电流从几十毫安到几千安）、混频二极管（如 2CV、2DV 系列）等。此外，还有多种特殊二极管，如稳定电压用的稳压二极管（如 2CW、2DW 系列）、能够当可变电容用的变容二极管（2CC 系列）、对光照敏感的光电二极管（2AU、2CU 系列）、能发出五颜六色光的发光二极管（2EF 系列）、半导体激光二极管（JBEP 系列）、作天线开关和微波元件用的 PIN 二极管、在数字电路中作低压快速钳位或限幅用的肖特基势垒二极管（SBD）、有负阻效应的微波二极管如隧道二极管（2BS 系列）、耿氏效应二极管（2EY 系列）及碰撞雪崩渡越时间二极管（IMPATT）等。

下面只对模拟电路、数字电路和高频电路中常用的几种特殊二极管作简单介绍。另外，随着光通信等光电子系统的发展，光电子技术获得了广泛应用，如常见的 VCD、DVD 及计算机光盘 CD-ROM 等，所以还将简要介绍几种光电子二极管器件。

6.3.1　稳压二极管

由二极管的伏安特性曲线可见，当二极管两端的反偏电压增大到 U_{BR} 附近时，二极管开始反向击穿，反向电流急剧增大，不管电流如何变化，二极管两端的电压 U_{BR} 基本不变，

利用这种现象制成的二极管叫作稳压二极管(简称稳压管)。不难想象,只要稳压二极管的反向电流不是太大,功耗不超过额定限度,就能长期安全稳定地工作而不会烧毁。采取一定的工艺措施(如重掺杂)后,反向击穿曲线就会十分陡峭,击穿电压 U_{BR} 就会更加稳定,故称稳定电压,改用 U_Z 表示。

稳压二极管的电路符号如图 6.15(a)所示,电路模型及数学表征同普通二极管完全相同。稳压二极管主要有 2CW 和 2DW 两个系列,其电参数主要有稳定电压 U_Z 和稳定电流 I_Z 等,详见表 6-1。

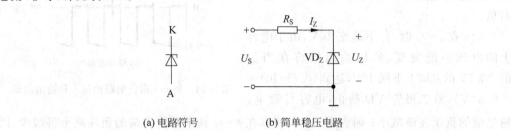

(a) 电路符号　　　　　　(b) 简单稳压电路

图 6.15　稳压二极管的电路符号及简单稳压电路

表 6-1　稳压二极管的主要参数及其意义

参数 ＼ 型号举例	2CW7C	2DW7C	2DW151	参 数 意 义
稳定电压 U_Z/V	5～6.5	6～6.5	440～510	U_Z 是击穿后二极管两端的电压值。其值主要取决于晶体的电阻率,制造时控制晶体的电阻率可制成几伏到几百伏不同规格的稳压管
稳定电流 I_Z/mA	10	10	5	I_Z 是测定稳定电压 U_Z 时所用的电流值。也可作为工作电流的推荐值
最大耗散功率 P_{ZM}/W	0.25	0.2	10	二极管工作电流与二极管两端电压的乘积称为稳压管的功耗 P_Z。P_Z 太大二极管将发热甚至烧毁。可允许的 P_Z 最大值即为 P_{ZM}
最大工作电流 I_{ZM}/mA	38	30	19	I_{ZM} 是可允许的工作电流的最大值,一般近似等于 P_{ZM}/U_Z
动态电阻 r_Z/Ω	30	10	800	稳压二极管在击穿状态下,两端电压的变化量 ΔU_Z 除以相应的稳压电流的变化量 ΔI_Z 称为稳压二极管的动态电阻 r_Z。$r_Z = \Delta U_Z/\Delta I_Z$ 越小越好,一般在 $U_Z = 8V$ 时 r_Z 最小。r_Z 值为几欧姆到几十欧姆,在 I_Z 下测定
电压温度系数 $C_{TV}/(10^{-4}/℃)$	-3～+5	±0.05	12	温度每变化 1℃ 引起的稳定电压 U_Z 的变化值。通常 $U_Z < 5V$ 时具有负温度系数,$U_Z > 7V$ 时具有正温度系数,$5V < U_Z < 7V$ 时温度系数最小,所以一些精密稳压常取 $U_Z = 6V$ 左右的稳压二极管,并用正温度系数和负温度系数的两种二极管串联组成温度补偿稳压二极管

稳压二极管也叫作齐纳二极管,是因为在小于 5V 的低压击穿中,齐纳击穿占主导地位。在重掺杂的 PN 结中,在反向电压产生的强电场作用下,共价键中的电子脱离共价键的束缚成为自由电子,同时产生空穴,进而形成大的反向电流,因此发生击穿,这种现象是齐纳发现的,故名齐纳击穿。不过在高压击穿中,雪崩击穿占主导地位。PN 结在反向电压产生的强电场作用下,在晶体中运动的电子或空穴获得能量,不断地与晶体原子发生碰撞,这种碰撞使共价键中的电子被激发出来,形成电子—空穴对,这些电子和空穴又从电场中获得新的能量,并通过新的碰撞产生新的电子—空穴对……从而使载流子像雪崩一样急剧增加,形成大的反向电流,这种碰撞电离式的击穿就是雪崩击穿。

注意:*齐纳击穿和雪崩击穿是电击穿,温度过高引起 PN 结的击穿称为热击穿,电击穿是可逆的,而热击穿是不可逆的。*

稳压二极管在稳压电源和限幅电路中获得了广泛应用。但使用时要注意,稳压二极管正偏时导通,特性与普通二极管一样,只有反向运用且所加电压 U_S 大于 U_Z 才能起到稳压作用,并且应加限流稳压电阻 R_S,如图 6.15(b)所示,其阻值须满足下式。

$$I_{Zmin} \leqslant \frac{U_S - U_Z}{R_S} \leqslant I_{Zmax}$$

式中,I_{Zmin} 是稳压二极管能够正常稳压所必需的最小工作电流。

稳压二极管的伏安特性如图 6.16 所示,它通常工作在反向特性曲线的 A 点与 B 点之间。稳压二极管在反向击穿状态时,两端电压变化很小,具有恒压性能,稳压二极管正是利用这一点实现稳压的。稳压二极管工作时,流过它的反向电流在 $I_{min} \sim I_{max}$ 范围内变化,在这个范围内,稳压二极管工作安全且它两端反向电压变化很小。稳压二极管与一般二极管不一样,它的反向击穿是可逆的,当去掉反向电压之后稳压二极管又恢复工作。但是,如果反向电流超过允许范围,稳压二极管将会发生热击穿而损坏。

【例 6-5】 稳压电路如图 6.17 所示,已知稳压二极管参数为:$U_Z = 10V$,$I_Z = 5mA$,$I_{ZM} = 20mA$,负载电阻 $R_L = 2k\Omega$,当输入电压 U_i 由正常值发生 $\pm 20\%$ 的波动时,输出电压 U_o 基本不变,求限流电阻 R 和输入电压 U_i 的正常值。

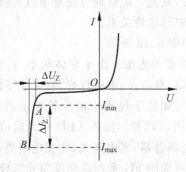

图 6.16　稳压二极管的伏安特性曲线　　图 6.17　例 6-5 电路

解 根据电路可知：

$$(1+20\%)U_i = \left(I_{ZM}+\frac{U_Z}{R_L}\right)R+U_Z = \left(20+\frac{10}{2}\right)R+10$$

$$(1-20\%)U_i = \left(I_Z+\frac{U_Z}{R_L}\right)R+U_Z = \left(5+\frac{10}{2}\right)R+10$$

两式联立可求得限流电阻 R 和输入电压 U_i 的正常值分别为

$$U_i = 18.75\text{V}, \quad R = 500\Omega$$

6.3.2　光电二极管

光电二极管是对光照敏感的二极管。其内部也是一个 PN 结，在反偏状态下，无光照时只有很小的反向饱和电流 I_S，常称暗电流；有光照时，受光激发产生大量电子—空穴对，形成较大的光生电流（简称光电流），且随光照强度的增大而增大，从而将光信号转换成电信号，故又名光敏二极管，是一种远红外接收管。

光电二极管的电路符号如图 6.18 所示。

主要参数：光电流 I_L（最大值数十 μA 量级），暗电流 I_D（数十到数百 nA 量级），此外还有光谱范围、反向电压和最大耗散功率等。

图 6.18　光电二极管的符号

主要用途：微光信号检测、光照强度测量等，广泛用于遥控、报警及光电传感器中，PN 结面积较大时亦可作微型光电池使用。

注意：使用时利用光照获取的是反向电流变化。

6.3.3　发光二极管

发光二极管（LED）是一种能自发辐射紫外光、可见光及红外光的二极管，是一种电致发光器件。其内部是由磷化镓或磷砷化镓等Ⅲ族与Ⅴ族元素的化合物构成的 PN 结，正偏导通时，P 区和 N 区内的电子—空穴对直接复合导致能量释放而发光。光的颜色主要取决于制造材料。砷化镓再加入一些磷可得红色光，磷化镓能级差距大，发射出来的光呈绿色。目前市场上发光二极管主要颜色有红、橙、黄、绿四种。

发光二极管的导通电压比普通二极管高，应用时，加正向电压，并接入相应的限流电阻，它的正常工作电流一般为几毫安至几十毫安，发光二极管通过正常电流后就能发出光来。发光强度在一定范围内与正向电流大小近似呈线性关系。

其电路符号如图 6.19 所示。

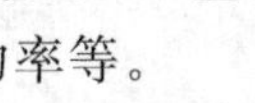

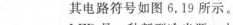

图 6.19　发光二极管的符号

LED 是一种新型冷光源。由于它体积小、功耗小、驱动电压低、抗冲击振动、寿命长、单色性好、响应速度快，广泛用于信息显示电路中，如数字仪表中的字符显示器（7 段数码管、点阵式显示屏等），仪器仪表、家用电器中的指示器等。红外 LED 在光通信系统中作光发射二极管，与光电二极管一起封装构成光电耦合器、光电开关，作光电隔离、遥控设备等。对要求亮度高、光点集中、显示明显的地方可选用 FG 系列高亮度发光二极管。照相机的电子测光显示使用超小型发光二极管。图 6.20 所示是发光二极管和光电二极管的应用举例，图 6.20(b)中电位 $V_a \sim V_g$ 均为低电平时七段都亮，显示"8"；若 V_g 为高电平其他均为低电平时则显示"0"……

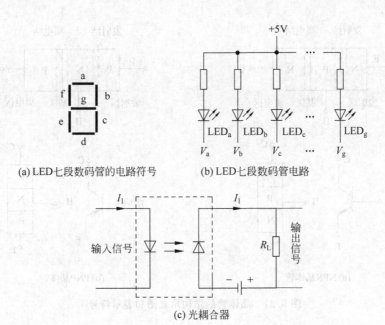

(a) LED七段数码管的电路符号　　　　(b) LED七段数码管电路

(c) 光耦合器

图 6.20　发光二极管和光电二极管应用举例

6.4　晶体三极管

6.4.1　晶体三极管基本结构

晶体三极管简称为晶体管或三极管。晶体管的种类很多,按工作频率分,有低频管和高频管;按功率分,有小功率管和大功率管;按制作的材料分,有硅管和锗管;按使用的用途分,有开关管和放大管。无论是哪一种晶体管,其内部结构基本相同,都是在一块半导体的基片上制作出两个互成反向的 PN 结。两个 PN 结将基片分成三个区,从三个区上引出三根电极引线,封装在管壳内,就构成了晶体三极管。

根据晶体管内 PN 结的组合方式不同,三极管分为 NPN 三极管和 PNP 三极管,如图 6.21 所示。图 6.21 中还分别给出了它们的图形符号。晶体管有三个电极,即发射极、基极和集电极,分别用字母符号 E、B、C 来表示。与发射极相连的一层半导体,称为发射区;与集电极相连的一层半导体称为集电区;与基极相连的、在发射区和集电区中间的一层半导体,称为基区,它与两侧的发射区和集电区相比要薄得多,而且杂质浓度很低,因而多数载流子很少。发射区和基区之间的 PN 结,称为发射结;集电区和基区之间的 PN 结称为集电结。

大多数的 NPN 三极管是硅管。由于硅三极管的温度特性较好,应用也较多,而锗管几乎全是 PNP 型的。下面以 NPN 三极管为例进行分析,这些结论对于 PNP 三极管同样适用,仅在使用时注意电源极性的连接。

为了便于大家理解晶体三极管的结构,首先从一个 PN 结(发射结 E 结)介绍。如图 6.22(a)所示,PN 结引出引线,加上正电压 U_{BB},为了防止电流过大串入一个限流电阻

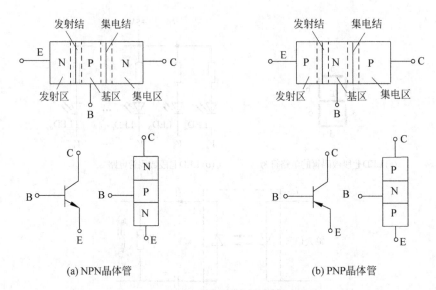

图 6.21   晶体管的结构示意图和表示符号

R_B，在电压 U_{BB} 的作用下，P 区的空穴将自上而下，N 区的电子会自下而上，返回电源形成电流回路。显然，这就是一个简单的二极管电路，是二极管正偏导通时的状态。

在 P 区的上侧再加一个 N 型半导体层形成 3 区 2 结结构，这就是一个 NPN 晶体管，如图 6.22(b) 所示。三个半导体层自上而下分别称为集电区、基区、发射区，构成的两个 PN 节分别称为集电结（C 结）和发射结（E 结）。同样地，在 C 结上加上电压如 U_{CC}，同 U_{BB} 类似，电压极性也是上正下负，如图 6.22(b) 所示。注意，C 结是反偏的（N 正 P 负）。通常反偏的 PN 结是不会导通的，然而，如果 P 区很薄且掺杂很轻，在 E 结正偏时，由 N^+ 区注入 P 区的电子进入 P 区后尚未来得及返回电源，即会被拥到 C 结边界（P 区很薄易于到达 C 结边界，掺杂很轻不易碰上空穴被复合）；又因此时 C 结是反偏的，U_{CC} 在 C 结上形成外电场，其方向自上而下，有利于电子向上方运动，所以到达 C 结边界的电子立即被此电场一拉而过进入 N 区，并经 N 区到达外线，形成外线电流 I_C。若 U_{BB} 增大，由 N^+ 区注入 P 区的电子增加，被反向电场拉过去的电子就增多，电流 I_C 增大；相反地，U_{BB} 减小，I_C 减小。如果在 I_C 回路中串入一个负载，如微小灯泡之类，如图 6.22(b) 中的电阻元件 R_C 所示，则灯泡会因流过电流而发光，并且其亮度会随着 U_{BB} 的变化而变化，可见，这是一个可以受控的器件，这就是晶体管根据晶体管的 N-P-N 结构，称其为 NPN 晶体管。晶体管实际上是一个电流控制器件。

由图 6.22(b) 可见，晶体管是一个 3 区 2 结器件，其中 N^+ 区是重掺杂的半导体层，主要功能是发射电子，称为发射区，同其相连的引线称为发射极，常用字母 E(Emitter) 表示；P 区称为基区，同其相连的引线称为基极，常用 B(Base) 表示；N 区为收集区，主要功能是收集电子，同其相连的引线称为集电极，用 C(Collector) 表示，共有三个电极，所以叫作三极管。因为 NPN 晶体管的多数载流子是电子，但也有少量空穴参与导电，所以是双极型器件，故称双极型结型晶体管，简称为 BJT(Bipolar Junction Transistor)。

NPN 晶体管的电路符号如图 6.22(c) 所示。如果图 6.22(b) 中的晶体管用其电路符

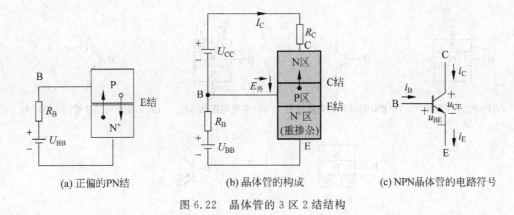

(a) 正偏的PN结　　　　　　(b) 晶体管的构成　　　　　(c) NPN晶体管的电路符号

图 6.22　晶体管的 3 区 2 结结构

号表示则如图 6.23(a)所示。从图 6.23(a)可见，如果以晶体管的发射极 E 为参考点(即地)，图中电源 U_{CC} 的"＋"端到地的电位只比电压 U_{CC} 多一个 E 结电压 0.7V 左右，所以，如果改画成图 6.23(b)的形式，并且只要 U_{BB} 极性为上正下负，使 E 结正偏，发射极就会发射电子($I_E \neq 0$)；只要 U_{CC} 极性仍为上正下负，使 C 结反偏，集电极就会收集电子($I_C \neq 0$)，I_C 就会在 R_C 上产生压降；假如 U_{BB} 变化，则 I_E 变化，I_C 也跟着变化，R_C 上的压降同时变化，从而可在 R_C 上得到一个与 U_{BB} 变化规律相同的电压；假定 R_C 的值很大，则 R_C 上的电压变化就会很大，甚至远远大于 U_{BB} 的变化，从而实现了"放大"。

　　为了方便，图 6.23(b)电路常画成图 6.23(c)的形式。图 6.23(c)中已将 U_{BB} 的变化部分用 u_i 表示，常称为交流信号。实际上，u_i 就是待放大的输入信号，如话筒输出的语音电压信号等。R_C 上的信号就是输出信号，所以，基极回路 $U_{BB} \rightarrow u_i \rightarrow R_B \rightarrow B \rightarrow E \rightarrow U_{BB}$ 称为输入回路，集电极回路 $U_{CC} \rightarrow R_C \rightarrow C \rightarrow E \rightarrow U_{CC}$ 称为输出回路。我们注意到，输入回路和输出回路都以发射极为共同参考端，所以这种电路连接方式叫作共发射极电路。

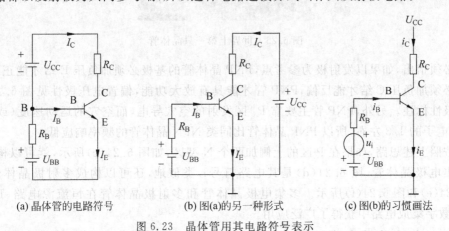

(a) 晶体管的电路符号　　　　(b) 图(a)的另一种形式　　　　(c) 图(b)的习惯画法

图 6.23　晶体管用其电路符号表示

　　在图 6.22(a)中，如果不在 P 区上侧加另一个 N 区，而在 N 区下侧加另一个 P 区，则构成一种 P-N-P 结构器件，如图 6.24(a)所示，称为 PNP 晶体管，其电路符号如图 6.24(b)所示。世界上第一只晶体管是锗 PNP 晶体管，原形照片如图 6.25 所示(图 6.25 中的晶体管为点接触式结构，现在常用的如图 6.24(a)所示，是面接触式的)。

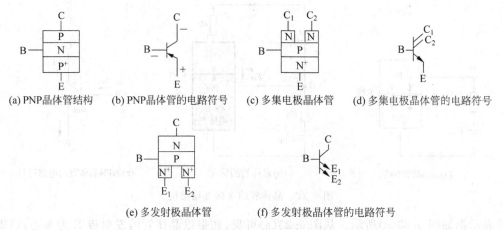

(a) PNP晶体管结构　　(b) PNP晶体管的电路符号　　(c) 多集电极晶体管　　(d) 多集电极晶体管的电路符号

(e) 多发射极晶体管　　　(f) 多发射极晶体管的电路符号

图 6.24　晶体管结构及其电路符号

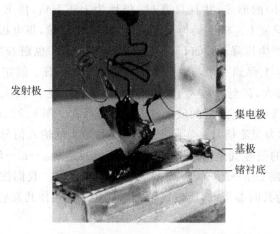

发射极

集电极

基极

锗衬底

图 6.25　世界上第一只晶体管

必须指出,如果以发射极为参考点,PNP 晶体管的基极必须加负压 E 结才能正偏,集电极必须加负压 C 结才能反偏,PNP 管才能具有放大功能,偏置电压极性见图 6.24(b)上的极性标注。另外,PNP 管主要靠 P$^+$ 区发射的空穴导电,而空穴的运动速度(或迁移率)是电子的 1/3 左右,所以 PNP 晶体管比同类 NPN 晶体管的频率响应低。

按照上述思路,如果在 P 区的上侧加两个 N 型区,如图 6.24(c)所示,就可以构成一个多集电极晶体管,图 6.24(d)是其电路符号;类似地,还可以构成多射极晶体管,如图 6.24(e)和图 6.24(f)所示。多集电极晶体管和多射极晶体管在恒流源电路、I^{2}L 和 TTL 数字集成电路中获得了广泛应用。

6.4.2　电流分配和电流放大原理

根据 6.4.1 小节晶体管结构原理可知,为了使三极管具有电流放大作用,必须使发射结正向偏置,集电结反向偏置($U_C \gg U_B$),如图 6.26 所示。

由于发射结正向偏置,发射区的多数载流子(自由电子)不断地扩散到基区,形成发射极电流 I_E。基区的多数载流子(空穴)也要向发射区扩散,但由于基区的空穴浓度比发射

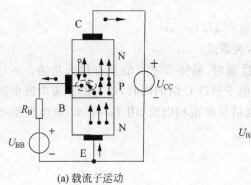
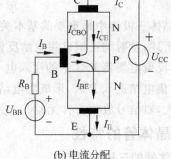

(a) 载流子运动   (b) 电流分配

图 6.26 晶体管中的电流

区的自由电子的浓度小得多,因此空穴电流很小,可以忽略不计。

当自由电子到达基区以后,由于靠近发射结的电子很多,靠近集电结的电子很少,形成浓度上的差异。因此,在强大的外电场的作用下,扩散到基区的自由电子绝大部分穿过集电结流向集电极,从而形成电流 I_{CE},它基本上等于集电极电流 I_C。只有极少部分电子与基区中的空穴复合,形成了基极电流 I_B。三个电极的电流满足

$$I_E = I_C + I_B$$

且 I_B 与 I_E、I_C 相比小得多。实验表明,I_C 比 I_B 大数十至数百倍,因而有 $I_E \approx I_C$。I_B 虽然很小,但对 I_C 有控制作用,I_C 随 I_B 的改变而改变,即基极电流较小的变化可以引起集电极电流较大的变化。这就是三极管的电流放大作用,也就是基极电流对集电极电流的控制作用。发射结正向偏置、集电结反向偏置是三极管实现电流放大的外部条件,而内部条件是其结构上的特点——基区很薄且杂质浓度远低于发射区。

人们往往希望用小的输入控制大的输出,或者用小的输入产生或得到大的、变化相同的输出,这就是"放大"的概念。在晶体管中,基极电流 I_B 越小,产生的集电极电流输出 I_C 越大,则说明晶体管的放大性能越好,常用 $\bar{\beta}$ 来表示。

$$\bar{\beta} = \frac{I_C}{I_B} \tag{6-5}$$

$\bar{\beta}$ 称为共射极直流电流放大倍数,俗称直流 $\bar{\beta}$。实际上,最常用的是其增量比,即变化部分的比值。

$$\beta = \frac{\Delta I_C}{\Delta I_B} \tag{6-6}$$

β 称为交流电流放大倍数,俗称交流 β,或简称 β。

有时也用 α 表示集电极的收集能力。

$$\alpha = \frac{\Delta I_C}{\Delta I_E}$$

α 称为共基极电流放大系数。显然,α 越大,说明集电极的收集能力越强,但 α 恒小于 1,可以证明

$$\alpha = \beta/(1 + \beta)$$

或

$$\beta = \alpha/(1-\alpha)$$

这些都是晶体三极管中最重要的基本关系式。

综上所述,发射结正偏且集电结反偏时,晶体管才可能具有放大功能。不过,集电结反偏时,其反偏电场将 P 区中的注入电子拉过 C 结的同时,还有助于集电区中的少子(空穴)"漂"过集电结进入 P 区,形成集电结反向饱和电流,用 I_{CBO} 表示,该电流很小,但受温度影响很大,对信号放大有害无益。

6.4.3　晶体管的特性

1. 晶体管的三种电路组态

晶体管有三个电极,在接成应用电路时,常用其中一个作输入端,一个作输出端,第三个电极作公共参考端,从而出现以发射极为公共参考端的共发射极电路,简称 CE(Common Emitter)电路;以基极为公共参考端的共基极电路,简称 CB(Common Base)电路;以集电极为公共参考端的共集电极电路,简称 CC(Common Collector)电路。由于集电极不能作输入端,基极不能作输出端,所以共有三种实用的电路组态,如图 6.27 所示。

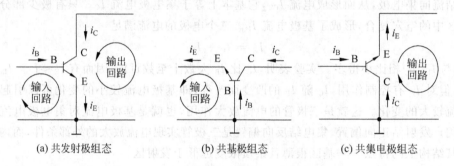

(a) 共发射极组态　　　　(b) 共基极组态　　　　(c) 共集电极组态

图 6.27　晶体管的三种电路组态

其中,共基极电路的优点是频率响应高,主要用于高频、宽带前置放大,将在高频电子线路中介绍;共集电极电路的优点是输入电阻大、输出电阻小、频率响应好,常用于级间隔离,高阻抗输入级或输出驱动级;共发射极电路的优点是放大倍数大,所以应用最广泛。下面主要介绍共发射极组态的晶体管特性。

2. 晶体管的伏安特性

晶体管的伏安特性是指晶体管各电极的电压与其电流之间的关系特性。由于晶体管同二极管一样也是一种非线性器件,所以其特性常用曲线来描述。晶体管的伏安特性主要是输入伏安特性和输出伏安特性。

1) 输入伏安特性

共射组态晶体管的输入伏安特性是指晶体管的基—射电压 u_{BE} 与其产生的基极电流 i_B 之间的关系特性,即 i_B-u_{BE} 特性。

$$i_B = f(u_{BE}) \mid U_{CE} = 常数$$

因为基极 B 与发射极 E 之间实则是一个二极管,所以输入特性曲线就是二极管的伏安特性曲线,只是在不同的 U_{CE} 下输入特性曲线在横坐标上的位置稍有变化而已,如

图 6.28(a)所示。U_{CE}升高时,集电结反偏增强,在同样的 u_{BE} 下(即 i_E 不变),被集电结上的反向电场拉到集电区内的电子增多(即 i_C 增大),流到基极的电流 i_B 因此而减少,所以曲线会随 U_{CE} 升高而右移。不过,随着 U_{CE} 的升高,注入基区的电子能被集电结上的反向电场及时拉到集电区,反向电场再强也无多余电子可拉,故 i_C 不再增大,i_B 不再减小,右移现象逐渐消失,当 $U_{CE} > 1V$ 以后所有曲线都同 $U_{CE} = 1V$ 时的曲线相近。

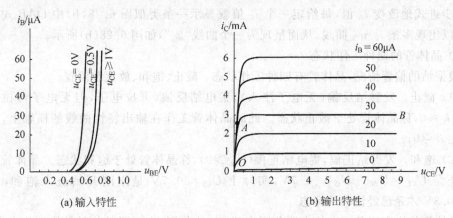

(a) 输入特性 (b) 输出特性

图 6.28 共射组态晶体管的伏安特性例

2) 输出伏安特性

共射组态晶体管的输出伏安特性即集电极电流 i_C 随集—射电压 u_{CE} 的变化特性。

$$i_C = f(u_{CE}) \mid I_B = 常数$$

一个电流放大倍数 $\beta \approx 100$ 的晶体管输出特性曲线如图 6.28(b)所示。曲线形状说明如下。

(1) $i_B = 0$ 时,$i_C = 0$,晶体管截止。

$i_B = 0$,说明发射结处于零偏或反偏,即发射极没有电子注入,所以 u_{CE} 无论为何值,形成的反向电场有多强都无电子可拉,故 $i_C = 0$,这就是横坐标轴线。此时称晶体管处于截止状态(严格地说,晶体管截止时,集—射之间还会有漏电流,常称为穿透电流,或称集—射反向饱和电流,用 I_{CEO} 表示,与温度有关),如图 6.28(b)所示。

(2) $i_B \neq 0$,比如 $i_B = 30\mu A$ 时,$i_C \neq 0$。

当 $i_B \neq 0$ 但 $u_{CE} = 0$ 时,发射极虽有电子注入基区,因无反电场吸引电子,所以仍然没有集电极电流,$i_C = 0$,即所有曲线都通过坐标原点 $O(u_{CE} = 0, i_C = 0)$。

当 $i_B \neq 0$ 且 $u_{CE} \neq 0$ 时,此时既有电子注入又有反向电场吸引电子,所以 $i_C \neq 0$;并且,u_{CE}升高,反向电场增强,拉过去的电子增多,因此 i_C 增大,即 i_C 随 u_{CE} 的增大逐渐增大,这就是图 6.28(b)曲线中的 OA 段——这个区域由于注入电子有多,拉动电子能力有限,故常称为"饱和"区。

当 u_{CE} 增大到一定程度后,因 $i_B = 30\mu A$ 不变,单位时间内注入的电子数不变,所有电子都能在单位时间内被拉光,即使 u_{CE} 再增大,反向电场再增强,已无更多的电子可拉,故 i_C 将基本保持不变,如图 6.28(b)曲线中的 AB 段——这个区域注入电子数与拉动的电子数成比例关系,常称为线性放大区。因此 $i_B = 30\mu A$ 时的 i_C-u_{CE} 曲线如图 6.28(b)中

的曲线 OAB 所示。

(3) 如果 i_B 再增大,比如 $i_B = 40\mu A$ 时,由于 i_B 增大,单位时间内注入的电子增多,在同样的 u_{CE} 下拉过集电结的电子增多,故 i_C 增大,这就是图 6.28(b)中标注"$40\mu A$"的曲线。

其他情况雷同。必须指出,晶体管与晶体管之间的输出特性曲线差异很大,即具有很大的离散性,实际的特性曲线是在晶体管图示仪上逐个测量出来的。测量中,图示仪会自动地、步进式地改变 i_B 值,每给定一个 i_B 值就显示一条类似图 6.28(b)中 OAB 式的曲线,所以出现多条 i_C-u_{CE} 曲线,从而呈现为一个曲线"族",如图 6.28(b)所示。

3) 晶体管的四种工作状态

根据结的偏置情况,晶体管有四种工作状态:截止、饱和、放大和倒置。

(1) 截止。发射结反偏(无电子注入),集电结反偏(可拉电子,但无电子可拉),即 $i_B \approx 0$,$i_C \approx 0$,称晶体管处于截止状态。此时晶体管工作在输出特性曲线的横轴上,因为横轴上 $i_C = 0$。

(2) 饱和。发射结正偏,集电结正偏($U_{BC} > 0$),称晶体管处于饱和状态。晶体管饱和的特征是 $U_{CE} = U_{BE} - U_{BC} < 0.7V$,实际上 $U_{CE} < 0.7V$ 是刚刚开始进入饱和,一般 $U_{CE} \leqslant 0.3V$ 才是已经饱和的标志。

晶体管的饱和现象可以从电路角度来理解:比如图 6.29 所示共射晶体管放大电路,由其集电极输出回路可得

$$V_{CC} = R_C i_C + u_{CE}$$

即
$$u_{CE} = V_{CC} - R_C i_C \qquad\qquad (6\text{-}7)$$

由式(6-7)可见,当输入 i_B 增大时,i_C 增大,则 u_{CE} 减小;如果 i_B 再增大,则 i_C 继续增大,u_{CE} 继续减小……但 i_C 不可能无限制地增大下去,因为 u_{CE} 不可能无限地减小。在极限情况下,u_{CE} 减小 0(实际上是不可能的),则最大 $i_C = V_{CC}/R_C$;假若此时继续增大 i_B,则 i_C 不可能再随着 i_B 的增大而增大,这种现象就叫作"饱和"。

饱和现象也可以从晶体管的内部机理来理解:u_{CE} 较小时,反向电场的拉力不足,发射结上反向电场在单位时间内拉过去的电子有限,当输入 i_B 增加到较大时,发射极注入基区的电子较多,由于注入的电子太多来不及搬运到集电区,一些"过剩"的电子就会滞留在发射结边界直至填充到发射结中,从而使发射结因充满载流子而变为导通,即正偏。

晶体管饱和时,相当于工作在输出伏安特性曲线 i_C 随 u_{CE} 线性上升段,即靠近纵轴部分,在图 6.28(b)中,在 $i_B = 30\mu A$ 时,OA 段即为饱和区。

(3) 放大。发射结正偏(有电子发射),集电结反偏(可收集电子),集电极电流随发射极电流(亦即基极电流)的变化而比例变化,即 $\Delta I_C \propto \Delta I_B$,称晶体管处于放大状态。此时晶体管工作在 i_C-u_{CE} 曲线除横轴(截止区)和饱和区以外的区内,工作在中间区域放大线性度最好。

(4) 倒置。发射结反偏,集电结正偏,称晶体管处于倒置状态,如图 6.30(a)所示,通俗地说就是,晶体管的集电极当发射极用,发射极当集电极用。

因为晶体管在结构上有对称性,正向运用同反向运用(即倒置)一样都是 N-P-N 结构,所以倒置状态下也有电流放大倍数,常用 β_R 表示,俗称倒 β。但是,由于发射区是重掺杂的,集电区是轻掺杂的,所以在性能上晶体管是不对称的,倒 β 很小,而且希望越小越好。

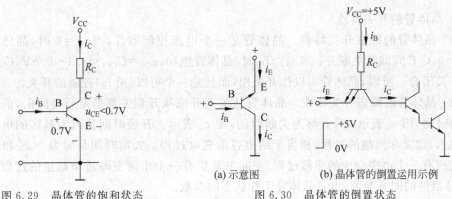

图 6.29　晶体管的饱和状态　　　　图 6.30　晶体管的倒置状态

在模拟电路中,晶体管主要工作在放大状态;在数字电路中,主要工作在截止和饱和状态中。倒置状态很少应用,主要在电路分析中有时会遇到,例如图 6.30(b)是在 TTL 数字集成电路中遇到的情况:当输入信号为高电平 5V 时,多射极晶体管的发射极(二射极并联后相当于一个普通晶体管)为高电平,集电极为低电平(0V),基极电流流向集电极,此时发射极相当于"集电极",集电极相当于"发射极",这是倒置运用的典型范例。

晶体管的工作状态汇总在表 6-2 中,表中给出了放大、截止和饱和三种工作状态的条件、特点、结电压以及相应的工作点位置。同二极管类似,晶体管在伏安特性曲线上的工作位置称为工作点,也用 Q 表示,它是负载线同给定基极电流(如上述的 $I_B = 30\mu A$)对应的那条伏安特性曲线的交点,没有交变输入信号时的工作点称为静态工作点或直流工作点。对于图 6.29 所示的电路,由其集电极回路方程式(6-7)可得

$$i_C = \frac{V_{CC}}{R_C} - \frac{u_{CE}}{R_C}$$

上式称为晶体管的负载线方程,这是一条斜率为 $-1/R_C$ 的直线,称为负载线。表 6-2 中 I_{BS} 和 I_{CS} 是晶体管刚好饱和时的基极电流与集电极电流,称为临界饱和基极电流和临界饱和集电极电流。

表 6-2　晶体管的三种工作状态

工作状态	截　　止	放　　大	饱　　和
条件	E 结反偏,C 结反偏	E 结正偏,C 结反偏	E 结正偏,C 结正偏,即 $I_B \geqslant I_{BS} = V_{CC}/(\beta R_C)$
特点	$I_B \approx 0, I_C \approx 0$(C、E 间似开路)	$\Delta I_C \approx \beta \Delta I_B$	$I_C = I_{CS} = V_{CC}/R_C$
U_{BE}	$<0.5V$	$0.5 \sim 0.7V$	$0.7 \sim 0.8V$
U_{CE}	V_{CC}	$0.3 \sim V_{CC}$ (C、E 间似可变电阻)	$U_{CE} = U_{CES} = 0.1 \sim 0.3V$ (C、E 间似短路)
静态工作点位置			

4) 晶体管的开关特性

(1) 晶体管的稳态开关特性。晶体管是一个电流控制器件,当 $i_B=0$ 时,晶体管截止,$i_C≈0$,C-E 间似开关断开;当 $i_B≥I_{BS}$ 时,晶体管饱和,$u_{CE}=U_{CES}=0.1～0.3V$,C,E 之间似开关闭合。所以,晶体管可以作开关用,而且是一个可以(用 i_B)控制的开关。

(2) 晶体管的瞬态开关特性。晶体管从关到开或从开到关都是需要时间的,前者称为开通时间,用 t_{on} 表示;后者称为关断时间,用 t_{off} 表示。开通时间是因为基区的电荷有一个注入、建立和渡越的过程,相当于结电容的充电过程。关断时间是因为 N 区和 P 区内的电荷有一个由多变少的驱散过程,空间电荷层有一个由薄变厚进而截止的过程。t_{on} 和 t_{off} 是器件的固有参数,也是晶体管工作状态的参数。

晶体管的开关特性,在数字电路中具有重要意义。

【例 6-6】 晶体管电路如图 6.31(a)所示(习惯画法见图 6.31(b)),当输入 U_I 分别为 0.2V、2V 和 5V 时,判断晶体管的工作状态。其中 $R_C=2kΩ$,$R_B=100kΩ$,$U_{CC}=5V$,设晶体管 $β=100$。

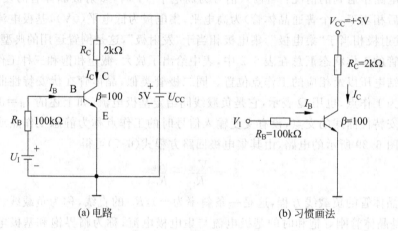

(a) 电路   (b) 习惯画法

图 6.31   例 6-6 电路

解   (1) $U_I=0.2V$ 时,由于 $U_I=0.2V<0.5V$,BE 结不导通,所以晶体管截止。

(2) $U_I=2V$ 时。①(判断晶体管是否导通)由于 $U_I=2V>0.5V$,所以,晶体管导通。

②(判断晶体管是否饱和)晶体管导通后,$U_{BE}=0.5～0.7V$,饱和时 $U_{BE}=U_{BES}≈0.7V$,所以基极电流 I_B 为

$$I_B = \frac{U_I - U_{BE}}{R_B}$$

$$= \frac{2-0.7}{100} = 0.013(mA)$$

晶体管集电极临界饱和电流 I_{CS} 为

$$I_{CS} = \frac{U_{CC} - U_{CES}}{R_C} = \frac{5-0.2}{2} = 2.4(mA)$$

晶体管基极临界饱和电流 I_{BS} 为

$$I_{BS} = \frac{I_{CS}}{β} = \frac{2.4}{100} = 0.024(mA)$$

因为 $I_B=0.013\text{mA}<I_{BS}=0.024\text{mA}$，所以晶体管处于放大状态，其工作点参数为

$$I_{CQ}=\beta I_B=1.3\text{mA}$$

$$U_{CEQ}=U_{CC}-I_C R_C=5-1.3\times2=2.4(\text{V})$$

（3）$U_I=5\text{V}$ 时，晶体管肯定导通。晶体管的基极电流 I_B 为

$$I_B=\frac{5-0.7}{100}=0.043(\text{mA})$$

$$I_B>I_{BS}=0.024\text{mA}$$

所以，晶体管饱和。

6.4.4　晶体管的参数

晶体管的参数是晶体管性能优劣的表征，是晶体管使用条件的要求，所以是设计电路时选用器件的主要依据。在半导体器件手册上，主要给出以下晶体管参数。

（1）集电极最大允许电流 I_{CM}。随着 i_C 的不断增大，晶体管的 β 值将逐渐减小（晶体管输出特性的非线性），当 β 下降到正常值的 2/3 时的 i_C 值称为集电极最大允许电流 I_{CM}。但 $i_C>I_{CM}$ 时，只要功耗不超过 P_{CM}，则晶体管不会损坏。根据晶体管的型号不同，I_{CM} 有几十毫安到几百安多种规格，图 6.32 所示晶体管的 I_{CM} 为 60mA。

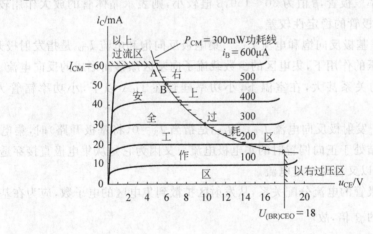

图 6.32　晶体管的安全工作区

（2）最大耗散功率 P_{CM}。P_{CM} 是集电结所能容许的最大功耗，是晶体管的工作电流 I_C 与晶体管两端的压降 U_{CE} 的乘积，即 $P_{CM}=I_C U_{CE}$。在输出伏安特性曲线上它是一条曲线，一个示例给出在图 6.32 中。图 6.32 中是一条 $P_{CM}=300\text{mW}$ 的功率线，是如下画出的：设管压降 U_{CE} 等于某个值，比如 $U_{CE}=5\text{V}$，则功耗不超过 300mW 的集电极电流 $I_C=300/5=60\text{mA}$，从而得点 A；再设一个管压降 U_{CE}，比如 $U_{CE}=6\text{V}$，得 $I_C=300/6=50\text{mA}$，则得点 B……显然，此曲线以上是"过耗区"。当晶体管的功耗超过其 P_{CM} 时，晶体管就会过热，性能就会下降，甚至烧毁。根据需要，晶体管的 P_{CM} 可从几十毫瓦到数千瓦多种规格中选用。

（3）反向击穿电压 $U_{(BR)}$。晶体管有 3 个电极，任意两个极间至少有一个 PN 结，因此任意两极之间加的反向电压超过额定值，都会造成 PN 结的损坏，而任意一个 PN 结损坏

都会造成管子的彻底报废。所以选用反向击穿电压满足要求的晶体管是至关重要的。

① $U_{(BR)CBO}$。发射极开路,集—基间的反向击穿电压,几十到几千伏。

② $U_{(BR)CEO}$。基极开路,集—射间的反向击穿电压,一般小于 $U_{(BR)CBO}$,晶体管电路的电源电压不得大于该值。I_{CM}、P_{CM} 和 $U_{(BR)CEO}$ 三条极限参数曲线与坐标轴所包围的区域内,如图 6.32 所示,既不过压,不过流,也不过耗,故称为晶体管的安全工作区。由此得出结论:要选用极限参数符合要求的晶体管,并将工作点设置在安全工作区内。

③ $U_{(BR)EBO}$。集电极开路,射—基间的反向击穿电压。一般只有 3～5V,所以发射结是最容易损坏的。因此,许多集成电路的额定电源电压限制在 3～5V,即使晶体管引脚误插误用也不一定会损坏晶体管。

(4) 直流电流放大倍数 $\bar{\beta}(h_{FE})$ 和交流电流放大倍数 $\beta(h_{fe})$。直流电流放大倍数又称为共发射极静态电流放大系数,用符号 h_{FE} 表示。交流电流放大系数又称为共发射极小信号电流放大系数,用符号 h_{fe} 表示。

虽然动态电流放大系数 β 与静态电流放大系数 $\bar{\beta}$ 的含义不同。但是两者数值接近,所以在工程计算中,可以不作严格的区分。

常用的小功率三极管,β 值为 30～150,β 值较小,则表示晶体管的放大作用较弱;反之 β 值过大,则三极管的稳定性较差。

(5) 集电极—基极反向饱和电流 I_{CBO}。集电极反向饱和电流 I_{CBO} 是指发射极开路时,集电结在反向电压的作用下,集电区的少数载流子向基区漂移而形成的反向电流。

I_{CBO} 与温度的关系甚大,在室温下,小功率硅管在 $1\mu A$ 以下,小功率锗管为 $10\mu A$ 左右。

(6) 集电极—发射极反向电流 I_{CEO}。I_{CEO} 是指当 $I_B=0$(将基极开路)时,集电结处于反向偏置和发射结处于正向偏置时的集电极电流。又因为它是从集电极直接穿透晶体管而到达发射极,所以又称为穿透电流。

根据晶体三极管的电流分配关系,从发射区扩散到集电区的电子数,应为在基区与空穴复合的电子数的 $\bar{\beta}$ 倍,故

$$I_{CEO} = \beta I_{CBO} + I_{CBO} = (1+\beta)I_{CBO}$$

集电极电流 I_C 为

$$I_C = \beta I_B + I_{CEO}$$

穿透电流 I_{CEO} 表示晶体管截止性能的好坏,通常对小功率晶体管来说,硅管为微安级,锗管为数十至数百微安。

另外还有一些参数,如开关晶体管,手册上还会给出 t_r(上升时间)、t_d(延迟时间)、t_s(存储时间)和 t_f(下降时间)和结电容等参数。

国产三极管型号用数字 3 开头,后跟器件材料和器件类型的拼音字母,最后是器件编号。例如,3DG120,其中 D 是硅材料 NPN 管之意,G 是高频小功率管,数字 120 是器件编号。国外则用数字 2 开头,表示是 2 结器件,如 2N3836 等,其中 N 是材料和极性,3836是编号。因为晶体管有多种用途,所以有多种型号系列,如有低频小功率管(如 3AX、3DX 等),低频大功率管(如 3AD、3DD 等),高频小功率管(如 3AG、3DG、3CG 等,C 表示

硅 PNP)、高频大功率管(如 3DA 等)、开关晶体管(如 3AK、3DK、3CK)等。封装也有多种,部分示例如图 6.33 所示。

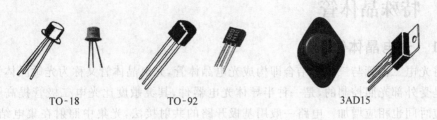

TO-18　　　　　　TO-92　　　　　　　　3AD15

图 6.33　晶体管的封装示例

注:3DG100——金属封装 TO-18;9013——塑料封装 TO-92;大功率管 3DA15——外壳为集电极及中功率管可用螺丝固定在散热片上。

6.4.5　晶体管的简单应用举例

如前所述,晶体管可以用来放大信号,还可以用作开关,控制电流、电压的通断、组成逻辑电路等,是一种十分重要的有源器件。下面仅以图 6.34 所示简单电路为例,说明晶体管的应用,以增加对晶体管电路的感性认识。

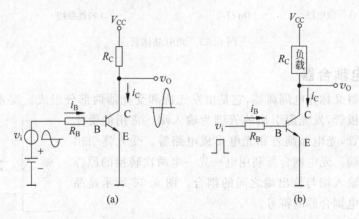

图 6.34　晶体管简单应用示例

图 6.34(a)是一个小信号反相放大电路。当晶体管偏置在线性放大区时,输入电压 v_i 变化,基极电流 i_B 就会变化,比如 v_i 为正半周,v_i 增大,则 i_B 增大,进而 i_C 增大,使 R_C 上的压降 $i_C R_C$ 增大,从而输出电压 $v_O = V_{CC} - i_C R_C$ 下降。相反地,当 v_i 为负半周时,则 i_B 减小,i_C 减小,R_C 上的压降 $i_C R_C$ 减小,从而输出 v_O 上升,所以输出信号与输入信号总是反相的(参见图 6.34(a)中输出信号波形与输入信号波形):输入增大,输出减小;输入减小,输出增大。并且,只要晶体管的 β 值和电阻 R_C 足够大,则 v_O 的变化量总比 v_i 大得多,故称反相放大器。当然这不是一个实用的放大电路。

图 6.34(b)是一个晶体管开关电路,当输入 v_i 为高电平时,如 $v_i = V_{CC}$,并且 $R_B/R_C < \beta$,则晶体管饱和,$v_O = U_{CE(sat)}$,$i_C = [V_{CC} - U_{CE(sat)}]/R_C$;如果负载是一只 LED 灯泡,则 LED 就会发光;如果负载是一个电动机,则电动机就会转动。当输入 v_i 为低电平时,如 $v_i < U_{BE} = 0.7V$,则 $i_B = 0$,$i_C = 0$,晶体管截止,负载上将无电流流过,则 LED 就会灯灭,电动机就会

停转。

6.5 特殊晶体管

6.5.1 光电晶体管

将光电二极管与三极管结合即构成光电晶体管,光电晶体管又称为光敏晶体管,它的电流是受外部光照控制的,是一种半导体光电器件,其灵敏度比光电二极管提高了 β 倍,但响应时间也相应增加。电路一般用基极开路的共射接法,光集中照射在集电结附近的区域,如图 6.35(a)所示。光电晶体管的符号和特性曲线如图 6.35(b)和图 6.35(c)所示。

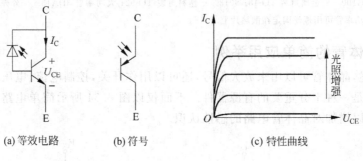

(a) 等效电路　　(b) 符号　　　　　　(c) 特性曲线

图 6.35　光电晶体管

6.5.2 光电耦合器

光电耦合器又称光电隔离器,它是由发光源和受光器两部分组成。发光源常用砷化镓红外发光二极管,发光源引出的管脚为输入端。常用的受光器有光电晶体管,光电晶闸管和光电集成电路等。受光器引出的管脚为输出端。光电耦合器利用电—光—电两次转换的原理通过光进行了输入端与输出端之间的耦合。图 6.36 所示是晶体管输出型光电耦合器的符号。

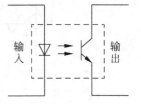

图 6.36　光耦合器

光电耦合器输入、输出之间具有很高的绝缘电阻,可以达到 $10^{10}\,\Omega$ 以上,输入与输出间能承受 2000V 以上的耐压,信号单向传输而无反馈影响。具有抗干扰能力强、响应速度快(一般为 μs 数量级)、工作可靠等优点,因而用途广泛。如在高压开关、信号隔离转换、电平匹配等电路中,起信号传输和隔离作用。

6.6 MOS 绝缘栅场效应管

场效应晶体管(Field-Effect Transistor, FET),有 MOS 场效应管(Metal Oxide Semiconductor FET, MOSFET)和结型场效应管(Junction FET, JFET)两种。MOS 场效应管,曾在20世纪七八十年代带来第二次电子革命,开创了大规模和超大规模集成电路的新纪元。场效应管是一种电压控制型器件,它具有输入电阻大(可达 $10^9\sim10^{14}\,\Omega$,而晶体管的输入电阻仅 $10^2\sim10^4\,\Omega$)、噪声低、热稳定性好、抗辐射能力强、耗电省等优点。因此这类器件被广泛应用于各种电子电路中。

绝缘栅型场效应管的性能优越,制造工艺简单,便于集成化,无论在分立元件还是在集成电路中,其应用范围远胜于 JFET,故本书只介绍 MOS 绝缘栅场效应管。

6.6.1 NMOS 场效应管的结构及工作原理

MOS 场效应管有增强型和耗尽型两大类,每一类有 N 沟道和 P 沟道两种导电类型。场效应管有三个电极:D(Drain)漏极、S(Source)源极和 G(Gate)栅极,分别相当于双极型三极管的集电极、发射极和基极。

本小节首先讨论 N 沟道增强型 MOS 场效应管,然后再将其他几种类型的 MOS 器件作简单比较说明其各自的特点。

1. NMOS 场效应管的构成原理

(1) 在一块轻掺杂的 P 型半导体(常称为衬底)上,扩散上两块重掺杂的 N^+ 型半导体,蒸铝并引出两条电极引线,一条令其为 D,一条令其为 S,如果在两根引线之间加电压 U_{DS},D 为正(+)、S 为负(−),如图 6.37(a)所示,则是不会导电的,因为 D、S 间是两个背靠背的 PN 结。

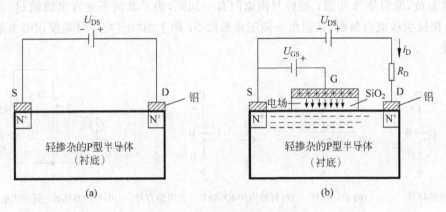

图 6.37 NMOS 场效应管的构成

(2) 如果在两个 N^+ 间的 P 型半导体上氧化一层二氧化硅(SiO_2),蒸铝并引出第三根电极引线 G,G 悬空或在 G-S 间加电压 $U_{GS}=0$(即短路),则 D、S 间也是不会导电的。

(3) 当 $U_{GS}>0$ 时,由于 G 和 S 好像一个平板电容器的两个极板,SiO_2 和 P 型衬底就好像电容的介质,G、S 间加正电压后,其间便形成一个电场,在此电场作用下,P 型衬底中的空穴被排斥到远端,电子则被吸引到 SiO_2 和 P 型衬底界面,如图 6.37(b)所示,因为 D 端的电场比 S 端弱,所以电子电荷分布有一个梯度,这些电荷是在电场的感应下产生的,故称感生电荷。注意,当 U_{GS} 较小,感生电荷较少时,D、S 间仍是不会导电的。

(4) 当 U_{GS} 增大时,感生负电荷 $Q_{负}$ 同时增大,当 U_{GS} 增大到某个值如 $U_{GS}=U_{TN}$ 时,$Q_{负}$ 增加到足够多,恰好将两个 N^+ 区连通,这时只要 $U_{DS}\neq0$,D、S 间就会导通,即 $I_D\neq0$。如果 U_{GS} 继续增大,感生的 $Q_{负}$ 就会继续增多,D、S 间导通性就越强,I_D 就越大;相反,如果 U_{GS} 减小,$Q_{负}$ 减少,I_D 减小……I_D 随着 U_{GS} 的增大而增大,随着 U_{GS} 的减小而减小。如果在 D 引线中串入一个电阻 R_D,则 I_D 就会在 R_D 上产生压降,并随着 U_{GS} 的变化而变化,显然,这是一个受电压控制的晶体管。不过,这种晶体管是因 G、S 间的电压形成电场,在此电场作用下两个 N^+ 间感生出负电荷而导电的,所以称为"场效应晶体管"。两个 N^+ 间 P 型区表面感生的电荷层是导电的通道,常称为"沟道",由于是靠负电荷导通的,故称"N 沟道"(N 表示 Negative);从 G 端看进去为金属(Metal)—氧化物(Oxide)—半导体(Semiconductor),所以称为 N 型沟道金属—氧化物—半导体场效应晶体管,简称 NMOSFET——因为导电电荷源自 S 端,"漏"向 D 端,故称 S 端为源极(S 表示 Source),流过源极的电流 i_S 称为源极电流;D 称为漏极(D 表示 Drain),流过漏极的电流 i_D 称为漏极电流;G 称为栅极(G 表示 Gate),由于栅极与沟道之间是 SiO_2,所以栅极电流 $i_G \equiv 0$,故称绝缘栅。另外,$U_{GS}=0$ 时沟道是不导通的,只有当 U_{GS} 增强并感生出电荷后沟道才会导通,故称增强型,简称 E 型(E 表示 Enhancement-Mode)。U_{TN} 称为开启电压(下标 T 表示 Threshold,阈值;N 表示 NMOS 场效应管)。

2. NMOS 场效应管的电路符号

NMOS 场效应管的电路符号如图 6.38(a)所示,场效应虚线代表沟道,表示是增强型的(虚线寓意 $U_{GS}=0$ 时沟道不通,增强后才变为实线连通);B 是衬底,箭头指向沟道,示意沟道为负,说明是 N 沟道;栅极与沟道间有一间隔,表示其间不会有电流流过,意指绝缘栅;栅极引线成直角形,其拐角一侧定是源极 S;图上的"+""−"号是使用时电源电压的极性。

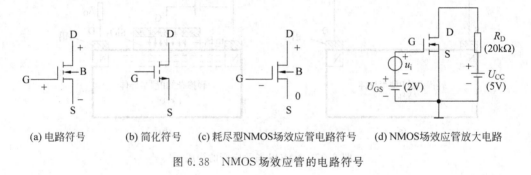

(a) 电路符号   (b) 简化符号   (c) 耗尽型NMOS场效应管电路符号   (d) NMOS场效应管放大电路

图 6.38   NMOS 场效应管的电路符号

图 6.37(b)中的 NMOS 场效应管若用其电路符号来表示,则如图 6.38(d)所示,这就是一个简单的 NMOS 场效应管放大电路,图 6.38(d)中括号内的数字是参考数据。

3. 耗尽型 NMOS 场效应管

N 型沟道耗尽型 MOS 场效应管的结构和符号如图 6.38(c)所示,沟道用实线表示。它是在栅极下方的 SiO_2 绝缘层中掺入了大量的金属正离子。因此在栅源电压为零时,这些正离子已经能在两个 N^+ 区之间感应出 N 型沟道,只要加入漏源电压,就有漏极电流产生。如果这时再加大栅源电压,那么漏极电流将进一步增加。如果这时加入一个反向漏源电压,即 $U_{GS}<0$,这时 N 型感生沟道变薄,但是仍然存在,因此漏极电流会减少,但不会为零。当反向栅源电压逐渐增大后,漏极电流会减少直至为零。这时对应 $I_D=0$ 的 U_{GS} 称为夹断电压,用 $U_{GS(off)}$ 表示,也可以用 U_P 表示。因此可以看到,这种 N 型沟道耗尽型 MOS 场效应管最大的特点是可以在正负栅源电压下工作,而且基本无栅流。

注意：耗尽型 NMOS 管用得少一些，以后若不特别声明，皆指增强型管。

6.6.2　NMOS 场效应管的特性

NMOS 场效应管的特性包括输出特性和转移特性，如图 6.39 所示。

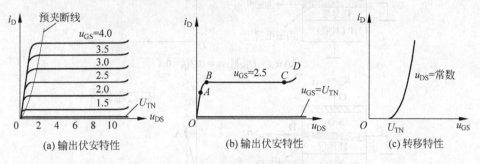

（a）输出伏安特性　　　（b）输出伏安特性　　　（c）转移特性

图 6.39　NMOS 场效应管的伏安特性曲线

1. 输出特性

NMOS 场效应晶体管的输出特性同 NPN 晶体管的输出伏安特性曲线类似，只是参变量为栅—源电压 u_{GS}。曲线形状说明如下。

（1）$u_{GS} < U_{TN}$ 时，沟道尚未连通，所以无论 u_{DS} 为何值，$i_D \approx 0$，这就是水平轴 u_{DS} 坐标线；习惯上称为截止区。

（2）当 $u_{GS} > U_{TN}$ 时，感生电荷较多，沟道连通。但在 $u_{DS} = 0$ 时，i_D 仍为 0，所以曲线将通过坐标原点 O。在图 6.40（a）中，由于此时 $u_{DS} = 0$，且衬底接源极（地），所以感生电荷沿沟道是均匀分布的。

（3）当 $u_{GS} > U_{TN}$，比如 $u_{GS} = +2.5$V，且 $u_{DS} \neq 0$ 时，则 $i_D \neq 0$，$u_{DS} \uparrow \rightarrow i_D \uparrow$，这就是图 6.40（b）中的 OA 段，此时晶体管就像一个电阻，故称电阻段。因为此时 $u_{DS} \neq 0$，如前所述，沟道电荷分布将呈梯形，但由于 u_{DS} 较小，故梯度不大，i_D 随 u_{DS} 基本上呈线性增长。

（4）随着 u_{DS} 增大，$u_{GD} = u_{GS} - u_{DS}$ 减小，D 端电场比 S 端进一步变弱，沟道电荷分布梯度进一步加大，i_D 不再随 u_{DS} 呈线性增长，如图 6.40（c）右图中的 AB 段所示。当 u_{DS} 增大到 $u_{GD} \leqslant U_{TN}$ 时，D 端的感生电荷减少到 0，沟道被卡断；u_{GD} 恰好等于 U_{TN} 时的情况如图 6.40（c）中左图所示，这种现象称为沟道被"夹断"，右图中的 B 点即为预夹断点。

（5）若 u_{DS} 再增大，使 $u_{GD} < U_{TN}$，夹断点进一步移向源端，如图 6.40（d）中左图所示。但是，u_{DS} 升高引起沟道夹断是不能把 i_D 夹断的，因为此时 D 端的 PN 结是反偏的，其耗尽层边界上的沟道电子会被结上的反向电场拉过，所以沟道夹断后 $i_D \neq 0$，这种情况同 NPN 晶体管发射结反偏时的情形十分类似。并且，由于沟道感生电荷的多少取决于电场强度亦即 u_{GS} 的大小，所以当 u_{DS} 增大到较大时，即使 u_{DS} 再增大，D 端 PN 结上的反向电场再强，也没有更多电子可拉，所以 i_D 将保持不变，i_D 不随 u_{DS} 增大而增大的现象称为"饱和"，如图 6.40（d）中右图的 BC 段所示，故 BC 段叫作饱和或恒流区（为与 BJT 的"饱和区"相区分，以后多称为恒流区）。所以，$u_{GS} = +2.5$V 时的整条曲线如图 6.39（b）所示。其中刚好进入饱和（恒流）时的 u_{DS} 记为 $U_{DS(sat)}$。

$$U_{DS(sat)} = u_{GS} - U_{TN}$$

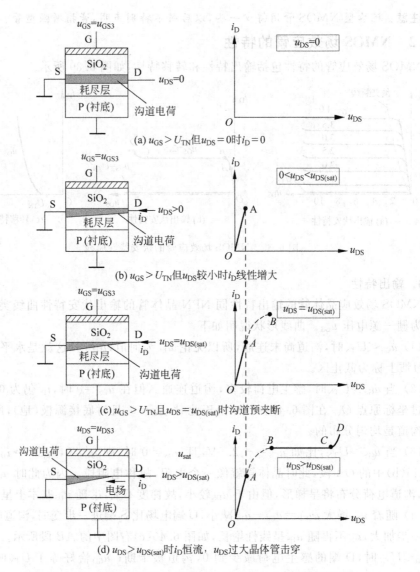

(a) $u_{GS} > U_{TN}$但$u_{DS} = 0$时$i_D = 0$

(b) $u_{GS} > U_{TN}$但u_{DS}较小时i_D线性增大

(c) $u_{GS} > U_{TN}$且$u_{DS} = u_{DS(sat)}$时沟道预夹断

(d) $u_{DS} > u_{DS(sat)}$时i_D恒流，u_{DS}过大晶体管击穿

图 6.40 NMOS 增强型场效应管伏安特性曲线相应的沟道电荷分布

与上式对应的曲线称为"预夹断线"，见图 6.39(a)。

(6) 不同 u_{GS} 值时的曲线。如果改变 u_{GS} 值，如令 $u_{GS} > +3V$。由于电压不同（增大），则产生的场强不同（增强），感生的电荷多少不一样（增多），在同样的 u_{DS} 下 i_D 大小不同（增大），从而可画出不同的 i_D-u_{DS} 曲线（$u_{GS} = +3V$ 曲线位于 $u_{GS} = +2.5V$ 曲线的上方）。如果 $u_{GS} \leqslant +2.5V$，则 i_D-u_{DS} 曲线一定在 $u_{GS} = +2.5V$ 曲线的下方；所以整个 i_D-u_{DS} 曲线族如图 6.39(a)所示。

2. 转移特性

NMOS 场效应管是压控型器件，基本上没有栅流，因此讨论其输入特性 i_G-u_{GS} 是没有意义的，故常用转移特性来描述输入电压对输出电流的控制作用。所谓转移特性，是在一定的漏—源电压 u_{DS} 下,栅—源电压 u_{GS} 对漏极电流 i_D 的控制特性,即曲线 i_D-u_{GS},如图 6.39(c)所示。由于转移特性和输出特性描述的是场效应管的同一物理过程,所以转移特性可以直接从输出特性上获得,方法是:①确定 u_{DS} 值,如想获知 $u_{DS}=5$V 时的转移特性,令 $u_{DS}=5$V;②在输出特性上作 $u_{DS}=5$V 的垂直线,找到该垂直线与各条输出曲线的交点,从而获得各交点的(u_{GS},i_D)值;③在 i_D-u_{GS} 坐标系中找到相应的(u_{GS},i_D)点,并连成曲线。

增强型 MOS 场效应管在放大区的转移特性可表示为

$$I_D = I_{DO}\left(\frac{U_{GS}}{U_{GS(th)}}-1\right)^2 \quad (U_{GS} > U_{GS(th)}) \tag{6-8}$$

式中,$U_{GS(th)}$ 为开启电压(NMOSFET 为 V_{TN}),I_{DO} 是 $U_{GS}=2U_{GS(th)}$ 时对应的漏极电流值。

耗尽型 MOS 场效应管在放大区的转移特性可表示为

$$I_D = I_{DSS}\left(1-\frac{U_{GS}}{U_{GS(off)}}\right)^2 \quad (U_{GS} > U_{GS(off)}) \tag{6-9}$$

式中,$U_{GS(off)}$ 为夹断电压,I_{DSS} 是 $U_{GS}=0$ 时对应的饱和漏极电流。

6.6.3　NMOS 场效应管的参数

在半导体器件手册上,常给出以下 NMOS 场效应管参数。

(1) 最大耗散功率 P_{DM}(一般几十毫瓦到几十瓦)。

(2) 最大漏极电流 I_{DM}(一般几十到几百毫安)。

(3) 最高工作频率 f_0(一般几十兆到几百兆赫)。

(4) 漏源击穿电压 $U_{(BR)DS}$(一般几到几十伏)。

(5) 栅源击穿电压 $U_{(BR)GS}$(一般几到几十伏)。

(6) 跨导 g_m(一般为 $1\sim200$mS),跨导定义如下。

$$g_m = \frac{\partial i_D}{\partial u_{GS}}\bigg|_{U_{DS}=常数} \tag{6-10}$$

g_m 反映了栅—源电压 u_{GS} 对漏极电流 i_D 的控制能力,同样 u_{GS} 下,g_m 越大产生的 i_D 越大。

(7) 正向开启电压 U_{TN}(一般 $1\sim3$V)。

(8) 极间电容 C_{gs}、C_{gd}、C_{ds}(一般为零点几到几皮法)。

6.6.4　场效应管的应用举例

【例 6-7】　将 NMOS 场效应晶体管的栅极与漏极短接,如图 6.41(a)所示,试分析电路的特性。NMOS 场效应管的伏安特性如图 6.41(b)或图 6.41(c)所示。

解　(1) 图 6.41(a)电路的特点是:$u_{GS}=u_{DS}$,在图 6.41(b)所示的伏安特性曲线上找出 $u_{GS}=u_{DS}$ 的点(方法是:令 u_{DS} 等于某个电压值,如令 $u_{DS}=4$V,作一垂线,与 $u_{GS}=4$V 的水平线的交点即是),连接成线就会发现,这是一条非线性电阻特性,即图 6.41(a)相当于一个非线性电阻。

(2) 当 NMOS 场效应管的跨导 g_m 较小(即晶体管的放大性能较差)时,例如图 6.41(c)所示,图 6.41(c)电路的特性曲线斜率减小,也就是说,图 6.41(a)的等效电阻变大。这表明,可以将 NMOS 场效应管当作一个电阻使用,如图 6.41(d)的 NMOS 电路所示,并且只要将管子的跨导 g_m 做得很小,就可以得到一个很大的等效电阻,而集成芯片的面积并不增大,这种技术在 NMOS 集成电路中获得了广泛应用。

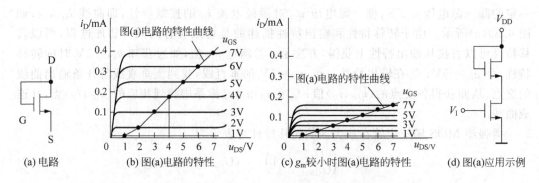

图 6.41　例 6-7 电路及场效应管特性

习题 6

6.1　填空题。

1. 电子电路中常用的半导体器件有二极管、稳压管、双极型晶体管和场效应管等。制造这些器材的主要材料是半导体,例如_____和_____等。

2. 半导体中存在两种载流子:_____和_____。纯净的半导体称为_____,它的导电能力很差。掺有少量其他元素的半导体称为杂质半导体。

3. 在本征半导体中加入_____价元素可形成 N 型半导体,加入_____价元素可形成 P 型半导体。

4. 杂质半导体分为两种:N 型半导体的多数载流子是_____;P 型半导体的多数载流子是_____。

5. 当把 P 型半导体和 N 型半导体结合在一起时,在两者的交界处形成一个_____结,这是制造半导体器件的基础。

6. PN 结中扩散电流的方向是_____,漂移电流的方向是_____。

7. PN 结的最大特点是_____。

8. 使 PN 结正偏的方法是:将 P 区接_____电位,N 区接_____电位。

9. PN 结正偏时,有利于_____载流子的运动,阻碍_____载流子的运行。

10. PN 结反偏时,内电场与外电场的方向_____,空间电荷区变_____,有利于_____载流子的漂移运动,阻碍_____载流子的扩散运动,此时 PN 结呈现的电阻_____,PN 结处于_____状态。

11. 三极管的共射输出特性可以划分为:_____区、_____区和_____区。为了对输入信号进行线性放大,避免产生严重的非线性失真,应使三极管工作在_____区内。当三极管的静态工作点过分靠近_____区时容易产生截止失真,当三极管的静态工作点靠近_____区时容易产生饱和失真。

12. 场效应管利用栅源之间电压的_____效应来控制漏极电流,是一种_____控制器件。

6.2 选择题。

1. 在本征半导体中掺入微量的(   )价元素,形成 N 型半导体。

   A. 2   B. 3   C. 4   D. 5

2. 在 P 型半导体中,自由电子浓度(   )空穴浓度。

   A. 大于   B. 等于   C. 小于

3. 空间电荷区是由(   )构成的。

   A. 电子   B. 空穴   C. 离子   D. 分子

4. PN 结加正向电压时,空间电荷区将(   )。

   A. 变窄   B. 基本不变   C. 变宽   D. 无法确定

5. 稳压管的稳压区是其工作在(   )。

   A. 正向导通   B. 反向截止   C. 反向击穿

6. 当晶体管工作在放大区时,发射结电压和集电结电压应为(   )。

   A. 前者反偏,后者也反偏   B. 前者正偏,后者反偏

   C. 前者正偏,后者也正偏   D. 前者反偏,后者正偏

7. 当温度升高时,二极管的反向饱和电流将(   )。

   A. 增大   B. 不变   C. 减小   D. 都有可能

8. 工作在放大区的某三极管,如果当 I_B 从 $12\mu A$ 增大到 $22\mu A$ 时,I_C 从 1mA 变为 2mA,那么它的 β 约为(   )。

   A. 83   B. 91   C. 100   D. 10

9. 场效应管是(   )器件。

   A. 电流控制电流   B. 电流控制电压

   C. 电压控制电压   D. 电压控制电流

6.3 电路如图 6.42 所示,已知 $u_i = 10\sin\omega t(V)$,试画出 u_i 与 u_o 的波形。设二极管正向导通电压可忽略不计。

6.4 图 6.43 所示电路中,设二极管均为硅管,其正向压降为 0.7V,试求输出电压 u_o。

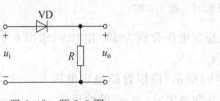

图 6.42 题 6.3 图

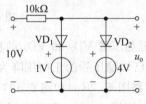

图 6.43 题 6.4 图

6.5 图 6.44 所示电路中,设二极管均为硅管,正向压降均为 0.7V,试求输出电压 U_o,并说明各二极管是导通还是截止。

6.6 图 6.45 所示电路中,设二极管均为硅管,其正向压降为 0.7V,试求电流 I。

6.7 在图 6.46 所示的二极管限幅电路中,输入电压均为正弦波,其幅值为 $2U_S$,试画出输出电压的波形。

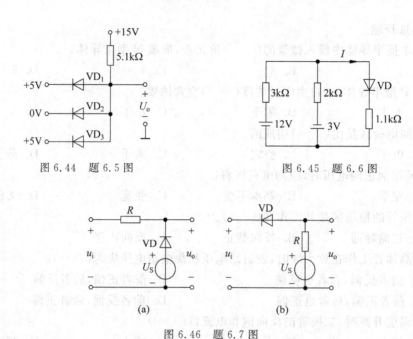

图 6.44   题 6.5 图   图 6.45   题 6.6 图

图 6.46   题 6.7 图

6.8   电路如图 6.47(a) 所示,其输入电压 u_{I1} 和 u_{I2} 的波形如图 6.47(b) 所示,二极管导通电压 $U_D = 0.7V$。试画出输出电压 u_o 的波形,并标出幅值。

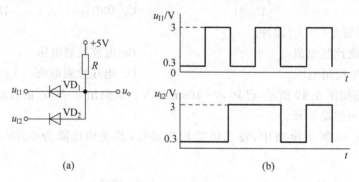

图 6.47   题 6.8 图

6.9   设硅稳压管 VD_{Z1} 和 VD_{Z2} 的稳定电压分别为 5V 和 10V,求图 6.48 中各电路的输出电压 U_o,已知稳压管的正向压降为 0.7V。

6.10   电路图 6.49(a) 和图 6.49(b) 所示,稳压管的稳定电压 $U_Z = 3V$,R 的取值合适,u_i 的波形如图图 6.49(c) 所示。试分别画出 u_{o1} 和 u_{o2} 的波形。

6.11   在正常放大的电路中,测得晶体管三个电极的对地电位如图 6.50 所示,试判断晶体管的类型和材料。

6.12   三极管对地电位如图 6.51 所示。判断三极管的类型、工作状态和材料。

6.13   根据图 6.52 所示的输出特性曲线判断它们各代表什么类型什么沟道的 MOSFET? 如果是增强型 MOSFET,说出它的开启电压 $U_{GS(th)}$;如果是耗尽型 MOSFET,说出它的夹断电压 $U_{GS(off)}$ 及饱和漏极电流 I_{DSS}。

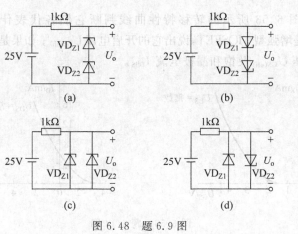

图 6.48　题 6.9 图

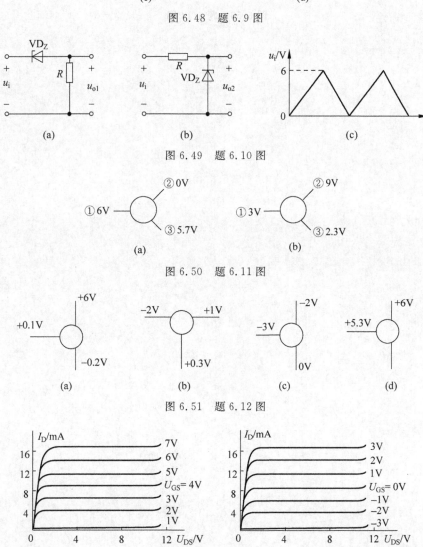

图 6.49　题 6.10 图

图 6.50　题 6.11 图

图 6.51　题 6.12 图

图 6.52　题 6.13 图

6.14 根据图 6.53 所示的转移特性曲线判断它们各代表什么类型什么沟道的 MOSFET? 如果是增强型 MOSFET,说出它的开启电压 $U_{GS(th)}$;如果是耗尽型 MOSFET,请说出它的夹断电压 $U_{GS(off)}$ 及饱和漏极电流 I_{DSS}。

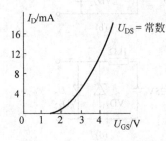 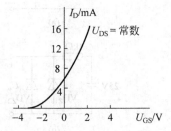

图 6.53 题 6.14 图

第 7 章

半导体放大电路分析基础

　　模拟电子技术是研究信号的不失真放大、产生、传输、变换、滤波、运算等技术的一门科学,其中信号放大是模拟电路最基本、最重要的信号处理功能之一。放大电路是构成许多模拟电路的基本单元,其分析与设计的基本概念与基本方法同样适用于其他模拟电路,所以,对模拟电路的分析与设计主要以放大电路为基础。双极型共射极放大电路不仅具有电压放大作用,还具有电流放大作用,因而得到广泛应用。因此,下面的讨论将从共发射极放大电路入手。

　　所谓放大,是指将小的、看不见的、听不着的或者小得无法直接利用或直接处理的物理图像、声音信号、电流电压等由弱变强、由小变大。完成放大功能的电路叫作放大电路,常简称放大器。比如老年人用的放大镜、科研人员用的显微镜,就是物理图像的光学放大器;变电所里的变压器则是将低电压(如 220 伏)变成高电压(如 22 万伏)的电力电压放大器;教室里或会场中的扩音器则是将小的声音信号放大到整个教室或整个会场都能听清的电压功率放大器……本章主要研究信号的半导体电路放大技术:电压放大、电流放大、功率放大等。

　　必须指出:半导体电路的信号“放大”,实则是信号控制。如在第 6 章中介绍的晶体管和场效应管时指出的那样,晶体管和场效应管的放大功能,实际上是用小的输入信号控制一个有源器件,使器件的导电状况随着输入信号的变化而变化,从而得到一个与输入信号变化规律相同的、但幅值却比输入信号大的电流或电压输出,这些电流、电压或功率输出实则是来源于加在有源器件上的直流电源,因此,放大器实质上是一种控制器或能量转换器。

7.1　放大电路的性能表征

　　任何一个放大器,其性能定有好坏优劣之分,比如声音放得大或小,是“放大倍数”问题;放出来的声音是否变调,是“失真”或“保真度”问题;男低音或女高音能否区分出来,是“频率响应”或“通频带”问题……所有这些即是放大电路的性能表征问题。

　　放大电路的性能,主要用以下参数表征:放大倍数、输入电阻、输出电阻、频率响应、失真度、最大输出幅度或最大输出功率等。

1. 放大倍数 *A*

放大倍数是衡量放大电路放大能力的参数。其一般意义是：输出变化量（或称交流小信号）的幅值同输入变化量的幅值之比。例如，图 7.1(a) 所示是一个简单放大电路。一个放大电路可以用图 7.1(b) 所示的框图形式来表示，而不管放大电路的内部细节如何。图中电路有两个输入变量：$\dot{U}_i$ 和 $\dot{I}_i$，分别称为放大电路的输入电压和输入电流；两个输出变量：$\dot{U}_o$ 和 $\dot{I}_o$，分别称为放大电路的输出电压和输出电流；$\dot{U}_s$ 是信号源电压，R_s 是信号源内阻（图 7.1(a) 可以认为是 $R_s = 0$ 时的情形），R_L 是放大电路带动的负载电阻。所以，电路的放大功能有以下 4 种情况。

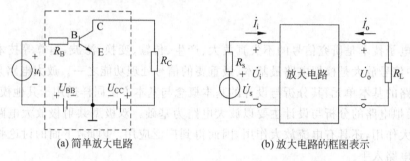

(a) 简单放大电路   (b) 放大电路的框图表示

图 7.1　放大电路可以看成一个双端口网络

(1) 如果只关心输出电压 $\dot{U}_o$ 相对于输入电压 $\dot{U}_i$ 放大了多少倍，即所谓电压放大，其放大倍数称为电压放大倍数，定义为输出电压 $\dot{U}_o$ 同输入电压 $\dot{U}_i$ 之比，即

$$\dot{A}_V = \frac{\dot{U}_o}{\dot{U}_i}$$

工程上，常用电压增益 G_V 表示（G 表示 Gain，增益），定义为

$$G_V = 20\lg |\dot{A}_V|$$

G_V 的单位称为分贝 dB(decibel)。用电压增益 G_V 表示的优点是：便于表示多级放大器的放大能力，因为多级放大器的放大倍数等于各级放大倍数之积，求对数后，则将乘法变成了分贝数的简单相加；另外，在表示放大器的幅度—频率特性时，用电压增益 G_V 既便于观察低端小范围的频率响应于细微处，又便于统观宽范围频率响应于全局。但许多时候，放大倍数与增益混称。

(2) 如果只关心输出电流 $\dot{I}_o$ 同输入电流 $\dot{I}_i$ 之间的放大关系，即为电流放大，其放大倍数称为电流放大倍数，定义为

$$\dot{A}_I = \frac{\dot{I}_o}{\dot{I}_i}$$

同样地，在工程上常用电流增益 G_I 来表示，定义为

$$G_I = 20\lg |\dot{A}_I|$$

G_I 的单位也是分贝。

（3）有时，输入是电压信号，需要的输出却是电流信号，如用一个电压信号去控制一个电炉的电流就是这种情况，此时关心的是输出电流 $\dot{I}_\text{o}$ 与输入电压 $\dot{U}_\text{i}$ 之间的关系，其放大倍数可定义为

$$\dot{A}_\text{G} = \frac{\dot{I}_\text{o}}{\dot{U}_\text{i}}$$

式中下标用 G 表示，是因为此时的放大倍数具有电导量纲，故有时称为互导放大。

（4）最后一种情况，人们关心的是输出电压与输入电流之间的关系，这时，放大倍数可定义为输出电压 $\dot{U}_\text{o}$ 与输入电流 $\dot{I}_\text{i}$ 之比，即

$$\dot{A}_\text{R} = \frac{\dot{U}_\text{o}}{\dot{I}_\text{i}}$$

式中下标用 R 表示，是因为此时的放大倍数具有电阻量纲，故有时称为互阻放大。

上述 4 种放大倍数中，第一种（电压放大倍数）用得最多，后两种用得较少。有时既关心电压放大倍数又关心电流放大倍数，即所谓功率放大。

注意：在图 7.1(b) 和上述放大倍数的讨论中，电压和电流使用了相量形式 $\dot{U}$ 和 $\dot{I}$，这表明，我们约定将在正弦小信号输入、输出下研究放大电路的性能指标。这是因为，实际的输入信号千差万别，没有规律，不便测量与分析。但是傅里叶分析表明，任何一个周期信号都可以看成多个不同振幅、不同频率的正弦信号分量的组合，因此对任一个复杂信号的放大就是对各个频率分量的正弦信号分别放大的合成，所以只要研究正弦信号的放大性能即可，同时正弦信号容易获得，便于测量，其幅度放大特性和频率响应特性可以分别进行研究。

2. 输入电阻 r_i

放大器的输入电阻 r_i 是从放大器的输入端看进去所呈现的电阻，定义为

$$r_\text{i} = \frac{\dot{U}_\text{i}}{\dot{I}_\text{i}}$$

输入电阻 r_i 的意义是：信号源向放大器提供信号，放大器就是该信号源的负载。而信号源上的任何负载，都会向信号源吸收电流或分取电压，或者既吸收电流又分取电压（即索取功率），所以，输入电阻 r_i 不但反映了放大器对信号源的负载程度，而且在信号源内阻 R_s 不为零时，还反映了信号源信号 $\dot{U}_\text{s}$ 实际传送到放大器输入端的有效程度。由图 7.2(a) 可知

$$\dot{U}_\text{i} = \frac{r_\text{i}}{R_\text{s} + r_\text{i}} \cdot \dot{U}_\text{s}$$

可见，$R_\text{s} \neq 0$ 时，$\dot{U}_\text{i}$ 永远小于 $\dot{U}_\text{s}$。所以从电压放大角度来讲，r_i 越大越好。

输入电阻 r_i 可以通过在放大器输入端外加正弦电压 $\dot{U}_\text{T}$，并测量其产生的输入电流 $\dot{I}_\text{T}$ 的方法获得，如图 7.2(b) 所示。

$$r_\text{i} = \frac{\dot{U}_\text{T}}{\dot{I}_\text{T}}$$

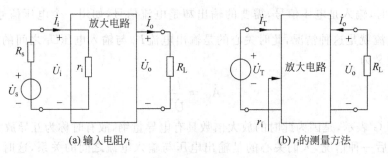

(a) 输入电阻r_i (b) r_i的测量方法

图 7.2　放大电路的输入电阻及其测量方法

3. 输出电阻 r_o

放大器的输出是供给负载(R_L)的,因此对负载而言,放大器就是一个信号源。如图 7.3(a)所示,根据戴维宁定理,从放大器的输出端向左看进去,可以将其等效成一个电阻 r_o 和一个电压源的串联,该等效电阻 r_o 就是放大器的"内阻",即输出电阻。显然, r_o 越小,接入 R_L 后,放大器的输出电压在 r_o 上的压降越小,负载上分得的电压就越大,因此 r_o 是一个反映放大电路带负载能力的参数,对于电压放大器而言,输出电阻越小,带负载能力越强。

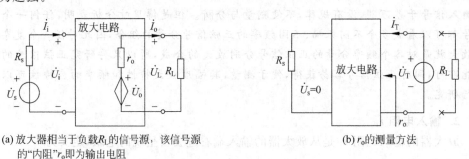

(a) 放大器相当于负载R_L的信号源,该信号源   (b) r_o的测量方法
的"内阻"r_o即为输出电阻

图 7.3　放大电路的输出电阻及其测量方法

输出电阻 r_o 可以用直接观察法或实测法获得。如图 7.3(b)所示。令 $\dot{U}_s = 0$,断开 R_L,在放大器的输出端外加正弦电压$\dot{U}_T$,并测量其产生的电流$\dot{I}_T$,则

$$r_o = \frac{\dot{U}_T}{\dot{I}_T}\Bigg|_{\substack{\dot{U}_s=0 \\ R_L=\infty}}$$

4. 频率响应

在放大电路中,总存在着一些电容、电感之类的储能元件,有的是因为需要而人为引入的,有的则是电路固有的甚至是不可避免的,比如晶体管或场效应管的极间电容,引线的布线电容或引线电感……而我们知道,电容和电感对不同的信号频率呈现出不同的阻抗,因此当放大电路输入信号的频率发生改变时,电路中的这些电容、电感的阻抗也会发生变化,从而使放大电路的增益随之改变。这种电路增益随信号频率改变的特性称为放大电路的频率特性,或称为频率响应。频率响应常用上限频率 f_H、下限频率 f_L 或带宽 $BW = f_H - f_L$ 表示。

5. 失真

所谓失真,简单地说,就是放大后输出信号的形状与输入信号原来的形状不同,即产生了变形。根据产生失真的原因不同,可分为线性失真和非线性失真两种。线性失真是由电路的频率响应引起的,故又称频率失真。电路对一个信号中的不同频率分量的放大量不同,相移也不同,从而造成叠加后形状改变,其中因幅度不同引起的失真称为幅度失真,因相移不同引起的失真称为相位失真。非线性失真则是由放大器件的非线性引起的,如前所述,晶体管、场效应管等有源器件是一些非线性器件,在不同的偏置状态下具有不同的放大特性,在截止或饱和时不放大,工作在线性放大区才有线性放大功能。当然,当输入信号太大时也会引起非线性失真。比如一个正弦波,在负半周时,由于输入信号太强可能使晶体管放大后进入饱和区,负半周便不被放大(即被削去);正半周时,则可能因幅度太大使管子放大后进入截止区,波形"顶部"不再是正弦形而呈圆头状,这就是非线性失真。非线性失真常用非线性失真系数来表征,定义为:因非线性失真而产生的所有高次

谐波分量的能量总和 $\sum\limits_{k=2}^{\infty} U_{ok}^2$ 同基波分量能量 U_{o1}^2 之比的平方根值,即

$$\gamma = \frac{\sqrt{\sum\limits_{k=2}^{\infty} U_{ok}^2}}{U_{o1}} \times 100\%$$

以上是放大电路的几个常用参数:放大倍数、输入电阻、输出电阻、频率响应和失真度。放大倍数无穷大、输入电阻无穷高、频率响应无穷宽、输出电阻无穷小的放大器常称为理想放大器。理想反相放大器的电路符号如图 7.4 所示,图中符号 ∞ 表示放大倍数为无穷大;符号 $\triangleright$ 是放大器的总限定符,其信号流向自左至右;符号 $+$ 和 $-$ 是输入、输出极性,图中表示正极性输入时,负极性输出,即输出与输入反相。

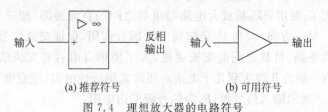

(a) 推荐符号　　　　　　　　　(b) 可用符号

图 7.4　理想放大器的电路符号

放大电路参数还有:最大输出功率、最大输出幅度、电源效率及抗干扰能力等。

7.2　基本交流放大电路的直流分析

直流分析也称静态分析,是指未加输入信号(即 $u_i = 0$)时电路静止状态的分析。在电路处于静止状态时,电路中各节点的电压、电流都是不变的直流,故名直流分析。直流分析的主要内容有:静态工作点分析、直流传输特性分析和直流敏感度分析等。静态分析的主要方法是图解分析法和模型估算法,模型估算法也称为解析法或等效电路分析法,工程上常用这类估算法。当然,现在越来越多地使用机助分析法,就是在计算机上重新设置元器件参数或改变电路设计,重新计算,重新观测性能数据,直到满意为止。电路设计完

成,最后实物安装或芯片制作……分析设计过程十分简单方便,安全可靠,这就是"计算机仿真"或称机助分析与设计。

7.2.1　基本交流放大电路的组成

图 7.5 所示是最简单的共发射极交流放大电路,需要放大的输入电压信号是由带有

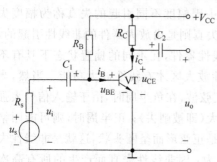

图 7.5　基本交流放大电路

内阻 R_s 的信号源 u_s 发出的,考虑到内阻上的电压衰减,真正输入到放大器的电压为 u_i,接在晶体管的基极和发射极之间,放大后的电压信号 u_o 从集电极和发射极之间输出,发射极是公共端。电路的组成和各元器件的作用简述如下。

（1）晶体管 VT。晶体管是放大电路的核心元器件,当输入信号电压 u_i 变化时,基极电流 i_B 随之变化,利用晶体管的电流放大作用,在集电极上获得放大了的电流 i_C,使集电极电流 i_C 受输入信号的控制,因而晶体管是一个控制元器件。

（2）直流电源 V_{CC}。它一方面保证晶体管起放大作用,另一方面又是放大电路的能源。也就是说,输入信号通过晶体管的控制作用控制电源 V_{CC} 所供给的能量,以便在输出端获得一个能量较大的信号,V_{CC} 一般在几伏到几十伏左右。

（3）集电极电阻 R_C。它的主要作用是将集电极电流的变化转化为电压的变化,以实现电压放大输出。R_C 的阻值一般为几千欧到几十千欧。

（4）基极电阻 R_B。它的作用是使发射结处于正向偏置,并提供大小适当的基极电流 I_B,以使放大电路获得合适的工作点。R_B 的阻值一般为几十千欧至几百千欧。

（5）耦合电容 C_1 和 C_2。它们一方面起到隔直作用,C_1 用来隔断放大电路与信号源之间的直流通路,而 C_2 则用来隔断放大电路与负载之间的直流通路,使三者之间无直流的联系,互不影响。另一方面,C_1 和 C_2 又起到交流耦合作用,保证交流信号通过放大电路,形成信号源、放大电路、负载之间的交流通路,为了使耦合电容对交流信号的容抗为零,C_1 和 C_2 的电容值一般为几微法到几十微法。通常采用极性电容,注意电容极性方向。

（6）u_s 和 R_s。表示输入信号源,R_s 为信号源的内电阻。

在放大电路中,通常将公共端接"地",用符号"⊥"表示,设其电位为零,作为电路中其他各点电位的参考点。

7.2.2　基本交流放大电路的直流工作点分析

放大电路没有交流输入时的工作状态称为静态。这时 $u_i = 0$,电路中只有直流电流和直流电压,对直流而言,各电容器可视为开路,放大电路的直流通路如图 7.6 所示。

1. 静态工作点的图解分析法

为了便于分析静态工作点,将图 7.6 所示的这种习惯性画法恢复到最初的原始画法,如图 7.7(a)所示。实际上该电路就是图 6.23(b)所示的共射极放大电路。电路参数

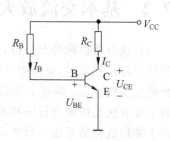

图 7.6　图 7.5 的直流通路

如图 7.7(a)中所标注。NPN 晶体管的输入特性曲线和输出特性曲线分别如图 7.7(b)和图 7.7(c)所示。用图解法求解电路直流工作点的方法和步骤如下。

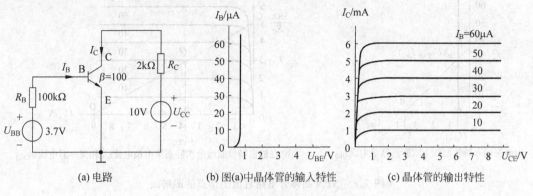

(a) 电路　　　　(b) 图(a)中晶体管的输入特性　　　　(c) 晶体管的输出特性

图 7.7　晶体管放大电路示例

(1) 在晶体管输入特性曲线上求直流工作点及基极电流 I_{BQ}。

由图 7.7(a)的基极输入回路 $U_{BB}(+) \rightarrow R_B \rightarrow B \rightarrow E \rightarrow U_{BB}(-) \rightarrow U_{BB}(+)$，根据 KVL 得

$$U_{BB} = R_B I_B + U_{BE}$$

即

$$I_B = \frac{U_{BB}}{R_B} - \frac{U_{BE}}{R_B} \tag{7-1}$$

显然，式(7-1)是 $I_B \sim U_{BE}$ 平面上的一条直线。在输入伏安特性曲线平面上画出该直线，如图 7.8(a)中的直线 AB 所示。该直线表明，晶体管的基极电流 I_B 同 U_{BE} 之间必须满足式(7-1)，即晶体管必然工作在直线 AB 上。另一方面我们知道，I_B 同 U_{BE} 的关系由晶体管的输入特性曲线完整描述，也就是说，晶体管还必须工作在图 7.7(b)所示的输入特性曲线上，因此，晶体管一定既工作在直线 AB 上，又工作在输入伏安特性曲线上，即二者的交点上。交点 Q 就是所谓的静态工作点，Q 点所对应的电流 I_{BQ} 和电压 U_{BEQ} 就是晶体管的静态基极电流和静态 B-E 电压，该直线称为输入负载线。式(7-1)称为输入回路的直流偏置线方程，这种在伏安特性曲线上求解的方法就叫作图解法。

(2) 在输出特性曲线上用图解法求直流工作点处的集电极电流 I_{CQ} 和集—射电压 U_{CEQ}。

由图 7.7(a)的集电极输出回路 $U_{CC}(+) \rightarrow R_C \rightarrow C \rightarrow E \rightarrow U_{CC}(-) \rightarrow U_{CC}(+)$，根据 KVL 得

$$U_{CC} = R_C I_C + U_{CE}$$

即

$$I_C = \frac{U_{CC}}{R_C} - \frac{U_{CE}}{R_C} \tag{7-2}$$

式(7-2)是 $I_C \sim U_{CE}$ 平面上的一条直线。在输出伏安特性曲线平面上画出该直线，如图 7.8(b)中的直线 CD 所示，此即集电极输出回路的直流负载线，式(7-2)称为输出回路的负载线方程。直线 CD 表明，晶体管的集电极电流 I_C 同 U_{CE} 之间必须满足式(7-2)，即晶体管必须工作在负载线 CD 上；同时，我们已经求得晶体管此时的基极电流 $I_B = I_{BQ}$，因此晶体管一定工作在直线 CD 与 $I_B = I_{BQ}$ 的那条输出伏安特性曲线的交点上，故交点 Q

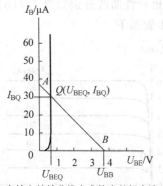
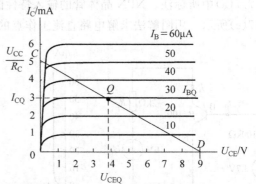

(a) 在输入特性曲线上求静态基极电流I_{BQ}　　　(b) 在输出特性曲线上求静态集电极电流I_{CQ}和集—射电压U_{CEQ}

图 7.8　NPN 晶体管电路直流工作点的图解法

即是电路的静态工作点，Q 点所对应的电流和电压就是晶体管的静态工作电流 I_{CQ} 和静态工作电压 U_{CEQ}，常记为 $Q(U_{CEQ}, I_{CQ}, I_{BQ})$。

　　由此可见，图 7.7(a) 中的晶体管工作在线性放大区内。如果 $U_{BB} < U_{BE(开启)} = 0.5V$，则 $I_B = I_{BQ} = 0$，从而 $I_C = I_{CQ} = 0$，晶体管截止，工作点位于 D 点处，$U_{CEQ} = U_{CC}$；如果 $U_{BB} > 0.5V$，则 $I_B \neq 0$，$U_{BB} \uparrow \to I_B \uparrow$，负载线 CD 与 $I_B = I_{BQ}$ 曲线的交点将沿负载线 CD 上移，当 $U_{BB} \uparrow\uparrow \to I_B \uparrow\uparrow$ 时，工作点 Q 继续上移，直到 I_B 增大而 I_C 不再增大为止，称晶体管进入了饱和工作状态，$U_{CE} = U_{CEQ} = 0.1 \sim 0.3V$，这就是晶体管的饱和管压降 U_{CES}。

　　图解法的优点是工作点的概念清晰，对晶体管工作状态的描述直观、形象。但由于晶体管的特性曲线有较大的离散性，分析精度有限，使用图解法之前须先在图示仪上对具体器件进行逐一测量，所以图解分析法常用于定性分析或大信号分析中。另外，如果没有给出输入特性曲线，可用公式 $I_B = (U_{BB} - 0.7)/R_B$ 近似求得 I_{BQ}。

2. 静态工作点的模型估算法

　　晶体管有三种常用工作状态：截止、饱和与放大，其直流等效电路如图 7.9 所示。这是因为晶体管截止时 $I_B = 0$ 且 $I_C = 0$，相当于 B、E 间开路，C、E 间也开路，所以截止时的直流等效电路如图 7.9(a) 所示。当晶体管饱和时，B、E 间有饱和结电压 U_{BES}（一般取硅管 0.7V），C、E 间有 $0.2 \sim 0.3V$ 的饱和管压降 U_{CES}（一般取 0.3V），所以饱和时的直流等效电路如图 7.9(b) 所示。当晶体管处于放大状态时，基极电流为 I_B，B、E 间有结压降 $U_{BE} = 0.5V \sim 0.7V$（一般取硅管 0.7V），集电极电流为 I_C，$I_C = \beta I_B$，所以放大状态下的直流等效电路如图 7.9(c) 所示。注意，图 7.9 中的电流源 βI_B 是一个受控电流源，故用菱形符号 $\diamond$ 表示，以区别独立电流源 $\bigcirc$。

　　用模型估算法进行电路静态分析的要点是：将电路中的非线性有源器件（晶体管、场效应管等）用直流等效电路模型来代替，然后进行电路求解。下面仍以图 7.7(a) 电路为例，为方便起见，重画于图 7.10(a) 中，模型估算法的步骤如下。

　　(1) 因为图 7.10 中晶体管的 B、E 结正偏，电路中的晶体管用其导通时的直流等效模型代替，则图 7.10(a) 电路变为图 7.10(b) 所示。

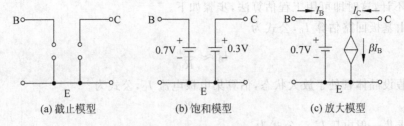

(a) 截止模型　　　　　(b) 饱和模型　　　　　(c) 放大模型

图 7.9　晶体管的简化直流模型

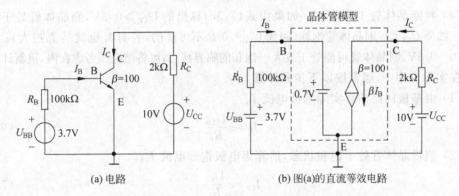

(a) 电路　　　　　　　　　(b) 图(a)的直流等效电路

图 7.10　NPN 晶体管电路直流工作点的等效电路求解法

（2）在晶体管基极输入回路中求 I_{BQ}。

$$I_B = I_{BQ} = \frac{U_{BB} - U_{BE(on)}}{R_B}$$

$$= \frac{3.7 - 0.7}{100} = 0.03(\text{mA})$$

（3）在集电极输出回路中求 I_{CQ} 和 U_{CEQ}。

$$I_C = I_{CQ} = \beta I_{BQ} = 100 \times 0.03 = 3(\text{mA})$$

由式(7-2)或直接由图 7.10(b)，根据 KVL 可得

$$U_{CE} = U_{CEQ} = U_{CC} - R_C I_{CQ} = 10 - 2 \times 3 = 4(\text{V})$$

可见，得到的晶体管静态工作点参数 $Q(4\text{V}, 3\text{mA}, 0.3\text{mA})$，与图解法所得数据完全一致。

注意，因为是直流分析，图中和公式中使用了直流变量符号。电流放大系数 β 的值可以测定，也可由晶体管的输出伏安特性曲线转换获得。另外，如果 $U_{BB} < 0.7\text{V}$，则 B-E 结不会导通，$I_B = I_C = 0$，晶体管截止。如果 $U_{BB} = 0.7\text{V}$，晶体管导通，当集电极回路的计算结果 $U_{CE} = U_{CC} - R_C I_C \leqslant 0.3$ 时，表明晶体管饱和。

3. 静态工作点的工程估算法

工程估算法实质上是一种试探法，由于事先不知道晶体管到底在何种状态下工作，所以首先假定晶体管工作在某种状态下（如放大区），然后忽略数值较小的管压降进行该状态下的计算，从而快速获得工作点数据。如果这些数据同初始假定的状态一致，则分析结束；否则重新假定状态，重新估算。例如，仍以图 7.10(a)电路的直流工作点求解为例，由于 U_{BB} 或 U_{CC} 一般为几伏到几十伏，所以导通电压 U_{BE}（硅管近似为 0.7V）在某些情况下

可以忽略不计,这时即可用工程估算法,步骤如下。

(1) 由基极回路估算 I_B,公式为

$$I_B \approx \frac{U_{BB}}{R_B} \tag{7-3a}$$

(2) 假设晶体管处于放大状态,估算集电极电流 I_C,公式为

$$I_C = \beta I_B \tag{7-3b}$$

(3) 求集—射电压 U_{CE},公式为

$$U_{CE} = U_{CC} - R_C I_C \tag{7-3c}$$

(4) 判断晶体管工作状态。如果由式(7-3c)算出的 $U_{CE} > 0.3V$,则晶体管处于放大状态。如果 $U_{CE} < 0$ 则晶体管饱和(因为 $U_{CE} < 0$ 是不可能的,表明 I_C 也就是 I_B 过大);如果 $U_{CE} = 0 \sim 0.3V$,则晶体管可能处于放大—饱和的临界状态,可将结电压考虑在内,重新计算。

在实际应用中,经常按以下步骤计算。

(1) 由基极回路估算实际基极电流 I_B。

$$I_B \approx \frac{U_{BB}}{R_B} \tag{7-4a}$$

(2) 假设晶体管处于饱和状态,估算集电极饱和电流 I_{CS}。

$$I_{CS} \approx \frac{U_{CC}}{R_C} \tag{7-4b}$$

(3) 计算晶体管饱和所需的最小基极电流 I_{BS}——临界饱和基极电流。

$$I_{BS} = \frac{I_{CS}}{\beta} \tag{7-4c}$$

(4) 判断晶体管工作状态。如果 $I_B \geqslant I_{BS}$,晶体管饱和;否则为放大状态。

【例 7-1】 用工程估算法分析图 7.11(a)所示电路的直流工作状态。图中 $V_{CC} = +12V$, $V_{BB} = +12V$, $R_C = 3k\Omega$, $R_B = 200k\Omega$,NPN 晶体管的 $\beta = 100$。

解 (1) 按照式(7-3)估算电路工作状态。

由式(7-3a)计算基极电流 I_B。

$$I_B \approx \frac{V_{BB}}{R_B} = \frac{12}{200} = 0.06(\text{mA})$$

设晶体管处于放大状态,由式(7-3b)求得 I_B 放大 $\beta = 100$ 倍后的集电极电流 I_C。

$$I_C = \beta I_B = 100 \times 0.06 = 6(\text{mA})$$

将 $V_{CC} = 12V$, $R_C = 3k\Omega$, $I_C = 6mA$ 代入式(7-3c)中,求得集—射电压 U_{CE}。

$$U_{CE} = V_{CC} - R_C I_C = 12 - 3 \times 6 = -6 < 0$$

说明前面假定晶体管处于放大状态是不合实际的,故晶体管处于饱和状态,计算过程如图 7.11(b)所示。

(2) 按照式(7-4)估算电路工作状态。由式(7-4a)得实际基极电流 I_B。

$$I_B \approx \frac{V_{BB}}{R_B} = \frac{12}{200} = 0.06(\text{mA})$$

由式(7-4b)求得集电极饱和电流 I_{CS}。

$$I_{CS} \approx \frac{V_{CC}}{R_C} = \frac{12}{3} = 4(\text{mA})$$

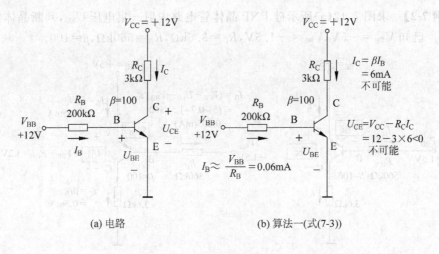

(a) 电路　　　　　　　(b) 算法一(式(7-3))

(c) 算法二(式(7-4))

图 7.11　NPN 晶体管电路直流工作点的估算法

计算晶体管饱和所需的最小基极电流——临界饱和基极电流 I_{BS}。

$$I_{BS} = \frac{I_{CS}}{\beta} = \frac{4}{100} = 0.04(\text{mA}) < I_B = 0.06(\text{mA})$$

所以,晶体管饱和,计算过程如图 7.11(c)所示。

实际上,对于图 7.11(a)所示电路($V_{BB} = V_{CC}$时),还有一种简单方法可快速判断晶体管是否饱和:如果 $R_B/R_C \leqslant \beta$,则晶体管饱和。

注意:由于 $\beta \approx \bar{\beta}$,所以上述计算中直接用 β 代替了 $\bar{\beta}$。

解题思路　判断晶体管电路的直流工作状态时,可以用"假定晶体管正偏放大,估算 U_{CE} 是否大于等于 0.3V"的方法,也可以用"假定晶体管饱和,估算 I_{CS} 进而判断 I_B 是否大于等于 $I_{BS} = I_{CS}/\beta$"的方法。

提示:关于本书中电流和电压参数的标识,如果是两点间电位差用 U 表示,如果是某一点对地电位则通常用 V 表示;交流用小写表示,直流用大写表示。如 U_{CE} 表示直流电压降,u_o 则表示输出对地电位,而 i_B 则表示含有直流成分的交流电流信号。

【例 7-2】 求图 7.12(a)所示硅 PNP 晶体管电路中射—集电压 U_{EC},判断晶体管的工作状态。已知 $V_{EE}=+5V,V_{BB}=+1.5V,R_C=3.6k\Omega,R_B=560k\Omega,\beta=100$。

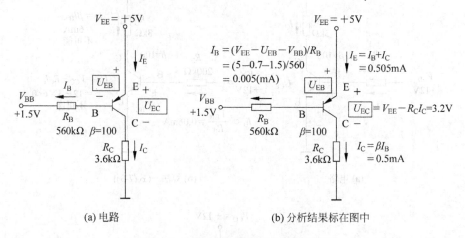

(a) 电路　　　　　　　　　(b) 分析结果标在图中

图 7.12　PNP 晶体管电路的直流分析

解　在基极回路 $V_{EE}\rightarrow E\rightarrow B\rightarrow R_B\rightarrow V_{BB}\rightarrow V_{EE}$ 中,根据 KVL 可得

$$V_{EE}=U_{EB}+R_BI_B+V_{BB}$$

即

$$I_B=\frac{(V_{EE}-U_{EB})-V_{BB}}{R_B}$$

$$=\frac{(5-0.7)-1.5}{560}=0.005(mA)$$

设晶体管处于放大状态,则集电极电流

$$I_C=\beta I_B$$

$$=100\times0.005=0.5(mA)$$

在集电极回路 $V_{EE}\rightarrow E\rightarrow C\rightarrow R_C\rightarrow V_{EE}$ 中,根据 KVL,有

$$V_{EE}=U_{EC}+R_CI_C$$

所以

$$U_{EC}=V_{EE}-R_CI_C$$

$$=5-3.6\times0.5=3.2(V)$$

晶体管处于放大状态。

解题思路　PNP 晶体管电路的直流工作点分析同 NPN 晶体管电路直流工作点的分析方法相同。

【例 7-3】 图 7.13(a)是一个带有发射极电阻 R_E 和负载电阻 R_L 的 NPN 晶体管电路,用正、负双电源供电。计算晶体管各极对地的电位及各电阻上流过的电流,并判断晶体管的工作状态。设晶体管的 $\beta=100,U_{BE}=0.7V$,电路参数如图 7.13 中所示。

解　在基极回路"地→R_B→B→E→R_E→V_{EE}→地"中,根据 KVL 得

$$R_BI_B+U_{BE}+R_EI_E+V_{EE}=0 \tag{7-5}$$

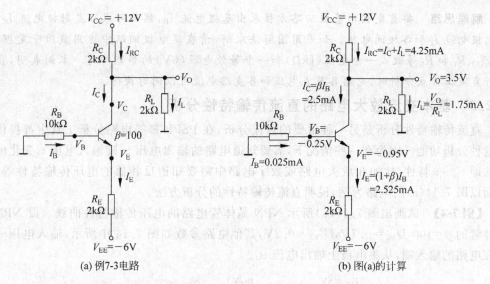

(a) 例7-3电路　　　　　　　　　　　　(b) 图(a)的计算

图 7.13　带有发射极电阻和负载电阻的 NPN 晶体管电路的直流分析

设晶体管处于放大状态,则

$$I_E = (1+\beta)I_B \tag{7-6}$$

将式(7-6)代入式(7-5),并代入电路参数:

$$10 \times I_B + 0.7 + 2 \times (1+100)I_B + (-6) = 0$$

求得

$$I_B = 0.025\text{mA}$$

$$I_C = \beta I_B = 100 \times 0.025\text{mA} = 2.5(\text{mA})$$

$$I_E = (1+\beta)I_B = 2.525(\text{mA})$$

在集电极回路中,由于 $I_{RC} = I_C + I_L$,即

$$\frac{V_{CC}-V_O}{R_C} = I_C + \frac{V_O}{R_L}$$

代入数据

$$\frac{12-V_O}{2} = 2.5 + \frac{V_O}{2}$$

求得集电极电位 $V_O = 3.5\text{V}$。由于

$$V_B = -I_B R_B = -0.025 \times 10 = -0.25(\text{V})$$

所以,发射极电位

$$V_E = -U_{BE} + V_B = -0.7 - 0.25 = -0.95(\text{V})$$

集—射电压

$$U_{CE} = V_O - V_E = 3.5 - (-0.95) = 4.45(\text{V})$$

可见,电路工作在线性放大状态。此时

$$I_L = \frac{V_O}{R_L} = \frac{3.5}{2} = 1.75(\text{mA})$$

$$I_{RC} = I_C + I_L = 2.5 + 1.75 = 4.25(\text{mA})$$

解题思路　要首先利用基极回路方程求出基极电流 I_B,然后可求得发射极电流 I_E、集电极电流 I_C 和各极间电压。如果用图解法求解,请在集电极回路中运用戴维宁定理,将 V_{CC}、R_C 和 R_L 等效成一个电阻(1kΩ)和一个等效电源(6V)的串联即可。本例表明,在进行直流工作点分析时,电路各节点电压和各支路电流可以同时获得。

7.2.3　基本交流放大电路的直流传输特性分析

直流传输特性分析是另一种重要的直流分析,在 PSPICE 等电路分析工具中都提供了这种分析功能。因为在一些情况下,需要知道电路的输出电压 v_o 随输入电压 v_i 变化的特性即 $v_o \sim v_i$ 特性,比如在放大电路或数字电路中需要知道反相器的电压传输特性等。下面以图 7.14(a)的电路为例,说明直流传输特性的分析方法。

【例 7-4】 试画出图 7.14(a)所示 NPN 晶体管电路的电压传输特性曲线。设 NPN 晶体管的 $\beta=100$,$U_{BE}=0.7V$,$U_{CES}=0.2V$,其他电路参数如图 7.14 中所示,输入电压 v_i 加在电路的输入端,从集电极上输出电压 v_O。

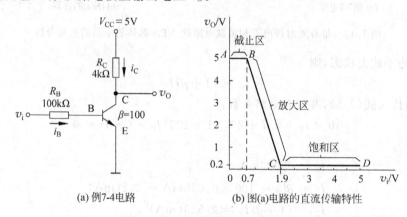

(a) 例7-4电路　　　　(b) 图(a)电路的直流传输特性

图 7.14　电路的直流传输特性分析

解　(1)当 $v_i < 0.7V$ 时,晶体管截止,输出电压 $v_O=V_{CC}=5V$,如图 7.14(b)中 AB 段曲线所示。(本例中的输出含直流分量,故下标 O 为大写)

(2)当 $v_i \geqslant 0.7V$ 后,晶体管导通,并首先进入放大状态,由基极回路得

$$i_B = \frac{v_i - U_{BE(on)}}{R_B}$$

由集电极回路得

$$v_O = V_{CC} - i_C R_C = V_{CC} - \beta i_B R_C$$

代入有关参数后,得

$$v_O = V_{CC} - \beta \frac{v_i - U_{BE(on)}}{R_B} R_C = 5 - 100 \times \left(\frac{v_i - 0.7}{100}\right) \times 4 = 7.8 - 4v_i \quad (7\text{-}7)$$

显然,这是 $v_o \sim v_i$ 平面内的一条斜率为 -4 的直线,如图 7.4(b)中 BC 段所示。

(3)随着 v_i 上升,v_o 下降,当 v_i 上升到 $v_O=0.2V$ 时,由式(7-7)得

$$v_i = (7.8 - v_O)/4 = 1.9(V)$$

此后,晶体管便进入饱和状态,$v_O=0.2V$,如图 7.14(b)中 CD 段所示。曲线 $ABCD$ 即为图 7.14(a)电路的电压传输特性曲线。

不难发现,由图 7.14(b)中 BC 段曲线可直接获得电路的电压放大倍数:

$$A_V = \frac{\Delta v_O}{\Delta v_i} = \frac{5 - 0.2}{0.7 - 1.9} = -4$$

注意: A_V 的值恰好是式(7-7)中的斜率-4,其中负号"$-$"表示输出随输入的升高而下降,随输入的下降而升高,即为"反相器",负号表示反相。

思考　放大倍数 4 恰好等于 $\beta R_C / R_B$,为什么?

*7.2.4　基本交流放大电路的直流敏感度分析

直流敏感度分析,是指电路中某个(些)节点电压或某个(些)支路电流对某个电路元器件变化的敏感情况,这对电路的直流设计和电路故障分析检测有重要意义。直流敏感度分析一般用等效电路法进行,但电路较复杂时,人工分析计算比较麻烦,可借助机助分析完成。

7.3　基本交流放大电路的交流分析

在 7.2.1 小节中给出了基本交流放大电路的组成,如图 7.5 所示。放大电路的交流分析也称为动态分析,是指当输入信号 $u_i \neq 0$ 时电路的工作状态分析。交流分析主要包括交流参数分析、交流敏感度分析、失真度分析和噪声分析等。交流参数分析方法主要有交流小信号图解分析法,小信号等效电路分析法(也称微变等效电路分析法)。交流参数分析的主要目的和内容是分析放大电路的小信号放大能力(即放大倍数)、求解电路的输入电阻 r_i 和输出电阻 r_o 等。

为了便于掌握交流放大电路的工作原理,下面首先来理解小信号放大的基本概念。

7.3.1　小信号放大的基本概念

首先看图 7.15(a)所示的双极型晶体管(BJT)放大电路。输入回路中加入了一个小的输入信号 u_s。下面用图 7.15 中给出的电路参数和 7.2 节给出的分析方法来分析电路的工作情况,从中建立交流小信号放大的基本概念。

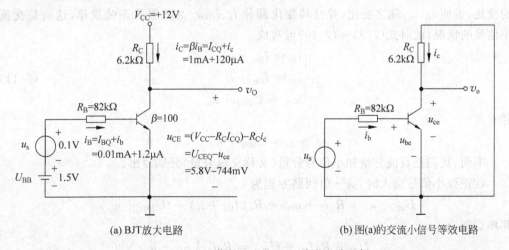

(a) BJT放大电路　　　　　　　　　　(b) 图(a)的交流小信号等效电路

图 7.15　有小信号输入的 BJT 放大电路示例

在静态时,即输入信号 $u_s = 0$ 时,由基极回路得

$$i_B = I_{BQ} = \frac{U_{BB} - U_{BEQ}}{R_B} = \frac{1.5 - 0.7}{82} = 0.01(\text{mA})$$

设晶体管处于放大状态,则集电极电流

$$i_C = I_{CQ} = \beta I_{BQ} = 100 \times 0.01 = 1(\text{mA})$$

于是,由集电极回路得

$$u_{CE} = U_{CEQ} = V_{CC} - R_C I_{CQ} = 12 - 6.2 \times 1 = 5.8(\text{V})$$

可见,晶体管的确处于放大状态,工作点 $Q(U_{CEQ}, I_{CQ}, I_{BQ}) = Q(5.8\text{V}, 1\text{mA}, 10\mu\text{A})$。

当输入信号 $u_s \neq 0$ 时,比如 u_s 增加一个小的增量 $\Delta v = 0.1\text{V}$,则基极电流变为

$$i_B = \frac{U_{BB} - U_{BE} + \Delta v}{R_B} = \frac{U_{BB} - U_{BE}}{R_B} + \frac{\Delta v}{R_B}$$

$$\approx \frac{1.5 - 0.7}{82} + \frac{0.1}{82} = 0.01\text{mA} + 1.2\mu\text{A} = I_{BQ} + \Delta i_B \tag{7-8}$$

式中,$\Delta i_B = 1.2\mu\text{A}$。由于信号很小,晶体管仍处于放大区内静态工作点附近,所以

$$i_C = \beta i_B = \beta I_{BQ} + \beta i_B$$

$$= 1\text{mA} + 120\mu\text{A} = I_{CQ} + \Delta i_C \tag{7-9}$$

从而

$$u_{CE} = V_{CC} - R_C i_C = V_{CC} - R_C I_{CQ} - R_C \Delta i_C$$

$$= (12 - 6.2 \times 1) - 6.2 \times 0.12 = 5.8(\text{V}) - 0.744(\text{V})$$

$$= U_{CEQ} + \Delta u_{CE} \tag{7-10}$$

式中,$\Delta u_{CE} = -0.744\text{V}$。显然,由于 u_s 变化 $\Delta v = 0.1\text{V}$,引起集—射电压变化 $\Delta u_{CE} = -0.744\text{V}$,如果以此电压为输出,则增量信号变化了 A_V 倍。

$$A_V = \Delta u_{CE} / \Delta v = -0.744 \div 0.1 = -7.44$$

即放大了 7.44 倍,这就是小信号放大的概念。式中负号表示反相,即输入信号 u_s 增大时 Δu_{CE} 下降(因为 $\Delta v \uparrow \rightarrow \Delta i_B \uparrow \rightarrow \Delta i_C \uparrow \rightarrow R_C \Delta i_C \uparrow \rightarrow u_{CE} \downarrow$),反之亦然。

如果输入 u_s 是一个随时间变化的小的正弦信号,例如 $u_s = 0.1\sin\omega t$,则 u_s 必将引起 i_B 的变化,进而 i_C、u_{CE} 随之变化,并且其变化部分 i_b、i_c、u_{ce} 必将服从正弦规律,这就是交流小信号的情况,此时式(7-8)~(7-10)可写成

$$\begin{cases} i_B = I_{BQ} + i_b \\ i_C = I_{CQ} + i_c \\ u_{CE} = U_{CEQ} + u_{ce} \end{cases} \tag{7-11}$$

并有

$$u_{BE} = U_{BEQ} + u_{be}$$

下面,我们把直流分量和小信号分量(又称交流分量)分别写出。

在正弦小信号输入时,基—射回路方程为

$$U_{BB} + u_s = R_B i_B + u_{BE} = R_B(I_{BQ} + i_b) + (U_{BEQ} + u_{be})$$

移项后变为

$$U_{BB} - R_B I_{BQ} - U_{BEQ} = R_B i_b + u_{be} - u_s$$

因为静态时,基—射回路的直流电压方程为 $U_{BB} = R_B I_{BQ} + U_{BEQ}$,所以上式左边 $U_{BB} - R_B I_{BQ} - U_{BEQ} = 0$,故有

$$R_B i_b + u_{be} - u_s = 0$$

即

$$u_s = R_B i_b + u_{be} \tag{7-12}$$

式(7-12)就是不考虑直流分量只考虑交流分量时,基—射回路的小信号电压方程。

类似地,在集—射回路中

$$V_{CC} = R_C i_C + u_{CE} = R_C (I_{CQ} + i_c) + (U_{CEQ} + u_{ce})$$

整理得

$$V_{CC} - R_C I_{CQ} - U_{CEQ} = R_C i_c + u_{ce}$$

同理,等式左边 $V_{CC} - R_C I_{CQ} - U_{CEQ} = 0$,故有

$$R_C i_c + u_{ce} = 0 \tag{7-13}$$

式(7-13)即是不考虑直流分量只考虑交流分量时,集—射回路的小信号电压方程。

根据式(7-12)和式(7-13)可画出图 7.15(a)所示的交流小信号等效电路,如图 7.15(b)所示。注意,图中全部是交流小信号变量符号,电源 V_{CC} 和 U_{BB} 已经不包含在内,就是说,在交流小信号等效电路中,固定不变的电源电压相当于短路。

综上所述,小信号分析是对电路在小信号情况下工作性能的分析,当输入为非正弦增量信号时,常称为增量分析;当输入为正弦小信号时,常称为交流小信号分析。多数机助分析软件的交流分析属于后者。

7.3.2　交流小信号图解分析法

在进行交流分析时,从输入特性曲线和输出特性曲线上用作图的方法获得电路的电压放大倍数或最大信号范围等参数数据的方法称为图解分析法。具体操作与直流分析中的图解分析法相同,只是在交流分析时须用“交流负载线”。

根据 7.3.1 小节介绍的小信号放大基本概念,若图 7.16 所示的基本放大电路中输入一个交流信号 u_i,则 u_i 叠加到直流电压 U_{BE} 后,共同加到发射结上,因此由 u_i 引起的基极变化电流 i_b 也叠加在基极静态电流 I_B 上。同理,由 i_b 引起的集电极变化电流 i_c 也将叠加在集电极静态电流 I_C 上。这样,放大电路工作时,其电压和电流可以看成由直流分量和交流分量叠加而成。我们用大写字母加大写的下标表示直流分量(如 I_B、

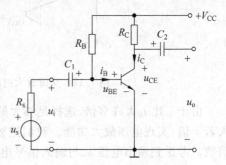

图 7.16　基本交流放大电路

I_C),用小写字母加小写的下标表示交流分量(如 i_b、i_c),用小写字母加大写下标表示直流和交流的合成分量(如 i_B、i_C)。

以图 7.16 所示的共射极基本放大电路为例,假设 NPN 晶体管处于放大状态。设其静态工作点 Q 为(I_B,I_C,U_{CE}),且输入为一正弦信号 $u_i = U_{im} \sin\omega t$,$u_i$ 经电容器 C_1 加到三极管的基极上。基—射之间的电压将是直流电压 U_{BE} 与输入小信号电压 u_i 的叠加,即

$$u_{BE} = U_{BE} + U_{im}\sin\omega t$$

u_{BE} 以 U_{BE} 为基准,随 u_i 上下波动,其波形如图 7.17 所示(为了便于分析,输入特性曲线和输出特性曲线绘制不是非常严格)。

三极管的基极电流 i_B 与基极和发射极的电压 u_{BE} 之间满足三极管的输入特性曲线,i_B 将随着 u_{BE} 成比例地变化,它也由直流分量和交流分量叠加而成。

$$i_B = I_B + i_b = I_B + I_{bm}\sin\omega t$$

三极管将 i_B 电流放大 β 倍,得到集电极电流 i_C,即

$$i_C = \beta i_B = I_C + I_{cm}\sin\omega t$$

集—射之间的电压 u_{CE} 为

$$u_{CE} = V_{CC} - R_C i_C = V_{CC} - R_C(I_C + i_c)$$
$$= V_{CC} - R_C I_C - R_C i_c = U_{CE} - U_{cem}\sin\omega t$$

上式中,$U_{CE} = V_{CC} - R_C I_C$,$U_{cem} = I_{cm}R_C$。从上述的分析可以发现,$u_{ce}$ 与 i_c 相位相反,这是因为 i_c 与输入信号 u_i 同相,所以 u_{ce} 与 u_i 反相,其波形如图 7.17 所示。

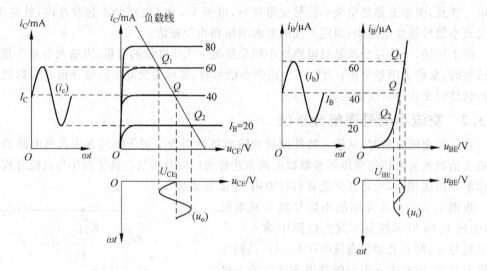

图 7.17　交流放大电路输入交流小信号时的图解分析

由于 i_c 比 i_b 大许多倍,选择足够大的集电极电阻 R_C,输出信号 U_{om} 就比输入信号 U_{im} 大若干倍,实现电压放大功能。我们把放大电路输出电压与输入电压之比称为电压放大倍数。考虑到输出电压 u_o 与输入信号电压 u_i 的相位相反,如果用相量形式来表示放大电路的电压放大倍数时,则有

$$A_v = \frac{\dot{U}_o}{\dot{U}_i}$$

即

$$|A_v| = -\frac{U_{om}}{U_{im}}$$

负号表示输出电压 u_o 与输入信号电压 u_i 的相位相反。

图解分析法主要用于简单电路的低频大信号的定性分析,分析信号的输出幅度、波形失真、工作点选取等,比较直观,比如晶体管的输出特性如图 7.18 所示。当输入 i_B 是一个

振幅为 $20\mu A$ 的正弦信号时,如果工作点 Q 选在负载线的居中位置,即 $U_{CE} \approx V_{CC}/2$,则集电极输出波形 u_{CE} 的非线性失真比较小,如图 7.18(a) 中的 u_{CE} 波形。如果工作点 Q 选得偏高,如图 7.18(b) 所示,则在输入信号正半周的峰值附近,晶体管进入饱和状态,输出波形 u_{CE} 的下半部分出现下限幅失真,因为是晶体管饱和引起的,故称饱和失真。类似地,如果工作点 Q 选得偏低,如图 7.18(c) 所示,则在输入信号负半周的峰值附近,晶体管截止,输出波形 u_{CE} 的上半部分出现上限幅失真,因为是晶体管截止引起的,故名截止失真。

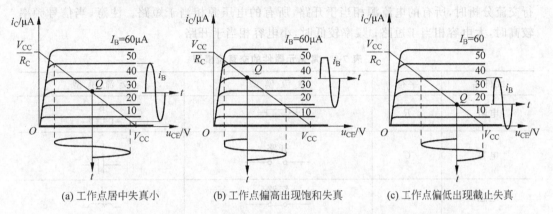

图 7.18   用图解法可直观显示器件的直流工作点位置及电路的非线性失真情况

因此,要使放大电路不产生失真,必须要有一个合适的静态工作点。在输入电压 u_i 一定时,要避免放大电路出现饱和失真和截止失真的最有效方法是调节基极偏流电阻 R_B,即调节基极偏流 I_B。此外输入信号 u_i 的幅值不能太大,以确保放大电路的工作范围在特性曲线的线性区工作。

7.3.3   微变等效电路分析法

在实际应用中,由于电压放大电路要放大的信号比较微弱,因此,晶体管在小信号的情况下,都可以用微变等效电路的方法进行分析。

所谓等效电路分析法,是将电路中的所有元器件都用线性模型来代替,在交流小信号的条件下,非线性的晶体三极管也可以用一个线性模型来代替。把非线性元器件所组成的放大电路等效为一个线性电路,然后对获得的等效电路进行参数求解,从而达到分析的目的。因为任何交流分析都是在直流工作点附近进行的,交流小信号参数也都是在直流工作点附近获取的,所以对放大电路进行分析时,一般总是遵循"先静态,后动态"的原则,具体步骤如下。

(1) 进行直流工作点分析。不考虑交流信号,即认为交流信号为零,将电路中的所有元器件都用其直流模型代替,分析由此获得的等效电路,确定工作点处的小信号模型参数,如晶体三极管的 β、r_{be},场效应管的 g_m、r_{ds} 等,进而确定直流工作点并计算相关参数,如 I_B、I_E、I_C、U_{CE} 等。

(2) 进行交流小信号分析。令交流小信号输入不为 0,并将电路中的所有元器件都用其交流模型来代替,进而求解小信号等效电路,计算电路的性能参数,如放大倍数、输入电阻或输出电阻等。

交流分析和直流分析之所以可以分别进行,是因为放大器件工作在线性放大区,交流信号幅值很小时,交流信号与直流可以直接相加,而不会带来失真,即电路适用于叠加定理。所以,直流分析的结果一定要保证直流工作点在线性放大区内,交流分析结果才正确。

电路中常见元器件的交直流模型见表 7-1。表中的"直流模型"栏表明,在进行直流分析时,所有的电容器相当于开路,所有的电感器相当于短路。"交流模型"栏表明,在进行交流分析时,所有的电流源相当于开路,所有的电压源相当于短路。注意,当信号频率较高时,大电容相当于短路;频率较低时,小电容相当于开路。

表 7-1 常见元器件的交直流模型

元件名	字符	直 流 模 型	交 流 模 型
电阻	R		R
电容	C	开路	C
电感	L	短路	L
二极管	D	U_γ(开启电压) r_D(扩散电阻)	r_d
独立电压源	U_S		短路
独立电流源	I_S		开路

表 7-1 中没有给出双极型晶体三极管及场效应管的小信号模型,下面我们先来介绍晶体三极管的小信号模型。

1. 晶体三极管小信号模型

图 7.19(a)是晶体管的输入特性曲线,它是非线性的,在静态工作点 Q 附近。当输入信号较小时,特性曲线基本是一段直线,即 Δi_B 与 Δu_{BE} 成正比,于是三极管的输入特性曲线可用一个等效电阻 r_{be} 来代替,即

$$r_{be} = \frac{\Delta u_{BE}}{\Delta i_B} = \frac{u_{be}}{i_b}$$

r_{be} 称为晶体管的输入电阻。晶体管的输入电阻 r_{be} 可由下式估算:

$$r_{be} = r_b + (1 + \beta) \cdot \frac{26(\text{mV})}{I_E(\text{mA})}(\Omega)$$

式中,r_b 称为三极管的基区体电阻,低频小功率三极管的 r_b 阻值为 $200 \sim 300\Omega$,如无特别指明,本书全部采用 300Ω。I_E 为发射极的静态电流,r_{be} 一般为几百欧至几千欧。

由图 7.19(b)所示的晶体管输出特性曲线可知,在静态工作点 Q 附近的特性曲线基本是水平的,即 Δi_C 与 Δu_{CE} 基本无关,Δi_C 只取决于 Δi_B,因此在忽略 Δu_{CE} 对 Δi_C 影响的情

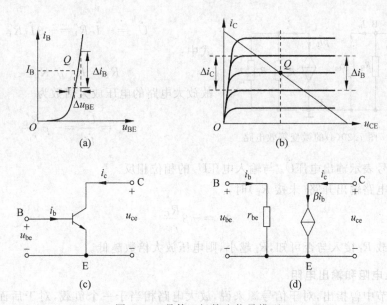

图 7.19 晶体三极管小信号模型

况下,可以把晶体管的输出回路等效成一个大小为 $\beta\Delta i_{\text{B}}$(或 βi_{b})的电流源电路。当 $i_{\text{b}}=0$ 时,βi_{b} 不存在,所以它是一个受 i_{b} 控制的非独立的受控电源。把输入端和输出端结合起来,就可以得到晶体管的微变等效电路,即晶体管的线性模型,如图 7.19(d) 所示。利用微变等效电路对放大电路进行动态分析和计算非常简便。

2. 电压放大倍数的计算

在实际应用时,放大电路的输出端总接有负载,如图 7.20(a) 所示为带有负载电阻 R_{L} 的共射极基本交流放大电路。根据表 7-1 的元器件交流模型可以得到其交流通路如图 7.20(b) 所示。

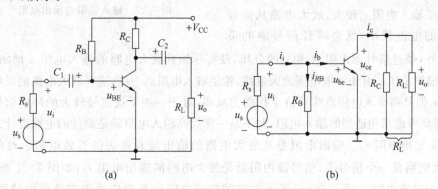

图 7.20 接有负载 R_{L} 的基本交流放大电路

把交流通路中的晶体管用它的小信号模型代替,即为该放大电路的微变等效电路图,将电量用相量形式表示,可得图 7.21。

根据图 7.21 可列出下式:

$$\dot{U}_{\text{i}} = \dot{I}_{\text{b}} r_{\text{be}}$$

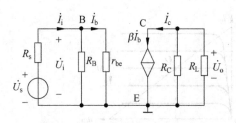

$$\dot{U}_o = -\dot{I}_C R'_L = -\beta\dot{I}_b R'_L$$

式中：

$$R'_L = R_C /\!/ R_L$$

故放大电路的电压放大倍数为

图 7.21　图 7.20(a)的微变等效电路

$$A_v = \frac{\dot{U}_o}{\dot{U}_i} = -\beta\frac{R'_L}{r_{be}}$$

上式中的负号表示输出电压 $\dot{U}_o$ 与输入电压 $\dot{U}_i$ 的相位相反。

当放大电路输出开路（未接 R_L）时，

$$A_v = -\beta\frac{R_C}{r_{be}}$$

比较负载 R_L 接入与否可知，R_L 越小，则电压放大倍数越低。

3. 输入电阻和输出电阻

在 7.1 节中曾指出，对于信号源来说，放大电路相当于一个负载，对于后面的负载来说，放大电路则是一个信号源。因此，放大电路与信号源之间（或者前级放大电路与后级放大电路之间）都是相互联系、相互影响的，这种影响可用输入电阻和输出电阻来表示。

（1）输入电阻 r_i。输入电阻是从放大电路输入端看进去的等效电阻，其定义是输入电压与输入电流之比，如图 7.22 所示，即

$$r_i = \frac{\dot{U}_i}{\dot{I}_i}$$

它是对交流信号而言的，在图 7.21 中，$r_i = R_B /\!/ r_{be} \approx r_{be}$。

如果输入电阻 r_i 较大，放大电路从信号源吸取的电流较小，就会减轻信号源的负

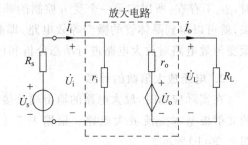

图 7.22　输入电阻与输出电阻

担。另外，经过信号源内阻 R_s 和 r_i 的分压，使实际加到放大电路的输入电压 u_i 增加，从而增大了输出电压。对于一般电压放大电路，希望输入电阻高一些，这样放大电路的灵敏度相对较高；但是高输入电阻意味着抗干扰能力减弱，对于一些干扰信号较大的环境信号放大电路，需要考虑采用适当的输入电阻，并不是一味提高输入电阻就是最佳的电路设计方案。

（2）输出电阻 r_o。输出电阻是从放大电路的输出端看进去的等效电阻。对负载而言，放大电路是一个信号源，信号源内阻就是放大电路的输出电阻 r_o，如图 7.22 所示，它也是一个动态电阻。图 7.20(a)所示电路的输出电阻由其对应的微变等效电路图 7.21 得出。根据 7.1 节放大电路输出阻抗分析方法可知：

$$r_o \approx R_C$$

如果放大电路输出电阻 r_o 较大，当负载 R_L 变化时，输出电压变化较大，也就是放大电路带负载的能力较差。如果 $r_o \ll R_L$，输出电压信号变成了恒压源，因此通常希望放大电路的输出电阻尽可能低一些。

【**例 7-5**】　试分析图 7.23(a)所示共射极电路,当输入为 0.03V 频率为 2kHz 的正弦信号时,计算负载电阻 R_L 上输出的信号幅度。晶体管的 $\beta=100$,基区电阻 $r_b=200\Omega$。电路参数如图 7.23(a)所示。

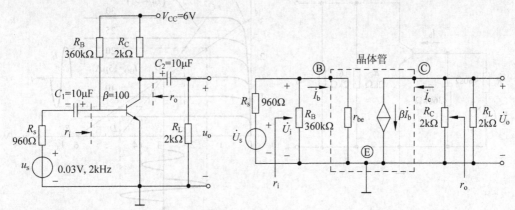

(a) 带有负载电阻R_L和信号源内阻不为0的共射极电路　　　(b) 图(a)的交流等效电路

图 7.23　例 7-5 电路及其交流等效电路

解　方法一：等效电路分析法。

(1) 进行直流工作点分析,以确认晶体管工作在放大区内。直流通路同图 7.6,分析方法和分析结果同前,即

$$I_B=\frac{V_{CC}-U_{BE}}{R_B}=\frac{6-0.7}{360}=0.015(\text{mA})$$

$$I_C=\beta I_B=100\times 0.015=1.5(\text{mA})$$

$$U_{CE}=V_{CC}-I_C R_C=6-1.5\times 2=3(\text{V})$$

$$r_{be}\approx 200+(1+\beta)\cdot\frac{26(\text{mV})}{I_E(\text{mA})}=200+\frac{26}{0.015}=1933(\Omega)=1.933(\text{k}\Omega)$$

(2) 图 7.23(b)所示为交流小信号等效电路图,从中求得电路的电压放大倍数。

$$A_{vs}=\frac{\dot U_o}{\dot U_s}=\frac{\dot U_o}{\dot U_i}\cdot\frac{\dot U_i}{\dot U_s}=-\beta\frac{R_C\ /\!/\ R_L}{r_{be}}\cdot\frac{R_B\ /\!/\ r_{be}}{R_s+R_B\ /\!/\ r_{be}}$$

代入数据 $\beta=100,R_C=R_L=2\text{k}\Omega$,得 $A_{vs}=-34.5$,输出电压为

$$\dot U_o=A_{vs}\cdot\dot U_s=-34.5\times 0.03\approx -1(\text{V})$$

方法二：交流图解分析法。

(1) 画出直流通路(即图 7.6),列出输出回路方程,得

$$I_C=\frac{V_{CC}}{R_C}-\frac{U_{CE}}{R_C}$$

这就是直流负载线方程,斜率 $=-1/R_C=-1/2$,如图 7.24(b)中的直线 AB 所示,其与 $I_{BQ}=15\mu\text{A}$ 曲线的交点 Q 即是静态工作点。

(2) 画出图 7.23(a)电路的交流通路,如图 7.24(a)所示。在集—射回路中,交流小信号满足以下关系。

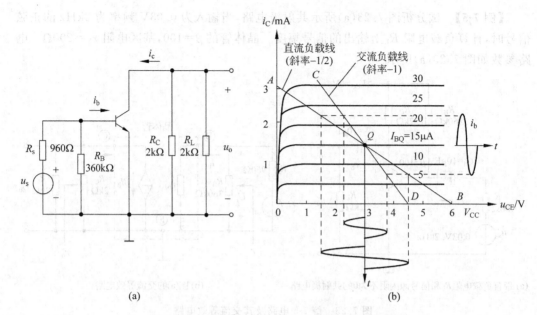

图 7.24   用图解法求图 7.23(a)电路的交流输出

$$u_{ce} = - i_c (R_C /\!/ R_L)$$

$$i_c = -\frac{1}{R_C /\!/ R_L} \cdot u_{ce} \tag{7-14}$$

式(7-14)称为交流负载线方程,在伏安特性曲线上即如图 7.24(b)中直线 CD 所示,斜率为 $-1/(R_C /\!/ R_L)$。因为对任意幅值的交流小信号,直线 CD 都是正确的,所以当信号小到零即为静态工作时,工作点仍在直线 CD 上,故直线 CD 一定通过静态工作点 Q。由电路图及交流负载线可见,由于 $R_L = 2\text{k}\Omega$ 的引入,等效负载电阻 R'_L 减小($R'_L = R_C /\!/ R_L = 1\text{k}\Omega$),所以在同样的基极输入电流 $i_b = 10\mu\text{A}$ 的情况下,输出电压减小,如图 7.24(b)中小的 u_{CE} 波形所示。

不难看出,对电路进行小信号分析时可以用等效电路法,也可以用图解法。等效电路法既可用于直流分析(用直流模型),也可用于交流分析(用交流模型);既适用于简单电路,也适用于复杂电路,尤其对于复杂电路的高频小信号分析更加方便。图解法主要用于简单电路的低频大信号的定性分析,分析信号的输出幅度、波形失真、工作点选取等,比较直观。

方法三:框图法。无论是否考虑负载电阻 R_L 和信号源内阻 R_s,图 7.23(a)电路的直流通路不变,此前已经根据静态工作点求得 $r_{be} = 1.933\text{k}\Omega$。若不考虑负载电阻 R_L 和信号源内阻 R_s,将该放大器视为一个双端口网络,加负载电阻 R_L 和 R_s 后,电路框图如图 7.25 所示,由输出回路得

$$\dot{U}_o = \frac{R_L}{r_o + R_L} \cdot A_v \dot{U}_i = A_o A_v \dot{U}_i$$

式中

$$A_o = \frac{R_L}{r_o + R_L}$$

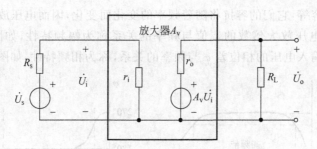

图 7.25　图 7.20(a)的等效电路框图

由输入回路

$$\dot{U}_i = \frac{r_i}{R_s + r_i} \cdot \dot{U}_s = A_i \dot{U}_s$$

$$A_i = \frac{r_i}{R_s + r_i}$$

得

$$\dot{U}_o = A_i A_v A_o \dot{U}_s$$

即

$$A_{vs} = \frac{\dot{U}_o}{\dot{U}_s} = A_i A_v A_o$$

A_{vs} 是电路的源电压放大倍数。由解法 1 中的结果可知,若不考虑负载电阻 R_L 和信号源内阻 R_s,则输入阻抗 $r_i = R_B // r_{be} \approx r_{be} = 1.933 \text{k}\Omega$,输出阻抗 $r_o \approx R_C = 2\text{k}\Omega$,电压放大倍数 $A_v = -103.5$。所以 $A_i = 2/3, A_o = 1/2, A_{vs} = -34.5$。

由上述可以清楚地看到放大器输入电阻和输出电阻对电路的影响。在输入端,由于放大器输入电阻的影响,传输到放大器输入端的信号 $\dot{U}_i$ 比 $\dot{U}_s$ 小了 A_i 倍,A_i 称输入回路传输系数(本例中 $A_i = 0.667$);在输出端,由于放大器输出电阻的影响,实际传送到负载上的信号减小了 A_o 倍,A_o 称为输出回路传输系数(本例中 $A_o = 0.5$)。

7.3.4　频率响应

频率响应是放大电路的一个重要性能参数,比如放大电路能放大一般频率的信号(常称中频信号)。人们往往关心它能否放大高频信号(常称高频放大)? 能否放大低频信号(常称低频放大)? 能否既可放大高频信号又可放大低频信号(即所谓宽带放大)? 再比如,一个输入信号中,如果包含多个频率分量,放大后输出信号是否会变形? 这就是 7.1 节已经提到过的失真问题。所以研究放大电路的频率响应特性具有实际意义。

对于前面已经接触过的放大电路来说,分析表明,影响放大电路频率响应的主要因素是:①放大电路中有源器件本身的频率响应;②接成不同电路组态,则有不同的频率响应;③电路参数,如耦合电容、旁通电容影响低频响应,负载电容影响高频响应等。

由于放大电路中存在电容元件,因此对不同频率的信号放大倍数并不一样,通常把放大倍数 A_v 与频率的函数关系称为频率响应。

对于如图 7.20(a)所示的共射极基本放大电路来说,由于存在着耦合电容 C_1、C_2,以及晶体管的结电容等,它们的容抗将随着频率的变化而变化,因而电压放大倍数也将发生变化。放大电路电压放大倍数的幅值与频率的关系称为幅频特性,如图 7.26(a)所示。输出电压相对于输入电压的相位差 φ 与频率的关系,称为相频特性,如图 7.26(b)所示。

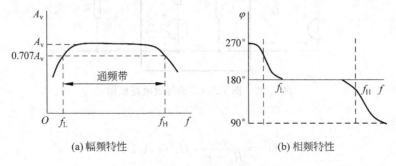

(a) 幅频特性   (b) 相频特性

图 7.26   电路的频率特性

(1) 中频段。在中频段范围内,耦合电容、旁路电容的数值很大,容抗很小,可视为短路;而晶体管各电极之间的结电容和由于布线等所引起的杂散电容数值很小,可视为开路。故在中频段几乎没有容抗的影响,放大倍数最大,且基本保持不变,输出与输入信号的相位差几乎为 $180°$。

(2) 低频段。随着频率的降低,耦合电容和发射极旁路电容容抗增加,成为对频率响应起主要作用的因素,耦合电容的容抗增大,使输出信号的幅值减小,因此,电压放大倍数 A_v 下降。随着频率的降低,当电压放大倍数下降到中频电压放大倍数的 0.707 倍时的频率,称为放大电路的下限频率,称为 f_L。

(3) 高频段。由于晶体管中存在着结电容和线路的杂散电容,其值虽然很小,但随着频率的升高,其容抗下降,使负载阻抗下降,从而使放大倍数下降。同时,晶体管的 β 值也随着频率的升高而下降,也使电压放大倍数下降,当放大倍数降到中频放大倍数的 0.707 倍时的频率,称为放大电路的上限频率,称为 f_H。

将低频段、中频段及高频段的三种情况综合起来,就可以得到完整的幅频特性和相频特性。

下限频率 f_L 和上限频率 f_H 之间的频率范围称为放大电路的通频带,是放大电路的一个重要指标。工程实际中,输入信号的频率变化范围可能十分宽广,所以希望放大电路必须具有较宽的频率范围,才能对信号有效放大。

影响低频响应的主要因素是电路中的耦合电容和旁路电容,因此要想获得好的低频响应,耦合电容和旁路电容的容量要选得足够大,必要时可用直接耦合电路。通常,为了改善低频特性,应选用较大的耦合电容。同样,为了改善高频特性,应选用结电容较小的高频管。

7.4   静态工作点稳定电路

在图 7.20(a)所示的放大电路中,偏置电流由

$$I_B = \frac{V_{CC} - U_{BE}}{R_B} \approx \frac{V_{CC}}{R_B} \tag{7-15}$$

来确定,电源电压 V_{CC} 和 R_B 一经选定,I_B 基本固定不变,所以这类电路称为固定偏置放大电路。

固定偏置放大电路的优点是电路简单,但在外部因素(如温度变化、晶体管老化、电源电压波动等)的影响下,会引起静态工作点的变动,严重时会使放大电路产生严重的输出失真,不能正常工作。影响静态工作点的主要因素有 3 个:①对于硅 PN 结,温度每升高 $1℃$ 结压降减小 $2mV$ 左右,所以温度变化时 U_{BE} 会发生改变,由式(7-15)可见,I_B 也随之发生改变;②反偏的集电结上有反向饱和电流 I_{CBO},并且会随温度变化而改变,从而使 I_B 发生改变;③温度变化或因故更换晶体管时,β 值不可能完全相同,温度升高时,由于注入基区的载流子扩散速度加快,在基区电子与空穴复合的数目减少,β 增加。实验表明,温度每升高 $1℃$,β 增加 $0.5\%\sim1\%$ 左右,从而引起 $I_C=\beta I_B$ 改变。

实验证明,锗管工作点不稳定的主要因素是反向饱和电流受温度影响太大。

由于晶体管的参数受温度的影响是由半导体材料特性所决定的,而静态工作点是由偏置电路和参数共同决定的,为了使静态工作点稳定,必须考虑设计合适的偏置电路。

常用的静态工作点稳定电路是利用负反馈原理来实现的,如图 7.27(a) 所示的分压式偏置电路,其中 R_{B1} 和 R_{B2} 构成偏置电路。

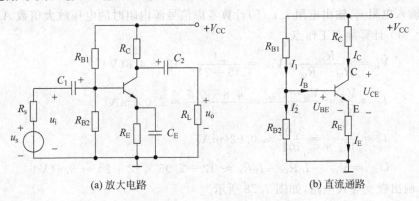

(a) 放大电路　　(b) 直流通路

图 7.27　分压式偏置放大电路

在设计电路时,合理选择 R_{B1} 和 R_{B2} 的阻值,使图 7.27(b) 中的 $I_1 \gg I_B$(工程上认为 $I_1=(5\sim10)I_B$ 即可),即 $I_1 \approx I_2$,则基极电位 V_B 为

$$V_B = I_2 R_{B2} \approx \frac{R_{B2}}{R_{B1}+R_{B2}} \cdot V_{CC}$$

可以认为 V_B 与晶体管的参数无关,不受温度影响,而仅为 R_{B1} 和 R_{B2} 的分压电路所确定。

引入发射极电阻 R_E 后,由图 7.27(b) 可知:

$$U_{BE} = V_B - V_E = V_B - I_E R_E$$

若使 $V_B \gg U_{BE}$,则

$$I_C \approx I_E = \frac{V_B - U_{BE}}{R_E} \approx \frac{V_B}{R_E}$$

为了稳定静态工作点,似乎 I_1 和 V_B 越大越好,其实不然,还需要考虑到其他指标。因此,对硅管而言,在估算时一般可选取工程上的约定:$I_1=(5\sim10)I_B$ 和 $V_B=(5\sim10)U_{BE}$。

分压式偏置电路能稳定静态工作点的物理过程可表示如下。

温度 $T\uparrow \rightarrow I_C\uparrow \rightarrow I_E\uparrow \rightarrow V_E\uparrow \rightarrow U_{BE}\downarrow \rightarrow I_B\downarrow \rightarrow I_C\downarrow$

温度下降时的调整过程与此相反。可见,这种电路能稳定工作点的原因是输出电流 I_C 的变化通过发射极电阻 R_E 上电压降($V_E=I_ER_E$)的变化反映出来,而后引回(就是反馈)输入电路,和 V_B 比较,使 U_{BE} 发生变化来牵制 I_C 的变化。R_E 越大,稳定性能越好。但 R_E 太大时将使 V_E 增高,因此需要减小放大电路输出电压的幅值。R_E 在小电流情况下为几百欧到几千欧,在大电流情况下为几欧到几十欧。

发射极电阻 R_E 接入,一方面发射极电流的直流分量 I_E 通过它,起自动稳定静态工作点的作用;另一方面发射极电流的交流分量 i_e 通过它,也会产生交流压降,使 u_{be} 减小,这样就会降低放大电路的电压放大倍数。为此,可在 R_E 两端并联电容 C_E。只要 C_E 的容量足够大,对交流信号的容抗就很小,对交流分量可视作短路,而对直流分量并无影响,故 C_E 称为发射极交流旁路电容,其容量一般为几十微法到几百微法。

【例 7-6】 图 7.27(a)所示的电路中,设 $V_{CC}=12V,R_C=2k\Omega,R_{B1}=36k\Omega,R_{B2}=24k\Omega,R_E=2k\Omega,R_L=5.1k\Omega,R_s=600\Omega$,三极管的 $\beta=100,U_{BE}=0.7V$。(1)计算静态工作点;(2)画出微变等效电路图;(3)计算不考虑信号源内阻 R_s 时的电压放大倍数 A_v;(4)计算输入电阻 r_i、输出电阻 r_o;(5)计算考虑信号源内阻时的电压放大倍数 A_{vs}。

解 (1)计算静态工作点:

$$V_B=\frac{R_{B2}}{R_{B1}+R_{B2}}\cdot V_{CC}=\frac{24}{36+24}\times 12=4.8(V)$$

$$I_E=\frac{V_E}{R_E}=\frac{V_B-U_{BE}}{R_E}=\frac{4.8-0.7}{2}=2.05(mA)$$

$$I_B=\frac{I_E}{1+\beta}=\frac{2.05}{101}\approx 0.02(mA)$$

$$U_{CE}=V_{CC}-I_CR_C-I_ER_E\approx 12-2.05\times(2+2)=3.6(V)$$

(2)画出微变等效电路,如图 7.28 所示。

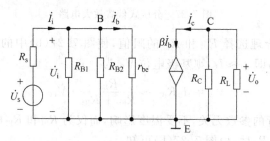

图 7.28   例 7-6 的微变等效电路图

(3)根据静态电流,r_{be} 的值为

$$r_{be}=300+(1+\beta)\times\frac{26(mV)}{I_E(mA)}=300+(1+100)\times\frac{26}{2.05}\approx 1.55(k\Omega)$$

当 $R_s=0$ 时(不考虑信号源的内阻),电压放大倍数为

$$A_v=\frac{-\beta \dot{I}_b\cdot R_C \mathbin{/\mkern-5mu/} R_L}{\dot{I}_b\cdot r_{be}}=-\beta\frac{R_L'}{r_{be}}=-100\times\frac{1.43}{1.55}\approx -92.3$$

式中，$R_{\rm L}' = R_{\rm C} /\!/ R_{\rm L} = 2 /\!/ 5.1 ({\rm k\Omega})$。

（4）计算输入电阻和输出电阻。

$$r_{\rm i} = R_{\rm B1} /\!/ R_{\rm B2} /\!/ r_{\rm be} = 36 /\!/ 24 /\!/ 1.55 = 1.4 ({\rm k\Omega})$$

$$r_{\rm o} \approx R_{\rm C} = 2{\rm k\Omega}$$

（5）计算当 $R_{\rm s} = 0.6{\rm k\Omega}$ 时的电压放大倍数。

$$A_{\rm vs} = A_{\rm v} \times \frac{r_{\rm i}}{R_{\rm s} + r_{\rm i}} = -92.3 \times \frac{1.4}{0.6 + 1.4} = -64.6$$

思考　如果图 7.27 电路中无射极旁路电容 $C_{\rm E}$，对电路的静态工作点、电压放大倍数及输入输出阻抗是否有影响？

7.5　共集电极放大电路

在 6.4.3 小节中介绍了晶体三极管构成放大电路的三种组态，本章前几节介绍的都是共射极电压放大电路，这种电路的电压放大倍数高，工作稳定，不足之处是输出电阻高，输入电阻低。本节将介绍另外一种常见的双极型电路，如图 7.29(a) 所示，其中输入信号 $u_{\rm s}$ 经电容 C_1 耦合到晶体管的基极上，由发射极对地引出输出 $u_{\rm o}$，集电极直接接电源 $V_{\rm CC}$。由于直流电源 $V_{\rm CC}$ 对交流电而言相当于短路到地，所以集电极就是交流信号的"地"，输入、输出以此为公共参考点（地），故名"共集电极"电路，常称为射极输出器或射极跟随器，简称射随器，或 CC 电路。

1. 静态分析

图 7.29(a) 所示的直流通路如图 7.29(b) 所示，由此可得静态工作点为

$$I_{\rm B} = \frac{V_{\rm CC} - U_{\rm BE}}{R_{\rm B} + (1 + \beta) R_{\rm E}}$$

$$I_{\rm C} = \beta I_{\rm B} \approx I_{\rm E}$$

$$U_{\rm CE} = V_{\rm CC} - I_{\rm E} R_{\rm E}$$

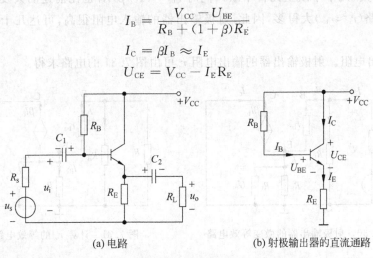

(a) 电路　　　　　　　　　　　(b) 射极输出器的直流通路

图 7.29　射极输出器

2. 动态分析

（1）电压放大倍数。由图 7.30 所示的射极输出器的微变等效电路可得

$$\dot{U}_{\rm o} = \dot{I}_{\rm e} R_{\rm L}' = (1 + \beta) \dot{I}_{\rm b} R_{\rm L}'$$

式中，$R'_L = R_E \mathbin{/\!/} R_L$。

$$\dot{U}_i = \dot{I}_b r_{be} + (1+\beta)\dot{I}_b R'_L$$

$$A_v = \frac{\dot{U}_o}{\dot{U}_i} = \frac{(1+\beta)\dot{I}_b R'_L}{\dot{I}_b r_{be} + (1+\beta)\dot{I}_b R'_L} = \frac{(1+\beta)R'_L}{r_{be} + (1+\beta)R'_L}$$

可见，共集电路的电压放大倍数永远小于 1，但当 $\beta \gg 1$ 时 A_v 十分接近于 1，并且是同相输出（A_v 中无负号）。所以，共集电路的射极输出电压总是跟随基极上的输入电压，相位相同且大小几乎相等，故又名电压跟随器，是一种非常有用的电路。

（2）输入电阻。输入电阻 r_i 也可以从图 7.30 所示的微变等效电路经过计算得出，即

$$\dot{I}_i = \dot{I}_{RB} + \dot{I}_b$$

式中：

$$\dot{I}_{RB} = \frac{\dot{U}_i}{R_B}$$

$$\dot{I}_b = \frac{\dot{U}_i}{r_{be} + (1+\beta)R'_L}$$

$$R'_L = R_E \mathbin{/\!/} R_L$$

$$r_i = \frac{\dot{U}_i}{\dot{I}_i} = \frac{1}{\dfrac{1}{R_B} + \dfrac{1}{r_{be} + (1+\beta)R'_L}} = R_B \mathbin{/\!/} \left[r_{be} + (1+\beta)R'_L \right]$$

可见，射极输出器的输入电阻是由偏置电阻 R_B 和电阻 $r_{be} + (1+\beta)R'_L$ 并联得到的，通常 R_B 的阻值很大（几十千欧至几百千欧），同时 $r_{be} + (1+\beta)R'_L$ 也比前述的共发射极放大电路的输入电阻（$r_i \approx r_{be}$）大得多，因此，射极输出器的输入电阻很高，可达几十千欧至几百千欧。

（3）输出电阻。射极输出器的输出电阻 r_o 可由图 7.31 的电路求得。

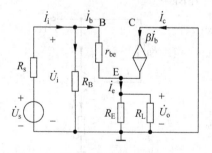

图 7.30　射极输出器的微变等效电路

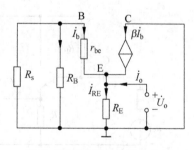

图 7.31　计算 r_o 的等效电路

将信号源短路，保留其内阻 R_s，R_s 与 R_B 并联后的等效电阻为 R'_s。在输出端将 R_L 除去，加一交流电压 $\dot{U}_o$，产生电流 $\dot{I}_o$。

$$\dot{I}_o = \dot{I}_{RE} - (1+\beta)\dot{I}_b = \frac{\dot{U}_o}{R_E} - (1+\beta)\frac{-\dot{U}_o}{r_{be} + R'_s}$$

$$r_{\mathrm{o}} = \frac{\dot{U}_{\mathrm{o}}}{\dot{I}_{\mathrm{o}}} = \frac{1}{\dfrac{1}{R_{\mathrm{E}}} + \dfrac{1+\beta}{r_{\mathrm{be}} + R'_{\mathrm{s}}}} = R_{\mathrm{E}} \,/\!/\, \frac{(r_{\mathrm{be}} + R'_{\mathrm{s}})}{(1+\beta)}$$

通常 $\beta \gg 1$，$(1+\beta)R_{\mathrm{E}} \gg (r_{\mathrm{be}} + R'_{\mathrm{s}})$，故

$$r_{\mathrm{o}} \approx \frac{r_{\mathrm{be}} + R'_{\mathrm{s}}}{1+\beta}$$

由此看出，射极输出器的输出电阻是很低的(比共发射极放大电路的输出电阻低得多)，由此也说明它具有恒压输出特性，这类电路具有很强的带负载能力。

综上所述，射极输出器的主要特点是：输入、输出电压同相且电压放大倍数接近 1，输入电阻高，输出电阻低。因为输入电阻高，它常用作多级放大电路的输入级，这对高内阻的信号源具有重要的意义。如果信号源的内阻较高，而它接一个低输入电阻的共发射极放大电路，那么信号源的电压主要降在信号源本身的内阻上，而分到放大电路输入端的电压就相对较小。另外，如果放大电路的输出电阻较低，则带负载的能力较强。也可以这样理解：对放大电路的负载来说，放大电路的输出电阻相当于信号源的内阻，若内阻较小，则负载上得到的输出电压就较大。在电子线路中，虽然射极输出器本身的电压放大倍数小于 1，但很多电路都利用射极输出器的输入电阻 r_{i} 高，输出电阻 r_{o} 小的特点，作为系统输入级和输出级使用，改善放大电路的工作性能。

7.6　场效应管放大电路

随着 MOS 场效应器件在数字集成电路中的应用获得巨大成功，MOS 器件在模拟集成电路中的应用也越来越广泛。场效应管放大电路也有三种基本组态：共源、共漏和共栅。通常跟三极管的共射电路一样，共源电路的应用最为广泛，因此这里只以共源组态为例介绍场效应管放大电路。

1. 静态分析

由于场效应管是一个压控型半导体器件，因此静态工作点的分析不同于三极管放大电路。这种放大电路的静态偏置是给场效应管的栅极提供一个合适的偏置电压，以此利用电场效应控制漏极电流的大小。

常用的场效应管放大电路偏置形式有两种：自给式偏置和分压式偏置。

图 7.32 所示是一个采用自给式偏置的耗尽型 NMOS 场效应管放大电路。由于采用的是耗尽型场效应管，即使栅源没有输入偏压，漏极电流仍然存在，因此源极电位 $V_{\mathrm{S}} = R_{\mathrm{S}} I_{\mathrm{D}}$。同时，由于这是一个绝缘栅场效应管，栅极没有电流，因此栅极电位 V_{G} 为零。那么可以得到栅源电压为

$$U_{\mathrm{GS}} = V_{\mathrm{G}} - V_{\mathrm{S}} = -R_{\mathrm{S}} I_{\mathrm{D}} \qquad (7\text{-}16)$$

根据耗尽型 MOS 场效应管在放大区的转移特性公式(6-9)有

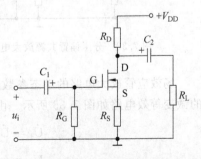

图 7.32　自给偏置共源放大电路

$$I_{\mathrm{D}} = I_{\mathrm{DSS}} \left(1 - \frac{U_{\mathrm{GS}}}{U_{\mathrm{GS(off)}}}\right)^2 \tag{7-17}$$

联立式(7-16)和式(7-17)可得到耗尽型场效应管放大电路的静态工作点 I_{D} 和 U_{GS}。

这种偏置电压是由场效应管自身的电流提供的,故称为自给式偏置。由于增强型 NMOS 场效应管必须使 $U_{\mathrm{GS}} > U_{\mathrm{GS(th)}}$,即栅源极之间必须正向偏置且 U_{GS} 大于开启电压才能工作在放大区,故增强型 MOS 场效应管是不能采用这种偏置方式的。

图 7.33 所示是采用分压式偏置的增强型 NMOS 场效应管放大电路。同样由于栅极没有电流,R_{G} 上没有电压降,因此栅极电位为

$$V_{\mathrm{G}} = \frac{R_{\mathrm{G2}}}{R_{\mathrm{G1}} + R_{\mathrm{G2}}} \cdot V_{\mathrm{DD}}$$

栅源偏压为

$$U_{\mathrm{GS}} = \frac{R_{\mathrm{G2}}}{R_{\mathrm{G1}} + R_{\mathrm{G2}}} \cdot V_{\mathrm{DD}} - R_{\mathrm{S}} I_{\mathrm{D}} \tag{7-18}$$

根据增强型 MOS 场效应管在放大区的转移特性公式(6-8)有

$$I_{\mathrm{D}} = I_{\mathrm{DO}} \left(\frac{U_{\mathrm{GS}}}{U_{\mathrm{GS(th)}}} - 1\right)^2 \tag{7-19}$$

联立式(7-18)和式(7-19)可得到增强型场效应管放大电路的静态工作点 I_{D} 和 U_{GS}。

2. 动态分析

前面已经指出,NMOS 场效应管特性曲线上有三个工作区:截止区、电阻区和恒流放大区。NMOS 场效应管的栅极绝缘,所以 G、S 间总是开路的;当晶体管工作在恒流放大区时,漏极电流比较平坦,可以近似地认为是一组和横轴平行的直线,即 I_{D} 与 U_{DS} 无关,只受 U_{GS} 控制。由式(6-10)可知,当工作在交流小信号时,漏极电流与栅源电压满足式 $\dot{I}_{\mathrm{D}} = g_{\mathrm{m}} \dot{U}_{\mathrm{GS}}$,因此可以得到如图 7.34 所示的小信号模型。

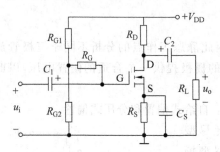 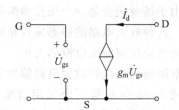

图 7.33　分压偏置共源放大电路　　　　图 7.34　NMOS 场效应管简化小信号模型

场效应管放大电路的动态参数同样可以采用小信号模型来分析。图 7.33 所示电路的微变等效电路如图 7.35 所示。由图可得

$$\dot{U}_{\mathrm{i}} = \dot{U}_{\mathrm{gs}}$$

$$\dot{U}_{\mathrm{o}} = -\dot{I}_{\mathrm{d}} R_{\mathrm{D}} /\!/ R_{\mathrm{L}} = -g_{\mathrm{m}} R_{\mathrm{L}}' \dot{U}_{\mathrm{gs}}$$

式中,$R_{\mathrm{L}}' = R_{\mathrm{D}} /\!/ R_{\mathrm{L}}$。由此得到电压放大倍数为

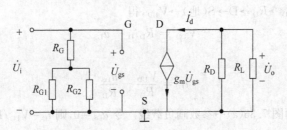

图 7.35　图 7.33 所示电路的微变等效电路

$$A_v = \frac{\dot{U}_o}{\dot{U}_i} = \frac{-g_m R_L' \dot{U}_{gs}}{\dot{U}_{gs}} = -g_m R_L'$$

输入电阻为

$$r_i = \frac{\dot{U}_i}{\dot{I}_i} = R_G + R_{G1} \; /\!/ \; R_{G2}$$

输出电阻为

$$r_o \approx R_D$$

一般地，R_G 取几兆欧，R_D 在几千欧到几十千欧。

【例 7-7】 用图解法判断图 7.36(a)电路中增强型 NMOS 场效应管(FET)的工作状态，电路参数如图 7.36(a)中所示，增强型 NMOS 场效应管的开启电压 $U_{GS(th)}=1V$，NMOS 场效应管的输出伏安特性曲线如图 7.36(b)所示。

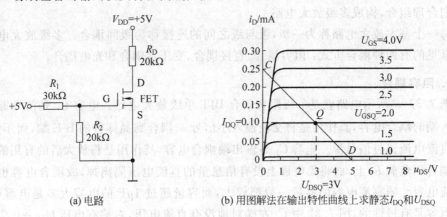

(a) 电路　　　　　　(b) 用图解法在输出特性曲线上求静态I_{DQ}和U_{DSQ}

图 7.36　NMOS 电路直流工作点的图解法

解　(1) 求栅—源偏置电压 U_{GSQ}。由于 NMOS 场效应管是绝缘栅的，栅极既无电流流出也无电流流入，所以与双极型晶体管不同，只要求得栅—源偏置电压即可。由栅极回路并利用图中参数，得

$$U_{GSQ} = \frac{5}{R_1 + R_2} \cdot R_2 = \frac{5}{30 + 20} \times 20 = 2(V)$$

(2) 列出输出负载线方程，在输出特性曲线上画输出负载线，求静态工作点 I_{DQ} 和 U_{DSQ}。

由漏极回路 $V_{DD} \rightarrow R_D \rightarrow D \rightarrow S(地) \rightarrow V_{DD}$，得

$$V_{DD} = R_D i_D + u_{DS}$$

输出负载线方程为

$$i_D = \frac{V_{DD}}{R_D} - \frac{u_{DS}}{R_D}$$

根据上式并利用图 7.36(a) 中参数画负载线。令 $u_{DS} = 0$，则 $i_D = V_{DD}/R_D = 5/20 = 0.25\text{mA}$，此即图 7.36(b) 中点 C 为 $(0, 0.25)$；再令 $i_D = 0$，得 $u_{DS} = V_{DD} = 5\text{V}$，此即点 $D(5, 0)$，从而得到负载线 CD。负载线与 $u_{GS} = U_{GSQ} = 2\text{V}$ 的特性曲线的交点 Q 即为工作点，由图中得 $Q(U_{DSQ}, I_{DQ}, U_{GSQ}) = Q(3\text{V}, 0.1\text{mA}, 2\text{V})$。

解题思路　NMOS 场效应管电路的直流工作点分析也可以用图解法在输出特性曲线上求解，方法和步骤与双极型晶体管电路雷同。不过要注意，NMOS 场效应管的栅极输入电流等于零。

7.7　差动放大电路

7.7.1　多级放大电路的信号耦合

在实际应用中，常对放大电路的性能提出多方面的要求。比如需要一个放大电路的灵敏度高（输入阻抗高）、电压放大倍数高、带负载能力高（输出阻抗低）的三高电路，仅采用前面讲的任何一种放大电路都不可能同时满足上述要求，这时可以采用多个放大电路，将它们合理组合，构成多级放大电路。

每一个基本放大电路称为一级，级与级之间的连接称为级间耦合。多级放大电路的级联常见的有四种耦合方式：阻容耦合、直接耦合、变压器耦合和光电耦合。

1. 阻容耦合

图 7.37(a) 所示电路就是一级阻容耦合 BJT 单级放大电路。电容 C_1 是信号源到器件输入端的耦合电容，其作用是将交流输入小信号 u_s 耦合到晶体管的 B-E 端，而不让 R_B 上的直流电流流过信号源。电容 C_2 是输出端耦合电容，其作用是将放大后的有用的交流信号耦合到负载 R_L 上，而将集电极上没有信息量的直流电压隔离掉，故耦合电容也叫作隔直流电容。隔直流电容的容量一般都较大，而容量超过 $1\mu\text{F}$ 的电容大多是电解电容。电解电容是有极性的，图 7.37 中 C_1 左端对地没有直流电压，右端有电压 $U_{BE} = 0.7\text{V}$，故 C_1 的极性为右"＋"左"－"。图 7.37 中所有电容上的"＋"号表示"此端是直流高电位端"，并意指是电解电容。

阻容耦合的优点是：各级间的直流电路互不相通，静态工作点相互独立，因此电路的分析设计和应用十分方便。而且，只要耦合电容足够大，就可以做到在一定的频率范围内，信号几乎可以不衰减地加到后一级的输入端上，使信号得到充分利用。所以，阻容耦合方式在多级放大电路中获得了广泛应用。但阻容耦合方式不适于放大低频缓变信号，更不能放大直流信号，所以不适宜在集成电路中应用，因为在集成电路中难以制作大容量电容。

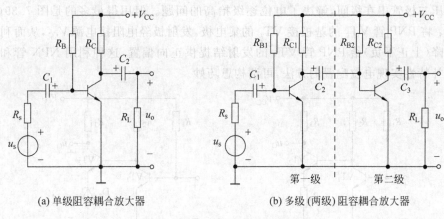

(a) 单级阻容耦合放大器　　　　　　　(b) 多级 (两级) 阻容耦合放大器

图 7.37　阻容耦合放大电路示例

2. 直接耦合

直接耦合也叫作直流耦合,各级电路不借助任何元器件即可直接连接。这种电路的优点是:电路简单,低频响应好,频率接近直流,故直接耦合放大器也叫作直流放大器,最重要的是适宜集成。直接耦合电路的最大问题是:各级直流不独立,静态工作点相互关联,从而带来以下两个问题。

1) 级间直流电位配置问题

图 7.38(a) 所示电路是一个工作点设计合理的单级放大器,如果采用直接耦合的方式简单地连接起来组成两级或多级放大器,如图 7.38(b) 所示,电路便不能正常工作,因为第一级的晶体管 VT_1 的集电极被 VT_2 基极钳位在 $0.7V$ 左右,使 VT_1、VT_2 都进入了饱和或准饱和状态,从而无法进行正常放大,这就是级间直流电位配置问题。

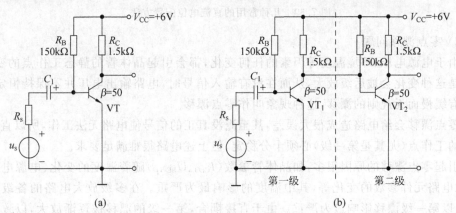

(a)　　　　　　　　　　　　　　(b)

图 7.38　直接耦合的电位配置问题举例

常用的几种电位配置方法如图 7.39 所示。图 7.39(a) 所示电路是用加射极电阻的方法抬高 VT_2 基极电位,其优点是电路简单,缺点是增益减小;图 7.39(b) 所示电路是用射极加稳压二极管的方法抬高 VT_2 基极电位,优点是电路增益不受影响,但同射极电阻法一样,不适于多级电路,因为后续各级的电位会越来越高;图 7.39(c) 所示电路的方法是将稳压二极管串在级间,解决了电位逐级抬高的问题。但用得最多的是图 7.39(d)所示电路:将 PNP 管 VT$_2$ 的基极接 VT$_1$ 的集电极,发射极经电阻接电源 V_{CC},从而利用 R_2 上的压降(上正下负)给 PNP 管 VT$_2$ 的发射结提供正向偏置,这种利用 NPN 管和 PNP 管的互补特性实现电位配置的方法,可谓构思巧妙。

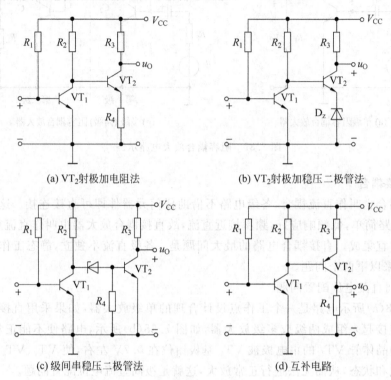

(a) VT$_2$射极加电阻法   (b) VT$_2$射极加稳压二极管法

(c)级间串稳压二极管法   (d)互补电路

图 7.39   几种常用的直流电位配置方法

2)零点漂移问题

由于电源电压、环境温度等因素的任何变化,都会引起晶体管的静态工作点的变化,特别是这种变化会被后级放大,从而在没有输入信号时,电路输出电压并不保持恒定值,而是有缓慢而无规则的漂移,这种现象叫作零点漂移。

零点漂移会给电路造成很大误差,甚至淹没真正的信号使电路无法工作,所以直流放大器的工作点(尤其是第一级)必须十分稳定,但上述电路很难满足要求。

引起零点漂移的原因很多,如晶体管参数(I_{CBO}、U_{BE}、β)随着温度的变化、电源电压的波动、电路元件参数的变化等,其中温度的影响最为严重。在多级放大电路的各级漂移中,又以第一级漂移影响最为严重。由于直接耦合,第一级的漂移被逐渐放大,以致影响到整个放大电路的工作。所以,抑制漂移的重点在第一级。实际上常用差动放大电路作为抑制零点漂移的有效方法。

实践表明,差动放大器具有极高的稳定性,集成电路中,毫无例外地用差动放大电路作为输入级。

＊3. 变压器耦合

用变压器也可以实现级间信号耦合,如图 7.40 中的两级放大电路所示:交流输入信号 u_s 经晶体管 VT_1 放大后,在变压器 TR_1 的初级获得第一级放大后的信号,再经变压器耦合到第二级放大器晶体管 VT_2 的输入端;然后经第二级放大后在变压器 TR_2 的次级获得两级放大后的信号,此信号继而加到负载上或下一级放大器的输入端⋯⋯

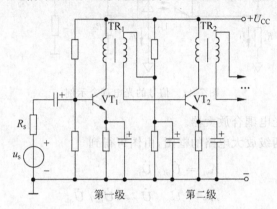

图 7.40　变压器耦合放大电路示例

变压器耦合的优点是:由于变压器具有升压、降压和阻抗变换功能,所以可以实现信号的最佳级间配合,在功率放大等电路中,尤其在功率输出电路中获得了广泛应用;另外,变压器的初级和次级之间是直流隔离的,变压器的引入不会改变原来的静态工作点,各级静态工作点相互独立,初级次级可以不共地,从而给电路的分析和设计带来了方便。变压器耦合的最大缺点是:体积大、重量重、变压器的频率响应特性差,尤其是对低频信号的耦合能力较差,更重要的是,变压器耦合和阻容耦合一样,无法在集成电路中实现。

＊4. 光电耦合

图 7.41 所示电路是一个光电耦合线性放大电路,图中 A_1 是一级差分放大器,A_2 也是一级差分放大器(见本节后续介绍),两级之间通过光电耦合器 U_1 实现信号耦合:输入信号 v_i 从放大器 A_1 的同相输入端加入,放大后经电阻 R_0 加到光电耦合器 U_1 的发光二极管上,产生二极管电流 i_0,发光二极管的发光强度随 i_0(即 v_i)的变化而变化,光电耦合器中的受光器——光敏三极管在受到光照之后,产生光生电流 i_2,i_2 随光强变化,同时在电阻 R_2 上产生压降,此压降继而加到 A_2 输入端,经 A_2 同相放大后输出 v_o,所以 v_o 将随 v_i 的变化而变化。图中 U_2 将 i_0 的变化回送到 A_1 的反相输入端(−),以保证电路"线性"放大,这就是"反馈"。有关反馈的概念见第 9 章。

光电耦合的优点是:信号的发送端和接收端可以充分隔离,可以不共地。如图 7-41 中用⏚和⊥区分,前者表示等电位,可能是"高压地";后者表示接大地或接机壳,分别供电(如图 7.41 中分别用 V_{CC1} 和 V_{CC2}),从而可有效地抑制系统噪声,消除共地干扰。由于光电耦合器还具有体积小,耐冲击,响应速度快等优点,所以在弱电—强电接口,特别是在微机系统的前向和后向通道中获得了广泛应用。

将发光器、受光器和集成放大器封装在一起的产品已有多种,既有光电耦合开关,传

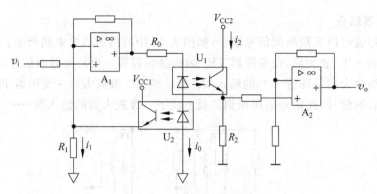

图 7.41   信号的光电耦合示例

送开关量,也有线性光电耦合放大器。

图 7.42 所示为两级放大电路的框图,由图可得到

$$A_{v1} = \dot{U}_{o1} / \dot{U}_{i1}$$

$$A_{v2} = \dot{U}_{o2} / \dot{U}_{i2} = \dot{U}_{o2} / \dot{U}_{o1}$$

两级总的放大倍数为

$$A_v = \frac{\dot{U}_o}{\dot{U}_i} = \frac{\dot{U}_{o1}}{\dot{U}_{i1}} \cdot \frac{\dot{U}_{o2}}{\dot{U}_{o1}} = A_{v1} A_{v2}$$

推论到 n 级,则有

$$A_v = A_{v1} A_{v2} \cdots A_{vn}$$

即总的放大倍数等于各级放大倍数的乘积。在计算各级电压放大倍数时,必须考虑后级对前级的影响,后一级的输入电阻就是前一级的负载电阻。

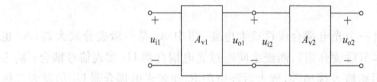

图 7.42   多级放大电路级间连接

7.7.2   差动放大电路

差动放大电路是一种具有两个输入端且电路结构完全对称的放大电路,又称为差分放大器。其基本特点是两个输入端的输入信号有差值时,输出才有变动,即具有放大作用。也就是说,差动放大电路放大的是两个输入信号的差,所以称为差动放大电路。

1. 电路结构

一个理想的晶体三极管差分放大器基本电路如图 7.43(a)所示,电路左右两边完全对称,晶体管 VT_1、VT_2 完全相同,集电极电阻 R_C 完全相等,两个三极管的发射极连在一起,由理想电流源 I_Q 提供直流偏置。输入信号分别由 VT_1、VT_2 的基极加入,也可由一个晶体管的基极输入而另一个晶体管的基极接地,前者叫作双端输入,后者称为单端输入。

输出信号由两个集电极之间取出,也可以由某个集电极与地之间输出。前者叫作双端输出,后者称为单端输出。从而可有 4 种输入—输出方式:双端输入—双端输出、双端输入—单端输出、单端输入—单端输出、单端输入—双端输出。

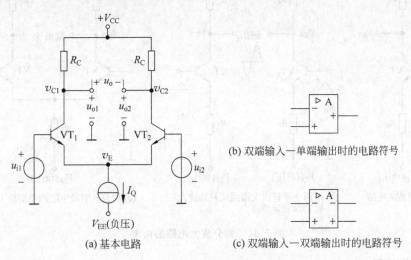

图 7.43 差分放大器的基本电路

双端输入—单端输出时,差分放大器的电路符号如图 7.43(b) 所示,输入端为"+"号者为同相输入端,表示输入为正(增大)时,输出也为正(增大),即极性相同,为"同相";输入端加"-"号者为反相输入端;符号▷表示放大器,信号流向自左至右;字母 A 是增益的一般符号,用具体数值表示,当增益很大时,可用 ∞ 表示。图 7.43(c) 是双端输入—双端输出时的电路符号。

图 7.43(a) 所示电路可以认为是如下演变而来的:一个单管放大电路,如图 7.44(a) 所示,当温度改变时其直流工作点会发生漂移,简称温漂。为克服温漂可用两个这样的电路分别放大为两个大小相等、极性相反的信号,并在两个集电极之间取出输出,如图 7.44(b) 所示。显然,有用信号相互叠加而被放大,这就是信号差动放大。但是,由于两个电路完全相同,其工作点变化也一定相同(同时升高或同时降低),所以两个集电极之间输出中的直流变化将相互抵消,使工作点漂移大大减小甚至被消除。由于在图 7.44(b) 所示电路中,两个晶体管的发射极电位相同,因此可以连在一起而不会影响工作,并且两个射极电阻可用一个等效电阻 R_e 代替,这就是图 7.44(c) 所示的电路。由图可知,R_e 越大,工作点越稳定(参见 7.4 节)。但 R_e 越大工作电流越小,晶体管的 β 值将减小,为此可用一个等效的输出电阻非常大、但电流值可以用不太小的恒流源 I_Q 代替电阻 R_e,图 7.44(c) 所示电路从而变成图 7.43(a) 所示电路。

2. 工作原理

1) 差模信号和共模信号

在分析电路的工作原理之前,先定义两个常用术语:差模信号和共模信号。

设两个输入信号分别为 u_{i1} 和 u_{i2}。定义:

$$u_{id} = u_{i1} - u_{i2} \tag{7-20}$$

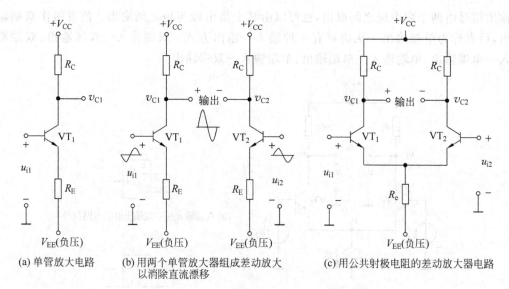

(a) 单管放大电路　　(b) 用两个单管放大器组成差动放大　　(c) 用公共射极电阻的差动放大器电路
　　　　　　　　　　　　以消除直流漂移

图 7.44　差分放大电路的由来

u_{id} 称为差模信号。

定义输入信号 u_{i1} 和 u_{i2} 的平均值 u_{ic} 为

$$u_{ic} = (u_{i1} + u_{i2})/2 \tag{7-21}$$

u_{ic} 称为共模信号。共模信号是伴随输入信号进入放大器的干扰信号或漂移信号。

于是,任何输入信号都可以用差模信号和共模信号的线性组合表示。

$$u_{i1} = u_{ic} + \frac{1}{2}u_{id} \tag{7-22}$$

$$u_{i2} = u_{ic} - \frac{1}{2}u_{id} \tag{7-23}$$

如果 u_{i1} 和 u_{i2} 是一对反对称信号,即两者大小相等、极性相反,则 $u_{ic}=0$,即只含有差模分量,没有共模分量,这种反对称信号常称为纯差模信号。若 u_{i1} 和 u_{i2} 大小相等极性相同,则 $u_{id}=0$,即只含有共模成分,不含有差模成分,常称为纯共模信号。

下面分别在静态和动态两种情况下分析图 7.43(a)电路的工作状况。

2) 静态工作情况

静态时没有输入信号,$u_{i1}=u_{i2}=0$,两个晶体管的基极电位均为 0,故公共发射极上的电位为

$$V_{EQ} = V_{EQ1} = V_{EQ2} = -U_{BE} = -0.7V$$

式中,Q 指静态工作点,下同。由于两个晶体管完全相同,故发射极电流为

$$I_{EQ1} = I_{EQ2} = I_{EQ} = \frac{I_Q}{2}$$

两个晶体管的集电极电流为

$$I_{CQ1} = I_{CQ2} = I_{CQ} = \frac{\alpha I_Q}{2}$$

式中,$a = \dfrac{\beta}{1+\beta}$。

两个晶体管的集电极电位为

$$V_{CQ1} = V_{CQ2} = V_{CC} - R_C \cdot \dfrac{aI_Q}{2}$$

所以,$U_O = V_{CQ1} - V_{CQ2} = 0$,即没有输入信号时,输出信号为零。

3) 动态工作情况

当电路的两个输入端分别加大小相等、极性相反的差模信号,即 $u_{i1} = -u_{i2} = u_{id}/2$ 时,一个晶体管的电流将增大,另一个晶体管的电流将减小,则输出信号 $u_o = v_{C1} - v_{C2} \neq 0$,即两个输出端之间有信号输出,所以我们说,电路对差模信号有放大功能。

当电路输入纯共模信号,即 $u_{i1} = u_{i2} = u_{ic}$ 时,则两个晶体管的发射极电流都力图增大(设 $u_{ic} > 0$),但公共发射极上接的是理想电流源,其输出电阻为无穷大,所以,发射极电流力图增大时,公共发射极电位会急剧升高,当升高到 $v_E = V_{EQ} + u_{ic}$ 时,两个晶体管的 u_{BE} 又都等于 $-V_{EQ}$,两个晶体管的发射极电流也将维持 $I_Q/2$ 不变,从而 i_C 和 v_C 不变。由此可见,电路对纯共模信号没有响应,或者说,电路对共模信号有抑制作用。

综上所述,理想差分放大器只放大差模信号,不放大(即抑制)共模信号,这就是差分放大器的重要特征,也是其突出优点。

3. 差动放大电路的性能表征

一个好的差动放大电路,应当是差模增益大,共模抑制能力强,频率响应好,输入电阻大。所以,差动放大电路的性能主要用以下几个参数表征:差模增益、共模增益、共模抑制比、输入电阻和输出电阻、频率响应特性和传输特性。

1) 差模增益

设图 7.43(a)所示的差动放大电路工作在线性区内,其交流通路如图 7.45(a)所示。图 7-45(a)中所有电源都交流到地,输入信号已用式(7-22)和式(7-23)表示,R 是非理想电流源时的等效输出电阻。当共模信号 $u_{ic} = 0$ 时,输入信号即为纯差模信号,此时如果电路完全对称,则输入信号在两管中引起的电流增量必然大小相等方向相反,而 R 中的电流维持不变。也就是说,对于交流或增量信号而言,公共发射极上的电位是不变的,因此公共发射极相当于交流地,从而得到如图 7.45(b)所示的纯差模输入时的交流通路,电路已被分割为独立的两部分,只要分析其中一半即可,称为差模半电路,画出其小信号等效电路,可得

$$u_{o1} = \dfrac{-\beta R_C}{r_{be}} \cdot \left(\dfrac{1}{2} u_{id} \right)$$

$$u_{o2} = \dfrac{-\beta R_C}{r_{be}} \cdot \left(-\dfrac{1}{2} u_{id} \right)$$

所以,双端输入—双端输出时的差模增益为

$$A_{vd} = \dfrac{u_o}{u_{id}} = \dfrac{u_{o1} - u_{o2}}{u_{id}} = \dfrac{-\beta R_C}{r_{be}} \tag{7-24}$$

双端输入—单端(VT_1 集电极)输出时的差模增益为

$$A_{vd1} = \dfrac{u_{o1}}{u_{id}} = -\dfrac{u_{o2}}{u_{id}} = \dfrac{-\beta R_C}{2r_{be}} \tag{7-25}$$

这就是说,双端输入—双端输出时的差模增益只相当于一级单管共射放大器的增益,

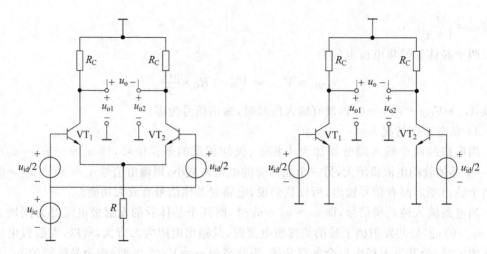

(a) 非理想电流源时的交流通路   (b) 纯差模输入时的交流通路

图 7.45　差分放大器的交流通路

双端输入—单端输出时的差模增益只相当于双端输入—双端输出时的一半。可见,差分放大器良好的共模抑制能力是用双倍的元器件换来的。

注意:当输出端外接负载电阻 R_L 时,单端输出增益表达式中的 R_C 应换成 $(R_C /\!/ R_L)$;双端输出增益表达式中的 R_C 应换成 $R_C /\!/ (R_L/2)$,因为双端输出时 R_L 接在两个晶体管的集电极之间,且 $u_{o1} = -u_{o2}$,所以 R_L 的中点必为交流零电位,相当于只有 $R_L/2$ 同 R_C 并联。另外,在一个晶体管的基极输入,而在另一个晶体管的集电极上输出时,为同相放大,故式(7-25)中无负号。

单端输入可以看作双端输入的特殊情况,所以单端输入—单端输出时的差模增益表达式同式(7-25),单端输入—双端输出时的差模增益同式(7-24),请自行分析。

2）差模输入电阻和差模输出电阻

由于差模输入电压 u_{id} 总是加在两个晶体管的基极之间,其输入电流为 i_b,所以差模输入电阻为

$$r_{id} = \frac{u_{id}}{i_b} = 2r_{be}$$

单端输出电阻为　　　　　　　　　　$r_{od(单)} \approx R_C$

双端输出电阻为　　　　　　　　　　$r_{od(双)} \approx 2R_C$

3）共模增益

在图 7.45(a)中,当 $u_{id}=0$ 时,输入为纯共模信号,电路如图 7.46(a)所示。图 7.46 中 R 画成了两个 $2R$ 的并联,显然,由于电路完全对称,两个输入信号完全相同,两个发射极的电位一定相等,其间的连线必定无电流流过,故用虚线表示,即使断开此连线对电路的工作也不会产生任何影响,从而电路变为如图 7.46(b)所示,分成了两个完全独立的部分,称为共模半电路。而每个共模半电路就是一个发射极电阻为 $2R$ 的共射电路,其电压增益为

$$A_{vc1} = \frac{-\beta R_C}{r_{be} + 2R(1+\beta)} \approx \frac{-R_C}{2R} \tag{7-26}$$

式中,A_{vc1} 是集电极 C_1 上单端输出时的共模电压增益。

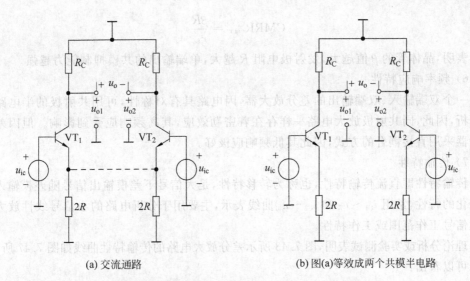

(a) 交流通路　　　　　　　　(b) 图(a)等效成两个共模半电路

图 7.46　纯共模输入时差分放大器的交流通路

由于两个共模半电路完全相同,输入信号也相同,所以 $u_o = u_{o1} - u_{o2} = 0$,从而双端输出时的共模电压增益为 0,即

$$A_{vc(双)} = 0$$

4) 共模输入电阻和共模输出电阻

由于共模输入电压 u_{ic} 同时加在两个晶体管的基极上,所以共模输入电阻是两个完全相同的共模半电路输入电阻的并联,即

$$r_{ic} = \frac{1}{2}[r_{be} + (1 + \beta) \cdot 2R] \approx (1 + \beta)R$$

共模输出电阻与差模输出电阻相同。

5) 共模抑制比

一个好的差分放大器,应当是差模增益尽可能大,共模增益尽可能小,两者比值越大说明共模成分的影响越小,电路的性能越佳。为此,引入参数共模抑制比(Common Mode Rejection Ratio, CMRR)概念,定义为

$$CMRR = \left| \frac{A_{vd}}{A_{vc}} \right|$$

有时用分贝表示

$$K_{CMR} = 20\lg \left| \frac{A_{vd}}{A_{vc}} \right| \text{(dB)}$$

在电路完全对称时,$A_{vc(双)} = 0$,则

$$CMRR_{(双)} = \infty$$

在单端输出时

$$CMRR_{(单)} = \left| \frac{A_{vd1}}{A_{vc1}} \right|$$

由式(7-25)和式(7-26),单端输出的共模抑制比为

$$CMRR_{(单)} = \frac{\beta R}{r_{be}}$$

上式表明,晶体管的 β 值越大,发射极电阻 R 越大,单端输出的共模抑制能力越强。

*6) 频率响应特性

一个双端输入、双端输出的差分放大器,因电路具有对称性,可用共射极的半电路进行分析,因此,同共射极放大电路一样存在着密勒效应,其高频响应受到影响。但因差分放大器采用直接耦合的方式,因此其低频响应极好。

*7) 传输特性

传输特性即直流传输特性,也称为转移特性,是大信号下差模输出信号随差模输入信号变化的特性,常用 $i_{C1} \sim u_{id}$ 和 $i_{C2} \sim u_{id}$ 曲线表示,主要用于分析电路的小信号线性放大区和大信号工作范围或工作特性。

理论分析或实验测试表明,图7.43所示差分放大电路的传输特性曲线如图7.47所示。可以看出:

（1）在 $u_{i1} = u_{i2} = 0$ 即静态时,或者 $u_{i1} = u_{i2} = u_{ic}$ 即纯共模输入时,因 $u_{id} = 0$,则 $i_{C1} = i_{C2} = I_Q/2$,I_Q 被两个晶体管平分,电路工作在曲线中 Q 点处。

（2）随着 $|u_{id}|$ 的增大,一个晶体管电流增加,另一个晶体管电流减小。在 $u_{id} = 0 \sim \pm U_t$ 范围内（$U_t = 26mV$,热电压）,i_{C1} 或 i_{C2} 随 u_{id} 呈线性变化,即电路工作在线性放大区内。晶体管差分放大器的线性放大区（约50mV）比晶体管单管放大器大得多（约26mV）。

（3）当 $|u_{id}|$ 增大到 $|u_{id}| \geqslant 4U_t \approx 100mV$ 时,一个晶体管电流减小到0左右,晶体管截止,另一个晶体管电流增大到最大值 I_Q,则电路工作在限幅状态。

【例 7-8】 已知差分放大电路如图7.48所示（发射极接电阻的差动放大电路也称为长尾式差动放大器）,VT$_1$、VT$_2$ 完全对称,$\beta = 50$,$r_{be} = 2k\Omega$,集电极电阻 $R_C = 10k\Omega$,发射极电阻 $R = 10k\Omega$,单端输出负载电阻 $R_L = 10k\Omega$,电源 $V_{CC} = +10V$,$V_{EE} = -10V$,输入为正弦信号,有效值 $U_i = 20mV$。试求输出电压的有效值 U_o。（注意,斜体大写字符加斜体小写下标如"U_i",表示正弦信号的有效值。下同。）

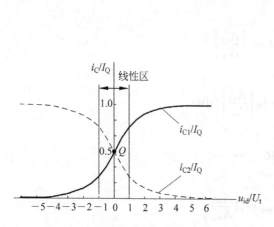

图 7.47　差分放大器的传输特性曲线

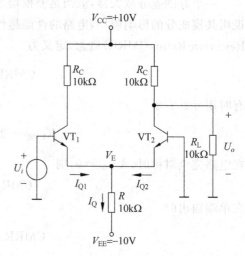

图 7.48　例 7-8 电路图

解 （1）直流工作点分析。图 7.48 是一个单端输入、单端同相输出的差分放大电路。由于 R 下接负电源 V_{EE}，VT_1、VT_2 的基极为直流地，所以 VT_1、VT_2 导通，静态电位 $V_{EQ} = -U_{BE} = -0.7V$，电阻 R 上流过的工作点电流为

$$I_Q = I_{Q1} + I_{Q2} = 2I_{Q1}$$
$$= (V_{EQ} - V_{EE})/R = [-0.7 - (-10)]/10 = 0.93(mA)$$

故集电极电压为

$$V_{C1} = V_{C2} = V_{CQ} \approx V_{CC} - R_C I_Q/2 = 10 - 10 \times 0.93/2 = 5.3(V)$$
$$U_{CE1} = U_{CE2} = U_{CEQ} = V_{CQ} - V_{EQ} = 5.3 - (-0.7) = 6(V)$$

故 VT_1、VT_2 工作在放大区内

（2）求输出电压。因为 $u_{i1} = U_i$，$u_{i2} = 0$，所以

$$U_{id} = U_{i1} - U_{i2} = U_i = 20(mV)$$
$$U_{ic} = (U_{i1} + U_{i2})/2 = U_i/2 = 10(mV)$$

由于 VT_1、VT_2 工作在线性放大状态，所以根据式（7-25）并注意到等效负载为 $R_C /\!/ R_L$，单端输入—单端同相输出的差模增益为

$$A_{vd(单-单)} = \frac{\beta(R_C /\!/ R_L)}{2r_{be}} = \frac{50 \times (10 /\!/ 10)}{2 \times 2} = 62.5$$

根据式（7-26）并注意到等效负载为 $R_C /\!/ R_L$，则单端输入—单端输出的共模增益为

$$A_{vc(单-单)} = \frac{-R_C /\!/ R_L}{2R} = \frac{-10 /\!/ 10}{2 \times 10} = -0.25$$

所以总输出电压为

$$U_o = A_{vd(单-单)}U_{id} + A_{vc(单-单)}U_{ic} = 62.5 \times 0.02 + (-0.25) \times 0.01 = 1.2475(V)$$

注意：本例中的下标字母为斜体表示交流有效值。

习题 7

7.1 填空题。

（1）差动放大电路的基本功能是对差模信号的_____作用和对共模信号的_____作用。

（2）差分放大电路，若两个输入信号 $u_{i1} = u_{i2}$，则输出电压，$u_o = $_____；若 $u_{i1} = 100\mu V$，$u_{i2} = 80\mu V$ 则差模输入电压 $u_{id} = $_____$\mu V$；共模输入电压 $u_{ic} = $_____$\mu V$。

7.2 在图 7.49 所示的电路中，设 $\beta = 60$，$U_{BE} \approx 0$。试确定静态工作点。

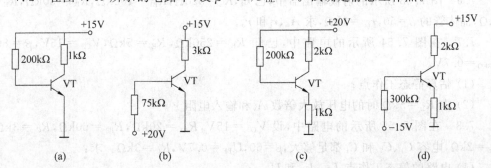

图 7.49 题 7.2 图

7.3 图 7.50 所示的电路能否放大交流信号,为什么?

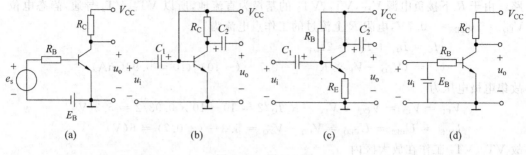

图 7.50 题 7.3 图

7.4 在图 7.51 所示的电路中,设晶体管的放大倍数 $\beta=50$,电阻值如图 7.51 所示。

(1)求静态工作点 I_B、I_C、U_{CE};

(2)画出交流微变等效电路;

(3)求出电路的电压放大倍数 A_v,输出电阻 r_o 和输入电阻 r_i。

7.5 在图 7.52 所示的电路中,已知 $R_{B1}=36k\Omega$,$R_{B2}=24k\Omega$,$R_C=2k\Omega$,$R_L=5.1k\Omega$,$R_s=0.6k\Omega$,$\beta=50$,$r_{be}=1.6k\Omega$,求:

(1)放大电路的输入电阻 r_i 和输出电阻 r_o;

(2)放大电路的电压源电压放大倍数 A_{vs}。

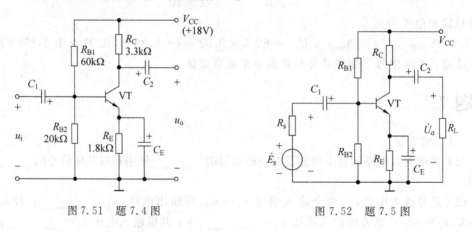

图 7.51 题 7.4 图   图 7.52 题 7.5 图

7.6 图 7.53 所示的射极输出器中,已知,$R_s=520\Omega$,$R_{B1}=100k\Omega$,$R_{B2}=30k\Omega$,$R_E=1k\Omega$,晶体管的 $\beta=50$,$r_{be}=1k\Omega$,求 A_u、r_i 和 r_o。

7.7 在图 7.54 所示的电路中,已知 $R_B=250k\Omega$,$R_E=5k\Omega$,$V_{CC}=15V$,$\beta=80$,$U_{BEQ}=0.7V$。

(1)估算静态工作点;

(2)求 $R_L=5k\Omega$ 时的电压放大倍数 A_v 和输入电阻 r_i。

7.8 在图 7.55 所示的电路中,设 $V_{CC}=15V$,$R_{B1}=20k\Omega$,$R_{B2}=60k\Omega$,$R_C=3k\Omega$,$R_E=2k\Omega$,电容 C_1、C_2 和 C_E 都足够大,$\beta=60$,$U_{BE}=0.7V$,$R_L=3k\Omega$。求:

(1)电路的静态工作点 I_{BQ}、I_{CQ} 和 U_{CEQ};

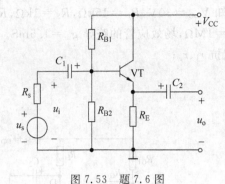

图 7.53　题 7.6 图

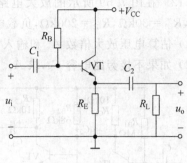

图 7.54　题 7.7 图

（2）电路的电压放大倍数 A_v，放大电路的输入电阻 r_i 和输出电阻 r_o；

（3）信号源具有 $R_s = 600\Omega$ 的内阻时源电压的放大倍数 A_{vs}。

7.9　在图 7.56 所示的电路中，已知晶体管的 $\beta = 100$，$U_{BEQ} = 0.6\mathrm{V}$。求：

（1）电路的静态工作点 I_{BQ}，I_{CQ} 和 U_{CEQ}；

（2）电路的电压放大倍数 $A_v = u_o/u_i$；

（3）电路的输入阻抗 r_i 和输出阻抗 r_o。

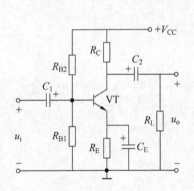

图 7.55　题 7.8 图

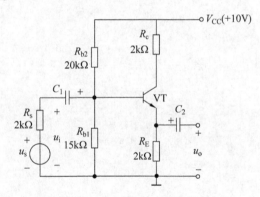

图 7.56　题 7.9 图

7.10　在图 7.57 所示的电路中，已知晶体管的电流放大系数 $\beta = 60$，输入电阻 $r_{be} = 1.8\mathrm{k}\Omega$，信号源的输入信号电压 $u_s = 15\mathrm{mV}$，内阻 $R_s = 0.6\mathrm{k}\Omega$，各个电阻和电容的数值也已标在电路图中。求：

（1）该放大电路的输入电阻和输出电阻；

（2）输出电压 u_o；

（3）$R_E'' = 0$ 时 u_o 的值。

7.11　两级放大电路及参数如图 7.58 所示，已知 $\beta_1 = \beta_2 = 50$。

（1）画出微变等效电路；

（2）分别求出 $R_s = 0$，$R_s = 1\mathrm{k}\Omega$ 时的总电压放大倍数 A_{vs}。

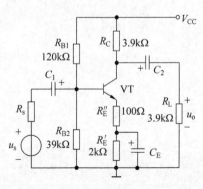

图 7.57　题 7.10 图

7.12   在图 7.59 所示的放大电路中,已知 $V_{DD}=30V$, $R_D=15k\Omega$, $R_S=1k\Omega$, $R_G=20M\Omega$, $R_{G1}=30k\Omega$, $R_{G2}=200k\Omega$, 负载电阻 $R_L=1M\Omega$, 场效应管的跨导 $g_m=1.5mS$。

(1) 估算电压放大倍数 A_v 和输入、输出阻抗 r_i、r_o;

(2) 如果不接旁路电容 C_S, 求 A_v。

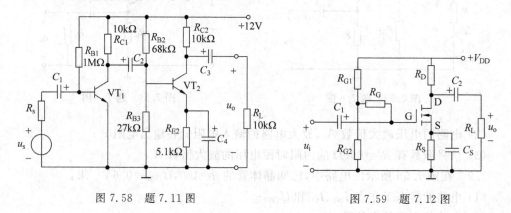

图 7.58   题 7.11 图   图 7.59   题 7.12 图

第 8 章

功率放大电路

8.1 功率放大器的特点及分类

众所周知,灯泡有电流流过才会发光,电炉丝有电流流过才会发热,喇叭动圈有电流流过才会产生磁场吸引纸盆振动发出声音……因此要调光、调温、扩音,仅有大的信号电压幅度是不够的,还必须提供足够的电流。既能放大电压又能提供足够电流的放大器叫作功率放大器,通常简称为功放。

8.1.1 功率放大器的特点

功率放大器与电压放大器实际上没有本质的区别,只是使用或关注的侧重点不同而已。电压放大器主要用于小信号电压放大,使用或关注的重点是电压增益、输入电阻和输出电阻等。而功率放大器的主要任务是以最小的失真向负载提供足够的信号功率,因此,最关心的是输出功率、能量转换效率和非线性失真等。所以,对功率放大器的要求或称功率放大器的特点有如下几点。

(1) 输出功率要尽可能大。功率放大器的额定输出功率是指失真程度不超过规定范围的最大输出功率,也称为最大不失真输出功率,要获得最大输出功率,必须使输出电压幅值和输出电流幅值都尽可能地大。这表明,功率放大器势必工作在大信号条件下,晶体管在接近极限运行状态下工作。

(2) 非线性失真要尽可能小。由于功率放大器工作在大信号条件下,甚至接近极限工作状态,因此非线性失真不可避免,而且输入信号越大,非线性失真越严重,所以功率放大器必须将非线性失真限制在允许范围之内。

(3) 能量转换效率要高。功率放大器就是将直流电源能量转换成交流信号能量传送给负载,电路的转换效率一定要高,效率低就意味着能量被浪费。更严重的是,这些被浪费的能量都消耗在器件上,使器件温度升高,从而带来工作不稳定,使器件老化加速,甚至损坏。

对于多级放大电路而言,前置级的电压放大也存在效率问题,但是在整个电子设备中,前置级的功耗与功放级相比微不足道,所以一般不予考虑。

(4) 散热条件要好。功率放大器工作时,输出功率大,晶体管的功耗也大,从而晶体管的散热、保护和二次击穿等问题变得突出且不可忽视。

　　注意：由于功率放大器工作在大信号条件下，小信号等效电路分析法不再适用，所以在功率放大器的分析中多用大信号分析法或图解法。

8.1.2　功率放大器的分类

　　按照输出晶体管的导通角分类，功率放大器可分为 A 类、B 类、C 类和 AB 类（或称为甲类、乙类、丙类和甲乙类）四种。导通角等于 360° 为 A 类，等于 180° 为 B 类，小于 180° 为 C 类，大于 180° 而小于 360° 为 AB 类，如图 8.1 所示。与其相应的晶体管的偏置状态如图 8.2 所示。

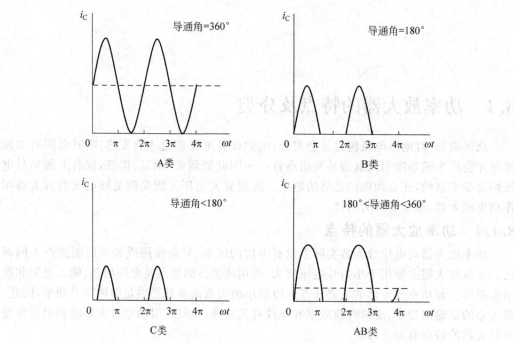

图 8.1　按照导通角大小功率放大器可分为 A、B、C、AB 四类

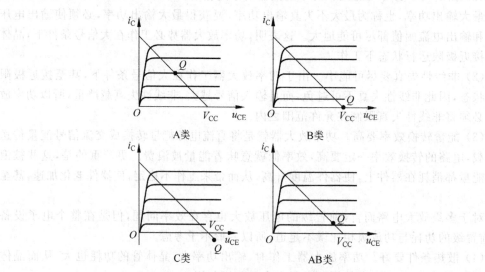

图 8.2　四类功率放大器的偏置状态

1. A 类放大

A 类放大器的一个示意电路如图 8.3 所示。如前所述,只要适当选择电阻 R_1 和 R_2,晶体管的工作点即可位于线性放大区内负载线中间位置附近,只要输入信号幅度不是太大,晶体管就不会截止或饱和,因此不会产生非线性失真。失真小是 A 类功放的最大优点。但是,在没有输入信号(即 $v_i = 0$)时,晶体管是导通的,所以有静态功耗。功耗大、效率低($\leqslant 50\%$)是 A 类功放的主要缺点。

2. B 类放大

图 8.4(a)所示的射极跟随器电路实质上就是一个简单的 B 类功率放大器。当 $v_i = 0$ 或输入信号为负时,晶体管截止,$i_C = 0$;当输入为正半周时,晶体管导通,输出半波信号。这种电路的优点是在没有输入信号时电路的静态功耗为 0;缺点是只能放大正半周波形。不过,假如再用一个由负电源 V_{EE} 和 PNP 晶体管组成的射极跟随器,如图 8.4(b)所示,即可放大负半周信号(因为当输入为负半周时,PNP 晶体管的基极为负,发射结正偏,晶体管导通)。如果将图 8.4(a)和图 8.4(b)电路合在一起,如图 8.4(c)所示,则既可以放大正半周信号,也可以放大负半周信号。正半周时,NPN 晶体管导通;负半周时,PNP 晶体管导通,并且没有静态功耗,这就是简单的 B 类互补推挽电路。这种电路总是一个晶体管导通,另一个晶体管截止,一推一拉,故名推挽。因为电路用双电源供电,由 NPN 晶体管和 PNP 晶体管互补构成,故称双电源互补推挽功放电路。

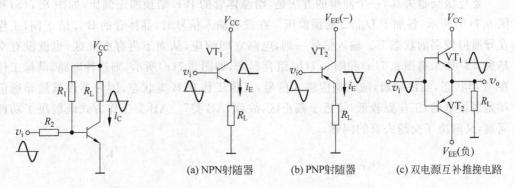

(a) NPN射随器 (b) PNP射随器 (c) 双电源互补推挽电路

图 8.3 简单的 A 类功放电路   图 8.4 B 类放大

3. C 类放大

平时将晶体管的 B-E 结反偏使晶体管截止,当输入信号幅度足够大时靠输入信号使晶体管导通放大的工作方式,称为 C 类放大,如图 8.5 所示。在图 8.2(c)中,曾将虚拟的工作点画在横轴以下,这并不表示静态有反向的集电极电流,只是表示当输入信号足够正时晶体管才开始导电,因此其导通角总小于 180°。

C 类放大能提供大的输出功率,且转换效率较高。主要用在有 RLC 调谐回路进行选频的射频功放中,如无线广播和电视发射机中。

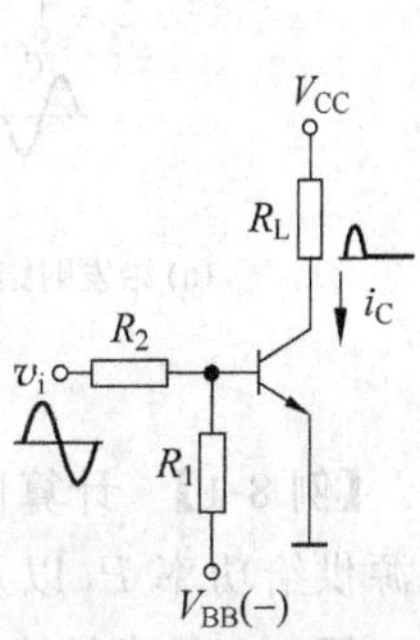

图 8.5 C 类放大

4. AB 类放大

图 8.4(a)所示的射级输出器 B 类放大电路存在以下不足：当输入信号为 0 时，晶体管的 B-E 结是零偏的，在输入信号增大到 0.6V 之前晶体管不会导通，因此电路对输入信号的响应有一个不灵敏区，或称"死区"。图 8.4(b)同样存在类似情况，所以图 8.4(c)电路的输出波形实际上如图 8.6(b)所示，即输出波形在 0V 线附近发生了失真，这种失真称为"交越失真"。

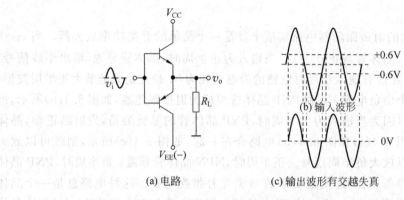

(a) 电路 (c) 输出波形有交越失真

图 8.6 B 类放大中的交越失真

要克服交越失真，一个简单的方法是，给晶体管的 B-E 结预加正偏压，如图 8.7(a)和图 8.7(b)所示，各加了 $U_{BB}/2$ 的预偏压。在没有输入信号时，晶体管的 B-E 结正偏，工作在导通但较弱的状态下。输入信号一到，电路立即响应，从而不再存在死区，也就没有交越失真。如果将图 8.7(a)和图 8.7(b)组合起来，如图 8.7(c)所示，则这种电路，既像工作在 A 类状态，器件导通，随时响应输入信号，又像工作在 B 类状态，因为器件虽然导通但却是弱导电的，工作点较低，接近于截止区，故称"AB 类"。AB 类工作方式既解决了功耗问题，又解决了交越失真的问题。

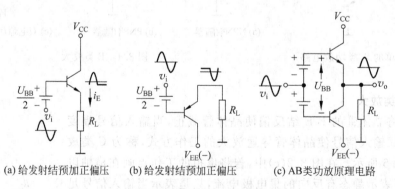

(a) 给发射结预加正偏压 (b) 给发射结预加正偏压 (c) AB 类功放原理电路

图 8.7 AB 类放大电路

【例 8-1】 计算图 8.4(c)所示的 B 类功放的输出功率 P_o、功率管上的消耗功率 P_T、电源供给功率 P_V 以及电路的效率 η。设 $|V_{EE}| = V_{CC}$。

解 (1) 求输出功率 P_o。设负载 R_L 上的电压振幅为 V_{om}，有效值为 V_o，输出电流为

I_{om}，有效值为 I_o。则

$$P_o = V_o I_o = \frac{V_{om}}{\sqrt{2}} \cdot \frac{V_{om}}{\sqrt{2} R_L} = \frac{V_{om}^2}{2 R_L}$$

由于图 8.4(c)中晶体管 VT_1、VT_2 处于射级跟随状态，输出电压近似等于输入电压，最大输入为 V_{CC}（忽略晶体管 U_{BES}），最大输出电压近似为 V_{CC}，所以电路的最大输出功率近似为

$$P_{omax} = \frac{V_{CC}^2}{2 R_L}$$

（2）求管耗 P_T。由于每个晶体管只工作半周，所以每个晶体管的功耗等于晶体管上的压降 $(V_{CC} - v_o)$ 乘以流过晶体管的电流 v_o / R_L 在 $0 \sim \pi$ 内的积分，以 VT_1 为例，即

$$P_{T1} = \frac{1}{2\pi} \int_0^\pi (V_{CC} - v_o) \cdot \frac{v_o}{R_L} \mathrm{d}(\omega t)$$

代入 $v_o = V_{om} \sin \omega t$，则得

$$P_{T1} = P_{T2} = \frac{1}{R_L} \left(\frac{V_{CC} V_{om}}{\pi} - \frac{V_{om}^2}{4} \right)$$

（3）求电源电压提供的功率 P_V。负载功率、晶体管上消耗的功率都是电源提供的，所以

$$P_V = P_o + P_{T1} + P_{T2}$$

代入 P_o、P_{T1}、P_{T2}，得

$$P_V = \frac{2}{\pi} \cdot \frac{V_{CC} V_{om}}{R_L}$$

（4）电路的效率 η。功率放大器的效率 η 定义为输出功率与电源功率之比，即

$$\eta = \frac{P_o}{P_V}$$

对于图 8.4(c)的 B 类功放，$V_{om} \approx V_{CC}$，则

$$\eta_{max} = \frac{P_o}{P_V} = \frac{\pi}{4} \cdot \frac{V_{om}}{V_{CC}} = \frac{\pi}{4} = 78.5\%$$

注意：求解中忽略了管压降 U_{CES}，并认为负载是理想的，因此实际效率低于上述值。

8.2 AB 类双电源互补功放电路

在实际电路中，一般不能靠外加电池提供偏置，因为电池体积大，不经济也不方便，应当用电路元器件和电路技术来实现。一种简单方法是，用二极管的正向压降作偏压，如图 8.8(a)和图 8.8(b)所示。两个二极管 VD_1、VD_2 串在晶体管 VT_3 的集电极电路中，图中 R 既是 VT_3 的集电极负载，也是 VD_1、VD_2 的限流电阻，VD_1 和 VD_2 的串联压降 $U_{D1} + U_{D2}$ 就相当于图 8.7(c)中的偏置电压 U_{BB}。注意，图 8.8(b)与图 8.8(a)完全类同，只是用电流源代替了电阻。

图 8.81(c)是一种 U_{BE} 倍增偏置电路，原理是：VT_1 基极和 VT_2 基极之间的偏置电压 U_{BB} 用 VT_4 的 C-E 电压（即电阻 R_1 和 R_2 上的压降）代替。VT_4 的 β 值一般较大，其基极电流可以忽略不计，所以由图可得

$$I_{\mathrm{R}} \approx I_{\mathrm{R2}} = \frac{U_{\mathrm{BE4}}}{R_2}$$

$$U_{\mathrm{BB}} = I_{\mathrm{R}}(R_1 + R_2) = \frac{U_{\mathrm{BE4}}}{R_2} \cdot R_2 \left(1 + \frac{R_1}{R_2}\right)$$

即：

$$U_{\mathrm{BB}} = U_{\mathrm{BE4}}(1 + R_1/R_2)$$

显然，U_{BE}扩大了$(1 + R_1/R_2)$倍后作为偏置电压，故名"U_{BE}倍增偏置电路"。调整 R_1/R_2 的比值，可改变电路的偏置状况。

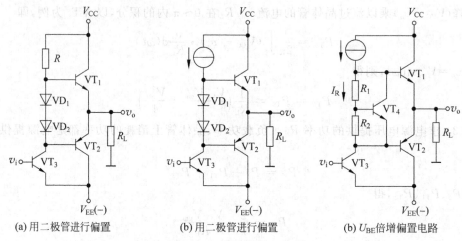

(a) 用二极管进行偏置　　　　(b) 用二极管进行偏置　　　　(b) U_{BE}倍增偏置电路

图 8.8　AB 类双电源放大电路

8.3　常用集成功放电路

集成功放有高频功放和低频功放之分。用在收音机、录音机和扩音机等声频设备中的功率放大器是低频功放，常用芯片如 $1\sim3\mathrm{W}$ 的 4000 系列，$3\sim5\mathrm{W}$ 的 380 系列，$100\sim150\mathrm{W}$ 的 PA12 和 SHM1150 等。下面重点介绍 LM380/384 和 SHM1150 芯片。

8.3.1　双极型集成功放 LM380/LM384

集成功放 LM380/LM384 的内部电路如图 8.9 所示，晶体管 $\mathrm{VT}_1 \sim \mathrm{VT}_4$ 组成 PNP 达林顿差分放大输入级，VT_5 和 VT_6 是其有源负载，电源电压 V_{CC} 通过 VT_7、电阻 $R_{1\mathrm{A}}$、$R_{1\mathrm{B}}$ 给 VT_3 提供偏置，VT_4 由 V_{O} 经 R_5 提供偏置，$I_{\mathrm{C3}} \approx I_{\mathrm{C4}}$。在输入信号等于 0 时，由支路 $V_{\mathrm{CC}} \rightarrow \mathrm{VT}_7 \rightarrow R_{1\mathrm{A}} \rightarrow R_{1\mathrm{B}} \rightarrow U_{\mathrm{EB3}} \rightarrow U_{\mathrm{EB1}} \rightarrow$ 地，得

$$I_{\mathrm{C3}} \approx I_{\mathrm{E3}} = \frac{V_{\mathrm{CC}} - 3U_{\mathrm{EB}}}{R_{1\mathrm{A}} + R_{1\mathrm{B}}}$$

由支路 $V_{\mathrm{O}} \rightarrow R_5 \rightarrow U_{\mathrm{EB4}} \rightarrow U_{\mathrm{EB2}} \rightarrow$ 地，得

$$I_{\mathrm{C4}} \approx I_{\mathrm{E4}} = \frac{V_{\mathrm{O}} - 2U_{\mathrm{EB}}}{R_5}$$

令以上两式相等，则

$$V_{\mathrm{O}} = \frac{1}{2}V_{\mathrm{CC}} + \frac{1}{2}U_{\mathrm{EB}}$$

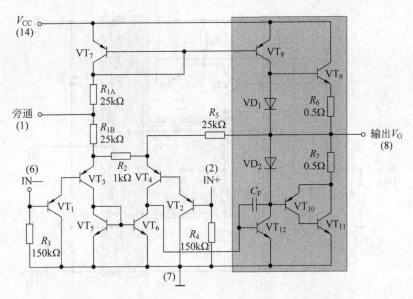

图 8.9　集成功放 LM380/384(括号内数字是封装引脚号)

这就是说,静态时,输出电压 V_O 近似等于 $0.5V_{CC}$,从而可获得最大输出幅度,以便获得最大输出功率。电阻 R_5 是负反馈电阻,有利于工作点稳定和固定电压增益。差分放大器的输出从 VT_4 的集电极上取出,送 VT_{12} 的基极输入端,VT_{12}、VT_9、VT_{10}、VT_{11} 和 VD_1、VD_2 组成互补推挽电路,如阴影部分所示,与图 8.8 所示电路几乎完全相同。VT_{12} 接成共射组态,其集电极接有源负载 VT_8,VT_8 与 VT_7 为镜像电流源,为 VT_{12} 提供偏置。VT_{12} 集电极上的输出就是输出级的输入信号,VT_{10} 和 VT_{11} 接成复合管,等效成一个高 β 的 PNP 管,与 VT_9 接成推挽电路。VD_1、VD_2 是静态偏置电路,将电路偏置在 AB 类状态。

电容 C_F 是频率补偿电容。引脚 1(旁通)可外接 $0.47\sim5\mu F$ 的旁通电容。

LM380/LM384 的电压增益固定为 34dB,前者最大输出功率大于 2.5W,后者大于 5.5W,380 系列带宽为 100kHz,384 系列带宽为 450kHz,均为 14 脚双列直插封装。

8.3.2　BiCMOS 集成功放 SHM1150

SHM1150Ⅱ集成功率放大器的原理电路如图 8.10 所示。VT_1、VT_2 组成差放输入级,输入信号从 VT_1 的基极单端输入,VT_2 的基极是从输出端 v_o 经 R_F 回送来的反馈信号。第一级的放大信号从 VT_1、VT_2 的集电极双端输出,送 VT_3、VT_4 的输入端。VT_3、VT_4 组成第二级高增益差放,并将第一级的双端输出放大转换成单端输出送 VT_6 基极。VT_3 用电流源 I_2 偏置,阴影内是 U_{BE} 倍增偏置的 AB 类功率输出级(参见图 8.8(c)),输出端是两只 VMOS 大功率管 N_1、N_2。N_1 同 VT_6 组成复合 NPN 管,N_2 同 VT_7 组成复合 PNP 管,以减小输出电阻,提高输出能力。R_8、R_9 是 VT_6、VT_7 的保护电阻。C 是频率补偿电容,以消除可能产生的自激。

SHM1150 的最大输出功率为 150W,电源电压为 $\pm12V\sim\pm50V$。

8.3.3　其他常用功放芯片

1. 小功率芯片 4100 系列

几瓦以下的功放芯片常称为小功率放大器,如 4100/4101/4102 系列,其工作电压较

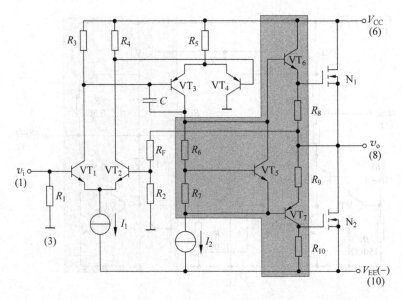

图 8.10   150W 集成功放 SHM1150

低（6～9V），输出功率较小（1～2W），电压增益为 40～70dB，主要用于收音机、录音机的音频功放。它们多用 14 脚双列直插封装，并自带散热片固定，如图 8.11 所示。

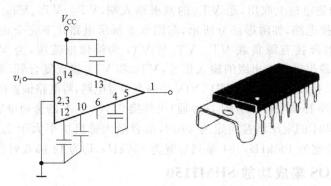

图 8.11   小功率芯片 4100 系列封装

2. 集成功放芯片 PA12

PA12 是一个大功率集成功放芯片，其内部电路如图 8.12（a）所示，实物及封装如图 8.12（b）和图 8.12（c）所示。VT$_{2A}$ 和 VT$_{2B}$ 组成复合 NPN 晶体管，VT$_{4A}$ 和 VT$_{4B}$ 组成复合 PNP 晶体管，二者再组成推挽输出，由 R$_3$、R$_4$ 和 VT$_3$ 组成的 U_{BE} 倍增电路偏置。VT$_1$ 是恒流源，是前置放大级的有源负载，并给 R$_3$、R$_4$ 和 VT$_3$ 供电。VT$_1$ 的恒流是靠稳压二极管 VD$_Z$ 实现的：R$_1$ 和 VD$_Z$ 是一个简单稳压电路，VD$_Z$ 两端电压基本稳定不变，使 U_{R2} + U_{EB1} 基本不变，因 $U_{EB1} \approx 0.6V$，所以 U_{R2} 基本不变，从而 I_{R2} 及 I_{C1} 恒定不变。

PA12 的最大输出功率为 125W，最大峰—峰电流为 ±15A，工作电压为 ±10～±50V，电源可程控，带前置放大，10Hz 时开环增益为 110dB，增益带宽积为 4MHz，功率带宽为 20kHz。金属封装，外壳即为散热片及其固定。可驱动电动机、磁偏转电路、超声换能器等。

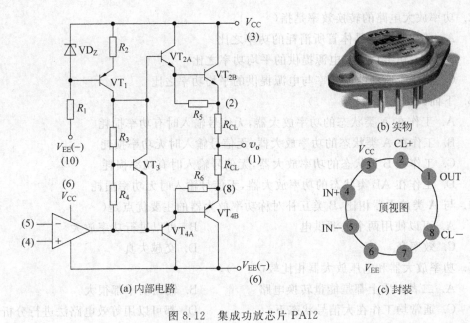

图 8.12　集成功放芯片 PA12

习题 8

8.1　填空题。

1. 功放电路的性能指标主要有_____尽可能大、_____尽可能小、_____尽可能高。

2. A 类功率放大电路中,设晶体管在信号周期时间 T 内的导电时间为 t,则 t 与 T 的关系是_____。

3. B 类功率放大电路中,设晶体管在信号周期时间 T 内的导电时间为 t,则 t 与 T 的关系是_____。

4. AB 类功率放大电路中,设晶体管在信号周期时间 T 内的导电时间为 t,则 t 与 T 的关系是_____。

5. 在功率放大电路中,A 类放大电路是指放大器的导通角为_____。

6. 在功率放大电路中,B 类放大电路是指放大器的导通角为_____。

7. 在功率放大电路中,AB 类放大电路是指放大器的导通角为_____。

8. 互补功率放大电路采用_____型管和_____型管轮流工作来实现放大功能。

9. 在 B 类互补对称功率放大器中,因晶体管交替工作而引起的失真叫作_____。

10. AB 类互补对称电路虽然效率降低了,但能有效克服_____。

8.2　选择题。

1. 功率放大电路的最大输出功率是在输入电压为正弦波时,输出基本不失真情况下,负载上可能获得的最大(　　　)。

　　A. 交流功率　　　　　B. 直流功率　　　　　C. 平均功率

2. 功率放大电路的转换效率是指（　　）。

　　A. 输出功率与晶体管所消耗的功率之比

　　B. 最大输出功率与电源提供的平均功率之比

　　C. 晶体管所消耗的功率与电源提供的平均功率之比

3. 下面说法正确的是（　　）。

　　A. 工作在 A 类状态的功率放大器，无信号输入时有功率损耗

　　B. 工作在 A 类状态的功率放大器，无信号输入时无功率损耗

　　C. 工作在 B 类状态的功率放大器，无信号输入时有功率损耗

　　D. 工作在 AB 类状态的功率放大器，无信号输入时无功率损耗

4. 与 A 类放大器相比，B 类互补对称功率放大器的主要优点是（　　）。

　　A. 可以使用两个电源供电　　　　　　B. 可以进行功率放大

　　C. 效率高　　　　　　　　　　　　　D. 交越失真

5. 功率放大器和电压放大器相比较（　　）。

　　A. 二者本质上都是能量转换电路　　　B. 输出功率都很大

　　C. 通常均工作在大信号状态下　　　　D. 都可以用等效电路法进行分析

6. 功率放大电路的效率为（　　）。

　　A. 输出的直流功率与电源提供的直流功率之比

　　B. 输出的交流功率与电源提供的直流功率之比

　　C. 输出的平均功率与电源提供的直流功率之比

7. 为了克服 B 类互补对称电路中的交越失真，可在两个晶体管的基极间加入（　　）。

　　A. 电阻　　　　　　B. 电容　　　　　　C. 电感　　　　　　D. 电源

8. 对 AB 类功率放大器，其静态工作点一般设置在特性曲线的（　　）。

　　A. 放大区中部　　　　　　　　　　　B. 截止区

　　C. 放大区但接近截止区　　　　　　　D. 放大区但接近饱和区

9. 功率放大电路的输出功率等于（　　）。

　　A. 输出电压与输出交流电流幅值的乘积

　　B. 输出交流电压与输出交流电流的有效值的乘积

　　C. 输出交流电压与输出交流电流幅值的乘积

8.3　判断题。

1. 在功率放大电路中，输出功率越大，功放管的功耗越大。　　　　　　　（　　）

2. 功率放大电路的最大输出功率是指在基本不失真情况下，负载上可能获得的最大交流功率。　　　　　　　　　　　　　　　　　　　　　　　　　　　　　　（　　）

3. 功率放大电路与电压放大电路、电流放大电路的共同点是都使输出电压大于输入电压。　　　　　　　　　　　　　　　　　　　　　　　　　　　　　　　　（　　）

4. 功率放大电路与电压放大电路、电流放大电路的共同点是都使输出电流大于输入电流。　　　　　　　　　　　　　　　　　　　　　　　　　　　　　　　　（　　）

5. 功率放大电路与电压放大电路、电流放大电路的共同点是都使输出功率大于信号

源提供的输入功率。 （ ）

6．功率放大电路与电压放大电路的区别是前者比后者电源电压高。 （ ）

7．功率放大电路与电压放大电路的区别是前者比后者电压放大倍数大。 （ ）

8．功率放大电路与电压放大电路的区别是前者比后者效率高。 （ ）

9．功率放大电路与电压放大电路的区别是在电源电压相同的情况下，前者比后者的最大不失真输出电压大。 （ ）

10．功率放大电路与电流放大电路的区别是前者比后者电流放大倍数大。 （ ）

11．功率放大电路与电流放大电路的区别是前者比后者效率高。 （ ）

12．功率放大电路与电流放大电路的区别是在电源电压相同的情况下，前者比后者的输出功率大。 （ ）

13．由于功率放大器中的晶体管处于大信号工作状态，所以微变等效电路方法不再适用。 （ ）

8.4 已知电路如图 8.13 所示，已知 $V_{CC}=16V$，$R_L=4\Omega$，VT_1 和 VT_2 的饱和管压降 $|U_{CES}|=2V$，输入电压足够大。求最大输出功率 P_{om} 和效率 η。

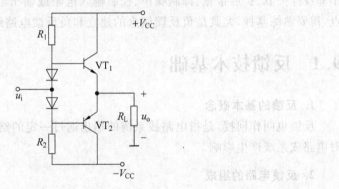

图 8.13 题 8.4 图

第 9 章

放大电路中的反馈

反馈是一种重要的电路技术,是美国工程师 Harold Black 为改善电话中继放大器的增益稳定性于 1928 年提出的。本章将介绍反馈的基本概念、反馈的基本组态、负反馈的作用及其分析方法。分析表明,负反馈可以明显改善电路的性能,如提高增益稳定性、减小非线性失真、扩展带宽、抑制噪声、控制输入电阻或输出电阻等。负反馈是重点也是难点,需要熟练掌握,尤其是负反馈概念的建立和负反馈电路组态的判别方法等。

9.1 反馈技术基础

1. 反馈的基本概念

反馈也叫作回授,是指电路或系统的输出通过一定的路径返回输入端,与输入量一起对电路或系统产生影响。

2. 反馈电路的组成

根据反馈的定义可知,反馈电路由基本放大电路、反馈网络及求和电路三部分组成,如图 9.1 所示。其中基本放大电路实现信号的正向传输,反馈网络用于信号的反向传输,符号 $\otimes$ 是求和电路。图中采用 $\dot{X}$ 表示信号,既可为电压信号,也可为电流信号。X 上的"·"表示它是正弦量,本章只关心小信号变化量,并且是正弦信号,所以可以用 $\dot{X}$ 表示。$\dot{X}_i$ 是输入信号,$\dot{X}_o$ 是输出信号,$\dot{X}_f$ 是反馈信号,$\dot{A}$ 是基本放大器的增益。考虑到正弦信号放大倍数受储能元件影响也会随频率变化而变化,故而本章所有的放大倍数 A 上面都加"·"。$\dot{F}$ 是反馈网络的传输系数,或称反馈系数,基本放大电路的输入信号称为净输入量 $\dot{X}_{id}$。

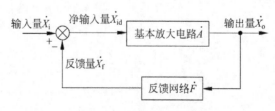

图 9.1 反馈放大电路框图

3. 反馈的类型

1) 交流反馈和直流反馈

反馈电路通常由阻容元件组成,既与输入端相连,又与输出端相连。如果反馈电路的连接使反馈信号中只含有直流成分,称为直流反馈。如果反馈信号中只含有交流成分,称为交流反馈。在很多情况下,交流、直流反馈兼而有之。

【例 9-1】 判断图 9.2 所示的电路是否存在反馈。若存在,是交流反馈还是直流反馈? 或是两者兼有?

解　输出电流 i_E 在发射极电阻 R_E 上的电压反馈回输入端影响输入信号的过程是一个标准的反馈过程。由于电路的直流通路和交流通路中 R_E 同样存在,输出电流的变化影响输入端的交直流电压产生变化,因此这是一个交直流反馈并存的反馈网络。

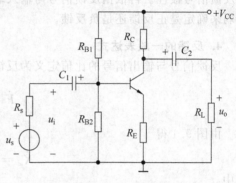

图 9.2　例 9-1 电路

思考　在这个电路中,引入 R_E 的主要目的是为了稳定静态工作点,如何改动电路去除交流反馈? 由此思考交直流反馈机制。

2) 电压反馈和电流反馈

依据反馈信号的取样不同,可以将反馈分为电压反馈和电流反馈。如果反馈信号取自输出电压,与输出电压成正比,则称为电压反馈。如果反馈信号取自输出电流,与输出电流成正比,则称为电流反馈。

3) 串联反馈和并联反馈

依据反馈信号返回输入端的连接方式不同,可以将反馈分为串联反馈和并联反馈。如果反馈信号与输入信号以串联的形式作用于净输入端,则称为串联反馈。如果反馈信号与输入信号以并联的形式作用于净输入端,则称为并联反馈。

4) 正反馈和负反馈

依据反馈信号的极性不同,可以将反馈分为正反馈和负反馈。

(1) 如果外加输入信号 $\dot{X}_i$ 与反馈信号 $\dot{X}_f$ 共同作用在净输入端,使基本放大电路的净输入信号增加,增强了外加输入信号的作用,就称为正反馈。

正反馈在一定程度上提高了整个电路的电压放大倍数(外加输入信号不变的条件下,输出信号增加),多用于振荡电路和脉冲数字电路中。引入正反馈提高电路放大倍数的同时,会使放大电路的工作稳定性及其他许多性能变差,所以在放大电路中一般不使用正反馈。

(2) 如果外加输入信号 $\dot{X}_i$ 与反馈信号 $\dot{X}_f$ 共同作用在净输入端,使基本放大电路的净输入信号减少,削弱了外加输入信号的作用,就称为负反馈。

负反馈的引入一定程度上会造成放大电路的放大倍数降低,但却能显著改善放大电路的各种性能,故广泛应用于各种放大电路。

在如图 9.2 所示的电路中,温度的变化引起集电极电流 I_c 的变化,这种电流变化通

过发射极电阻 R_E 转换成 E 点电位的变化,并反馈回输入端影响 U_{BE} 的变化,从而改变输入的基极电流 I_B,使 I_C 朝着反方向改变。这是负反馈引入后稳定静态工作点改善电路性能的典型示例。

判断反馈极性的方法通常采用瞬时极性法。先假定电路输入信号为某个瞬时极性,以此极性信号为输入,逐级判断电路中其他各点瞬时信号的变化情况,得到输出信号极性及反馈信号极性。再依据反馈信号与输入端的连接方式,由最终的净输入信号增强还是减弱来确定是正反馈还是负反馈。

4. 反馈的一般表达式

反馈信号与输出信号的比值定义为反馈系数,即

$$\dot{F} = \frac{\dot{X}_f}{\dot{X}_o}$$

由图 9.1 得

$$\dot{X}_{id} = \dot{X}_i - \dot{X}_f \tag{9-1}$$

其中

$$\dot{X}_f = \dot{F}\dot{X}_o \tag{9-2}$$

$$\dot{X}_o = \dot{A}\dot{X}_{id} \tag{9-3}$$

将式(9-1)和式(9-2)代入式(9-3),得

$$\dot{X}_o(1 + \dot{A}\dot{F}) = \dot{A}\dot{X}_i$$

若令 $\dot{A}_F = \dot{X}_o / \dot{X}_i$,则

$$\dot{A}_F = \frac{\dot{A}}{1 + \dot{A}\dot{F}} \tag{9-4}$$

$\dot{A}_F$ 称为负反馈放大电路的闭环增益。$\dot{A}\dot{F}$ 称为开环增益,因为它相当于反馈尚未形成、环路尚未闭合时 $\dot{X}_i$ 到 $\dot{X}_f$ 的电路增益。$1 + \dot{A}\dot{F}$ 称为反馈深度,由式(9-4)可以看出,$|1 + \dot{A}\dot{F}|$ 越大(反馈深度越深),闭环增益 $\dot{A}_F$ 越小,说明引入负反馈后,放大电路的增益将减小。通过后面的分析可以知道,引入负反馈后,放大器性能得到改善与 $1 + \dot{A}\dot{F}$ 的大小有关。

注意:计算基本放大电路的增益 $\dot{A}$ 时,不考虑储能元器件的影响,通频带 A 上没有"·";若考虑储能元器件的影响,则必须加"·"。本节为全频带下考虑放大倍数,统一加"·"。另外,还应当考虑反馈网络和外接负载电阻 R_L 对基本放大器放大倍数的影响。如果输入信号 $\dot{U}_i$ 有内阻 R_s,还应当考虑输入回路的传输系数,后面不再细谈。

9.2 交流负反馈的四种基本类型

信号放大有电压放大、电流放大、互阻放大和互导放大四种,这些放大电路与相应的反馈网络相结合,可以构成多种反馈类型,也称为反馈组态,其中最基本的四种是:①电压串联负反馈;②电压并联负反馈;③电流串联负反馈;④电流并联负反馈。

9.2.1　电压串联负反馈

什么是电压串联负反馈？参见图 9.3 所示的电路。电路中，晶体管 VT_1、VT_2 组成差分放大器，如图 9.3 中大阴影部分所示。输入信号 u_s 由 VT_1 的基极加入，从 VT_1 的集电极输出，如果设基极上信号的当前极性为正（图 9.3 中标为"＋"为瞬时极性），则经 VT_1 倒相放大后集电极上的输出极性一定为负，图 9.3 中标为"－"。晶体管 VT_3 和电阻 R_3、R_4 组成带射极电阻的共发射极放大器，差分放大器的输出信号直接加到 VT_3 的基极上，经 VT_3 再次倒相放大，VT_3 集电极上输出 v_o，其极性变为正，如图 9.3 中"＋"号所示。电阻 R_{F1}、R_{F2} 组成分压器，分压器的输入是 v_o，输出是 v_F，$v_F = v_o R_{F2}/(R_{F1} + R_{F2})$，此输出回送到差分放大器 VT_2 的基极上，此即所谓"反馈"，R_{F1} 和 R_{F2} 即是反馈网络，如图 9.3 中小阴影框内所示。由于 v_o 为正极性，所以 v_F 也为正极性，注意，v_F 加在 VT_2 和 VT_1 两个晶体管的 B-E 结上（二结反向串联），而 v_F 反向加在 VT_1 的 B-E 结上，与输入信号 u_s 施加的极性恰好相反，故合成的等效输入信号减小，故称为负反馈。同时，由于是从输出电压 v_o 中取出一部分反馈到输入端的，故为电压负反馈。从 VT_2 和 VT_1 的基极回路 $B_1 \rightarrow R_s \rightarrow u_s^+ \rightarrow u_s^-$（地）$\rightarrow v_F^-$（地）$\rightarrow v_F^+ \rightarrow B_2 \rightarrow E \rightarrow B_1$ 可以看出，加到差分放大器输入端的差动信号 $u_{id} = v_{B1} - v_{B2} = u_s - v_F$，反馈信号 v_F 同输入信号 u_s 反向串联，故为串联负反馈。总之，图 9.3 所示电路是一个电压串联负反馈电路。

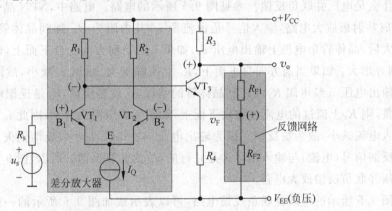

图 9.3　电压串联负反馈放大电路示例

图 9.3 所示的电路，可以表示成图 9.4 所示的一般形式。由于图 9.3 所示电路的输入信号是 u_s，输出信号是 v_o，故是一个电压放大器，所以图 9.4 中基本放大电路的放大倍数用 A_V 表示。反馈电压 u_F 是从输出电压 u_o 上取样经反馈网络传输后获得的，常将 u_F 同 u_o 的比称为反馈系数，用 F_V 表示，F_V 同 A_V 的乘积一般称为开环增益。从图 9.4 中可以看到，反馈信号 u_F 同输入信号 u_s 串联（如果 u_F 下标用小写字符，则表示只关心交流分量），而反馈网络的输入端同基本放大电路的输出端并联，所以这种电路有时也叫作串—并型负反馈电路，即入端串联，出端并联。

综上所述，反馈组态可用以下方法判断。

（1）用瞬时极性法判断是否为负反馈（如图 9.3 电路举例所述）。

（2）用短路负载法判断是否为电压反馈。假定负载 R_L 短路（注意是假定，不是实

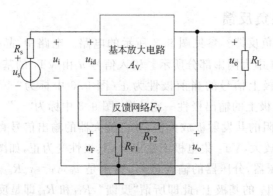

图 9.4　电压串联(串—并型)负反馈电路的一般表示形式(阴影框内是反馈网络)

际),则 R_L 短路使 $u_o=0$,从而使反馈电压 $u_F=0$ 或使反馈电流 $i_F=0$,即为电压反馈或电流反馈。

(3)判断是否为串联反馈。检查信号输入回路,反馈信号同输入信号串联者为串联反馈,否则为并联反馈。

9.2.2　电压并联负反馈

什么是电压并联负反馈？参见图 9.5 所示的电路。电路中,NPN 晶体管 VT 与电阻 R_C 组成共射极放大电路,输入信号是恒流源 i_s,其内阻为 R_s,加到晶体管的基极上,经倒相放大后,晶体管集电极上输出电压 v_o,如果 i_s 的当前方向为自下而上,即基极电流 i_B 增大,则 i_C 增大；如果当前方向自上而下,R_C 上压降增大,输出 v_o 减小,故图中用"—"号表示。输出电压 v_o 经电阻 R_F 回送到晶体管的基极,这就是反馈,R_F 是反馈电阻。由于 v_o 极性为负,则 R_F 上流过的电流 i_F 将由下而上,如图 9.5 中箭头所示,因此 $i_B=i_I-i_F$,即反馈使输入电流减小,故为负反馈。因为输出电压 $v_o=0$ 时,$i_F=0$,反馈消失,故为电压反馈。因为反馈信号(电流)与输入信号 i_s 是并行的,故为并联反馈。所以,图 9.5 所示电路是一个电压并联负反馈放大电路。

图 9.5 所示的电压并联负反馈电路,可以表示成如图 9.6 所示的一般形式。由于电压并联负反馈电路的输入信号是 i_s,输出信号是 u_o,故是一个互阻放大器,所以图 9.6 所示的基本放大电路的放大倍数用 A_R 表示。反馈电流 i_F(如果下标用小写字符,表示只关心交流分量)是从输出电压 u_o 上取样经反馈网络传输后获得的,所以反馈网络是一个互导网络,输出 i_F 同 u_o 的比称为反馈系数,用 F_G 表示,F_G 同 A_R 的乘积称为开环增益。由图 9.6 可以看出,反馈信号 i_F 同输入信号 i_s 是并联的,反馈网络的输入端同基本放大电路的输出端也是并联的,所以这种电路有时也叫作并—并型负反馈电路。

由上述可见,所谓并联反馈或串联反馈,是指在电路的输入端,反馈信号同输入信号的求和方式。当反馈网络输出的反馈信号是电压时,一定是串联反馈,因为只有电压量才可以串联相加减。当反馈网络输出的反馈信号是电流时,必定是并联反馈,因为只有电流量才可以并联相加减。所以,并联反馈时输入信号常用电流源表示。

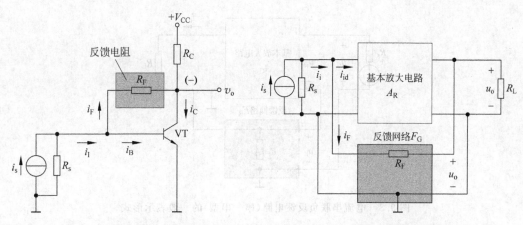

图 9.5　电压并联负反馈放大电路示例　　　　图 9.6　电压并联负反馈电路（并—并型）的
　　　　　　　　　　　　　　　　　　　　　　　　　一般表示形式（阴影框内是反馈网络）

9.2.3　电流串联负反馈

　　根据前面已经建立的概念可以推知，所谓电流反馈，一定是反馈信号取自输出负载电流。所谓串联反馈，反馈网络输出的反馈信号一定是电压，以便在电路的输入端同输入电压信号串联相加减。比如图 9.7 所示的 JFET 放大电路，输入信号 u_s 由 JFET 的栅极加入。设 u_s 当前的瞬时极性为"＋"，经 JFET 的倒相放大后从漏极输出电压 v_o，极性变为"－"。R_D 是漏极电阻，也是负载电阻 R_L，电流 i_D 流过源极电阻 R_S，也是反馈电阻 R_F（因为 $i_S = i_D$），产生压降 $i_S R_F$（为了防止与信号源内阻 R_s 混错，这里都用 R_F 表示 R_S，以下同），此压降上正下负，加在 JFET 的源极 S 上，即反向加在 G-S 端，使得 $u_{GS} = u_s - i_S R_F$ 减小，显然是负反馈，而且是串联负反馈，电阻 R_F 就是反馈电阻。即使负载电阻 $R_D(R_L)$ 短路使 $v_o = 0$，反馈电压 $i_S R_F$ 依然存在，所以不是电压负反馈，反馈取自输出电流 i_D，故

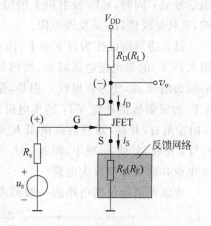

图 9.7　电流串联负反馈放大电路示例

为电流负反馈。总之，图 9.7 所示电路是一个电流串联负反馈电路。

　　电流串联负反馈电路的一般表示形式如图 9.8 所示。由于电流串联负反馈电路的输入信号是 u_s，输出信号是 i_o，故是一个互导放大器，所以图 9.8 所示基本放大电路的放大倍数用 A_G 表示。反馈电压 u_F（下标用小写字符，表示只关心交流分量）是从输出电流 i_o 上取样的，所以反馈网络是一个互阻网络，其输出 u_F 同 i_o 的比称为反馈系数，用 F_R 表示，F_R 同 A_G 的乘积称为开环增益。由图 9.8 可以清楚地看到，反馈信号 u_F 同输入信号 u_s 是串联的，反馈网络的输入端同基本放大电路的输出是串联的，所以这种电路有时也叫作串—串型负反馈电路。

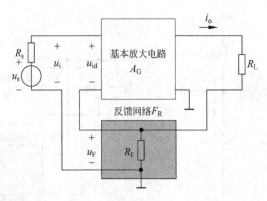

图 9.8　电流串联负反馈电路(串—串型)的一般表示形式

9.2.4　电流并联负反馈

参见图 9.9 所示电路,晶体管 VT_1 和电阻 R_C 组成第一级放大器,晶体管 VT_2 和电阻 R_L、R 组成第二级放大器,是一个带有射极电阻的共射极放大电路。输入信号 i_s 从 VT_1 的基极输入,经第一级放大后从 VT_1 的集电极上取出输出信号,此信号继而直接耦合到第二级放大电路的输入端——VT_2 的基极,再经第二级放大后最终从 VT_2 的集电极上输出信号 v_o;同时,VT_2 发射极上的信号经电阻 R_F 回送到 VT_1 的基极,即整个电路的输入端,这就是反馈,R_F 是反馈电阻。

设 i_s 的当前极性为自下至上,即电流瞬时增大,则 VT_1 的基极电流 i_{B1} 增加,i_{C1} 随之增大,VT_1 的集电极电压减小,故用负号表示,如图 9.9 所示。此信号经第二级倒相放大后输出信号 v_o 变为正极性。但是,晶体管的发射极信号与其基极信号总是同相的,所以 VT_2 的发射极信号与 VT_1 的集电极信号同相,故极性也为负,因此反馈电阻 R_F 上的电流 i_F 由左至右,并且,即使负载电阻 R_L 短路使 $v_o=0$,i_F 也不等于 0,所以是电流反馈。因为 i_F 与 i_s 并联,且使 i_{B1} 减小,即 $i_{B1}=i_s-i_F$,所以是并联负反馈。总之,图 9.9 所示电路是一个电流并联负反馈放大电路。

电流并联负反馈电路的一般形式如图 9.10 所示。由于电流并联负反馈电路的输入

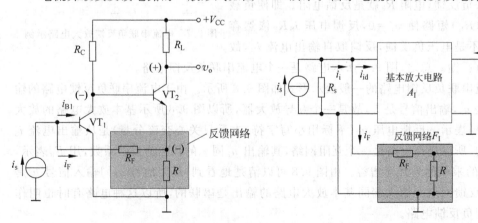

图 9.9　电流并联负反馈放大电路示例　　　　图 9.10　电流并联负反馈电路(并—串型)的一般表示形式

信号是 i_s,反馈网络的输入信号是 i_o,故图中基本放大电路是一个电流放大器,图中基本放大电路的放大倍数用 A_I 表示。反馈信号是从输出电流 i_o 上取样的,并且反馈网络的输入、输出都是电流,所以其反馈系数用 F_I 表示,F_I 同 A_I 的乘积称为开环电流增益。由图 9.10 可以清楚地看到,反馈信号 i_F 同输入信号 i_s 是并联的,反馈网络的输入端同基本放大电路的输出是串联的,所以这种电路有时也叫作并—串型负反馈电路。

9.2.5 反馈组态的判断

综上所述,可以得出以下结论。

(1) 反馈有正反馈和负反馈之分,正反馈主要用于信号的产生或振荡,负反馈主要用于改善电路性能,正反馈应用场合较少,负反馈应用十分广泛。

(2) 负反馈主要有四种电路组态:①电压串联负反馈(串—并型);②电压并联负反馈(并—并型);③电流串联负反馈(串—串型);④电流并联负反馈(并—串型)。电压负反馈稳定电压,可减小输出电阻。电流负反馈稳定电流,使输出电阻增大。串联负反馈可提高输入电阻,并联负反馈使输入电阻减小。

(3) 反馈组态的判断,包括判断电压反馈或电流反馈,串联反馈或并联反馈,正反馈或负反馈三项内容。判断是电压反馈还是电流反馈,要在电路的输出端进行。假使负载电阻 R_L 短路使 $v_o=0$,若反馈信号消失,则为电压反馈,否则为电流反馈。判断是串联反馈还是并联反馈,要在电路的输入端进行。凡反馈信号同输入信号为电压求和,则为串联反馈;为电流求和时,则为并联反馈。判断串联反馈时用电压信号源更方便,判断并联反馈时用电流源更方便。判断是正反馈还是负反馈,主要用"瞬时极性法"。首先设定输入信号的当前极性(亦称瞬时极性),然后在电路图上由入到出,再由出(经反馈网络)到入,逐级判断信号极性,凡反馈信号与输入信号极性相反,或使输入信号减小者为负反馈,否则为正反馈。

【**例 9-2**】 试判断图 9.11(a)和图 9.11(b)中电路的反馈组态,并简单说明理由。

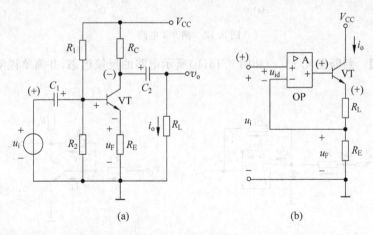

图 9.11 例 9-2 电路

解 (1) 图 9.11(a)所示电路是一个有分压偏置和自给偏置的阻容耦合单管放大电路,R_E 是反馈电阻。当负载电阻 R_L 短路时输出信号 $v_o=0$,但反馈信号 $u_F\neq0$,所以这是一个电流反馈电路。在输入回路中,反馈信号 u_F 同输入信号 u_i 反向串联,即 $u_{BE}=u_i-u_F$,

故为电流串联负反馈电路,即串—串型负反馈电路。

(2) 图 9.11(b)所示电路中,OP 是一个单端输出的差动放大器,晶体管 VT 接成射极跟随器形式。输入信号 u_i 从同相输入端加入,当输入信号极性为正时,差动放大器输出为正,晶体管的基极也为正,发射极同相跟随,故射极也为正,因此反馈信号 u_F 上正下负,并与输入信号 u_i 反向串联,即 $u_{id} = u_i - u_F$,所以这是一个串联负反馈电路。由于负载 R_L 短路时 $u_F \neq 0$,因此是电流串联负反馈,即串—串型反馈电路。

【例 9-3】 判断图 9.12(a)和图 9.12(b)所示电路的反馈组态,并简单说明理由。

解 (1) 图 9.12(a)所示电路是一个射极跟随器电路,R_E 是反馈电阻。当输出信号 $v_o = 0$ 时,反馈信号 u_F 即行消失,说明这是一个电压反馈电路。同时不难看出,在输入回路中,反馈信号 u_F 同输入信号 v_i 反向串联,即 $u_{BE} = v_i - u_F$,故为电压串联负反馈电路,即串—并型负反馈电路。

(2) 图 9.12(b)是一个增强型 NMOS 源极跟随器电路,R_S 是反馈电阻。当输出信号 $v_o = 0$ 时,反馈信号 u_F 即行消失,所以这是一个电压反馈电路。并且,在输入回路中,反馈信号 u_F 同输入信号 v_i 反向串联,即 $u_{GS} = v_i - u_F$,故为电压串联负反馈电路,即串—并型负反馈电路。

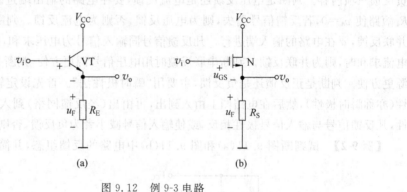

图 9.12 例 9-3 电路

【例 9-4】 判断图 9.13(a)和图 9.13(b)所示电路的反馈组态,并简单说明理由。

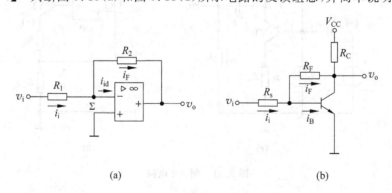

图 9.13 例 9-4 电路

解 (1) 图 9.13(a)所示电路是一个用理想差分放大器组成的反馈放大电路,R_2 是反馈电阻。当输出信号 $v_o = 0$ 时,反馈信号 i_F 消失,所以这是一个电压反馈电路。在输入回路中,反馈信号 i_F 同输入信号 i_i 并联,且有分流作用,即 $i_{id}=i_i-i_F$,所以是电压并联负反馈,即并—并型负反馈电路。

（2）对于图 9.13(b)所示电路,R_F 是反馈电阻。当输出信号 $v_o=0$ 时,反馈信号 i_F 即行消失,所以这是一个电压反馈电路。并且,在输入回路中,反馈电流 i_F 同输入电流 i_i 并联,所以是一个电压并联负反馈电路,或称并—并型电路。

【例 9-5】　判断图 9.14(a)和图 9.14(b)所示电路的反馈组态,并简单说明理由。

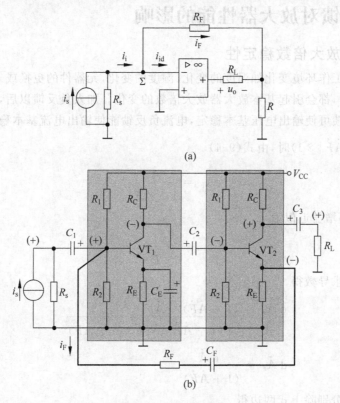

图 9.14　例 9-5 电路

解　（1）图 9.14(a)所示电路是一个用理想差分放大器组成的放大电路,R_F 是反馈电阻,输入信号是电流源 i_s。当负载电阻短路使输出信号 $u_o=0$ 时,反馈信号 $i_F\neq0$,所以这是一个电流反馈电路。在输入回路中,反馈信号 i_F 同输入信号 i_i 并联,且有分流作用,即 $i_{id}=i_i-i_F$,如图 9.14(a)所示,故为电流并联负反馈,即并—串型负反馈电路。

（2）图 9.14(b)所示电路是一个两级阻容耦合分立元件放大电路,由 VT$_1$ 组成的第一级放大器与 VT$_2$ 组成的第二级放大器几乎完全相同,如图 9.14(b)中阴影部分所示,只是第一级的发射极电阻两端并联了一个旁路电容 C_E,两级放大电路的基本形式与图 9.11(a)相同。整个电路的输入信号是电流源 i_s,由电容 C_1 耦合到第一级放大器的输入端,即 VT$_1$ 的基极。设 i_s 的极性为正,方向向上,即增加,经第一级倒相放大后极性变为负,由 VT$_1$ 的集电极输出,并由 C_2 耦合到第二级放大器的输入端,即 VT$_2$ 的基极。然后经第二级倒相放大变为正极性,从 VT$_2$ 的集电极输出,由 C_3 耦合到负载电阻 R_L 上。

与此同时,VT$_2$的发射极上输出与VT$_1$集电极极性相同（负）的信号,此信号经C_F和R_F组成的反馈网络回送到VT$_1$的基极,见图9.14(b)中粗线。可以看出,当负载电阻R_L短路使输出信号u_o=0时,反馈信号i_F并没有消失,所以这是一个电流反馈电路。而在输入回路中,反馈电流i_F自上而下,同输入电流i_i并联且分流,故为电流并联负反馈,即并—串型负反馈电路。

9.3　负反馈对放大器性能的影响

9.3.1　提高放大倍数稳定性

一般来说,工作环境变化如温度的变化、湿度的变化,元器件的更换或老化,电源电压的不稳定等因素,都会引起基本放大器放大倍数的变化。加入负反馈以后,由于自动调整作用,电压负反馈可使输出电压基本稳定,电流负反馈能使输出电流基本稳定。比如在深度负反馈（$|1+\dot{A}\dot{F}|\gg1$）时,由式(9-4)

$$\dot{A}_F = \frac{\dot{A}}{1+\dot{A}\dot{F}}$$

可得电路的闭环增益近似为

$$\dot{A}_F \approx \frac{1}{\dot{F}} \tag{9-5}$$

对式(9-4)求导数得

$$\frac{d\dot{A}_F}{d\dot{A}} = \frac{(1+\dot{A}\dot{F})-\dot{A}\dot{F}}{(1+\dot{A}\dot{F})^2} = \frac{1}{(1+\dot{A}\dot{F})^2}$$

即

$$d\dot{A}_F = \frac{d\dot{A}}{(1+\dot{A}\dot{F})^2}$$

用式(9-4)分别除上式两边得

$$\frac{d\dot{A}_F}{\dot{A}_F} = \frac{d\dot{A}}{\dot{A}(1+\dot{A}\dot{F})} = \frac{1}{(1+\dot{A}\dot{F})} \cdot \frac{d\dot{A}}{\dot{A}} \tag{9-6}$$

式(9-6)表明,如果开环放大倍数的相对变化量是$\dfrac{d\dot{A}}{\dot{A}}$,则闭环放大倍数的相对变化量$\dfrac{d\dot{A}_F}{\dot{A}_F}$为开环放大倍数的$\dfrac{1}{(1+\dot{A}\dot{F})}$。也就是说,虽然负反馈使放大倍数下降了,但却使放大倍数的相对变化量减少了,提高了稳定性。

由式(9-5)可知,引入深度负反馈后,放大电路的闭环增益只取决于反馈网络,与基本放大器无关,而反馈网络一般是由一些性能比较稳定的无源线性元器件组成,从而使闭环增益的稳定性大大提高。而由式(9-6)可知,即使没有引入深度负反馈,只要有负反馈,都能提高放大电路的放大倍数稳定性。分析表明,稳定性提高约$(1+\dot{A}\dot{F})$倍。

9.3.2 改善非线性失真

晶体三极管或场效应晶体管等器件,其伏安特性曲线是非线性的。在小信号时,可以近似作线性处理;但是当信号稍大时,在多级放大器的后几级,器件就有可能工作在特性曲线的非线性区内,从而使输出波形产生非线性失真。如图 9.15(a)所示,这是一个同相放大器,由于非线性关系,在信号的正半周放大倍数小,在负半周放大倍数大,所以,虽然输入 $\dot X_i$ 是一个标准的正弦信号,输出波形 $\dot X_o$ 却产生了非线性失真,正半周幅度小,负半周幅度大,如图 9.15(a)的 $\dot X_o$ 波形所示。加负反馈后,则如图 9.15(b)所示。

$$\dot X_{id} = \dot X_i - \dot X_f = \dot X_i - \dot A \dot F \dot X_{id}$$

即

$$\dot X_{id} = \frac{\dot X_i}{1 + \dot A \dot F}$$

可知,在 $\dot A$ 较小时 $\dot X_{id}$ 大,$\dot A$ 较大时 $\dot X_{id}$ 小,从而得到矫正,失真减小。当然,当晶体管已经饱和或截止时,$\dot X_{id}$ 再大也无法矫正。因此,负反馈对非线性的改善,只限于放大器工作在放大区的条件下。

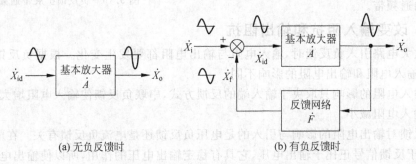

(a) 无负反馈时   (b) 有负反馈时

图 9.15 负反馈减小失真原理示意图

引入负反馈后,可将输出端的失真信号送回到输入端,使净输入信号发生某种程度的失真,经过放大之后,即可使输出信号的失真得到一定改善。由于是利用失真了的波形来改善波形失真,所以只能减小失真,不能完全消除失真。同时,这种减少非线性失真只能减少反馈环内的失真,如果输入信号本身是失真的,利用负反馈是无法减少失真的。

9.3.3 抑制噪声

放大器除了放大有用信号之外,自身还会产生噪声或干扰,如晶体管噪声、电阻热噪声等。噪声或干扰是有害的,应当予以抑制或消除。负反馈有助于抑制放大器的噪声,提高电路的信噪比。信噪比,顾名思义,信号与噪声之比。抑制噪声的原理是:放大器是有噪声的,加了负反馈后,放大倍数减小 $(1 + \dot A \dot F)$ 倍,信号和噪声都减小了 $(1 + \dot A \dot F)$ 倍,信噪比并没有改变。但是,如果加一级低噪声前置放大增大输入信号的幅值,信噪比便提高了,因为信号增大了,但噪声没有增大。那么,不加负反馈单纯提高输入信号幅值不是一样吗?答案是:不一样。因为不加负反馈时,电压增益很大,信号幅值的增大会使放大器进入非线性区,产生非线性失真;而加了负反馈后,把放大器本身噪声减小了,虽然信号也减小了,但为提高信噪比提供了可能。可见,负反馈本身并不能提高信噪比,只是为提高信噪比提供了条件。另外,加大输入信号幅值,意味着增加前置放大级,这种前置放大级应当是低噪声的,否则引入负反馈反倒是得不偿失。

9.3.4 扩展频带

如上所述,负反馈可以稳定增益,因此,当频率改变力图使增益改变时,由于负反馈的自动调整作用,会自动减小增益随频率的变化,使得增益幅—频特性平稳的区间加大,通频带从而被展宽,频率失真减小。

图 9.16 所示为集成运放的幅频特性。由于集成运放为直接偶合的直流放大器,因此在频率从 0 开始的低频段,放大倍数基本上是常数。无反馈时,由于集成半导体器件极间电容的存在,随着频率的增高,A_0 下降得较快。集成运放外部引入负反馈后,由于反馈量正比于输出信号幅度,因此在高频段,当输出信号幅度减小(放大倍数减小)时,负反馈随之减弱,从而使幅频特性趋于平坦,扩展了电路的通频带。

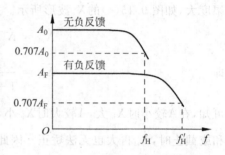

图 9.16   负反馈扩展带通频带

9.3.5 改变输入阻抗和输出阻抗

当放大电路引入负反馈时,输入电阻与输出电阻都要发生变化。根据负反馈类型的不同,对输入电阻和输出电阻的影响不同。

对输入电阻的影响只取决于输入端的反馈方式,串联负反馈使输入电阻增大,并联负反馈使输入电阻减小。

负反馈对输出电阻的影响与引入的是电压负反馈还是电流负反馈有关。在电压负反馈中,由于反馈信号正比于输出电压,它具有稳定输出电压的作用,所以使输出电阻减小。而在电流负反馈中,由于反馈信号正比于输出电流,它具有稳定输出电流的作用,所以使输出电阻增大。

*9.4   引入负反馈带来的问题

引入负反馈带来的第一个问题是增益减小。引入负反馈带来的第二个问题是电路的高频稳定性降低。因为,引入负反馈以后,放大器的闭环增益为

$$\dot{A}_F = \frac{\dot{A}}{1 + \dot{A}\dot{F}}$$

当 $1 + \dot{A}\dot{F} = 0$ 时,$\dot{A}_F = \infty$,这意味着即使不加输入信号,放大电路也会有信号输出,这种现象称为自激。显然,放大电路自激的条件是:$\dot{A}\dot{F} = -1$,用幅度条件和相位条件分别表示,即为

$$|\dot{A}\dot{F}| = 1 \tag{9-7}$$

$$\arg(\dot{A}\dot{F}) = \pm (2n+1) \times 180° \quad (n = 0, 1, 2, \cdots) \tag{9-8}$$

式(9-7)称为自激振荡的幅值条件,式(9-8)称为自激振荡的相位条件。

那么,负反馈放大器为什么会自激呢? 这是因为,前面所说的负反馈是指在特定的频段(如中频段),放大器的反馈信号与输入信号的相位恰好相反,即相差 180°,从而称为"负"反馈。但是,当频率升高或降低时,基本放大器的放大倍数 $\dot{A}$ 和反馈网络的传递函数 $\dot{F}$ 都会随频率变化而改变,并产生附加相移 φ,使得反馈信号与输入信号的相位差不再恰好是 180°。如果在某一频率处,附加相移 φ 增大,达到 180°左右,即满足式(9-8),则反馈信号与输入信号同相位,从而负反馈变成了正反馈,若此时式(9-7)也满足,放大器就变成了自激振荡器。而且,放大器级数越多,附加相移越大,越易产生振荡。显然,这都是反馈引起的,没有反馈就没有自激。

那么,怎样使放大器避免自激而稳定正常地放大呢? 最简单的办法是远离自激振荡的幅值条件和相位条件,距离越远,稳定性越好,这个"距离"就叫作稳定裕度,常用相位裕度 φ_{m} 和增益裕度 G_{m} 来表示。所谓相位裕度,是指附加相移 φ 距离 180°的差值,即 $\varphi_{\mathrm{m}} = 180° - \varphi$,在 $|\dot{A}\dot{F}| = 1$ 即 $20\lg|\dot{A}\dot{F}| = 0$ 时测定,如图 9.17(a)所示。显然 φ_{m} 越大,稳定性越好。所谓增益裕度,是指附加相移 $\varphi = 180°$ 时 $|\dot{A}\dot{F}|$ 距离 1 的差值(因为 $|\dot{A}\dot{F}| \geqslant 1$ 时电路即可能自激),用分贝表示即为 $G_{\mathrm{m}} = 20\lg|\dot{A}\dot{F}|$,如图 9.17(b)所示,可见 $|G_{\mathrm{m}}|$ 越大,稳定性越好。通常要求 $G_{\mathrm{m}} < -10\mathrm{dB}$,电路才具有足够的增益稳定裕度。

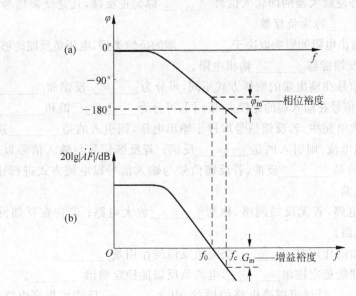

图 9.17　电路的相位裕度和增益裕度

总之,只要频率发生变化,基本放大器和反馈网络就会产生附加相移。只要有附加相移,电路的稳定性能变差甚至产生自激。电路的稳定性能用稳定裕度来表征,稳定裕度越大稳定性越好。

通常会采用校正技术(又称频率补偿技术)来改变开环频率特性,使放大电路远离自激振荡条件,具有足够的相位裕度和幅度裕度。常用的校正方法有滞后校正和超前—滞后校正。滞后校正是在一个基本放大电路中插入一个 RC 校正网络(即一个低通滤波器)。由于插入 RC 校正网络后,信号的相位关系发生了改变,破坏了自激振荡的相位条件。由于这种校正网络的输出电压滞后输入电压,因此称为滞后校正。但是这种校正网络接入放大电路后,会导致放大电路的频带变窄,所以又称为窄带校正。频带变窄是这种校正方法的主要缺点,但是利用这个方法,用户可以根据需要,灵活地控制放大电路的频响。

一个实际的集成运算放大器,只需要在其补偿端外接一个电容器就可以消除自激现象。另外,有些集成运算放大器不需要外接补偿电容,而是在制造过程中,在内部电路中某晶体管的集电极与其基极间制造一个小电容,即可起到高频补偿的作用。

习题 9

9.1　填空题。

1. 反馈是指放大器的输出端把输出信号的_____或者全部通过一定方式送回到放大器的_____的过程。

2. 反馈放大器是由_____和_____两部分组成的,反馈网络是跨接在_____和_____之间的电路。

3. 凡反馈信号使放大器的净输入信号_____称为正反馈,凡是反馈信号使放大器的净输入信号_____称为负反馈。

4. 负反馈对输出电阻的影响取决于_____端的反馈类型,电压负反馈能够_____输出电阻,电流负反馈能够_____输出电阻。

5. 根据反馈信号在输出端的取样方式不同,可分为_____反馈和_____反馈,根据反馈信号和输入信号在输入端的比较方式不同,可分为_____反馈和_____反馈。

6. 负反馈放大电路中,若反馈信号取样于输出电压,则引入的是_____反馈,若反馈信号取样于输出电流,则引入的是_____反馈;若反馈信号与输入信号以电压方式进行比较,则引入的是_____反馈,若反馈信号与输入信号以电流方式进行比较,则引入的是_____反馈。

7. 对于放大电路,若无反馈网络,称为_____放大电路;若存在反馈网络,则称为_____放大电路。

8. 直流负反馈的作用是_____,交流负反馈的作用是_____。

9. 电压负反馈能稳定输出_____,电流负反馈能稳定输出_____。

10. 引入_____反馈可提高电路的增益,引入_____反馈可提高电路增益的稳定性。

11. 在深度负反馈放大电路中,净输入信号约为_____,_____约等于输入信号。

9.2　选择题。

1. 对于放大电路,开环是指(　　)。

　　A. 无负载　　　　　　B. 无信号源　　　　　C. 无反馈通路　　　　D. 无电源

2. 闭环是指(　　)。

 A. 接入负载　　　　　B. 接入信号源　　　C. 有反馈通路　　　D. 接入电源

3. 构成反馈通路的元器件(　　)。

 A. 只能是电阻

 B. 只能是晶体管、集成运放等有源器件

 C. 只能是无源器件

 D. 可以是无源元件,也可以是有源器件

4. 在反馈放大电路中,基本放大电路的输入信号称为(　　)信号,它不但取决于(　　)信号,还与反馈信号有关。反馈网络的输出信号称为(　　)信号,它仅仅由(　　)信号决定。

 A. 输入　　　　　　B. 净输入　　　　　C. 反馈　　　　　　D. 输出

5. 在输入量不变的情况下,若引入反馈后(　　),则说明引入的反馈是负反馈。

 A. 输入电阻增大　　　　　　　　　B. 输出量增大

 C. 净输入量增大　　　　　　　　　D. 净输入量减小

6. 直流负反馈是指(　　)。

 A. 直接耦合放大电路中所引入的负反馈

 B. 直流通路中的负反馈

 C. 放大直流信号时才有的负反馈

 D. 只存在于阻容耦合电路中的负反馈

7. 交流负反馈是指(　　)。

 A. 阻容耦合放大电路中所引入的负反馈

 B. 交流通路中的负反馈

 C. 放大正弦信号时才有的负反馈

 D. 变压器耦合电路中的反馈

8. 在放大电路中,为了稳定静态工作点,可以引入(　　)。

 A. 交流负反馈和直流负反馈　　　　　B. 直流负反馈

 C. 交流负反馈　　　　　　　　　　　D. 交流正反馈

9. 根据要实现的目的,选择合适的答案。

 A. 直流负反馈　　　　　　　　　　　B. 交流负反馈

(1) 为了稳定静态工作点,应引入(　　);

(2) 为了稳定放大倍数,应引入(　　);

(3) 为了改变输入电阻和输出电阻,应引入(　　);

(4) 为了抑制温漂,应引入(　　);

(5) 为了展宽频带,应引入(　　)。

10. 根据要实现的目的,选择合适的答案。

 A. 电压　　　　　　B. 电流　　　　　　C. 串联　　　　　D. 并联

(1) 为了稳定放大电路的输出电压,应引入(　　)负反馈;

(2) 为了稳定放大电路的输出电流,应引入(　　)负反馈;

(3) 为了增大放大电路的输入电阻,应引入(   )负反馈;

(4) 为了减小放大电路的输入电阻,应引入(   )负反馈;

(5) 为了增大放大电路的输出电阻,应引入(   )负反馈;

(6) 为了减小放大电路的输出电阻,应引入(   )负反馈。

11. 在反馈放大电路中,如果反馈信号和输出电压成正比,称为(   )反馈。

    A. 电流　　　　　　　B. 串联　　　　　　　C. 电压　　　　　　　D. 并联

12. 在反馈放大电路中,如果反馈信号和输出电流成正比,称为(   )反馈。

    A. 电流　　　　　　　B. 串联　　　　　　　C. 电压　　　　　　　D. 并联

13. 为了稳定放大电路的输出电压,应引入(   )负反馈;为了稳定放大电路的输出电流,应引入(   )负反馈。

    A. 串联　　　　　　　B. 电压　　　　　　　C. 电流　　　　　　　D. 并联

14. 某负反馈放大电路的开环增益 $\dot{A}=10000$,当反馈系数 $F=0.0004$ 时,其闭环增益 $\dot{A}_F$ 是(   )。

    A. 2500　　　　　　　B. 2000　　　　　　　C. 1000　　　　　　　D. 1500

15. 如果希望减小放大电路从信号源获取的电流,同时希望增加该电路的带负载能力,则应引入(   )。

    A. 电流串联负反馈　　　　　　　　　　B. 电压串联负反馈

    C. 电流并联负反馈　　　　　　　　　　D. 电压并联负反馈

16. 一个单管共射放大电路如果通过电阻引入负反馈,则(   )。

    A. 一定会产生高频自激振荡　　　　　　B. 有可能产生高频自激振荡

    C. 一定不会产生高频自激振荡

17. 电压串联负反馈可以(   )。

    A. 提高 r_i 和 r_o　　　　　　　　　　B. 提高 r_i 降低 r_o

    C. 降低 r_i 提高 r_o　　　　　　　　　　D. 降低 r_i 和 r_o

18. 电流串联负反馈可以(   )。

    A. 稳定输出电压并使 r_i 增大　　　　　B. 稳定输出电压并使 r_o 增大

    C. 稳定输出电流并使 r_i 增大　　　　　D. 稳定输出电流并使 r_o 增大

19. 稳定放大电路的放大倍数(增益),应引入(   )。

    A. 直流负反馈　　　　B. 交流负反馈　　　　C. 正反馈

20. 为了稳定放大电路的静态工作点,应引入(   )。

    A. 直流负反馈　　　　B. 交流负反馈　　　　C. 正反馈

21. 改变输入电阻和输出电阻,应引入(   )。

    A. 直流负反馈　　　　B. 交流负反馈　　　　C. 正反馈

22. 在放大器中引入直流负反馈后,说法正确的是(   )。

    A. 稳定输出电压　　　　　　　　　　　　B. 稳定电流

    C. 性能不变化　　　　　　　　　　　　　D. 静态工作点稳定性变好

9.3　判断题。

1. 在深度负反馈下,闭环增益几乎与开环增益无关,因此可省去正向放大通道,只留下反馈网络,以获得稳定的闭环增益。　　　　　　　　　　　　　　　　　　（　　）

2. 在深度负反馈下,闭环增益与晶体管的参数几乎无关,因此可任意选用晶体管组成放大电路。　　　　　　　　　　　　　　　　　　　　　　　　　　　　（　　）

3. 负反馈放大电路的增益就是其闭环电压增益。　　　　　　　　　　　　（　　）

4. 在负反馈放大电路中,放大器的放大倍数越大,闭环放大倍数就越稳定。　（　　）

5. 若放大电路的负载固定,为使其电压增益稳定,可以引入电压负反馈,也可以引入电流负反馈。　　　　　　　　　　　　　　　　　　　　　　　　　　　（　　）

6. 某一放大电路中引入了直流负反馈和交流电压串联负反馈,这些反馈能够稳定输出电流。　　　　　　　　　　　　　　　　　　　　　　　　　　　　　　（　　）

7. 某一放大电路中引入了直流负反馈和交流电压串联负反馈,这些反馈能够稳定输出电压。　　　　　　　　　　　　　　　　　　　　　　　　　　　　　　（　　）

8. 某一放大电路中引入了直流负反馈和交流电压串联负反馈,这些反馈能够增加输出电阻。　　　　　　　　　　　　　　　　　　　　　　　　　　　　　　（　　）

9. 某一放大电路中引入了直流负反馈和交流电压串联负反馈,这些反馈能够减小输出电阻。　　　　　　　　　　　　　　　　　　　　　　　　　　　　　　（　　）

10. 某一放大电路中引入了直流负反馈和交流电压串联负反馈,这些反馈能够增加输入电阻。　　　　　　　　　　　　　　　　　　　　　　　　　　　　　（　　）

11. 某一放大电路中引入了直流负反馈和交流电压串联负反馈,这些反馈能够减小输入电阻。　　　　　　　　　　　　　　　　　　　　　　　　　　　　　（　　）

12. 某一放大电路中引入了直流负反馈和交流电压串联负反馈,这些反馈能够增大静态电流。　　　　　　　　　　　　　　　　　　　　　　　　　　　　　　（　　）

13. 某一放大电路中引入了直流负反馈和交流电压串联负反馈,这些反馈能够稳定静态电流。　　　　　　　　　　　　　　　　　　　　　　　　　　　　　　（　　）

14. 负反馈放大电路中 $|\dot{A}|$ 越大,反馈就越深,所以放大电路的级数越多越好。

　　　　　　　　　　　　　　　　　　　　　　　　　　　　　　　　（　　）

15. 负反馈放大电路的反馈系数 $|\dot{F}|$ 越大,越容易引起自激振荡。　　　（　　）

16. 一个放大电路中只要引入负反馈,就一定能改善性能。　　　　　　　（　　）

17. 当负反馈放大电路中的反馈量与净输入量之间满足 $\dot{X}_f = \dot{X}_i$ 的关系时,就产生自激振荡。　　　　　　　　　　　　　　　　　　　　　　　　　　　　（　　）

18. 只要在放大电路中引入反馈,就一定能使其性能得到改善。　　　　　（　　）

19. 放大电路的级数越多,引入的负反馈越强,电路的放大倍数也就越稳定。（　　）

20. 反馈量仅仅决定于输出量。　　　　　　　　　　　　　　　　　　　（　　）

21. 既然电流负反馈可以稳定输出电流,那么必然可以稳定输出电压。　　（　　）

22. 多级放大电路常采用负反馈来提高放大器的电压放大倍数。　　　　　（　　）

23. 为了提高放大器的输入电阻,可采用电流反馈。　　　　　　　　　　（　　）

24. 为了稳定放大器的输出电压,可以采用电压反馈。   (   )

25. 负反馈可以使放大器的稳定性提高,还可以消除放大器产生的失真。   (   )

26. 放大器的反馈电压与输出电压成正比,称作电压反馈。   (   )

27. 负反馈展宽通频带,可减小非线性失真,提高放大器的稳定性都是以牺牲增益为代价的。   (   )

28. 串联负反馈是电流反馈,电压反馈都是并联反馈。   (   )

9.4   某反馈放大电路的方框图如图 9.18 所示,已知其开环电压增益 $\dot{A}=2000$,反馈系数 $\dot{F}=0.0495$。若输出电压 $v_o=2\text{V}$,求输入电压 v_i、反馈电压 v_F 及净输入电压 v_{id} 的值。

9.5   某反馈放大电路的方框图如图 9.19 所示,试推导其闭环增益 v_o/v_i 的表达式。

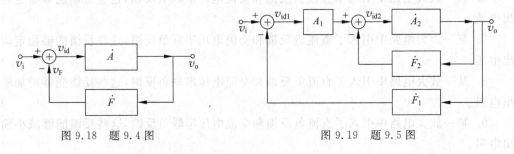

图 9.18   题 9.4 图   图 9.19   题 9.5 图

9.6   放大电路输入的正弦波电压有效值为 20mV,开环时正弦波输出电压有效值为 10V,求引入反馈系数为 0.01 的电压串联负反馈后输出电压的有效值。

9.7   已知一个负反馈放大电路的 $\dot{A}=10^5$,$\dot{F}=2\times10^{-3}$。求:

(1) $\dot{A}_F$;

(2) $\dot{A}$ 的相对变化率为 20% 时 $\dot{A}_F$ 的相对变化率。

9.8   已知一个电压串联负反馈放大电路的电压放大倍数 $\dot{A}_F=20$,其基本放大电路的电压放大倍数 $\dot{A}$ 的相对变化率为 10%,$\dot{A}_F$ 的相对变化率小于 0.1%,求 $\dot{F}$ 和 $\dot{A}$。

第 10 章

集成运算放大电路

模拟集成电路自 20 世纪 60 年代问世以来,在电子技术领域中得到了广泛的应用,其中最主要的代表就是集成运算放大器。实际上,集成运算放大器就是一种高放大倍数的直接耦合放大电路,它作为一种具有放大功能的器件,由于价格低廉、通用、性能接近理想,在电子线路或系统的设计中获得了极为广泛的应用。本章只介绍众多应用中的一小部分,主要是在信号放大、信号运算、信号滤波、信号比较、信号产生等方面的典型应用和实用技巧。

本章首先介绍集成运算放大器(简称集成运放)的组成、电压传输特性等,然后介绍集成运放的各种应用。

10.1 集成运放概述

10.1.1 集成运放的组成

运算放大器实质上是一种高电压增益、高输入电阻、低输出电阻的多级直接耦合放大器,由于早期主要用于模拟计算机,实现加、减、乘、除等数学运算,故而得名,并沿用至今。运算放大器常简称为运放。

所谓集成运算放大器,是用半导体集成工艺,将运算放大器中的电阻、电容、晶体管或场效应管等元器件制作在同一块硅片上,集合而成一块完整的放大电路,故称集成运算放大器,简称为集成运放。

与分立元件运放相比,集成运放不但体积小,重量轻,而且性能好,故障率低,因为在同一块芯片上集成的元器件参数更具一致性、对称性,电路的焊接、封装更安全、更可靠,使用更加方便。

集成运放的一般组成如图 10.1 所示,主要由输入级、中间级和输出级三大部分组成。MOS 运放只有前两级。此外,还有为各级提供偏置电流的公共偏置电路及一些辅助电路,如过载保护电路、电平偏移电路及高频补偿电路等,图 10.1 中的电容 C_F 就是频率补偿电容(详见 9.5 节)。

(1) 输入级。输入级位于电路的最前端,由于其不但与信号源有一个接口问题,而且电路的任何漂移、噪声或不稳定,都会被后级电路依次放大,进而对整个电路造成严重影

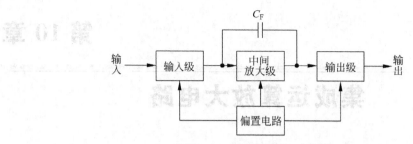

图 10.1　集成运放的一般组成

响。所以,对输入级放大电路有严格要求:既要能提供一定的电压增益,又要能适应不同的输入方式,如单端输入或双端输入,同相输入或反相输入等,同时电路的稳定性要好、温漂和噪声要小……因此,运算放大器几乎毫无例外地都选用差动放大电路作输入级,因为差动放大器稳定性好,并且有两个输入端,可以适应各种输入方式,可以灵活地组成多种反馈组态等。

(2)中间级。中间级的主要作用是提供足够的电压放大倍数,整个运放的电压增益主要由中间级提供。由于级数越多,相移越大越不稳定,中间级一般由 $1\sim2$ 级高增益放大器组成。为了获得高增益,大多采用共射或共源电路。

(3)输出级。输出级位于电路的最末端,其作用是带动负载。所以,为提高带负载能力,输出级电路总是由跟随器或互补推挽电路组成。其要求是:①输出电阻要小,以便向负载提供足够的电流或功率;②电路的动态范围要大,因为放大电路末级的输入信号幅度较大。

(4)偏置电路。偏置电路的作用是向上述三部分电路提供偏置,一般由各种电流源组成。

由上述可见,集成运放电路具有以下一些特点。

(1)级间耦合采用直接耦合方式,因为电容器尤其是大容量的电容器制作不方便。

(2)输入级皆采用差分放大电路,主要是为了克服直接耦合电路的温漂等问题。

(3)大量采用电流源结构。用电流源进行直流偏置,用电流源作有源负载代替无源元件(电阻 R),这样,一方面可以提高电路增益,另一方面可以减小芯片面积。

(4)大量采用复合管或复合结构电路。

(5)电路中的二极管主要是作温度补偿或电平偏移之用,并且多用晶体三极管的发射结代替。

集成运放的外形通常有两种:双列直插式和圆壳式,如图 10.2 所示。在使用集成运放时,应知道它的引脚功能以及放大器的主要参数,这些可以通过查手册得到。

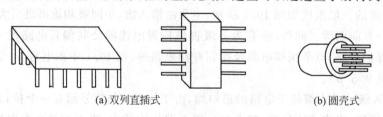

(a) 双列直插式　　　　　　　　　　　　　　(b) 圆壳式

图 10.2　集成电路的外形

集成运算放大器 μA741 的引脚如图 10.3 所示,具体内部电路详见 10.6 节。各引脚的用途如下。

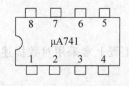

图 10.3　μA741 引脚图

1 和 5:外接调零电位器(通常为 100kΩ)的两个端子。

2:反相输入端,由此端接输入信号,则输出信号和输入信号是反相的(或两者极性相反)。

3:同相输入端,由此端接输入信号,则输出信号和输入信号是同相的(或两者极性相同)。

4:负电源端,通常接-15V 直流稳压电源。

6:输出端。

7:正电源端,通常接+15V 直流稳压电源。

8:空引脚。

10.1.2　集成运放的参数

为了正确选择和合理使用集成运放,必须了解其主要参数的意义和大小范围,现介绍如下。

1. 开环差模电压放大倍数(开环电压增益)A_0

A_0 是决定运算精度的主要参数。在输出端开路,没有外接反馈电路,在标称电源电压作用下,两个输入端加信号电压,测得差模电压放大倍数 A_0。A_0 越大,运算精度就越高。典型运算放大器的 $A_0 \approx 10^5$(或 100dB),目前高质量的集成运放 A_0 可达 10^7 以上(或 140dB)。

2. 开环差模输入电阻 r_{id}

r_{id} 是指集成运放两个输入端加差模信号时的等效电阻。表征输入级从信号源取用电流的大小。一般 r_{id} 为 3MΩ 左右,目前高的运放可达 1000MΩ 以上。

3. 开环输出电阻 r_o

开环输出电阻表征运放带负载的能力,它是指没有外接反馈电路时,输出级的输出电阻。其阻值越小越好,一般为 600Ω 以下。

4. 最大输出电压 U_{oM}

输出端接上额定负载与标称电源电压(±15V)作用时,所能输出的不明显失真的最大电压,称为最大输出电压,一般为 ±13V 以下。

5. 输入失调电压 U_{io}

在理想情况下,输入信号电压为零,输出直流电压也为零。但实际上,输入信号电压为零时,输出电压不等于零。为使输出电压为零,在输入端加一个补偿电压,该补偿电压称为输入失调电压 U_{io}。它表征输入级差动放大电路两个晶体管不对称的程度,U_{io} 越小越好,一般为几毫伏。

6. 共模抑制比 K_{CMR}

共模抑制比(Common Mode Rejection Ration,CMRP)表示运放的差模电压放大倍数 A_{vd} 与共模电压放大倍数 A_{vc} 之比的绝对值,即

$$CMRR = \left| \frac{A_{vd}}{A_{vc}} \right|$$

工程上常采用对数描述,单位为分贝,即

$$K_{CMR} = 20\lg \left| \frac{A_{vd}}{A_{vc}} \right| \text{(dB)}$$

K_{CMR} 越大,说明运算放大器的共模抑制性能就越好。

10.1.3　集成运放的电压传输特性

集成运放的图形符号如图 10.4 所示。

集成运放有两个输入端和一个输出端。反相输入端标上"-"号,同相输入端和输出端标上"+"号。它们对"地"的电压(即各端的电位)分别用 v_-、v_+ 和 v_o 表示。A_0 表示开环电压放大倍数,理想时采用∞来表示。

表示输出电压 v_o 与输入电压 $u_d(u_d = v_+ - v_-)$ 之间关系的特性称为电压传输特性,如图 10.5 所示,在线性区(对应于传输特性的斜线段)内,v_o 和 $(v_+ - v_-)$ 是线性关系,即

$$v_o = A_0(v_+ - v_-) \tag{10-1}$$

线性区的斜率取决于 A_0 的大小。

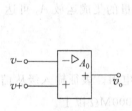

图 10.4　集成运放图形符号

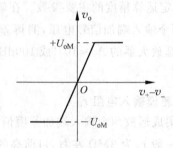

图 10.5　运算放大器的传输特性

由于受电源电压的限制,输出电压 v_o 不可能随输入电压的增加而无限增加。因此,当 v_o 增加到一定值后,就进入了饱和区。此时输出电压为集成运放的最大输出电压 $+U_{oM}$ 或 $-U_{oM}$。

集成运放在应用时,工作在线性区称为线性应用,工作在非线性区称为非线性应用。由于集成运放的 A_0 非常大,线性区很陡,即使输入电压很小,由于外部干扰等原因,不引入深度负反馈是很难在线性区稳定工作的。

10.2　理想集成运算放大器

1. 理想运算放大器条件

在分析运算放大器时,一般可以将它看成一个理想运算放大器。理想运放需要满足以下条件。

(1) 差模电压增益 $A_0 = \infty$。

(2) 差模输入电阻 $r_{id} = \infty$。

（3）共模抑制比 CMRR＝∞。

（4）共模输入电阻 r_{ic}＝∞。

（5）输出电阻 r_o＝0。

（6）失调及其温漂不存在。

（7）带宽无穷大。

理想运放的图形符号与图 10.4 相似，只需要将图中的符号 A_0 改为∞。

2. 理想运算放大器的分析依据

由于在理想条件下运算放大器的差模输入电阻 $r_{id} \to \infty$，故可认为两个输入端的输入电流为零，即

$$i_+ = i_- \approx 0 \tag{10-2}$$

这种同相输入端和反相输入端电流几乎为零的现象称为"虚断"。

由于在理想条件下运算放大器的开环差模电压放大倍数 $A_0 \to \infty$，而输出电压是一个有限的数值，故运算放大器在线性应用时由式（10-1）可知

$$v_+ - v_- = \frac{v_o}{A_0} \approx 0$$

即

$$v_+ \approx v_- \tag{10-3}$$

这种同相输入端和反相输入端几乎等电位的现象称为"虚短"。

如果反向端有输入时，同相端接"地"，即 $v_+ = 0$，由式（10-3）可知，$v_- \approx 0$。这就是说反相输入端的电位接近于"地"电位，它是一个不接地的"地"电位端，通常称为"虚地"。

注意："虚短"和"虚断"的概念是集成运算放大电路分析设计中经常会用到的两个分析依据。放大电路实质是放大两个输入端的电位差，因此"虚短"这个分析依据只是工程误差允许范围内的一种分析方法，不能因为"虚短"而将两个输入端进行短接。另外，"虚断"的概念只是指集成运放的输入端电流近似断路，在分析时绝对不能忽略运放的输出端电流。

10.3　集成运放组成的负反馈

第 9 章中介绍了放大电路中的负反馈有以下四种类型：电压串联负反馈、电压并联负反馈、电流串联负反馈、电流并联负反馈。下面结合集成运算放大电路分别进行介绍。

1. 电压串联负反馈

电压串联负反馈的典型电路如图 10.6 所示。集成运放为反馈放大电路框图中的基本放大电路，R_F 和 R_1 构成反馈环节，输入电压 u_i 通过 R_2 加到运放的同相输入端。输出电压 u_o 通过 R_F 和 R_1 分压，在 R_1 上的电压即为反馈电压 u_f。也可以采用短路负载法分析：当负载电阻短路使输出信号 u_o＝0 时，反馈信号 u_f＝0，所以这是一个电压反馈电路。

采用瞬时极性法判别反馈极性，即假定输入信号在某一瞬时的极性，由此标出电路中其他相关点在同一瞬时的极性。如设输入 u_i 的瞬时极性为正（图中用 ⊕ 表示），根据运放同相输入端的概念，得知输出 u_o 为正。因此，反馈电压 u_f 也为正。可见，在输入回路中，

净输入电压 $u_d = u_i - u_f$，即引入反馈后使净输入电压减少，为负反馈；另外，反馈信号 u_f、输入信号 u_i 和净输入信号 u_d 都以电压形式相加减，为串联反馈。所以，该电路为电压串联负反馈。

2. 电压并联负反馈

图 10.7 所示为电压并联负反馈的典型电路。电路中，反馈电路 R_F 一端连接于输出端，另一端连接于反相输入端。通过 R_F 的电流即为反馈电流 i_f。当负载电阻短路使输出信号 $u_o = 0$ 时，反馈信号 $i_f = 0$，所以这是一个电压反馈电路。

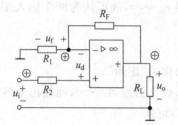

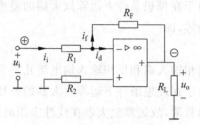

图 10.6　电压串联负反馈电路　　　　图 10.7　电压并联负反馈电路

设输入电压 u_i 瞬时极性为正，则输出电压为负。于是，反馈电流 i_f 为正，净输入信号 $i_d = i_i - i_f$。此式说明，引入反馈后使净输入电流减少，为负反馈；另外，反馈信号 i_f、输入信号 i_i 和净输入信号 i_d 都以电流的形式相加减，为并联反馈。所以，该电路为电压并联负反馈。

3. 电流串联负反馈

图 10.8 所示为电流串联负反馈的典型电路。电路中，输入电压 u_i 通过 R_2 加到运放的同相输入端，R_F 和负载电阻 R_L 构成反馈环节，把 R_F 上的电压降 u_f 引回到反相输入端，所以，u_f 为反馈电压。当负载电阻短路使负载上的输出电压 $u_o = 0$ 时，反馈信号 $u_f \neq 0$，所以这是一个电流反馈电路。

设输入电压 u_i 瞬时极性为正，则输出电压的瞬时极性为正，因此反馈信号 u_f 也为正，故净输入 $u_d = u_i - u_f$。可见，引入反馈后使净输入电压减少，为负反馈；另外，反馈信号 u_f、输入信号 u_i 和净输入信号 u_d 都以电压形式相加减，为串联反馈。所以，该电路为电流串联负反馈。

4. 电流并联负反馈

图 10.9 所示为电流并联负反馈的典型电路。电路中，R_L、R、R_F 和 R_1 构成反馈环节，通过 R_F 的电流即为反馈电流 i_f。当负载电阻短路使负载上的输出电压 $u_o = 0$ 时，反馈信号 $u_f \neq 0$，所以这是一个电流反馈电路。

设输入电压 u_i 瞬时极性为正，则输出电压的瞬时极性为负，输出电流 i_o 为负，因此反馈信号 i_f 为正，故净输入为 $i_d = i_i - i_f$。于是，引入反馈后使净输入信号减少，为负反馈；另外，反馈信号 i_f、输入信号 i_i 和净输入信号 i_d 都以电流的形式相加减，为并联反馈。所以，该电路为电流并联负反馈。

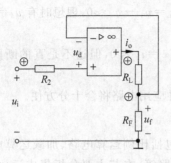

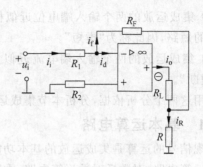

图 10.8　电流串联负反馈电路　　　　　　　　图 10.9　电流并联负反馈电路

【例 10-1】　电路如图 10.10 所示，指出其反馈电路，并判别反馈类型。

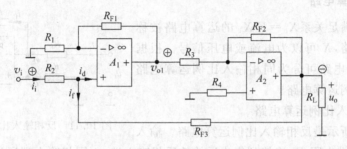

图 10.10　例 10-1 图

解　该电路由两级集成运放 A_1、A_2 组成。第一级和第二级之间的反馈电阻 R_{F3} 将整个电路输出量的一部分引回到放大器的输入回路中，这种反馈称为级间反馈。反馈电阻 R_{F1}、R_{F2} 在本级引入的反馈称为本级反馈，下面分析级间反馈的类型。

设输入信号电压 v_i 瞬时极性为正，A_1 的输出电压 v_{o1} 为正，A_2 的输出电压 u_o 为负，这样，输入端电流 i_i、反馈电流 i_f 及净输入电流 i_d 的瞬时流向如图 10.10 所示。净输入电流 $i_d = i_i - i_f$ 减小，为负反馈；反馈信号与净输入信号以电流的形式相加减的，为并联反馈；在输出回路中，反馈电路与电压输出端直接相连的，为电压反馈。故级间反馈类型是电压并联负反馈。

两个运放各自构成的本级反馈（R_{F1} 为电压串联负反馈、R_{F2} 为电压并联负反馈）请自行分析。

10.4　集成运放的应用

根据运放的工作状态，集成运放的应用可以分为两大类：线性应用和非线性应用。根据对信号应用的功能，集成运放的应用可分为三大类：信号的运算、信号的处理及信号的发生。当运算放大器外加深度负反馈使其闭环工作在线性区时，可构成基本运算电路、有源滤波电路和正弦波振荡电路等；当运算放大器处于开环或外加正反馈使其工作在非线性区时，可构成各种电压比较器和矩形波信号发生器等。

在 10.2 节的讨论中，已经得出了理想运算放大器两个重要的分析依据。

（1）集成运放的两个输入端电位近似相等，即 $u_d = v_+ - v_- \approx 0$，理想时有 $u_d = 0$，但这不是真的短路，因此称为"虚短"。

（2）集成运放的两个输入端电流近似为零，即 $i_+ = i_- \approx 0$，但这不是真的断路，因此称为"虚断"。

应用这两个分析依据，分析本节集成运放的各种应用电路将会十分方便。

10.4.1 基本运算电路

实现信号的运算是集成运放的基本功能，主要包括比例运算电路、加减运算电路、积分微分运算电路、对数反对数运算电路、乘除运算电路等，本节主要分析集成运放的基本运算电路。

1. 比例运算电路

输入输出满足关系 $\dot{X}_o = K\dot{X}_i$ 的运算电路被称为比例运算电路，X 可以为电流或电压信号。根据 K 的正负符号，电路可分为同相输入比例运算电路和反相输入比例运算电路。

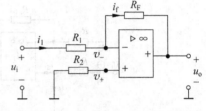

图 10.11 反相输入比例运算电路

1）反相输入比例运算电路

图 10.11 所示是反相输入比例运算电路。输入信号 u_i 经输入端电阻 R_1 连接到集成运放的反相输入端，而同相输入端通过平衡电阻 R_2 接地，反馈电阻 R_F 跨接在输出端和反馈输入端之间。

根据理想运算放大器工作在线性区时的分析依据，由"虚断"可知

$$i_+ = i_- \approx 0$$

则有

$$i_1 \approx i_f, \quad v_+ \approx 0$$

由"虚短"可知

$$v_- \approx v_+ = 0$$

由于同相端电位近似为零，故此电路反相端又称虚地。

由图 10.11 可知

$$i_1 = \frac{u_i - v_-}{R_1} = \frac{u_i}{R_1} = i_f$$

$$u_o = -R_F i_f = -R_F \cdot \frac{u_i}{R_1} \tag{10-4}$$

因此闭环电压放大倍数为

$$A_{vf} = \frac{u_o}{u_i} = -\frac{R_F}{R_1} \tag{10-5}$$

式（10-5）表明，输出电压 u_o 与输入电压 u_i 的极性相反，其比值取决于 R_F 与 R_1 的大小而与运算放大器本身的参数无关。这就保证了比例运算的精度和稳定性。

R_2 称为平衡电阻，其值为 $R_2 = R_1 /\!/ R_F$，其作用是为了保证运算放大器同相输入级电路的对称性，消除偏置电流 I_{IB} 可能引起的输出偏差。

如果取 $R_F = R_1 = R$，由式 10-4 可知 $u_o = -u_i$（即 $A_{vf} = -1$），输出电压与输入电压大小相等，相位相反，因此称为反相器。

反相比例运算电路属于电压并联负反馈，因而工作稳定，输出电阻小，有较强的带负载能力。

2）同相输入比例运算电路

图 10.12 所示是同相输入比例运算电路。根据理想运算放大器工作在线性区时的分析依据，由"虚断"可知

$$i_+ = i_- \approx 0$$

则有

$$i_1 \approx i_f, \quad v_+ \approx u_i$$

由"虚短"可知

$$v_- \approx v_+ = u_i$$

由图 10.12 可知

$$i_1 = -\frac{v_-}{R_1} = -\frac{u_i}{R_1}$$

$$i_f = \frac{v_- - u_o}{R_F} = \frac{u_i - u_o}{R_F}$$

由此得

$$u_o = \left(1 + \frac{R_F}{R_1}\right)u_i \tag{10-6}$$

故闭环电压放大倍数为

$$A_{vf} = \frac{u_o}{u_i} = 1 + \frac{R_F}{R_1} \tag{10-7}$$

和反相输入一样，u_o 与 u_i 间的比例关系取决于 R_F 与 R_1 的大小而与运算放大器本身的参数无关，故其精度和稳定性都很高。式中 A_{vf} 为正值，表示 u_o 与 u_i 同相，并且 A_{vf} 总是大于或等于 1，不会小于 1，这点和反相比例运算不同。

当 $R_1 \Rightarrow \infty$（断开）或 $R_F = 0$ 时，有

$$A_{vf} = \frac{u_o}{u_i} = 1$$

这就是电压跟随器，如图 10.13 所示。这种电路尽管 $A_{vf} = 1$，但其输入电阻 $r_i = \infty$，输出电阻 $r_o = 0$，所以是一个很好的阻抗变换器，常用作级间缓冲器。

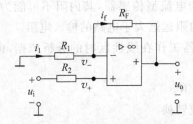

图 10.12　同相输入比例运算电路

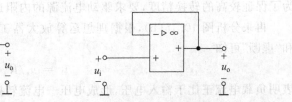

图 10.13　电压跟随器

同相比例运算电路属于电压串联负反馈,有工作稳定、输出电阻低、输入电阻高、带负载能力强的特点。

【例 10-2】　如图 10.14 所示的电路中,已知 $R_F = 60\text{k}\Omega, R_1 = 30\text{k}\Omega, R_2 = 20\text{k}\Omega, u_i = -3\text{V}$,求输出电压 u_o。

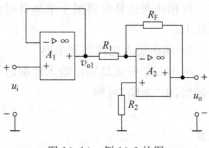

解　因为 A_1 组成电压跟随器,所以

$$v_{o1} = u_i$$

A_2 组成了反相输入比例放大器,所以

$$u_o = -\frac{R_F}{R_1} v_{o1}$$

故有

图 10.14　例 10-2 的图

$$u_o = -\frac{R_F}{R_1} \cdot v_{o1} = -\frac{R_F}{R_1} \cdot u_i = -\frac{60}{30} \times (-3) = 6(\text{V})$$

思考　针对同相输入与反相输入比例运算电路的优缺点考虑两种电路的应用场合。

3) 比例运算电路应用

(1) 电流电压转换电路。

分别利用集成运放的反相输入端和同相输入端,可以实现输入电流控制输出电压的电流—电压转换器和输入电压控制输出电流的电压—电流转换器,如图 10.15 所示。

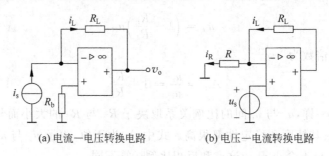

(a) 电流—电压转换电路　　　(b) 电压—电流转换电路

图 10.15　比例运算电路构成的转换电路

首先分析图 10.15(a),根据理想运算放大器工作在线性区时的分析依据,由"虚短"和"虚断"可知

$$v_o = -i_L R_L = -i_s R_L$$

表明负载电压正比于输入电流,形成电流—电压转换。

在实际应用电路中,驱动电流源可以是一个电流型传感器,其内阻不可能为无穷大,为了保证较高的转换精度,要求驱动电流源的内阻远远大于电路的输入电阻。

再来分析图 10.15(b),根据理想运算放大器工作在线性区时的分析依据,由"虚短"和"虚断"可知

$$i_L = u_s/R$$

表明负载电流正比于输入电压,形成电压—电流转换。

(2) 缓冲隔离电路。

由电阻 R_1 和 R_2 构成的分压电路供电给负载 R_L,如果将负载 R_L 直接接到这个分压

器上,电路将如图 10.16(a)所示。那么负载 R_L 的接入形成与电阻 R_2 的并联,将会引起分压 u_L 的改变,也就是意味着这个电路的负载特性不佳,负载电压会随着负载的变化而变化。

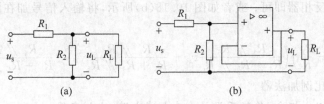

图 10.16 电压跟随器构成的缓冲隔离电路

但是如果采用图 10.16(b)所示电路,通过电压跟随器将负载 R_L 接入电路,则电阻 R_L 的接入不会改变分压电路的特性,大大改善负载特性,这就是缓冲隔离电路的优点。

(3) 实用测温电路。

图 10.17 所示是用 LM324 组成的单电源同相放大器,是一个实用测温电路。图中集成运放符号为电路仿真软件元件库中的符号,采用国际标准。它的放大倍数 5 倍左右,晶体管 3DG100 是感温器件,因为硅晶体管的 B-E 结的温度系数约为 $-2\mathrm{mV}/℃$,R_3 是入端平衡电阻,R_4 是 3DG100 的 B-E 结的偏置电阻,C_1 是滤波电容。

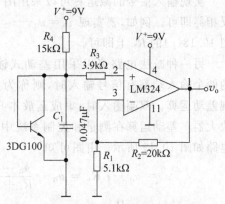

图 10.17 实用测温电路(使用仿真软件绘制)

2. 加法运算电路

实现多个信号相加的电路称为加法电路。图 10.18(a)所示是一个 3 输入变量的加法电路。

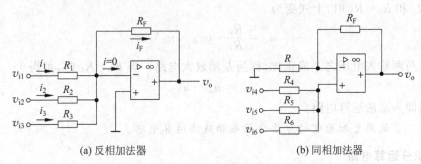

(a) 反相加法器   (b) 同相加法器

图 10.18 加法电路

根据虚短(虚地)概念,运放反相输入端为地电位,所以 $i_1=\dfrac{v_{i1}}{R_1}$,$i_2=\dfrac{v_{i2}}{R_2}$,$i_3=\dfrac{v_{i3}}{R_3}$;根据虚断概念,运放反相输入端的输入电流为零,所以 $i_F=i_1+i_2+i_3$,即

$$v_o = -R_F i_F = -\left(\frac{R_F}{R_1}\cdot v_{i1} + \frac{R_F}{R_2}\cdot v_{i2} + \frac{R_F}{R_3}\cdot v_{i3}\right)$$

从而,实现了 3 个模拟信号的比例相加。当 $R_1 = R_2 = R_3 = R_F$ 时

$$v_o = -(v_{i1} + v_{i2} + v_{i3})$$

式中,负号"—"是反相输入引起的,故称反相比例加法器。要去掉式中负号"—",只要在输出端再加一级反相器即可;或者如图 10.18(b)所示,将输入信号加在同相输入端。可以证明:

$$v_o = \left(1 + \frac{R_F}{R}\right)\left(\frac{R_5 /\!/ R_6}{R_4 + R_5 /\!/ R_6} v_{i4} + \frac{R_4 /\!/ R_6}{R_5 + R_4 /\!/ R_6} v_{i5} + \frac{R_4 /\!/ R_5}{R_6 + R_4 /\!/ R_5} v_{i6}\right)$$

故后者称为同相比例加法器。

思考 根据以上概念,你能否设计一个加减电路,比如实现 $v_o = v_1 + 2v_2 - 3v_3 - 4v_4$。

3. 减法运算电路

实现输入信号的减运算可以采用图 10.18 所示的加法电路,只需要在输入信号前加反相器即可。例如,要实现 $v_o = v_{i1} - v_{i2} - v_{i3}$,只需要将 v_{i1} 通过一个反相器反相后接入图 10.18(a)的 R_1 上即可。

另一种减法电路可以采用差动式输入方式。当运放的两个输入端都有信号输入时,则称为差动输入,电路实现差动运算。双端输入时,集成运放本身就是一个信号差放大器。差动运算在测量和控制系统中应用很多,其运算电路如图 10.19 所示。由图可知

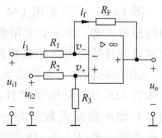

图 10.19 差动减法运算电路

$$v_- = u_{i1} - i_1 R_1 = u_{i1} - \frac{u_{i1} - u_o}{R_1 + R_F} \cdot R_1$$

$$v_+ = \frac{R_3}{R_2 + R_3} \cdot u_{i2}$$

由于 $v_- \approx v_+$,故从上列两式可得

$$u_o = \left(1 + \frac{R_F}{R_1}\right) \cdot \frac{R_3}{R_2 + R_3} \cdot u_{i2} - \frac{R_F}{R_1} \cdot u_{i1}$$

当 $R_1 = R_2$ 和 $R_F = R_3$ 时,上式变为

$$u_o = \frac{R_F}{R_1} \cdot (u_{i2} - u_{i1})$$

输出电压与两输入电压之差成正比,称为差动放大电路。当 $R_F = R_1$ 时,可得

$$u_o = u_{i2} - u_{i1}$$

此时电路即为减法运算电路。

思考 尝试用叠加原理的方法分析差动减法运算电路。

4. 积分运算电路

图 10.20 所示是一个积分电路。根据虚短的概念,反相输入端为地电位 0,所以输出电压 v_o 就是电容 C 上的电压,即电流 i_C 对 C 充电的电压

$$v_o = -u_C = -\frac{1}{C} \cdot \int i_C dt$$

因为电阻 R 上的电流 $i_R = \frac{v_i}{R}$,根据虚断概念 $i_C = i_R$,故有

$$v_{\mathrm{o}}(t) = -\frac{1}{RC}\int v_{\mathrm{i}}\,\mathrm{d}t$$

显然,这是一个积分电路。注意,当 $v_{\mathrm{i}}=V_1$ 恒定不变时,上式变为

$$v_{\mathrm{o}}(t) = -\frac{V_1}{RC}\cdot t$$

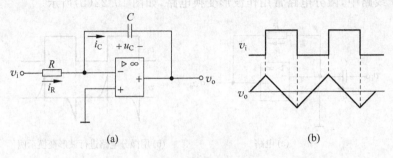

图 10.20　积分电路

从而可根据 $t=T$ 时的输出电压 $v_{\mathrm{o}}(T)$ 确定积分电路的时间常数 RC,进而选择电阻 R 和电容 C,设计积分电路。积分电路优点是稳定性好,抗干扰能力强,常在自动控制系统中用作稳定性校正环节。在电子技术中,用作波形产生或变换电路,图 10.20(b)所示为当输入为方波信号时对应的输出波形。

将比例运算和积分运算两者组合起来,便成为比例积分电路,如图 10.21 所示。此时:

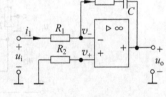

$$v_- - u_{\mathrm{o}} = i_{\mathrm{f}}R + u_{\mathrm{c}} = i_{\mathrm{f}}R + \frac{1}{C}\int i_{\mathrm{f}}\,\mathrm{d}t$$

$$i_1 = \frac{u_{\mathrm{i}} - v_-}{R_1}$$

因 $v_-\approx v_+=0, i_{\mathrm{f}}\approx i_1$,故有

图 10.21　比例积分电路

$$u_{\mathrm{o}} = -\left(\frac{R}{R_1}\cdot u_{\mathrm{i}} + \frac{1}{R_1 C}\int u_{\mathrm{i}}\,\mathrm{d}t\right)$$

当 u_{i} 为直流电压 U_1,且在 $t=0$ 时加入,则输出电压为

$$u_{\mathrm{o}} = -\left(\frac{R}{R_1}\cdot U_1 + \frac{U_1}{R_1 C}\cdot t\right)$$

比例积分电路又称为比例—积分调节器(简称 PI 调节器)。在自动控制系统中需要有调节器(或称校正电路),以保证系统的稳定性和控制的精度。

5. 微分运算电路

图 10.22(a)所示是一个微分电路。利用虚短的概念,反相输入端为地电位 0,电容 C 两端的电压为 v_{i},则流过电容 C 的电流为

$$i_{\mathrm{C}} = C\cdot\frac{\mathrm{d}v_{\mathrm{i}}}{\mathrm{d}t}$$

输出电压为

$$v_{\mathrm{o}} = -i_{\mathrm{R}}R = -RC\cdot\frac{\mathrm{d}v_{\mathrm{i}}}{\mathrm{d}t}$$

上式表明,电路的输出电压与输入电压的导数成正比,所以这是一个微分电路。

微分电路的响应速度快,但噪声大、稳定性差。一个比较实用的微分电路是将输入电路中的电容 C 换成电阻 R_1 同 C 的串联,这样既可将运放过高的电压增益限制在 R/R_1,也可减小高频噪声的影响。

在电子线路中,微分电路常用作波形变换电路,如图 10.22(b) 所示。

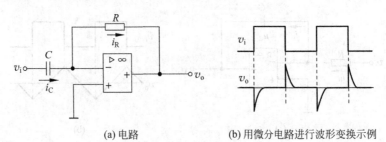

(a) 电路   (b) 用微分电路进行波形变换示例

图 10.22   微分电路

【例 10-3】 在图 10.23 所示的电路中,$R_1 = 12\text{k}\Omega$,$R_2 = R_3 = 30\text{k}\Omega$,$R_4 = R_5 = 10\text{k}\Omega$,$R_6 = R_7 = 0.5\text{M}\Omega$,试求电压放大倍数。

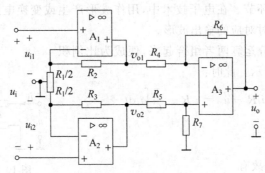

图 10.23   例 10-3 图

解   因为 $R_2 = R_3$,且 R_1 的中点接地,所以

$$v_{o1} = \left(1 + \frac{R_2}{R_1/2}\right)u_{i1} = \left(1 + \frac{2R_2}{R_1}\right)u_{i1}$$

$$v_{o2} = \left(1 + \frac{2R_3}{R_1}\right)u_{i2} = \left(1 + \frac{2R_2}{R_1}\right)u_{i2}$$

由此可得

$$v_{o1} - v_{o2} = \left(1 + \frac{2R_2}{R_1}\right)(u_{i1} - u_{i2})$$

对于 A_3 运放组成了差动放大电路,又 $R_4 = R_5$,$R_6 = R_7$,所以

$$u_o = \frac{R_6}{R_4}(v_{o2} - v_{o1}) = -\frac{R_6}{R_4}\left(1 + \frac{2R_2}{R_1}\right)(u_{i1} - u_{i2})$$

由于 $u_i = u_{i1} - u_{i2}$,所以

$$A_{vf} = -\frac{R_6}{R_4}\left(1 + \frac{2R_2}{R_1}\right) = -\frac{500}{10} \times \left(1 + \frac{2 \times 30}{12}\right) = -300$$

图 10.23 所示的电路实际上是一种输入电阻较高,共模抑制作用比较好的通用测量放大电路,该放大器有较高的共模抑制比(CMRR),温度稳定性好,放大频带宽,噪声系数小且具有调节方便的特点,是生物医学信号放大的理想选择。为了提高差动放大电路中的测量精度,常要求 R_4、R_5、R_6、R_7 四个电阻具有较高的精度。

注意:本节的运算电路分析中有些采用电位(v)描述,有些采用电压(u)描述,旨在让大家看明白电位与电压之别,例 10-3 则更加强调电位与电压的差别。

10.4.2　采样保持电路

在计算机实时控制和非电量的测量系统中,通常要将模拟量转换为数字量。由于模拟量为时间的连续函数,用数字方法表示模拟量时不可能将模拟量每一瞬时的数值都表示出来,而只能按控制信号的周期对模拟量进行定期采集,使输出准确地跟随输入信号的变化,并将采集的信号保存一段时间(以便在这段时间内转换为数字信号),直至下一个采集命令到达再重新进行采集。其工作情况表示于图 10.24(a)。图中 u_i 是模拟信号,它随时间连续变化。电压 u 为采集命令信号,S 是一模拟开关,一般由场效应管构成。当控制信号 u 为高电平时,开关闭合,电路处于采样周期。这时 u_i 对存储电容元件 C 充电,$u_o = u_c = u_i$,即输出电压跟随输入电压的变化(运算放大器接成跟随器)。当控制电压变为低电平时,开关断开,电路处于保持周期。因为电容元件无放电回路,故 $u_o = u_c$。输入、输出波形如图 10.24(b)所示。

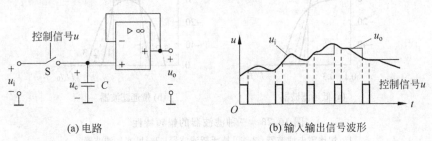

(a) 电路　　　　　　　　　　　　(b) 输入输出信号波形

图 10.24　采样保持电路

10.4.3　有源滤波电路

1. 滤波和滤波器的基本概念

让有用频率信号通过而抑制或大大衰减无用频率信号,称为滤波。完成滤波功能的电路或部件称为滤波器。

按照通过或阻止信号的频率情况,滤波器分为低通滤波器(Low Pass Filter,LPF)、高通滤波器(High Pass Filter,HPF)、带通滤波器(Band Pass Filter,BPF)、带阻滤波器(Band Elimination Filter,BEF)和全通滤波器(All Pass Filter,APF),其理想幅频特性如图 10.25 所示。可以通过有用信号的频带称为通带,阻止无用信号通过的频带称为阻带,阻带与通带的分界频率称为截止频率。

理想特性实际上是做不到的,人们则用不同的数学函数模型逼近这些特性,从而出现了多种类型的滤波器,最著名的有巴特沃斯(Butterworth)滤波器、切比雪夫(Chebyshev)滤波器和贝塞尔(Bessel)滤波器等,其幅频特性给出在图 10.26 中,以便比较参考。由

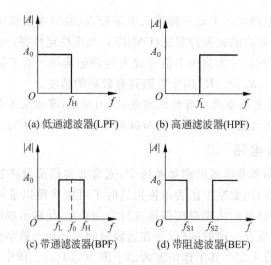

(a) 低通滤波器(LPF)   (b) 高通滤波器(HPF)

(c) 带通滤波器(BPF)   (d) 带阻滤波器(BEF)

图 10.25   滤波器的理想幅频特性

图 10.26 可见,切比雪夫滤波器的幅频特性曲线边沿下降陡峭,但顶部不平;贝塞尔滤波器的顶部少起伏但边沿下降缓慢;巴特沃斯滤波器特性介于二者之间。

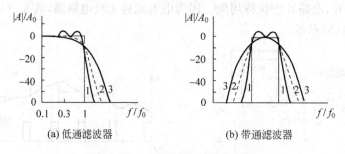

(a) 低通滤波器   (b) 带通滤波器

图 10.26   三种滤波器的幅频特性
1—切比雪夫滤波器;2—巴特沃斯滤波器;3—贝塞尔滤波器

根据滤波器电路中有无有源器件,滤波器可分为无源滤波器和有源滤波器两种。用 R、L、C 等无源元件构成的滤波器称为无源滤波器,主要有 LC 滤波器、RC 滤波器、石英晶体滤波器、压电陶瓷滤波器、声表面波滤波器等。按照一定方向切割的石英晶体薄片,两侧敷银引出引线,就是一个频率十分稳定的窄带滤波器,常用在计算机时钟电路中;号称当代三大微电子器件(大规模集成电路、声表面波器件、电荷耦合器件)之一的声表面波滤波器,是利用弹性体表面传播表面波的效应制成的滤波器,广泛用于电视接收机中。下面主要介绍有源滤波器。

2. 一阶低通滤波器

一阶 RC 低通无源滤波器如图 10.27(a)所示,当输入信号为正弦信号时,电容容抗为 X_C,故由电路可得

$$\dot{U}_o = \frac{\dfrac{1}{j\omega C}}{R + \dfrac{1}{j\omega C}} \cdot \dot{U}_i = \frac{1}{1 + j\omega RC} \cdot \dot{U}_i \qquad (10\text{-}8)$$

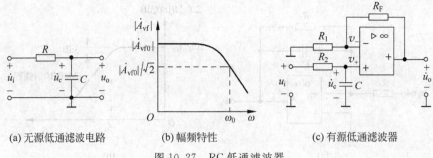

(a) 无源低通滤波电路　　　　(b) 幅频特性　　　　(c) 有源低通滤波器

图 10.27　RC 低通滤波器

由式(10-8)可知,电压分压输出后的值不仅跟输入信号值有关,还跟输入信号频率有关,因此输入输出电压分压比可表示为

$$\dot{A}_{vf} = \frac{\dot{U}_o(j\omega)}{\dot{U}_i(j\omega)} = \frac{1}{1 + j\omega RC} = \frac{1}{1 + j\dfrac{\omega}{\omega_0}} \tag{10-9}$$

式中,$\omega_0 = \dfrac{1}{RC}$,$f_0 = \dfrac{1}{2\pi RC}$。

电压放大倍数 $\dot{A}_{vf}$ 的模为

$$|\dot{A}_{vf}| = \frac{1}{\sqrt{1 + \left(\dfrac{\omega}{\omega_0}\right)^2}}$$

当 $\omega = 0$ 时,$|\dot{A}_{vf0}| = 1$；当 $\omega = \omega_0$ 时,$|\dot{A}_{vf}| = \dfrac{1}{\sqrt{2}}$。

ω_0 称为截止角频率,幅频特性如图 10.27(b)所示。由图 10.27(b)可见,低通滤波器的特点就是允许低频段的信号通过,阻止高频段的信号通过。

若将 RC 低通滤波器接入一个由集成运放构成的放大器,则构成有源滤波器,滤波器的滤波特性依旧由 RC 低通电路决定,放大特性由集成运放决定,也即由集成运放构成的放大器放大倍数决定 $\dot{A}_{vf0}$ 的值。电路如图 10.27(c)所示,滤波器放大倍数为

$$\dot{A}_{vf} = \frac{\dot{U}_o(j\omega)}{\dot{U}_i(j\omega)} = \left(1 + \frac{R_F}{R_1}\right)\frac{1}{1 + j\omega RC}$$

另一种一阶有源低通滤波器电路如图 10.28(a)所示。根据虚短可得

$$\frac{v_i}{R_1} = \frac{-v_o}{R_2 \ // \ \dfrac{1}{j\omega C}}$$

则电压放大倍数为

$$\dot{A}_{vf} = \frac{\dot{U}_o(j\omega)}{\dot{U}_i(j\omega)} = -\frac{R_2}{R_1} \cdot \frac{1}{1 + j\omega/\omega_H} = \frac{\dot{A}_{vf0}}{1 + j\omega/\omega_H} = \frac{\dot{A}_{vf0}}{1 + jf/f_H}$$

式中,$\dot{A}_{vf0} = -R_2/R_1$,称为通带增益；$f_H = 1/(2\pi R_2 C)$ 是转折频率,在放大倍数为 $\dot{A}_{vf0}/\sqrt{2}$ 处。图 10.28(b)所示是采用对数表示方式绘制的幅频特性曲线。工程上常采用对数方式表示电压放大倍数,这时的电压放大倍数称为增益,单位为分贝(dB),对应的转折频率也称为上限 3dB 截止频率。

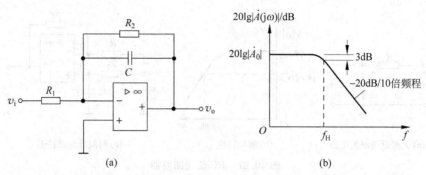

图 10.28　一阶有源低通滤波器

3. 一阶高通滤波器

一阶高通滤波器电路如图 10.29(a)所示。根据虚短概念,可得电路的电压增益为

$$\dot{A}_{vf}(j\omega) = \frac{\dot{U}_o(j\omega)}{\dot{U}_i(j\omega)} = \frac{\dot{A}_{vf0}}{1 + jf/f_L}$$

式中,$\dot{A}_{vf0} = -R_2/R_1$,称为通带增益;$f_L = 1/(2\pi R_1 C)$ 是下限 3dB 截止频率。其幅频特性曲线如图 10.29(b)所示。由图 10.29(b)可见,一阶滤波器的幅频特性边沿不陡。要想更陡些,则需要 2 阶或更高阶的滤波器。当然,阶数越高,电路越复杂。

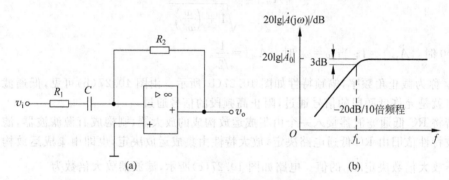

图 10.29　一阶有源高通滤波器

*4. 带通滤波器

作为实用电路举例,图 10.30 所示电路是一种在音响装置频谱分析器中获得广泛应用的有源带通滤波器电路。图中 R_1、R_2 和 C 组成低通滤波,如阴影内电路所示。C 和 R_3 组成高通滤波。

利用虚断概念和戴维宁定理,不难求得电路的电压放大倍数为

$$\dot{A}_{vf}(j\omega) = \frac{R_3/R_1}{2 + j\left[\omega R_3 C - \dfrac{1}{\omega C(R_1 /\!/ R_2)}\right]}$$

整理后,可得通带电压放大倍数 $\dot{A}_{vf0}$ 为

$$\dot{A}_{vf0} = \frac{R_3}{2R_1}$$

通带中心频率 f_0 为

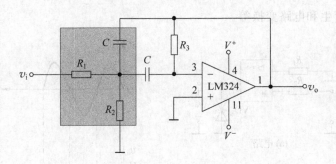

图 10.30　有源带通滤波器(电路仿真软件绘制)

$$f_0 = \frac{1}{2\pi C}\sqrt{\frac{1}{R_3}\left(\frac{1}{R_1}+\frac{1}{R_2}\right)}$$

10.4.4　电压比较器

集成运放可以用来比较信号的相对大小,从而构成电压比较器。电压比较有单限比较、双限比较、迟滞比较等。

1. 单门限电压比较器

若将一个输入信号与某个基准电压相比较,可以用集成运放来完成。将输入信号 v_i 接运放的一个输入端,基准电压 V_T(T 表示 Threshold)接另一个输入端,如图 10.31(a) 所示。当 $v_i > V_T$ 时,输出低电平。由于运放开环增益很大,只要 v_i 比 V_T 稍微大一点,输出端便负向饱和,$v_o = V_{oL}$;相反,当 $v_i < V_T$ 时,输出高电平,输出端正向饱和,$v_o = V_{oH}$。所以,这是一个以 V_T 为比较门限的电压比较器,电压传输曲线如图 10.31(b)所示。当 $V_T = 0$ 时,便是一个过零比较器。基准电压 V_T 也称门限电压或阈值电压。

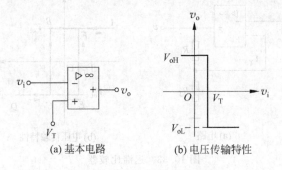

(a) 基本电路　　　　　　(b) 电压传输特性

图 10.31　单门限电压比较器

注意:实际的电压比较电路中,输入端常并接两个反向的二极管,以防止运放输入端电压幅度过大。

思考　图 10.31(a)中 v_i 与 V_T 交换位置后,电压传输特性会怎样变化?

有时为了将输出电压限制在某一特定值,以便与接在输出端的数字电路的电平配合,常用限幅过零比较器,其电路如图 10.32(a)所示。电路中,VD_Z 为一个双向稳压管,作双向限幅用。稳压管的电压为 U_Z,电路的传输特性如图 10.32(b)所示。u_i 与零电平比较,输出比较电压 u_o。图 10.32(c)所示为当输入信号为正弦波时对应的输出信号(方波)。

电压比较器可用作模拟电路和数字电路的接口,可以将模拟信号转换成二值信号,还可以用于波形产生和电路变换等。

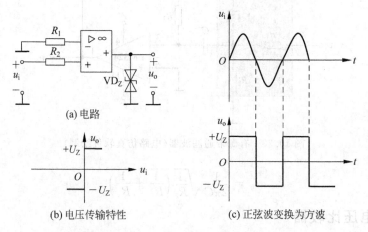

(a) 电路

(b) 电压传输特性

(c) 正弦波变换为方波

图 10.32 有限幅的过零比较器

注意：比较图 10.31(a)与图 10.32 所示电路从集成运放的不同端口输入信号后对应的电压传输特性的区别。

2. 迟滞比较器

单门限电压比较器可用于电压、水位、温度等的检测或报警。其优点是电路简单、灵敏度高，缺点是抗干扰能力差，因为当 v_i 在阈值 V_T 附近发生抖动时，会出现不期望的翻转。图 10.33(a)所示电路可有效克服上述问题。

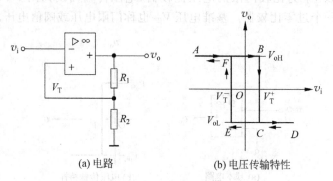

(a) 电路

(b) 电压传输特性

图 10.33 迟滞比较器

输入信号 v_i 加在反相输入端，同相输入端的"门限电压"是输出电压 v_o 经 R_1、R_2 分压后反馈回来的。注意，因 v_o 有高电平和低电平之分，所以"门限电压"是变化的。

设开始时 $v_- < v_+$，v_o 为高电平，$v_o = V_{oH}$，则同相端电位令为 V_T^+，有

$$V_T^+ = \frac{R_2}{R_1 + R_2} \cdot V_{oH} > 0$$

当 v_i 上升到 V_T^+ 之前，$v_o = V_{oH}$ 是不会改变的，这就是图 10.33(b)中的 AB 段。当 $v_i \geqslant V_T^+$ 时输出变为低电平，$v_o = V_{oL}$，如 BCD 段曲线所示，同相端电位变负。

$$V_T^- = \frac{R_2}{R_1 + R_2} \cdot V_{oL} < 0$$

也就是说，v_i 上升时 v_o 的变化如图 10.33(b) 中线上的右向箭头所示，即 $ABCD$ 段曲线。

当 v_i 由高电平下降时，因 $V_T^- < 0$，所以在 v_i 变负并小于 V_T^- 之前 $v_o = V_{oL}$ 是不会改变的，如图 10.33(b) 中的 DCE 段曲线所示。当 $v_i \leqslant V_T^-$ 时 v_o 变为高电平，$v_o = V_{oH}$，这就是图 10.33(b) 中的 EFA 段曲线。也就是说，v_i 减小时，v_o 的变化曲线如图 10.33(b) 中左向箭头所示，即 $DCEFA$ 曲线。

图 10.33(b) 中，V_T^+ 称为上阈值，V_T^- 称为下阈值，ΔV_T 称为回差。可以看出，只要加载在输入信号 v_i 上的扰动不大于 ΔV_T，就不会发生乱翻转，这一原理在冰箱、空调等设备中获得了应用。

【例 10-4】 试分析图 10.34(a) 所示电路，并定性画出当输入波形如图 10.34(b) 所示时电路的输出波形。

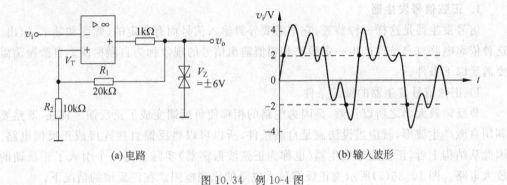

(a) 电路　　　　　　　　　(b) 输入波形

图 10.34　例 10-4 图

解　对照图 10.32(a) 可知，图 10.34(a) 所示是一个迟滞比较电路，输出端同样加了双向限幅，$V_{oH} = V_Z = +6\text{V}$，$V_{oL} = -V_Z = -6\text{V}$，则 $V_T^+ = 2\text{V}$，$V_T^- = -2\text{V}$，所以输出波形如图 10.35 所示。

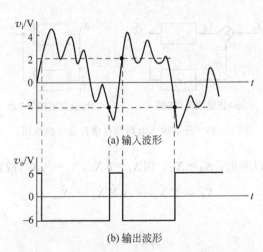

(a) 输入波形

(b) 输出波形

图 10.35　图 10.34(a) 所示电路的输入输出波形

提示：区分一个电路是运算放大器还是迟滞比较器的方法是，用瞬时极性法判断电路引入的是负反馈还是正反馈。

10.4.5　信号发生器

在测量、自动控制和无线电等技术领域内需要使用各种类型的信号源,这些信号源大多数是根据自激振荡原理,利用运算放大器和 R、L、C 元件构成的电路实现的。在 9.4 节介绍放大电路引入负反馈带来的问题时曾经指出,当电路的开环增益 $\dot{A}\dot{F}=-1$ 时,即使不加输入信号,放大电路也会有信号输出,这种现象称为自激。对放大电路来说,自激是有害的、不允许的,应努力避免。但另一方面,人们可以利用这种现象,不必输入任何信号,即可自动获得信号输出,这就是波形产生电路,也称为信号发生器。

按产生的波形不同,可以将信号发生器分为正弦信号发生器和非正弦信号发生器两类。

1.　正弦信号发生器

信号发生器是这样一种装置,它不需要外界输入信号而有稳定的(幅度和频率)输出。这种依靠电路自身条件产生一定频率和幅值输出信号的现象称为自激振荡。自激振荡需要满足以下条件。

1) 正弦信号发生器的振荡条件

负反馈放大器之所以自激,是因为电路的相移使负反馈变成了正反馈。现在,既然要利用自激产生波形,就应当设法满足自激条件,所以可以将反馈直接连接成正反馈电路。因此从结构上看,正弦信号发生器(也称为正弦波振荡器)实际上是一个引入了正反馈的放大电路。图 10.36(a)所示为正反馈放大电路的原理框图。在正反馈的情况下:

$$\dot{X}_d = \dot{X}_i + \dot{X}_f$$

由于振荡电路不需要外加输入信号,若将 $\dot{X}_i$ 减小为零,而 $\dot{X}_o$ 仍能维持原有数值,电路就实现了自激振荡,如图 10.36(b)所示。

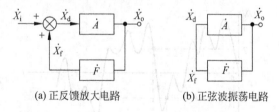

(a) 正反馈放大电路　　　　(b) 正弦波振荡电路

图 10.36　反馈放大电路与自激振荡电路框图

由图 10.36(b)可以看出: $\dot{X}_f = \dot{X}_d$。因 $\dot{X}_f = \dot{F}\dot{X}_o$,$\dot{X}_o = \dot{A}\dot{X}_d$,故得

$$\dot{X}_f = \dot{F}\dot{X}_o = \dot{A}\dot{F}\dot{X}_d = \dot{X}_d$$

故有

$$\dot{A}\dot{F} = 1 \qquad\qquad\qquad (10\text{-}10)$$

式(10-10)称为正弦波振荡的平衡条件。由于 $\dot{A}=|\dot{A}|\underline{/\varphi_A}$ 和 $\dot{F}=|\dot{F}|\underline{/\varphi_F}$,因此式(10-10)又可分解为自激振荡的幅值平衡条件和相位平衡条件。

(1) 幅值平衡条件: $|\dot{A}\dot{F}|=1$。

（2）相位平衡条件：$\varphi_A + \varphi_F = 2n\pi\,(n=0,\pm1,\pm2,\cdots)$。

当电路同时满足自激振荡的两个条件时，振荡电路才能正常工作。

式（10-10）表示振荡电路正常工作时所满足的条件。通常振荡电路从接通电源到输出稳定的正弦振荡信号，一定要经历一个输出信号从小到大直至平衡在一定幅值的所谓振荡的建立过程。而这个振荡的建立过程是由频谱噪声产生的，由很小的输出信号沿闭环路径逐渐被放大的，为了实现起振过程，环路增益的模值一定要大于 1。因此，正弦波信号发生器的振荡起振条件为

$$\begin{cases} |\dot{A}\dot{F}| > 1 \\ \varphi_A + \varphi_F = 2n\pi \quad (n=0,\pm1,\pm2,\cdots) \end{cases} \tag{10-11}$$

由以上讨论可知，能够满足上述两个条件的电路有很多种，这些电路从结构上来看主要由放大器和选频网络两部分组成。选频网络的作用一方面是用来选择振荡频率，另一方面是通过选频网络获得符合相位条件的反馈信号作为放大器的输入。

2）RC 桥式正弦波信号发生器

RC 桥式正弦波信号发生器又称为 RC 文氏桥振荡电路。由同相输入运放电路和 RC 选频网络构成的正弦信号发生电路如图 10.37 所示。

由图 10.37 可见，电路由两部分组成，一部分是右边虚线框内的同相放大器，输入是 v_f，输出是 v_o，电压增益为

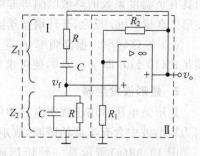

图 10.37　RC 桥式正弦波信号发生器
Ⅰ—选频网络；Ⅱ—放大电路

$$\dot{A} = 1 + R_2/R_1$$

另一部分是左边虚线框内的 RC 串并联选频网络，其输入是 v_o，输出是 v_f，反馈系数（即分压系数）为

$$\dot{F} = \frac{R \mathbin{/\!/} Z_c}{R + Z_c + R \mathbin{/\!/} Z_c}$$

$$= \frac{j\omega RC}{1 - \omega^2 R^2 C^2 + j3\omega RC}$$

若令 $f_0 = 1/(2\pi RC)$，则

$$\dot{F} = \frac{1}{3 + j\left(\dfrac{f}{f_0} - \dfrac{f_0}{f}\right)}$$

故其幅频特性和相频特性为

$$|\dot{F}| = \frac{1}{\sqrt{3^2 + \left(\dfrac{f}{f_0} - \dfrac{f_0}{f}\right)^2}}$$

$$\varphi_F = -\arctan \frac{1}{3}\left(\frac{f}{f_0} - \frac{f_0}{f}\right)$$

可见，当 $f = f_0 = \dfrac{1}{2\pi RC}$ 时，得

$$\varphi_F = 0$$

$$\dot{F} = \dot{F}_{max} = 1/3$$

这就是说,在 $f_0 = 1/(2\pi RC)$ 时,反馈网络的相移 $\varphi_F = 0$,传输系数达到最大值为 $1/3$。假如令同相放大器的增益 $1 + R_2/R_1 > 3$,则电路的开环增益满足起振条件 $|\dot{A}\dot{F}| > 1$,从而既符合相位条件,又符合振幅条件,电路即会自行振荡。如果将图中电阻 R_2 竖直摆放,会发现,Z_2、Z_1 和 R_2、R_1 是一个桥形电路的四个桥臂,故该电路称为桥式振荡器。

以下三点需要指出。

(1) 起振。电路上电后总有噪声或干扰产生,此噪声或干扰经反馈网络衰减 3 倍再经同相放大 3 倍以上,因开环增益大于 1,则扰动将被逐渐增强,从而起振。

(2) 稳幅。起振后,由于开环增益大于 1,振荡幅度会越来越大,但由于电路的电源电压是有限的,有源器件的线性范围是有限的,所以振荡幅度不可能无限增大下去,增大到一定程度,振荡会自动稳定下来,这个过程叫作稳幅。当然,为使振幅不受温度等因素影响,做到振幅稳定,还需采取一些稳幅措施,如在图 10.37 所示的负反馈回路中,将 R_2 采用具有负温度系数的热敏电阻等非线性元件。另外注意,开环增益越大,起振越容易,但波形失真越严重;反之,开环增益越接近于 1,起振越困难,但波形越接近于真正的正弦波。

(3) 振荡频率。振荡频率 f_0 是满足振荡相位条件和振幅条件的频率。事实上,只要满足式(10-11),即令 $\varphi_F = 0$,便可求出 f_0。

2. 矩形波发生器

矩形波电压常用于数字电路中的信号源。能产生矩形波的电路称为矩形波发生器。因为矩形波中含有丰富的谐波,故矩形波发生器又称为多谐振荡器。

图 10.38(a)所示是一种矩形波发生器的电路。电路中,运算放大器作比较器用;VD_Z 是双向稳压管,R_1 和 R_2 构成正反馈电路。当电路接入电源后,由于正反馈的作用将很快使运算放大器输出电压的幅度被限制在 U_Z 或 $-U_Z$;R_2 上的反馈电压 U_R 是输出电压幅值的一部分,即

$$U_R = \pm \frac{R_2}{R_1 + R_2} U_Z$$

U_R 加在同相输入端,作为参考电压。R_F 和 C 构成负反馈电路,u_c 加在反相输入端,u_c 和 U_R 相比较而决定 u_o 的极性。R_3 是限流电阻。当 u_o 为 $+U_Z$ 时,U_R 也为正值,这时 $u_c < U_R$,u_o 通过 R_F 对电容 C 充电,u_c 按指数规律增长。当 u_c 增长到等于 U_R 时(即 t_1 时刻),u_o 即由 $+U_Z$ 变为 $-U_Z$,U_R 也变为负值。电容开始通过 R_F 放电,而后反向充电。当充电至 u_c 等于 $-U_R$ 时(即 t_2 时刻),u_o 即由 $-U_Z$ 又变为 $+U_Z$。如此周期性地变化,在输出端得到的是矩形波电压,在电容两端产生的是近似三角波电压,如图 10.38(b)所示。

容易推出,输出矩形波的周期如下。

$$T = 2R_F C \ln\left(1 + \frac{2R_1}{R_2}\right)$$

则输出频率为

$$f = \frac{1}{T} = \frac{1}{2R_F C \ln\left(1 + \frac{2R_1}{R_2}\right)}$$

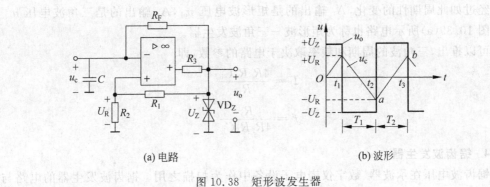

(a) 电路　　　　　　　　　　　　　　(b) 波形

图 10.38　矩形波发生器

3. 三角波发生器

三角波发生器如图 10.39 所示。当电路接入电源后,由于运放 A_1 的正反馈作用,使输出被限制在 $+U_Z$ 或 $-U_Z$。当 v_{o1} 为 U_Z 时,u_o 线性下降。应用叠加原理可求出 A_1 同相输入端的电位为

$$v_{+1} = \frac{R_2}{R_1 + R_2}U_Z + \frac{R_1}{R_1 + R_2}u_o$$

式中,第一项是 A_1 的输出电压 v_{o1} 单独作用时(A_2 的输出端接"地"短路,即 $u_o = 0$)的 A_1 同相输入端的电位;第二项是 A_2 的输出电压 u_o 单独作用时(A_1 的输出端接"地"短路,即 $v_{o1} = 0$)的 A_1 同相输入端的电位。A_1 反相输入端的电压(基准电压)$v_{-1} = 0$。当 u_o 下降到使 $v_{+1} = 0$ 时,有

$$u_o = -\frac{R_2}{R_1}U_Z$$

即当 u_o 下降到 $-\dfrac{R_2}{R_1}U_Z$ 时,v_{o1} 才能从 $+U_Z$ 翻转为 $-U_Z$,u_o 线性上升。此时

$$v_{+1} = \frac{R_2}{R_1 + R_2}(-U_Z) + \frac{R_1}{R_1 + R_2}u_o$$

同理,当 u_o 上升到使 $v_{+1} = 0$ 时,有

$$u_o = \frac{R_2}{R_1}U_Z$$

v_{o1} 从 $-U_Z$ 翻转为 $+U_Z$,u_o 线性下降。

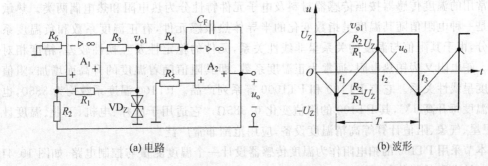

(a) 电路　　　　　　　　　　　　　　(b) 波形

图 10.39　三角波发生器

经过如此周期性的变化，A_1 输出的是矩形波电压 v_{o1}，A_2 输出的是三角波电压 u_o。所以图 10.39(a)所示电路也称为矩形波—三角波发生器。

可以推出，三角波的周期和频率取决于电路的参数，即

$$T = \frac{4R_2 R_4 C_F}{R_1}$$

$$f = \frac{R_1}{4R_2 R_4 C_F}$$

4. 锯齿波发生器

锯齿波电压在示波器、数字仪表电子设备中作为扫描之用。锯齿波发生器的电路与三角波发生器的电路基本相同，只是积分电路反相输入端的电阻 R_1 分为两路，使正、负向积分的时间数大小不等，故两者积分速率明显不等。图 10.40 所示是锯齿发生器的电路图。

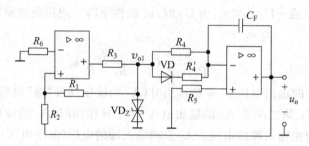

图 10.40　锯齿波发生器

当 v_{o1} 为 $+U_Z$ 时，二极管 VD 导通，故积分时间常数为 $(R_4 /\!/ R_4')C_F$，远小于 v_{o1} 为 $-U_Z$ 时的积分时间常数 $R_4 C_F$。

可见，正向、负向积分的速率相差很大，$T_2 \ll T_1$，从而形成锯齿波电压。

10.5　集成运放的实例应用

温度是实际应用中经常要测量的参数，从农业生产到工程控制，很多场合都需要对温度进行测量和控制。为了便于利用电路对温度进行测量和控制，必须将非电参数的温度转换为电参数。

常用的温度传感器按照传感器材料及电子元件特性分为热电阻和热电偶两类。热敏电阻是一种电阻值随其温度呈指数变化的半导体热敏感元件，有正温度系数和负温度系数之分，由于其阻值与温度的关系呈非线性关系，元件的稳定性及互换性较差，精度相对较低。铂电阻又为铂热电阻，通常为正温度系数，即其阻值随着温度的升高而增加，阻值与温度呈线性关系。它有 PT100 和 PT1000 等系列产品。PT100 温度系数均为 3850，也就是温度每升高 1℃，其 PT100 的阻值变化 0.385Ω。它适用于医疗、电机、工业、温度计算、卫星、气象、阻值计算等高精温度设备，应用范围非常广泛。

本节采用 PT100 的铂电阻作为温度传感器设计一个温度测量与控制电路，如图 10.41 所示。铂电阻的阻值与温度 $T(℃)$关系式为

$$R_t = 100 + 0.385T(\Omega) \tag{10-12}$$

图 10.41 所示电路的工作原理为：首先设定 $v_{REFL} < v_{REFH}$；A_2 输出高电平时控制风扇启动,进行降温；A_3 输出高电平时控制加热器启动,进行加温。当温度很低时,R_t 的值很小,由电阻串联分压公式可知,v_{t+} 很小,集成运放 A_1 的输出 v_{o1} 较小。当 $v_{o1} < v_{REFL}$ 时,A_2 的输出 v_H 为负向最大电源值(V_{oL}),A_3 的输出 v_L 为正向最大电源值(V_{oH}),v_L 控制加热器开关打开,开始加热,使温度上升。随着温度的增加,R_t 的值变大,v_{t+} 增加,集成运放 A_1 的输出 v_{o1} 增加,当 $v_{REFL} < v_{o1} < v_{REFH}$ 时,A_2 与 A_3 的输出均为负向最大电源值(V_{oL}),两个输出控制信号都无效。随着温度继续增加,当 $v_{o1} > v_{REFH}$ 时,A_2 的输出 v_H 为正向最大电源值(V_{oH}),风扇启动,开始降温。这样电路可将温度控制在 v_{REFL} 与 v_{REFH} 之间,实现控制作用。

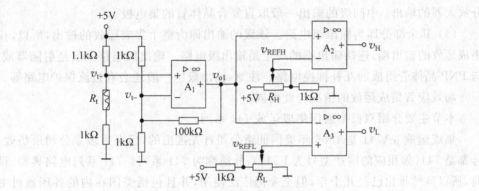

图 10.41 温度测量与控制电路

思考：根据式(10-12)和图 10.41,设计 R_H 和 R_L 的值,使温度稳定在 80～100℃。

10.6 双极型通用集成运放

集成运放有很多种,按用途分,有通用型和专用型两种。通用型各项性能指标都较均衡,可用于各种一般性场合,故名"通用"；专用型在某一项指标上特别侧重,适用于对该项指标要求特高的专用场合,故名"专用"。如要按工艺分,则有双极型集成运放、CMOS集成运放、BiCMOS 集成运放和 JFET 型集成运放等。下面将按照电路的结构特征,分别介绍双极型通用集成运放 741 系列和 324 系列、CMOS 通用集成运放 573 系列、BiCMOS高输入电阻专用集成运放 3140 系列、跨导型专用集成运放 3080 系列等,目的是使读者逐渐熟悉这些常用集成运放芯片,逐步提高对不同结构集成运放电路的读图识图能力,强化对典型电路的认识。

10.6.1 集成运放电路的识图

集成运放的电路结构相对来说较为复杂,其中有前面几章学过的单元电路,也会有一些构思巧妙的新电路。不过,根据前述集成运放的结构特点,分析、读图时可以按以下思路进行。

(1) 找出电流源。根据集成运放多用电流源进行直流偏置和用电流源作有源负载的特点,首先将电路中的电流源识别出来。识别的方法是:凡是两个晶体管的基极连在一起且其中一个晶体管的 B、C 间短接(二管电流源)或 B、C 间接另一个晶体管的 B、E 者(三管电流源),很可能是电流源偏置电路或有源负载。

(2) 认识输入级。根据集成运放有两个输入端的特点,找到电路的两个输入端,其后的电路一定是输入级电路,并且一般是差分放大器。差分放大器中两个差分放大晶体管的发射极总接在一起并接一个电流源,这就是输入级的直流偏置电路。差分放大晶体管的集电极一般接有源负载,有源负载的输出将送中间级。

(3) 识别中间级。中间级的特点是:在位置上,位于输入级与输出级之间;在组态上,一般是共射电路;在电路结构上,多由复合晶体管组成或由射随器加放大器组成。另外,中间级的输出与其输入之间通常有一个 $5 \sim 30 \mathrm{pF}$ 的反馈电容;中间级的输入来自差分放大器的输出;中间级的输出一般取自复合晶体管的集电极。

(4) 其余部分即为输出级电路。该级的输出即为整个集成运放的输出,所以,找到了集成运放的输出端,连接输出端的一定是输出级电路。输出级电路一般是射随器或 NPN 与 PNP 晶体管组成的互补推挽电路。注意,输出级中一般还会有过流保护电路等。

场效应管集成运放的情况与此类同。

本节主要介绍双极型通用集成运放 741 系列。

集成运放 μA741 是 1966 年美国仙童公司首先推出的,后来为多家公司所仿效,但型号都是 741(如相应的国产型号为 F741),故通称为 741 系列。741 系列电路典型、设计经典,所以虽然推出已经几十年,但至今仍广泛使用,并且包括美国在内的各国教科书仍以 741 系列为集成运放的典型范例。

10.6.2 741 系列电路解读

741 系列的内部电路如图 10.42(a)所示,由 24 个 BJT、11 个电阻和 1 个小电容组成。电路分三大部分:输入级、中间放大级和输出级。采用 $\pm 15 \mathrm{V}$ 双电源供电,输入为 0V 时,输出电压也为 0V。具体解读如下。

(1) 找出电流源。根据电流源具有“两个晶体管基极并接且一个晶体管的 B、C 间短接或接另一个晶体管的 B、E 者”的结构特征,发现 VT_8 和 VT_9、VT_{10} 和 VT_{11}、VT_{12} 和 VT_{13}、VT_{23} 和 VT_{24}、VT_5 和 VT_6 及 VT_7 是电流源。但是,左阴影内是主电流源,因为,VT_{10} 和 VT_{11} 组成微电流源,B、C 间短接的 VT_{11} 的集电极电流无疑是基准电流 I_{REF},左边的 I_{C10} 则是微电流输出,其中一部分为 VT_3、VT_4 基极提供直流偏置,另一部分作为 I_{C9}。而 VT_9 和 VT_8 是一对横向 PNP 管,组成镜像电流源,进而 $I_{\mathrm{C8}} = I_{\mathrm{C9}}$ 为 VT_1、VT_2 提供直流偏置……与此同时,从 VT_{11} 向右看,I_{REF} 等于 VT_{12} 的集电极电流,而 VT_{12} 又同 VT_{13} 组成多(双)输出镜像电流源,并向右侧电路提供偏置……可见中间阴影内电路是主偏置电流源。

图 10.42 所示的晶体管 $\mathrm{VT}_{10} \sim \mathrm{VT}_{13}$ 构成主偏置电流源,$I_{\mathrm{REF}} = 0.72 \mathrm{mA}$,$I_{\mathrm{C10}} = 19 \mu \mathrm{A}$。$I_{\mathrm{C13}}$ 是多集电极晶体管 VT_{13} 的两个集电极 C_A、C_B 的电流之和。其中 C_B 是 VT_{15} 的集电极有源负载。

(2) 认识输入级。找到电路的输入端,即 VT_1、VT_2 的基极,输入端上的“+”号表示是同相输入端,“-”号表示是反相输入端,圆圈内的数字是封装引脚号。VT_1、VT_2 的集

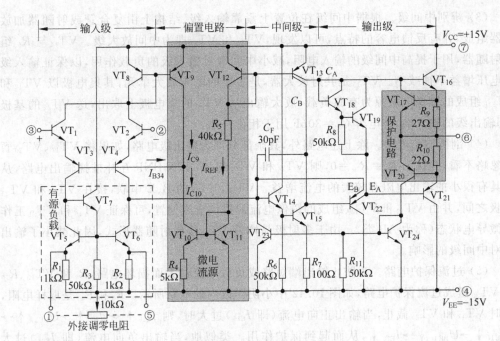

(a) 电路(圆圈中的数字为封装引脚号)

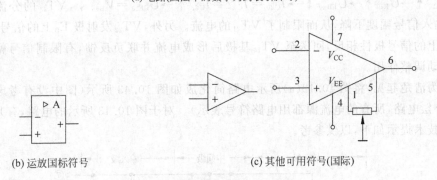

(b) 运放国标符号　　　　　(c) 其他可用符号(国际)

图 10.42　通用集成运放 741 系列

电极并接在一起,由 VT$_8$ 和 VT$_9$ 组成的镜像电流源供电,相当于交流接地,所以 VT$_1$、VT$_2$ 为共集组态即射极跟随形式。同相输入信号和反相输入信号分别由 VT$_1$、VT$_2$ 的基极输入,经 VT$_1$、VT$_2$ 发射极跟随直接耦合到 VT$_3$、VT$_4$ 的发射极。由于 VT$_3$、VT$_4$ 的基极由 VT$_{10}$ 和 VT$_{11}$ 组成的微电流源偏置,相当于交流接地,所以 VT$_3$、VT$_4$ 为共基组态,从而 VT$_1$ 和 VT$_3$、VT$_2$ 和 VT$_4$ 分别组成共集—共基复合组态。另外,VT$_3$、VT$_4$ 的集电极接 VT$_5$、VT$_6$、VT$_7$ 组成的缓冲电流源作为有源负载,从而提高了电路的电压放大能力。VT$_2$ 基极输入的反相(一)信号经同相放大后从 VT$_4$、VT$_6$ 的集电极上取出,极性仍为负(一)。与此同时,VT$_1$ 基极输入的同相(十)信号经放大后从 VT$_3$、VT$_5$ 的集电极上取出再经 VT$_7$ 射随送 VT$_6$ 反相放大,极性也变为负(一),从而在 VT$_4$、VT$_6$ 的集电极上同 VT$_2$ 输入的信号叠加,变为单端输出送往中间级(即 VT$_{14}$ 基极),所以电压增益与双端输出增益相同。

（3）辨别中间级。根据中间级在位置上紧靠输入级、结构上由复合管或射随器加放大器组成，并有反馈电容的特点，可以发现，VT_{14} 和 VT_{15} 即为中间放大级。VT_{14} 与 R_6 组成射随器，用于提高中间级的输入电阻，减小中间级对输入级的负载作用，以保证输入级的电压增益不被减小。VT_{15} 是共射放大器，是主要的电压放大单元，其集电极以 VT_{12} 和 VT_{13B} 组成的镜像电流源为有源负载，放大输出从 VT_{15} 的集电极上取出，送 VT_{22} 的基极（即输出级的输入端）。电容 $C_F = 30pF$ 用于相位补偿。

（4）剖析输出电路。除上述电路外，其余部分即为输出级电路，如果将 VT_{17}、VT_{20} 暂时忽略不看，并认为 $R_9 = R_{10} = 0$，则 VT_{16} 和 VT_{21} 组成 NPN-PNP 互补推挽输出电路，从而具有很小的输出电阻和较大的电流增益。VT_{18}、VT_{19} 的 B、E 串联，接在 VT_{16} 和 VT_{21} 基极之间，并由 VT_{12} 和 VT_{13A} 组成的镜像电流源提供直流偏置，可保证 VT_{16} 和 VT_{21} 工作在微导电状态（称为 AB 类）。由于多射极晶体管 VT_{22} 接成射随器形式，因此减小了输出级对中间级的影响。

（5）过流保护电路。为防止输出端短路或负载电流过大而损坏电路，R_9 和 VT_{17}、R_{10} 和 VT_{20} 组成过流保护电路，如图 10.42 中小阴影区内的电路所示。R_9 和 R_{10} 是取样电阻，平时 VT_{17} 和 VT_{20} 截止，当输出正向电流（即 I_{E16}）过大时，则 $I_{E16} \uparrow \rightarrow U_{R9} \uparrow \rightarrow U_{BE17} \uparrow \rightarrow U_{CE17} \downarrow \rightarrow U_{BE16} \downarrow \rightarrow I_{E16} \downarrow$，从而起到保护作用。类似地，当输出负向电流（即 I_{E21}）过大时，$I_{E21} \uparrow \rightarrow U_{R10} \uparrow \rightarrow U_{EB20} \uparrow \rightarrow I_{C20} = I_{C24} = I_{C23} \uparrow \rightarrow U_{CE23} = V_{B14} \downarrow$，$VT_{23}$ 的分流作用增强，输入信号幅度下降，从而限制了 VT_{21} 的电流。另外，VT_{22} 发射极 E_B 上的信号与 VT_{14} 基极上的信号极性相反，回送至 VT_{14} 基极后形成电流并联负反馈，有限制信号幅值过大的自动调整作用。

为清楚起见，将图 10.42(a) 所示电路简化成如图 10.43 所示（图中没有考虑保护电路、补偿电路，所有的电流源都用电路符号表示）。对于图 10.43 所示的电路，有几种典型电路技术提示如下，以供参考。

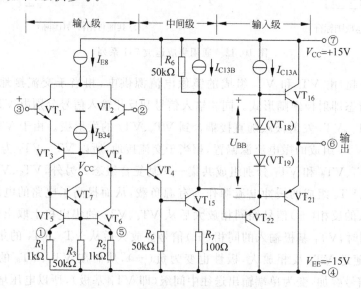

图 10.43　741 系列运放的简化电路图

（1）用电流源进行直流偏置或作有源负载，这是集成电路中常用而有效的偏置技术。

（2）用互补推挽电路作输出级，这是一种典型而常用的输出级电路形式。

（3）用射随器作级间隔离，这种方法简单实用，主要是利用射随器的输入电阻大的优点，隔离后级电路对前级电路的负载影响，如图 10.43 中的 VT_{14}、VT_{22}。

（4）运算放大器的输入级一定是差分放大结构形式。741 系列采用 CC-CB 差分放大结构使两个输入端之间有 4 个发射结，从而进一步提高了差模输入电阻，提高了击穿电压，并扩大了差模输入电压的范围。

10.6.3　741 系列运放电路的直流分析

741 系列运放电路比较复杂，但却十分典型，分析的目的不在于 741 系列运放电路的本身，而在于从中学会对复杂电路的解读与分析计算方法。学会了像 741 系列运放的电路分析，其他一般电路会迎刃而解。

集成运放电路的直流分析，可按以下步骤进行。

（1）令输入为零。

（2）从偏置电流源入手计算 I_{REF} 及其镜像电流。

（3）求出输入级的偏置电流及输出电位。

（4）求中间级偏置电流。

（5）对输出级进行分析计算。

例如，在以下的分析计算中，设输入为零，小功率 NPN 管的 $\beta_n = 200$（下标 n 表示 NPN 管），小功率横向 PNP 管的 $\beta_p = 50$（下标 p 表示 PNP 管）。除特殊情况外，基极电流均不计，令导通时的 B-E 结电压为 0.6V，VT_{13} 管集电极 C_{13A} 的结面积为 VT_{12} 管集电极面积的 25%，C_{13B} 为 75%。$V_{CC} = 15V$，$V_{EE} = -15V$，电路参数如图 10.42（a）所示，厄利电压 $V_A = 50V$。

（1）设输入为零。

（2）电路如图 10.42（a）所示，由主偏置电流源电路求出 I_{REF} 及其镜像电流。由 $V_{CC} \rightarrow$ $VT_{12} \rightarrow R_5 \rightarrow VT_{11} \rightarrow V_{EE}$ 支路求 I_{REF}。

$$I_{REF} = \frac{V_{CC} - U_{EB12} - U_{BE11} - V_{EE}}{R_5}$$

$$= \frac{15 - 0.6 - 0.6 - (-15)}{40} = 0.72 \, (mA)$$

根据微电流源电流方程可得

$$I_{C10} = \frac{V_t}{R_4} \cdot \ln \frac{I_{REF}}{I_{C10}}$$

代入数据

$$I_{C10} = \frac{0.026}{5} \times \ln \frac{0.72}{I_{C10}}$$

解得 $I_{C10} = 19 \mu A$。

（3）求输入级偏置电流 I_{C1}、I_{C2}、I_{C3}、I_{C4} 及输出电位 V_{C6}。

由镜像电流源 VT_8 和 VT_9 得 $I_{C8} = I_{C9} \approx I_{C10} = 19 \mu A$，故有

$$I_{C1} = I_{C2} = I_{C3} = I_{C4} = I_{C5} = I_{C6} = I_{C10}/2 = 9.5\mu A$$

因而，VT_6 的集电极电位为

$$V_{C6} = V_{C5} = U_{BE7} + U_{BE6} + I_{C6}R_2 + V_{EE}$$

$$= 0.6 + 0.6 + 0.0095 \times 1 + (-15) = -13.8(V)$$

（4）求中间级偏置电流 I_{C15}、I_{C14}。由于 VT_{12} 和 VT_{13} 组成镜像电流源，且 VT_{13B} 面积为 VT_{12} 集电极面积的 75%，所以

$$I_{C15} = I_{C13B} = 0.75I_{REF} = 0.75 \times 0.72 = 0.54(mA)$$

VT_{14} 的集电极电流

$$I_{C14} \approx I_{E14} = I_{B15} + \frac{I_{E15}R_7 + U_{BE15}}{R_6}$$

因 $I_{B15} = I_{C15}/\beta_n$，所以

$$I_{C14} = \frac{0.54}{200} + \frac{0.54 \times 0.1 + 0.6}{50} = 15.8(\mu A)$$

（5）输出级的直流分析：I_{C18}、I_{C19}、I_{C16}、I_{C21}、I_{E22}。输出级由 VT_{16}、VT_{21}、VT_{18}、TV_{19} 和 VT_{22} 组成，VT_{17} 和 VT_{20} 是输出短路保护电路。输出级的偏置电流由 I_{C13A} 提供。由于 VT_{13A} 面积为 VT_{12} 集电极面积的 25%，所以

$$I_{C1819} = I_{E22} = I_{C13A} = 0.25I_{REF}$$

$$= 0.25 \times 0.72 = 0.18(mA)$$

其中：

$$I_{C18} \approx I_{E18} = \frac{U_{BE19}}{R_8} = \frac{0.6}{50} = 0.012(mA)$$

$$I_{C19} = I_{C13A} - I_{C18} = 0.18 - 0.012 = 0.168(mA)$$

故

$$I_{B19} = I_{C19}/\beta_n = 0.168/200 = 0.8(\mu A)$$

$$I_{E18} = 12 + 0.8 = 12.8(\mu A)$$

为准确求得 $U_{BB} = U_{BE18} + U_{BE19}$，不忽略基极电流 I_B。

假定晶体管的反向饱和电流为 $I_S = 10^{-14}A$，则 U_{BE18} 可由下式求得。

$$I_{C18} \approx I_{E18} = I_S e^{\frac{U_{BE18}}{V_t}}$$

即

$$U_{BE18} = V_t \ln\left(\frac{I_{C18}}{I_S}\right)$$

$$= 0.026 \times \ln\left(\frac{12.8 \times 10^{-6}}{10^{-14}}\right) = 0.545(V)$$

同理可求得 $U_{BE19} = 0.612V$，所以 VT_{16} 和 VT_{21} 基极之间的偏置电压 U_{BB} 为（见图 10.43 中输出级中的标注）

$$U_{BB} = U_{BE18} + U_{BE19} = 0.545 + 0.612 = 1.157(V)$$

因 VT_{16} 和 VT_{21} 完全匹配，两个晶体管压降均分，从而可求得 VT_{16} 的集电极电流。

$$I_{C16} = I_{C21} = I_S e^{(U_{BB}/2)/V_t} = (3 \times 10^{-14}) \times e^{(1.157/2)/0.026} = 138 \times 10^{-6}(A) = 138(\mu A)$$

注意,由于 VT_{16} 和 VT_{21} 功率较大,晶体管尺寸较大,其 I_S 也较大,故式中取 $I_S=3\times10^{-14}A$。

直流分析结果汇总于表 10-1 中。

表 10-1   741 系列集成运放电路直流分析结果

晶体管电流	数　值	晶体管电流	数　值
$I_{C1}\sim I_{C6}$	$9.5\mu A$	I_{C15}	$0.54mA$
$I_{C8}\sim I_{C10}$	$19\mu A$	I_{C16}	$138\mu A$
$I_{C12}=I_{REF}$	$0.72mA$	I_{C18}	$12.8\mu A$
I_{C13A}	$0.18mA$	I_{C19}	$168\mu A$
I_{C13B}	$0.54mA$	I_{C21}	$138\mu A$
I_{C14}	$15.8\mu A$	I_{C22}	$0.18mA$

10.6.4   741 系列运放电路的交流分析

交流分析的主要任务是求各级输入电阻、输出电阻和电压增益等。由于电路较复杂,故将电路分为输入级、中间放大级和输出级分别进行分析计算,并分别令为第一、二、三级,各级参数用下标 1、2、3 区分。此外,为了分析方便,表 10-2 中给出了分析中的常用公式。

表 10-2   集成运放分析计算中的常用公式

序号	公　式	意义或用途
1	$I_E=I_{ES}(e^{\frac{U_{BE}}{V_t}}-1)\approx I_{ES}e^{\frac{U_{BE}}{V_t}}$	求发射极电流、电压或集电极电流、电压
2	$r_{be}=\dfrac{V_t}{I_{BQ}}$	B-E 结的小信号输入电阻(未考虑 $r_{bb'}$)
3	$r_{ce}=\dfrac{V_A}{I_{CQ}}$	晶体管集电极输出电阻
4	$g_m=\dfrac{I_{CQ}}{V_t}$	晶体管的跨导
5	$r_{b'e}g_m=\beta$	晶体管的 β
6	$I_O=I_{C2}=I_{C1}=\dfrac{I_{REF}}{1+2/\beta}\approx I_{REF}$	镜像电流源的输出电流
7	$R_o=r_{ce2}=\dfrac{V_A}{I_O}$	镜像电流源的输出电阻
8	$I_O=I_{C2}\approx\dfrac{V_t}{R_{E2}}\cdot\ln\dfrac{I_{REF}}{I_O}$	微电流源的输出电流
9	$r_o\approx r_{ce2}[1+g_{m2}(r_{be2}//R_{E2})]$	带 R_E 的共射电路的集电极输出电阻,微电流源的输出电阻
10	$r_{ib}=r_{be}+(1+\beta)R_E$	射极电阻的反射效应

下面先从输出级分析开始,然后分析中间级,最后分析输入级。

(1) 输出级的分析计算:输出电阻 r_o 和输入电阻 R_{i3}。

① 计算输出级的输出电阻 r_o。输出级的工作原理可用图 10.44(a)所示的简化电路说明。静态时 VT_{16}、VT_{21} 都在 $U_{BB}/2$ 的偏置下微微导通($138\mu A$),$i_{E16}=i_{E21}$,$i_o=0$,$v_o=$

0。当 $v_i \neq 0$ 时,输出电压立即响应,比如 $v_i \uparrow \rightarrow i_{E16} \uparrow \rightarrow i_{E21} \downarrow \rightarrow i_o \uparrow \rightarrow v_o \uparrow \rightarrow$ 直到 VT_{16} 饱和 VT_{21} 截止……反之亦反,电压传输特性如图 10.44(b) 所示。所以,在图 10.45 所示的输出级交流等效电路中,假定 VT_{21} 导通,VT_{16} 截止(VT_{16} 导通、VT_{21} 截止情况类同)。由图 10.45 可见,输出电阻 r_o 为

$$r_o = R_{10} + R_{e21} \tag{10-13}$$

式中,R_{e21} 是从 VT_{21} 的射极看进去的等效电阻(见图 10.45)。由于 VT_{21} 处于射随状态,所以 R_{e21} 等于 VT_{21} 基极的等效电阻折算到射极的值,即

$$R_{e21} = \frac{r_{be21} + R_{e19} \mathbin{/\!/} R_{e22}}{1 + \beta_p} \tag{10-14}$$

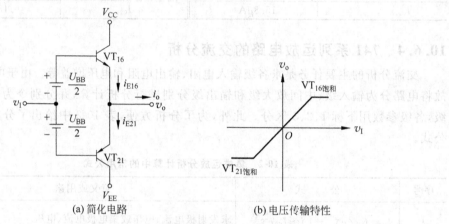

(a) 简化电路　　　　　　　　　(b) 电压传输特性

图 10.44　输出级的工作原理

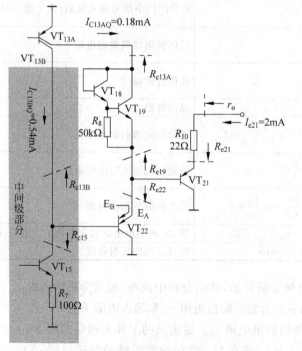

图 10.45　求输出级输出电阻 r_o 的交流等效电路

式中，β_p 是 PNP 型晶体管 VT_{21} 的 β 值；r_{be21} 是 VT_{21} 的发射结电阻；R_{e19} 是从 VT_{19} 的射极看进去所呈现的电阻；R_{e22} 则是 VT_{22} 的输出电阻。

r_{be21} 可由下式求得。

$$r_{be21} = \frac{V_t}{I_{B21}} = \frac{V_t}{I_{E21}/(1+\beta_p)}$$
$$= \frac{0.026}{2/51} = 0.663(\mathrm{k}\Omega)$$

式中，令 VT_{21} 的导通电流 $I_{E21} = 2\mathrm{mA}$。为计算方便，静态电流和负载电流已标注在电路图上。

R_{e19} 包括两部分：VT_{18}、VT_{19} 的 B-E 结串联电阻和从 VT_{13A} 的集电极看进去所呈现的电阻 R_{c13A}。由于 R_{c13A} 远远大于前者，可得

$$R_{e19} \approx R_{c13A} \approx r_{ce13A} = \frac{V_A}{I_{C13A}} \tag{10-15}$$
$$= \frac{50}{0.18} = 278(\mathrm{k}\Omega)$$

R_{e22} 是 VT_{22} 的输出电阻，根据折算原则

$$R_{e22} = \frac{r_{be22} + R_{c15} \ /\!/ \ R_{c13B}}{1+\beta_p} \tag{10-16}$$

式中，

$$r_{be22} = \frac{V_t}{I_{B22}} = \frac{V_t}{I_{E22}/(1+\beta_p)}$$
$$= \frac{0.026}{0.18/51} = 7.4(\mathrm{k}\Omega)$$

$$R_{c13B} = r_{ce13B} = \frac{V_A}{I_{c13B}} = \frac{50}{0.54} = 92.6(\mathrm{k}\Omega)$$

R_{c15} 是 VT_{15} 集电极的输出电阻（即一个带有 R_E 的共射放大器的集电极输出电阻），可得

$$R_{c15} \approx r_{ce15}[1 + g_{m15}(r_{be15} \ /\!/ \ R_7)]$$

代入数据得

$$R_{c15} \approx \frac{V_A}{I_{c15}}\Big[1 + \frac{\beta_n}{r_{be15}}\Big(\frac{r_{be15}R_7}{r_{be15}+R_7}\Big)\Big]$$
$$= \frac{50}{0.54} \times \left\{1 + \frac{200 \times 0.1}{\dfrac{0.026}{0.54/200} + 0.1}\right\} = 283(\mathrm{k}\Omega)$$

将 $R_{c15} = 283\mathrm{k}\Omega$、$R_{c13B} = 92.6\mathrm{k}\Omega$、$r_{be22} = 7.4\mathrm{k}\Omega$ 代入式(10-16)，得

$$R_{e22} = \frac{r_{be22} + R_{c15} \ /\!/ \ R_{c13B}}{1+\beta_p}$$
$$= \frac{7.4 + 283 \ /\!/ \ 92.6}{1+50} = 1.51(\mathrm{k}\Omega)$$

再将 $r_{be21} = 0.663\mathrm{k}\Omega$、$R_{e19} = 278\mathrm{k}\Omega$、$R_{e22} = 1.5\mathrm{k}\Omega$ 代入式(10-14)，得

$$R_{e21} = \frac{r_{be21} + R_{e19} \ /\!/ \ R_{e22}}{1+\beta_p}$$
$$= \frac{0.663 + 278 \ /\!/ \ 1.5}{1+50} = 0.043(\mathrm{k}\Omega)$$

由式(10-13)计算输出电阻。

$$r_o = R_{10} + R_{e21} = 22 + 43 = 65(\Omega) \tag{10-17}$$

手册上给出的值为 $r_o = 75\Omega$。

② 计算输出级的输入电阻 R_{i3}。输出级的输入电阻 R_{i3} 是从 VT_{22} 基极看进去呈现的电阻。由于 VT_{22} 工作在射随状态,所以 R_{i3} 就是 VT_{22} 的发射极电阻反射到基极的值;而 VT_{22} 的发射极电阻等于 R_{e19} 同 R_{b21} 的并联,如图 10.46 所示。$R_{e19} = 278\text{k}\Omega$ 已如前述(式(10-15)),R_{b21} 是 VT_{21} 的发射极电阻反射到 VT_{21} 基极的值,即

$$
\begin{aligned}
R_{b21} &= r_{be21} + (1+\beta_p)(R_{10} + R_L) \\
&= \frac{V_t}{I_{B21}} + (1+\beta_p)(R_{10} + R_L) \\
&= \frac{0.026}{0.138/50} + (1+50) \times (0.022 + 2) = 112.5(\text{k}\Omega)
\end{aligned}
$$

式中,取 $R_L = 2\text{k}\Omega$,故

$$
\begin{aligned}
R_{i3} &= r_{be22} + (1+\beta_p)(R_{e19} \mathbin{/\!/} R_{b21}) \\
&= \frac{0.026}{0.18/51} + (1+50) \times (278 \mathbin{/\!/} 112.5) = 4091(\text{k}\Omega) \tag{10-18}
\end{aligned}
$$

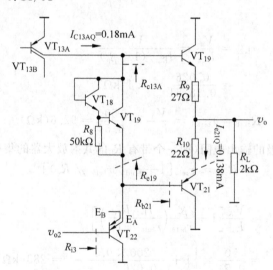

图 10.46　求输出级输入电阻 R_{i3} 的等效电路

③ 计算输出级的电压增益 A_{v3}。

$$A_{v3} \approx 1$$

可见,输出级的输入电阻很大($4.09\text{M}\Omega$),输出电阻很小(65Ω),增益接近于 1。

(2) 中间级的分析计算:输入电阻 R_{i2}、输出电阻 R_{o2} 和电压增益 A_{v2}。

① 计算中间级的输入电阻 R_{i2}。中间级的交流等效电路如图 10.47 所示。由图 10.47(a)可计算 VT_{15} 的基极输入电阻 R_{b15}。

$$
\begin{aligned}
R_{b15} &= r_{be15} + (1+\beta_n)R_7 \\
&= \frac{V_t}{I_{C15}/\beta_n} + (1+\beta_n)R_7
\end{aligned}
$$

$$= \frac{0.026}{0.54/200} + (1+200) \times 0.1 = 29.7 (\text{k}\Omega)$$

所以,输入电阻为

$$R_{i2} = r_{be14} + (1+\beta_n)(R_6 \mathbin{/\mkern-5mu/} R_{b15})$$

$$= \frac{V_t}{I_{C14}/\beta_n} + (1+\beta_n)(R_6 \mathbin{/\mkern-5mu/} R_{b15})$$

$$= \frac{0.026}{0.0158/200} + (1+200) \times (50 \mathbin{/\mkern-5mu/} 29.7) = 4074 (\text{k}\Omega)$$

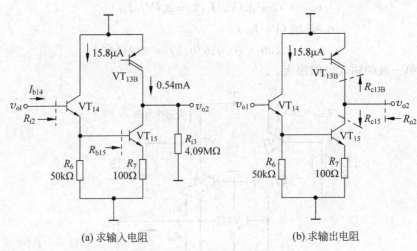

图 10.47　中间级的交流等效电路

② 计算中间级的输出电阻 R_{o2}。中间级的输出电阻 R_{o2} 是从输出端 v_{o2} 看进去所呈现的电阻。由图 10.47(b)可见,R_{o2} 等于 R_{c13B} 和 R_{c15} 的并联。前已求得:$R_{c13B} = 92.6\text{k}\Omega$、$R_{c15} = 283\text{k}\Omega$,所以

$$R_{o2} = R_{c13B} \mathbin{/\mkern-5mu/} R_{c15} = 92.6 \mathbin{/\mkern-5mu/} 283 = 70 (\text{k}\Omega)$$

③ 根据定义计算中间级的电压增益 A_{v2}。

$$A_{v2} = -\frac{v_{o2}}{v_{o1}} = -\frac{i_{c15}(R_{c15} \mathbin{/\mkern-5mu/} R_{c13B} \mathbin{/\mkern-5mu/} R_{i3})}{i_{b14}R_{i2}}$$

$$= -\frac{(\beta_n i_{b15})(R_{c15} \mathbin{/\mkern-5mu/} R_{c13B} \mathbin{/\mkern-5mu/} R_{i3})}{i_{e14}R_{i2}/(1+\beta_n)} \tag{10-19}$$

由图 10.47(a)中 VT_{15} 的基极回路知

$$i_{b15} = \frac{i_{e14}(R_6 \mathbin{/\mkern-5mu/} R_{b15})}{R_{b15}} = \frac{R_6 i_{e14}}{R_6 + [r_{be15} + (1+\beta_n)R_7]} \tag{10-20}$$

将式(10-20)代入式(10-19),得

$$A_{v2} = -\frac{v_{o2}}{v_{o1}} = \frac{-\beta_n(1+\beta_n)(R_{c15} \mathbin{/\mkern-5mu/} R_{c13B} \mathbin{/\mkern-5mu/} R_{i3})R_6}{R_{i2}[R_6 + r_{be15} + (1+\beta_n)R_7]} \tag{10-21}$$

代入数据得

$$A_{v2} = \frac{-200 \times (1+200) \times (92.6 \mathbin{/\mkern-5mu/} 92.6 \mathbin{/\mkern-5mu/} 4091) \times 50}{4074 \times [50 + 9.63 + (1+200) \times 0.1]} = -283 \tag{10-22}$$

（3）输入级的分析计算：输入电阻 r_{id}、输出电阻 R_{o1} 和电压增益 A_{v1}。

① 计算输入级的输入电阻 r_{id}。当输入为纯差模信号时，由于 VT_1、VT_3 同 VT_2、VT_4 完全对称，所以 VT_1、VT_2 的集电极电位和 VT_3、VT_4 的基极电位均保持不变，对差模输入小信号而言相当于地电位，因此输入级的交流等效电路如图 10.48 所示。又因为 $VT_1 \sim VT_4$ 电流基本相等，I_S 也相同，所以差模输入电阻等于 4 个发射结电阻的串联，即

$$r_{id} = 4r_{be1}$$

其中：

$$r_{be1} = r_b + \beta_n(V_t/I_{C1}) \approx \beta_n(V_t/I_{C1})$$

故

$$r_{id} \approx 4\beta_n(V_t/I_{C1})$$

$$= 4 \times 200 \times (0.026/9.5) = 2.2(\text{M}\Omega)$$

可见第一级的输入电阻很大。

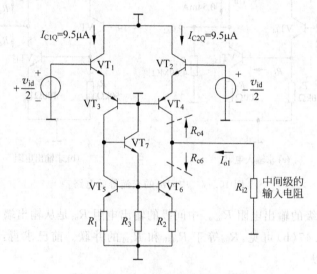

图 10.48　输入级的交流等效电路

② 计算输入级的输出电阻 R_{o1}。第一级的输出电阻就是 VT_4、VT_6 输出电阻 R_{c4}、R_{c6} 的并联值。忽略 VT_4 射极的等效电阻后，得

$$R_{c4} \approx r_{ce4} = \frac{V_A}{I_{C4}} = \frac{50}{0.0095} = 5263(\text{k}\Omega)$$

$$r_{ce6} = \frac{V_A}{I_{C6Q}} = \frac{50}{0.0095} = 5263(\text{k}\Omega)$$

$$r_{be6} = \frac{V_t}{I_{C6Q}} = \frac{0.026}{0.0095/200} = 547(\text{k}\Omega)$$

故

$$R_{c6} = r_{ce6}[1 + g_{m6}(R_2 \,/\!/\, r_{be6})]$$

$$= r_{ce6}\left[1 + \frac{\beta}{r_{be6}}(R_2 \,/\!/\, r_{be6})\right]$$

$$= 5263 \times \left[1 + \frac{200}{547} \times (1 \,/\!/\, 547)\right] = 7183(\text{k}\Omega)$$

则第一级的输出电阻为

$$R_{o1} = R_{c4} /\!/ R_{i6} = 5263 /\!/ 7183 = 3037(k\Omega)$$

③ 计算输入级的差模增益 A_{v1}。

$$A_{v1} = \frac{v_{o1}}{v_d} = -g_m(R_{c4} /\!/ R_{c6} /\!/ R_{i2})$$

$$= -\left(\frac{I_{C4}}{V_t}\right)(R_{c4} /\!/ R_{c6} /\!/ R_{i2})$$

$$= -\left(\frac{0.0095}{0.026}\right) \times (5263 /\!/ 7183 /\!/ 4074) = -636$$

电路的总增益为

$$A_v = A_{v1} A_{v2} A_{v3}$$
$$= (-636) \times (-283) \times 1 = 180000$$

综上所述,运算放大器电路的分析方法可归纳如下。

(1) 将集成运放电路"化整为零",分为输入级、中间级、输出级和偏置电路四个部分,然后对各级电路进行 DC(直流)分析和 AC(交流)分析,进而认识各级的电路结构和功能特点。

(2) DC 分析。进行 DC 分析,首先要计算偏置电路,确定电流源的基准电流 I_{REF},然后即可确定各级偏置电流或静态电位。

(3) AC 分析。利用 DC 分析求得的静态参数和器件参数,分别计算各级电路的输入电阻、输出电阻和电压增益。分析中应考虑电路负载或后级输入电阻对前级电路的影响,其中所需的常用公式如表 10-2 所示。

10.6.5　集成运放的性能参数

集成运放的性能主要用以下几个参数表征。

1. 极限工作参数

(1) 电源电压 V_{CC}、V_{EE}。对于 741 系列运放,其典型值为 $\pm 15V$,最大值为 $\pm 22V$。

(2) 最大差模输入电压 U_{idmax}。运放的同相输入端和反相输入端之间所能承受的最大电压,超过该值,差分输入管的发射结可能被击穿。对于 741 系列运放,$U_{idmax} = \pm 30V$。注意,集成 NPN 型晶体管的发射结耐压约为 5V,横向双极型晶体管的耐压约为 30V。

(3) 最大共模输入电压 U_{icmax}。超过 U_{icmax},运放的 CMRR 将显著下降。对于 741 系列运放,$U_{icmax} = \pm 15V$。

(4) 最大输出电流 I_{omax}。运放所能输出的最大峰值电流,手册上常用输出短路电流 I_{OS} 表示。对于 741 系列运放,$I_{OS} = 25mA$。

(5) 最大允许功耗 P_D。封装方式不同,允许功耗不同。对于 8 脚双列直插封装(C-8),$P_D = 310mW$;对于 8 脚圆形封装(Y-8),$P_D = 500mW$。

(6) 最大工作温度。对于 741 系列运放,最低 $-55℃$,最高 $125℃$。

2. 性能参数

(1) 开环差模电压增益 A_{v0}。开环差模电压增益 A_{v0} 是指出、入间没有加反馈时的直流差模电压增益,是一个反映运放放大能力的参数。注意,须在规定负载、规定输出电压范围内测定。对于 741 系列运放，$A_{vo}=2\times10^5$，有时也用分贝表示，如 106dB。

（2）输入失调电压 V_{io}。对于理想运放，输入电压为 0 时，输出电压也应为 0。但实际运放的输出一般不为 0。为使输出为 0，需在输入端预加一个小电压 V_{io}，此即失调电压。一般地，$V_{io}=\pm(1\sim10)$mV。对于 741 系列运放，V_{io} 典型值为 1mV，最大值 5mV。在引脚 1 和引脚 5 间加 10kΩ 电位器调零，见图 10.42(a)。

（3）输入失调电流 I_{io}。输出电压等于 0V 时，BJT 运放两个输入端的静态电流之差称为输入失调电流 I_{io}。I_{io} 反映了输入差分对管的不对称程度，I_{io} 越小越好，对于 741 系列运放，$I_{io}=20$nA。

（4）转换速率 S_R。输出电压的最大变化速率，在闭环下测定。对于 741 系列运放，$S_R=0.5$V/μs。

其他性能参数还有温漂、-3dB 带宽（又称开环带宽）f_H 和单位增益带宽 f_T 等。

习题 10

10.1 填空题。

1. 集成运算放大器工作在线性区时，两输入端的电位可以近似为 V_+ _____ V_-。

2. 理想运算放大器的"虚短"和"虚断"的概念，就是流进运放的电流为 _____，两个输入端的电压为 _____，为保证运放工作在线性状态，必须引入 _____ 反馈。

3. 为了工作在线性工作区，应使集成运放电路处于 _____ 状态；为了工作在非线性区，应使集成运放电路处于 _____ 状态。

4. 电压比较器的集成运算放大器通常工作在 _____ 区，电路工作在 _____ 状态或引入 _____ 反馈。

5. 在模拟运算电路时，集成运算放大器工作在 _____ 区，而在比较器电路中，集成运算放大器工作在 _____ 区。

6. 过零比较器可将正弦波变为 _____，积分器可将方波变为 _____。

7. 集成运算放大器是一种采用 _____ 耦合方式的放大电路，因此低频性能 _____，最常见的问题是 _____。

8. 理想集成运算放大器的放大倍数 $A_0=$ _____，输入电阻 $r_i=$ _____，输出电阻 $r_o=$ _____。

9. 通用型集成运算放大器的输入级大多采用 _____ 电路，输出级大多采用 _____ 电路。

10. 集成运算放大器的两个输入端分别为 _____ 端和 _____ 端，前者的极性与输出端 _____；后者的极性与输出端 _____。

11. 共模抑制比 K_{CMR} 是 _____ 之比，K_{CMR} 越大，表明电路 _____。

10.2 在图 10.49 所示的电路中，设运算放大器具有理想特性，写出各电路的输出与输入的关系式。

10.3 在图 10.50(a)所示的电路中，若 $R_1=100$kΩ，$C_F=0.1\mu$F，u_i 如图 10.50(b)所示，画出输出电压 u_o 的波形。

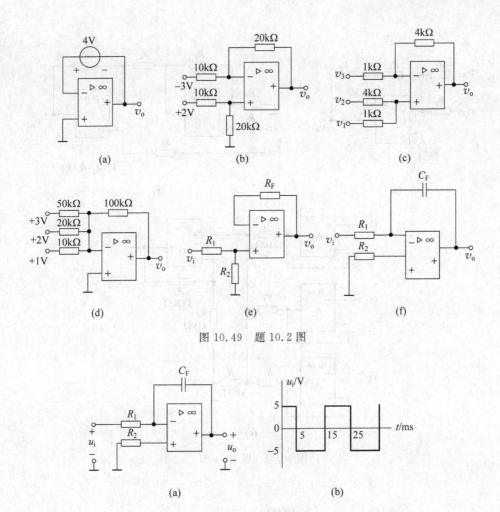

图 10.49 题 10.2 图

图 10.50 题 10.3 图

10.4 求解图 10.51 所示各电路的运算关系。

10.5 设图 10.52 中的运算放大器都是理想的,输入电压的波形如图 10.52(b)所示,电容器上的初始电压为零,试画出 v_o 的波形。

10.6 在图 10.53 所示的电路中,$A_1 \sim A_3$ 均为理想放大器,其最大输出电压幅度为 $\pm 12V$。

(1) $A_1 \sim A_3$ 各组成何种基本应用电路?

(2) $A_1 \sim A_3$ 分别工作在线性区还是非线性区?

(3) 若 $v_i = 10\sin\omega t$ (V),画出与之对应的 v_{o1}、v_{o2} 和 v_o 的波形。

10.7 对图 10.54(a)所示的电路,输入信号如图 10.54(b)所示。假设 A_1、A_2 为理想运算放大器,且其最大输出电压幅度为 $\pm 10V$,当 $t = 0$ 时电容 C 的初始电压为零。

(1) 求当 $t = 1ms$ 时 v_{o1} 的值。

(2) 对应于 v_i 的变化波形画出 v_{o1} 及 v_o 的波形,并标明波形幅值。

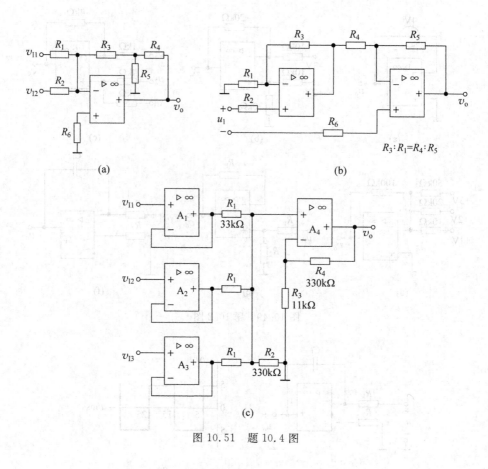

(a)

(b)

$R_3 : R_1 = R_4 : R_5$

(c)

图 10.51 题 10.4 图

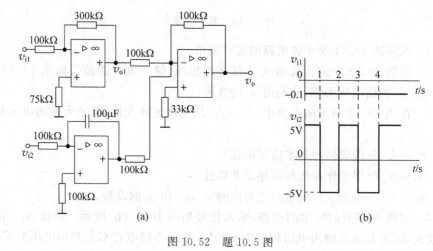

(a)

(b)

图 10.52 题 10.5 图

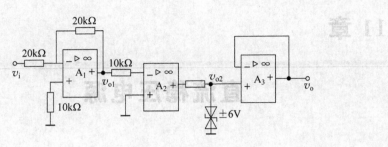

图 10.53 题 10.6 图

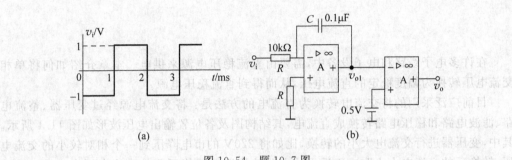

图 10.54 题 10.7 图

第 11 章

直流稳压电源

在许多电子线路和电子设备中,需要由直流稳压电源来供电。本章介绍如何将单相交流电压转换为幅度稳定的直流电压,从而得到直流稳压电源。

目前广泛采用的将交流电转换为直流电的方法是:将交流电源经过变压器、整流电路、滤波电路和稳压电路转换成直流电,其结构图及各位置输出电压波形如图 11.1 所示。其中,变压器进行交流电大小的转换,比如将 220V 的市电降压到一个相对较小的交流电压,转换后的交流电大小取决于后面的电路结构以及最终所需的直流电压大小。整流电路将交流电转为具有单一方向的脉动电压,是一种含有直流电压和交流电压的混合电压。滤波电路用低通滤波电路进行滤波,使输出电压更加平滑,得到交流分量较小的直流电压。稳压电路使输入的直流电压基本不受电网电压波动和负载电阻变化的影响,获得高稳定性的直流电压输出。

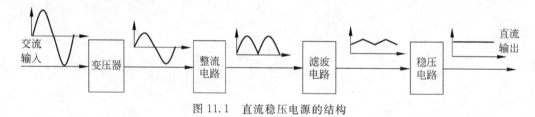

图 11.1 直流稳压电源的结构

下面分别对直流稳压电源的整流电路、滤波电路和稳压电路加以详细说明。

11.1 单相整流电路

整流就是将交流电变换成具有单向脉动性的含有直流电压和交流电压的混合电压,习惯上称为单向脉动性直流电压。用来实现这一目的的电路就是整流电路。由于二极管具有单向导电特性,因此通常用二极管来构成整流电路。整流电路具有不同的类型,按交流电源的相数可分为单相和多相整流电路。按流过负载的电压波形主要可分为单相半波整流电路、单相全波整流电路、单相桥式整流电路。

11.1.1 单相半波整流电路

单相半波整流方法是利用二极管的单向导通特性来对交流电进行整流,除去交流电的一个半周、剩下另一个半周,所以称为半波整流。

单相半波整流电路是最简单的一种整流电路,其电路结构如图 11.2 所示。其中,VD 为整流二极管,R_L 是负载电阻。将变压器副边交流电压用 $u_2 = \sqrt{2}U_2\sin\omega t$ 来表示,其中 U_2 为该交流电压的有效值。

下面分别讨论该整流电路在 u_2 处于正半周和处于负半周时的工作状态。当 u_2 在正半周时,二极管 VD 被外加正向电压,因此处于导通状态。在二极管为理想器件时(导通状态时压降为零),R_L 两端的电压等于 u_2,即

$$u_L = \sqrt{2}U_2\sin\omega t \quad (2k\pi \leqslant \omega t \leqslant 2k\pi + \pi, k = 0, 1, \cdots)$$

实际情况下,由于二极管处于导通状态时会有一个小的压降,因此 u_L 略小于 u_2。当 u_2 在负半周时,二极管 VD 被外加反向电压,因此处于截止状态,R_L 两端的电压等于零,即

$$u_L = 0$$

图 11.3 给出了各个电压和电流的波形图。

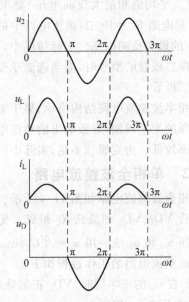

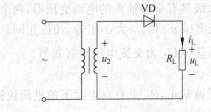

图 11.2　单相半波整流电路　　　　图 11.3　单相半波整流电路的电压电流波形

对于整流电路,其输出电压和输出电流的平均值是非常重要的指标。下面来分析整流电路输出电压的平均值 U_L 和输出电流的平均值 I_L。

由于整流电路输出电压和输出电流是周期性变化的,因此只须求得一个周期内的平均值。整流电路输出电压的平均值即为负载电阻 R_L 上单向脉动电压的平均值,可表示为

$$U_L = \frac{1}{2\pi}\int_0^\pi \sqrt{2}U_2\sin\omega t\,\mathrm{d}(\omega t)$$

$$= \frac{\sqrt{2}}{\pi} \cdot U_2 \approx 0.45U_2 \tag{11-1}$$

整流电路输出电流的平均值即为流过负载电阻 R_L 的电流 i_L 的平均值,可表示为

$$I_L = \frac{U_L}{R_L} \approx 0.45 \times \frac{U_2}{R_L} \tag{11-2}$$

另外,二极管型号的选取一般是根据流过电流的平均值和所需承受的最大反向电压来决定的。因此,需要考虑整流电路中的二极管所承受的平均电流和最大反向电压,以确定该选取什么型号的二极管。下面来分析单相半波整流电路流过二极管电流的平均值 I_D 以及二极管所承受的最大反向电压值 U_{Dmax}。

通过二极管的电流平均值就是负载电流的平均值,即

$$I_D = I_L \approx 0.45 \times \frac{U_2}{R_L} \tag{11-3}$$

二极管是在输出电压 u_2 处于最大反向电压输出即 $u_L = -\sqrt{2}U_2$ 时,承受最大反向电压。因此,整流二极管所承受的最大反向电压为

$$U_{Dmax} = \sqrt{2}U_2 \tag{11-4}$$

由式(11-4)可知,当变压器副边电压有效值和负载电阻值确定后,该电路对二极管参数(即电流平均值和最大反向电压)要求也就确定了。比如说,变压器副边电压为 $U_2 = 10V$,负载电阻 $R_L = 100\Omega$,则该电路中的二极管需要能承受大约 $0.045A$ 的平均电流和 $14.14V$ 的最大反向电压。实际情况中,一般允许变压器原边的电压有 $\pm 10\%$ 的波动,因此在选择二极管的型号时,应当选能承受大约 $1.1I_D$ 的平均电流和 $1.1U_{Dmax}$ 的最大反向电压的二极管。

单相半波整流电路结构简单,易于实现,只需一个二极管。但是由于该电路只利用了交流电压的半个周期,导致输出的整流电压 u_L 的脉动较大(即交流分量大),平均值较低,因此效率较低。为克服该不足,实际中广泛采用全波整流电路。

11.1.2　单相全波整流电路

单相全波整流电路如图 11.4 所示。它是由次级具有中心抽头的电源变压器、两个整流二极管 VD_1、VD_2 和负载 R_L 组成。变压器次级电压 u_{21} 和 u_{22} 大小相等,相位相同。将交流电压 u_{21} 和 u_{22} 统一用 $u_2 = \sqrt{2}U_2\sin\omega t$ 来表示,其中 U_2 为交流电压的有效值。

全波整流电路的工作过程如下。

(1) 在 u_2 的正半周时,VD_1 正偏导通,VD_2 反偏截止,R_L 上有自上而下的电流流过,R_L 上的电压与 u_{21} 相同。

(2) 在 u_2 的负半周时,VD_1 反偏截止,VD_2 正偏导通,R_L 上也有自上而下的电流流过,R_L 上的电压为 $-u_{22}$。

图 11.5 给出了各个电压和电流的波形图。可见,无论 u_2 处于正半周还是负半周,负载上都有单向脉动电流和脉动电压。

下面来分析单相全波整流电路输出电压的平均值 U_L 和输出电流的平均值 I_L。

由于整流电路输出电压和输出电流(即负载电阻 R_L 上电压和电流)是周期性变化的,且其周期 T_1 是变压器副边电压 u_2 周期 T 的一半,因此只须求得 $T/2$ 时长(相位是 0 到 π)内的平均值。整流电路输出电压的平均值可以表示为

$$U_L = \frac{1}{\pi}\int_0^{\pi} \sqrt{2}U_2\sin\omega t \, d(\omega t)$$

$$= \frac{2\sqrt{2}}{\pi}U_2 \approx 0.9U_2 \tag{11-5}$$

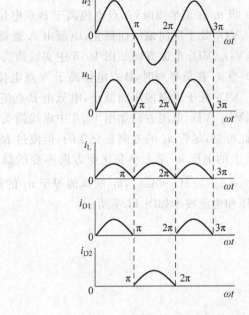

图 11.4　单相全波整流电路　　　　图 11.5　单相全波整流电路波形图

整流电路输出电流的平均值可表示为

$$I_{\mathrm{L}} = \frac{U_{\mathrm{L}}}{R_{\mathrm{L}}} \approx 0.9 \times \frac{U_2}{R_{\mathrm{L}}} \tag{11-6}$$

通过每个二极管的电流平均值是负载电流平均值的一半,即

$$I_{\mathrm{D}} = 0.5 I_{\mathrm{L}} \approx 0.45 \times \frac{U_2}{R_{\mathrm{L}}} \tag{11-7}$$

现在分析每个二极管所承受的最大方向电压。当在 u_2 的正半周时,VD_1 正偏导通,VD_2 反偏截止。VD_2 上的反向压降为 u_{21} 和 u_{22} 的总和,即 $2u_2$。而当 u_2 处于正的最大值 $\sqrt{2}U_2$ 时,VD_2 承受的方向电压处于最大值,即

$$U_{\mathrm{D2max}} = 2\sqrt{2}U_2 \tag{11-8}$$

同理,当在 u_2 的负半周时,VD_1 反偏截止,VD_2 正偏导通。VD_1 上的反向压降为 $-2u_2$。而当 u_2 处于负的最大值 $-\sqrt{2}U_2$ 时,VD_1 承受的方向电压处于最大值,即

$$U_{\mathrm{D1max}} = 2\sqrt{2}U_2 \tag{11-9}$$

单相全波整流电路只用两个二极管就实现全波整流,但需要变压器二次线圈是双绕组的,也就是有中心抽头的。另外,二极管承受的最大反向电压要求高,是半波整流电路中的 2 倍。

11.1.3　单相桥式整流电路

单相桥式整流器是利用二极管的单向导通性进行整流的最常用的电路,它也是一种全波整流电路。单相桥式全波整流的电路如图 11.6 所示。电路中的四个整流二极管 $VD_1 \sim VD_4$ 组成电桥的形式,故称为桥式整流电路,R_{L} 是负载电阻。

下面分析单相桥式整流电路的工作方式。

(1) 当 u_2 在正半周时，A 点电位高于 B 点电位，二极管 VD_1、VD_3 处于正向偏压而导通，VD_2、VD_4 处于反向偏压而截止，电流由 A 点流出，经 VD_1、R_L 和 VD_3 而流入 B 点形成回路，VD_1、VD_3 电流方向如图 10.6 中实线箭头所示。

(2) 当 u_2 在负半周时，B 点电位高于 A 点电位，二极管 VD_2、VD_4 处于正向偏压而导通，VD_1、VD_3 处于反向偏压而截止，电流由 B 点流出，经 VD_2、R_L 和 VD_4 而流入 A 点形成回路，VD_2、VD_4 电流方向如图 10.6 中虚线箭头所示。

由此可见，尽管 u_2 的方向是交变的，但流过 R_L 的电流方向却始终不变，因此在负载电阻 R_L 上的电压 u_L 是大小变化而方向不变的脉动电压。在二极管为理想元件的条件下，$u_L = |u_2| = |\sqrt{2}U_2\sin\omega t|$，$u_L$ 的幅值等于 u_2 的幅值，即 $U_{Lm} = \sqrt{2}U_2$。整流电路各元件上的电压和电流波形如图 11.7 所示。

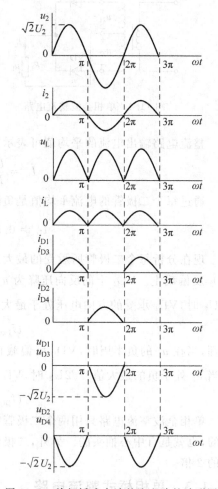

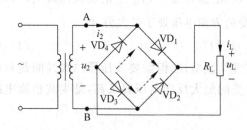

图 11.6 单相桥式整流电路　　　　　图 11.7 单相桥式全波整流电路的波形图

下面来分析桥式整流电路中输出电压的平均值 U_L 和输出电流的平均值 I_L，即负载电阻 R_L 上电压和电流的平均值。由上面分析可知，输出电压的平均值为

$$U_L = \frac{1}{\pi}\int_0^\pi \sqrt{2}U_2\sin\omega t\,\mathrm{d}(\omega t)$$

$$= \frac{2\sqrt{2}}{\pi}U_2 \approx 0.9U_2 \tag{11-10}$$

输出电流的平均值为

$$I_L = \frac{U_L}{R_L} \approx 0.9 \times \frac{U_2}{R_L} \tag{11-11}$$

下面来分析单相桥式整流电路流过二极管电流的平均值 I_D 以及二极管所承受的最大反向电压值 U_{Dmax}。由于每个二极管在 u_2 的某半个周期内处于截止状态而没有流过的电流,因此通过每个二极管的电流平均值为负载电流平均值的一半,即

$$I_D = 0.5I_L \approx 0.45 \times \frac{U_2}{R_L} \tag{11-12}$$

当 u_2 处于正半周时,二极管 VD_1 和 VD_3 导通,VD_2 和 VD_4 截止,VD_2 和 VD_4 的 N 端电位为 A 点电位,VD_2 和 VD_4 的 P 端电位为 B 点电位。当 u_2 处于波峰(即 $u_2=\sqrt{2}U_2$)时,二极管 VD_2 和 VD_4 承受最大的反向电压,其大小是 $\sqrt{2}U_2$。同理可知,VD_1 和 VD_3 所承受的最大反向电压是 $\sqrt{2}U_2$。故

$$U_{DRM} = \sqrt{2}U_2 \tag{11-13}$$

由上面分析可知,单相桥式整流电流与单相半波整流电路相比,在变压器的副边输出电压相同的情况下,对二极管的参数要求是相同的,但是具有输出平均电压高、变压器利用率高、脉动小等优点,因此得到广泛的应用。

【例 11-1】　在单相桥式整流电路中,已知变压器副边电压有效值为 10V,负载电阻为 100Ω。问:

(1) 输出电压和输出电流平均值各是多少?

(2) 流过整流二极管的电流平均值和承受的反向电压最大值各是多少?

(3) 若整流二极管中的 VD_1 开路或短路,则分别产生什么现象?

解　(1) 输出电压和输出电流平均值如下。

$$U_L \approx 0.9U_2 = 9V$$

$$I_L \approx 0.9 \times \frac{U_2}{R_L} = 0.09A$$

(2) 流过每个二极管的电流平均值如下。

$$I_D = 0.5I_L = 0.045A$$

每个二极管承受的最大反向电压如下。

$$U_{DRM} = \sqrt{2}U_2 \approx 14.14V$$

(3) 若整流二极管中的 VD_1 开路,则在 u_2 的正半周期期间电路处于开路状态,负载电阻没有压降。在 u_2 的负半周期期间,二极管 VD_2、VD_4 处于正向偏置而导通,电路处于正常的整流状态。因此,电路如单相半波整流电路一样,仅能实现半波整流,输出的电压平均值仅为原来的一半。

如果二极管 VD_1 短路,则在 u_2 的负半周期期间,变压器副边电压全部加在二极管

VD$_2$ 上,VD$_2$ 处于正向偏压而导通,且将负载电阻短路掉。VD$_2$ 将会由于电流过大而烧坏,且如果 VD$_2$ 因烧坏而短路,则可能进一步将变压器也烧坏。

11.2 滤波电路

整流电路的输出电压虽然是单一方向的,但是仍然含有较大的交流成分,波动相对较大,不能适应大多数电子电路及设备的需要。因此,一般在整流后,还需要利用滤波电路将脉动的直流电压变为比较平滑的直流电压。与信号滤波电路相比,直流电源滤波电路的特点是采用无源电路。在理想情况下,滤去所有交流分量,只保留直流成分,输出较大的直流电流。

常用的滤波电路有电容滤波电路和电感滤波电路。

11.2.1 电容滤波电路

电容滤波电路是最常见也是最简单的滤波电路。

电容滤波的基本方法是在整流电路的输出端并联一个容量足够大的电容器,如图 11.8(a)所示,利用电容的充放电作用,使负载电压趋于平滑。滤波电容容量较大,一般采用电解电容,在接线时要注意电解电容的正、负极。下面分析该带电容滤波的桥式整流电路的工作原理。

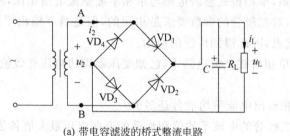

(a) 带电容滤波的桥式整流电路

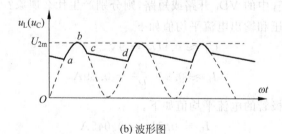

(b) 波形图

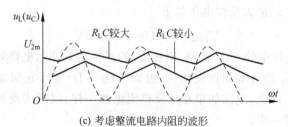

(c) 考虑整流电路内阻的波形

图 11.8 电容滤波

(1) 当变压器副边电压 u_2 处于正半周并且 $u_2 > u_C$ 时,二极管 VD_1、VD_3 导通,有一路电流流过负载电阻 R_L,另一路对电容 C 充电。在理想情况下,变压器副边无损耗,二极管导通电压为零,所以电容两端电压 u_C 与 u_2 相等,见图 11.8(b) 中的 ab 段电压曲线。

(2) 当 u_2 过了波峰值开始往下降时,电容通过负载电阻 R_L 放电,其电压 u_C 也开始下降,趋势与 u_2 基本相同,见图 11.8(b) 中的 bc 段电压曲线。

(3) 由于电容是按指数规律放电,所以当 u_2 下降到某一个数值的时刻,u_C 的下降速度开始小于 u_2 的下降速度,使得 u_C 大于 u_2,从而导致 VD_1、VD_3 反向偏置而变为截止。自该时刻之后,电容 C 继续通过 R_L 放电,u_C 按指数规律缓慢下降,见图 11.8(b) 中的 cd 段电压曲线。

(4) 当 u_2 在负半周且幅值增大到恰好大于 u_C 时,VD_2、VD_4 因加正向电压变为导通状态,u_2 再次对 C 充电,u_C 上升,直到 $|u_2|$ 过了峰值后开始下降时 u_C 也开始下降。当 $|u_2|$ 下降到一定数值时,VD_2、VD_4 变为截止,C 对 R_L 放电,u_C 按指数规律下降。当变压器副边电压 u_2 再次处于正半周并且 $u_2 > u_C$ 时,二极管 VD_1、VD_3 导通,上述过程重新开始。

由图 11.8(b) 可知,经过滤波后的输出电压不仅变得平滑,而且平均值也得到提高。如果考虑到变压器内阻和二极管的导通电阻,则 u_C 的波想形图如图 11.8(c) 所示。

从以上分析可知,电容充电时,回路电阻为整流电路的内阻,即变压器内阻和两个二极管的导通电阻之和,其数值很小,因而时间常数很小。电容放电时,回路电阻为 R_L,放电时间常数为 $R_L C$,通常远大于充的时间常数。因此,滤波效果取决于放电时间。电容越大或负载电阻越大,则放电速度就越慢,滤波后输出电压就越平滑,并且其平均值就越大,如图 11.8(c) 所示。换而言之,当滤波电容容量一定时,若负载电阻减小(即负载电流增大),则时间常数 $R_L C$ 减小,放电速度加快,输出电压平均值随即下降,且脉动变大。

滤波电路输出电压波形难于用解析表达式来准确刻画,因此难以求出精确的电压平均值。在 $R_L C \geqslant (3 \sim 5) T/2$($T$ 为 u_2 的周期)时,负载电压的平均值可按式 (11-14) 进行工程估算:

$$U_L \approx U_2 \quad \text{(单相半波)}$$
$$U_L \approx 1.2 U_2 \quad \text{(单相桥式全波)} \tag{11-14}$$

式 (11-14) 中 U_2 为 u_2 的有效值。

为了获得较好的滤波效果,在实际电路中,滤波电容的容量应该尽可能地大,一般采用电解电容。但是随着电容容量的增大,其体积也随之增大,在考虑电路板面积的情况下,应尽量选择大容量的滤波电容,其容量应该满足 $R_L C = (3 \sim 5) T/2$。另外,由于采用电解电容,电容的耐压值也是一个重要参数,考虑到电网电压的波动范围为 $\pm 10\%$,电容的耐压值应大于 $2\sqrt{2} U_2$。

电容滤波的优点是电路结构较简单,在 $R_L C$ 满足要求时滤波效果明显。但从分析中也可以看出,电路的输出电压受负载变化的影响较大,当 R_L 减小、负载电流增加时,因 $R_L C$ 减小,输出脉动增加。因此电容滤波适合于要求输出电压较高、负载电流较小(即 R_L 大)且负载变化较小的场合。

11. 2. 2　电感滤波电路

在负载电阻 R_L 很小(即电流很大)的情况中,如果采用电容滤波电路,则电容的容量需要很大,这使得电容器的选择变得很困难,甚至不太可能,在这种情况下应当采用电感滤波。

桥式整流的电感滤波结构如图 11.9 所示,即在整流电路和负载之间串入一电感线圈。由于电感线圈的电感量要足够大,因此一般需要采用有铁芯的线圈。

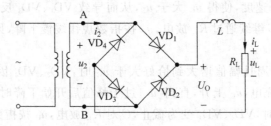

图 11.9　电感滤波

电感是一种储存磁场能的元器件,流过电感的电流不会突变。电感的基本性质是当流过它的电流发生变化时,电感线圈中产生的自感电动势将阻止电流的变化。当通过电感线圈的电流增大时,电感线圈产生的自感电动势与电流方向相反,阻止电流的增加,同时将一部分电能转化成磁能存储在电感中;当通过电感线圈的电流减小时,自感电动势与电流方向相同,阻止电流的减小,同时电感线圈释放出存储的能量,以补偿电流的减小。因此,经过电感滤波后,负载上的电压脉动减小,波形变得比较平滑。

下面分析经过桥式整流以及电感滤波后的输出电压(即负载电阻上的电压)。将整流电路的输出电压分成两部分考虑:一部分是直流分量,也就是整流电路输出电压的平均值,大小为前面所分析的 $U_O \approx 0.9U_2$;另一部分是交流分量 u_O。一个实际的电感线圈除了呈现出电感(用 L 表示)特性外,本身也有一个非常小的电阻 r,因此可以等效为一个理想电感 L 串联上一个纯电阻 r。对于直流分量而言,理想电感被短路,电感滤波后的输出电压平均值为

$$U_L = \frac{R_L}{r + R_L} \cdot U_O \approx \frac{R_L}{r + R_L} \cdot 0.9U_2 \tag{11-15}$$

在忽略电感线圈的内阻值 r 的情况下,

$$U_L \approx 0.9U_2 \tag{11-16}$$

对于交流分量而言,理想电感呈现出感抗 ωL,因此复数阻抗为 $R_L + r + j\omega L$,流过的交流电流为 $u_O / \sqrt{(R_L + r)^2 + (\omega L)^2}$(为便于阅读,此处没有考虑交流电流相对于交流电压的相位偏移),因此负载电阻上的交流电压为

$$u_L = \frac{R_L}{\sqrt{(R_L + r)^2 + (\omega L)^2}} \cdot u_O \tag{11-17}$$

当 L 足够大,从而 $\omega L \gg R_L$ 时,

$$u_L \approx \frac{R_L}{\omega L} \cdot u_O \tag{11-18}$$

在电感线圈给定的情况下,负载电阻 R_L 越小,输出电压的交流分量 u_L 就越小,输出电压的脉动就越小。相反,在负载电阻 R_L 给定的情况下,L 越大则滤波效果越好,只有 $\omega L \gg R_L$ 时才能获得较好的滤波效果。

电感滤波电路的主要优点是带负载能力强,特别适宜于大电流或负载变化大的场合,但电感元件体积大,比较笨重,成本也高,元件本身的电阻还会引起直流电压损失和功率损耗。为了进一步提高滤波效果,使输出电压脉动更小,可以采用多级滤波的方法。

11.3   稳压管稳压电路

虽然整流滤波电路能将交流电压转化为较为平滑的直流电压,但是,一方面,由于输出电压平均值取决于变压器副边电压的有效值,所以当电网电压波动时,输出电压平均值将随之波动;另一方面,由于整流滤波电路内阻(如二极管处于导通状态时也有小的内阻)的存在,当负载变化时,电流发生变化,电路内阻的电压也随之改变,于是输出电压平均值也就随之产生相反的变化。因此,整流滤波电路输出电压会随着电网电压的波动而波动,会随着负载电阻的变化而变化。为了得到稳定的直流电压,经整流滤波后的直流电压必须采取一定的稳压措施才能满足电子设备的需要。

稳压电路有稳压管稳压电路、串联型直流稳压电路、开关型直流稳压电路等。本节介绍稳压管稳压电路的结构及其工作原理。

11.3.1   电路组成

单向击穿二极管通常叫作稳压二极管,简称稳压管,是一种特殊的二极管。一般二极管都是正向导通反向截止;加在二极管上的反向电压如果超过二极管的承受能力,二极管就要击穿损毁。但是稳压管的正向特性与普通二极管相同,而反向特性却比较特殊。当反向电压加到一定程度时,虽然二极管呈现击穿状态,通过较大电流却不损毁,并且这种现象的重复性很好。反过来,只要二极管处在击穿状态,尽管流过二极管的电流变化很大,而二极管两端的电压却变化极小,从而起到稳压作用。

稳压管稳压电路是最简单的一种稳压电路,这种电路主要应用于对稳压要求不高的场合。稳压管稳压电路如图 11.10 中虚线框内所示,包含了一个限流电阻 R 和一个稳压管,稳压电路后面接负载电阻。因稳压管与负载电阻 R_L 并联,此电路属于并联型稳压电路。稳压管的型号选取应该满足一个条件——稳压值等于负载电阻上所需的工作电压值。

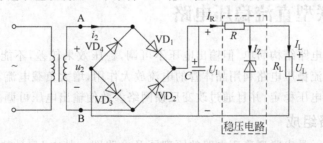

图 11.10   稳压管稳压电路

根据图 11.10 所示电路图可知存在以下电压和电流的表达式。

$$U_I = U_R + U_L \tag{11-19}$$

$$I_R = I_Z + I_L \tag{11-20}$$

当稳压管工作在稳压区，即稳压管的电流满足 $I_{Zmin} \leqslant I_Z \leqslant I_{Zmax}$ 时，两端电压 U_L 基本稳定。

11.3.2　稳压原理

因为引起输出电压(即负载电阻上的电压)变化的原因是电网电压波动和负载电阻的变化，因此从这两个方面来分析稳压管稳压电路的工作原理。

首先分析电网电压波动的情况。假设负载电阻 R_L 保持不变，当电网电压升高时，稳压电路的输入电压 U_I 也随之增加，必然引起输出电压 U_L 的增加，即稳压管两端电压 U_Z 的增加。但是，根据稳压管的伏安特性可知，U_Z 的增加将使 I_Z 急剧增加，根据式(11-20)可知 I_R 也将急剧增加，最终使电阻 R 上的电压 U_R 急剧增加。根据式(11-19)可知，输出电压 U_L 将减小。因此，只要参数选择合适，R 上的电压增量就可以与 U_I 的增量近似相等，从而使 U_L 基本保持不变。这一稳压过程可以概括为

电网电压 $\uparrow \rightarrow U_I \uparrow \rightarrow U_L(U_Z) \uparrow \rightarrow I_Z \uparrow \rightarrow I_R \uparrow \rightarrow U_R \uparrow \rightarrow U_L \downarrow$

这种情况下 U_L 减少应该理解为：由于输入电压 U_I 的增加，U_L 还是会增加一些的，只是在稳压二极管的调节下，U_L 的增加没那么大而已，U_L 并不是相比于先前还有所下降。

当电网电压下降时，各个电压电流的变化与上述过程相反。

接着分析负载电阻 R_L 变化时的情况。假设电网电压保持不变，当 R_L 减小时，流过的电流 I_L 将增大，根据式(11-20)可知 I_R 也增加，从而 U_R 也增加。根据式(11-19)可知，U_R 增加将导致 $U_L(U_Z)$ 下降，根据稳压管的伏安特性可知 I_Z 将急剧减小，从而使 I_R 随之减少。如果参数选择恰当，就可达到 $\Delta I_Z \approx -\Delta I_L$，从而使 I_R 保持基本不变(实际上会略微变大一些)，U_R 保持基本不变(实际上会略微变大一些)，U_L 也就基本不变(实际上会略微变小一些)。这一稳压过程可以概括为

$$R_L \downarrow \rightarrow I_L \uparrow \rightarrow I_R \uparrow \rightarrow U_R \uparrow \rightarrow U_L(U_Z) \downarrow \rightarrow I_Z \downarrow \rightarrow I_R \downarrow \rightarrow \Delta I_Z \approx -\Delta I_L$$
$$\rightarrow I_R \text{ 基本不变} \rightarrow U_L \text{ 基本不变}$$

当 R_L 增大时，则过程与上面相反，最终 I_L 减小，I_Z 增大，同样可达到 I_R 保持基本不变，U_L 也就基本不变(实际上会略微变大一些)。

11.4　串联型直流稳压电路

稳压管稳压电路结构简单，但输出电压不可调，稳压效果较差，不能满足很多应用场合。而串联型直流稳压电路利用晶体管的电流放大作用，增大负载电流，在电路中引入深度负反馈使输出电压稳定，并且通过改变反馈网络参数使输出电压可调。

11.4.1　电路组成

图 11.11 所示是串联型稳压电路的原理图及电路图。其中 U_I 是整流滤波后的输出电压，U_L 是稳压电路的输出电压。稳压电路主要由采样电路、基准电压电路、比较放大电

路、调整管四部分组成。

　　基准电压电路由限流电阻 R 和一个稳压管组成,基准电压 U_Z 由稳压管提供,其值为稳压管工作在击穿状态时的电压。基准电压输入比较放大电路的同相输入端。

　　采样电路由电阻 R_1、三端口可调电阻 R_P 以及电阻 R_2 构成,这三者串联后与 R_L 并联。采样电路对输出电压进行采样,然后将采样的电压值 U_F 输入比较放大电路的反相输入端。

$$U_F = U_L \cdot \frac{R_2' + R_2}{R_1 + R_P + R_2} \tag{11-21}$$

　　比较放大电路由集成运放组成,它以采样电路的采样电压 U_F 以及基准电压 U_Z 作为输入,然后将输入电压差值 $(U_Z - U_F)$ 放大输出后送到调整管的基极。假设集成运放是理想运放,由于其工作在线性放大区,可近似认为两个输入端"虚短"和"虚断",两个端流入电流为零,$U_F \approx U_Z$,故

$$U_L = U_Z \cdot \frac{R_1 + R_P + R_2}{R_2' + R_2} \tag{11-22}$$

　　调整管采用三极管,由于它是串联在输入电压 U_I 与输出电压 U_L 之间,因此该稳压电路被称为串联型直流稳压电路。在串联型直流稳压电路中,三极管必须工作在放大状态,因此也称该电路为线性稳压电源,其基极电流受放大环节输出信号的控制。

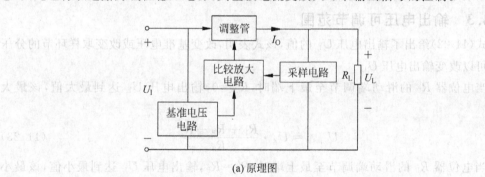

(a) 原理图

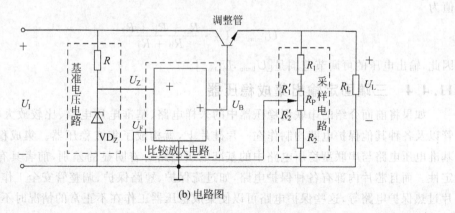

(b) 电路图

图 11.11　串联型稳压电路

11.4.2　稳压原理

下面分别分析电网电压波动的情况下和负载电阻变化的情况下如何实现稳压。

当负载不变时,如果电网电压增加,则输入电压 U_I 随之增加,导致集电极电流 I_C 增大,输出电压 U_L 增加,取样电压 U_F 也增加,U_F 与其准电压 U_Z 相比较,其差值经比较放大器放大后送到调整管的基极。由于 U_F 的增加使输入电压差值(即 U_Z-U_F)变小,因此输出 U_B 降低,从而使基极电流 I_B 减小,集电极电流 I_C 减小,U_L 下降,故 U_L 可基本上保持恒定。这一自动调整过程可简单表示如下。

$$U_I\uparrow \to U_L\uparrow \to U_F\uparrow \to U_B\downarrow \to I_B\downarrow \to I_C\downarrow \to U_L\downarrow$$

同样,当 U_I 减小使 U_L 降低时,调整过程相反,保持 U_L 基本恒定。

当电网电压保持不变即输入电压 U_I 保持不变时,如果负载电阻 R_L 增大,则输出电压 U_L 增大,从而导致采样电压 U_F 增大,差模输入电压(即 U_Z-U_F)将变小,最终导致 U_B 减小,集电极电流 I_C 随着减小,U_L 下降,故 U_L 可基本上保持恒定。这一自动调整过程可简单表示如下。

$$R_L\uparrow \to U_L\uparrow \to U_F\uparrow \to U_B\downarrow \to I_B\downarrow \to I_C\downarrow \to U_L\downarrow$$

同样,当负载电阻 R_L 减小使 U_L 降低时,调整过程相反,保持 U_L 基本恒定。

以上分析可见,该稳压电路是靠引入深度电压负反馈来稳定输出电压的。

11.4.3　输出电压可调节范围

式(11-22)给出了输出电压 U_L 的值,该式表明,改变基准电压或改变取样环节的分压比就可以改变输出电压 U_L。

当电位器 R_P 的滑动端调节至最下端时,$R'_2=0$,输出电压 U_L 达到最大值,该最大值为

$$U_{Lmax} = U_Z \cdot \frac{R_1 + R_P + R_2}{R_2} \tag{11-23}$$

当电位器 R_P 的滑动端调节至最上端时,$R'_2=R_P$,输出电压 U_L 达到最小值,该最小值为

$$U_{Lmin} = U_Z \cdot \frac{R_1 + R_P + R_2}{R_P + R_2} \tag{11-24}$$

因此,输出电压的可调节范围是 $[U_{Lmin}, U_{Lmax}]$。

11.4.4　三端固定输出集成稳压器

如果将前面介绍的串联型稳压器中的采样电路、基准电压电路、比较放大电路、调整管以及各种其他保护电路均制作在一片硅片上,就构成了集成稳压器。集成稳压器内的基准电压电路与串联型稳压电路中的基准电压电路有着明显的差别,前者具有更强的稳定性。而且芯片内部有各种保护电路,如过流保护、短路保护、调整管安全工作区保护、芯片过热保护电路等,这些保护电路可以使集成稳压器工作在不正常的情况时不至于损坏。此处不对集成稳压器的内部电路进行介绍,着重关注其使用方式。

集成稳压器比较常用的是有三个引脚的三端式集成稳压器,其中一个引脚是不稳定电压输入端、一个引脚是稳定电压输出端和一个引脚是公共端。按输出电压是否可调来

分,可分为固定输出集成稳压器(如 CW7800 系列和 CW7900 系列)和可调输出集成稳压器(如 CW117 系列和 CW137 系列):前者的输出电压是固定的,不能调节;后者可以通过调整外接元件使输出电压得到很宽的调节范围。按输出电压是正电压还是负电压,可分为正电压输出集成稳压器(如 CW7800 系列和 CW117 系列)和负电压输出集成稳压器(如 CW7900 系列和 CW137 系列)。

由于集成稳压器具有体积小、性能稳定、价格低廉、使用方便等特点,目前得到了广泛的应用。

本节首先介绍三端固定输出集成稳压器。

三端固定输出集成稳压器通用产品有 CW7800 系列(正电压输出)和 CW7900 系列(负电压输出)。图 11.12 是塑料封装的固定输出三端集成稳压器 CW7800 系列和 CW7900 系列的引脚排列图。

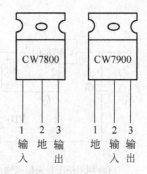

图 11.12　CW7800 系列、CW7900 系列的引脚排列图

对于具体的型号,符号中 00 用数字代替,表示输出电压值。输出电压绝对值有 5V、6V、9V、12V、15V、18V、24V 七个档次。其额定输出电流以"78"("79")后面所加的字母来区分:L 表示 0.1A,M 表示 0.5A,无字母表示 1.5A。例如,CW7815 表示输出稳定电压为 +15V,额定输出电流为 1.5A;CW79L15 表示稳定电压为 -15V,额定输出电流为 0.1A。在实际应用时除了输出电压和最大输出电流应该知道外,还必须注意输入电压的大小,输入电压至少高于输出电压 2～3V,但也不能超过最大输入电压(一般 CW7800 系列为 30～40V,CW7900 系列为 -40～-30V)。

三端集成稳压器使用十分方便、灵活,根据需要配上适当的散热器就可接成实际的应用电路。

图 11.13 为输出固定正电压或负电压的电路,其中 U_I 是经整流滤波后的直流电压。在输入端上接电容 C_1 的作用是减小波纹电压和抵消输入端较长接线的电感效应,以及防止自激振荡,其容量较小,一般小于 $1\mu F$。在输出端上接电容 C_O 用于改善负载的瞬态响应和消除输出电压的高频噪声,可取小于 $1\mu F$ 的电容,也可取几微法甚至几十微法的电容,但是如果 C_O 容量较大,一旦输入端短路时,C_O 将通过稳压器放电,易使稳压器损坏。另外,输入端与输出端之间可以接一个二极管,如图 11.13(a)所示,该二极管起输入短路保护作用,如果输入端短路,使输出电容 C_O 上所存储电荷通过二极管放电,以免 C_O 上所存储电荷通过稳压器内部调整管放电而损坏器件。

也可以得到比固定输出集成稳压器固定输出电压更高的输出电压。图 11.14(a)给出了采用稳压管来提高输出电压的电路。U_O' 为 CW7800 系列稳压器的固定输出电压,显然

$$U_O = U_O' + U_Z \tag{11-25}$$

式中,U_Z 为稳压管的稳定电压。

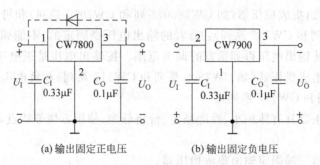

(a) 输出固定正电压   (b) 输出固定负电压

图 11.13   固定输出的接法

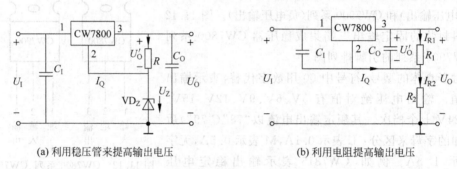

(a) 利用稳压管来提高输出电压   (b) 利用电阻提高输出电压

图 11.14   提高输出电压的接法

图 11.14(b)给出了采用电阻升压法来提高输出电压的电路。图中 R_1、R_2 为外接电阻，R_1 两端的电压为 CW7800 系列稳压器的固定输出电压 U'_O，R_1 上流过的电流 $I_{R1} = U'_O/R_1$，稳压器的静态电流用 I_Q 表示，约为 5mA，则

$$I_{R2} = I_{R1} + I_Q$$

稳压电路的输出电压为

$$U_O = U'_O + I_{R2}R_2 = I_{R1}R_1 + I_{R1}R_2 + I_Q R_2 = \left(1 + \frac{R_2}{R_1}\right)U'_O + I_Q R_2$$

由于 I_Q 一般都很小，故当 $I_{R1} \gg I_Q$ 时，可以忽略压降 $I_Q R_2$，因此，输出电压

$$U_O \approx \left(1 + \frac{R_2}{R_1}\right)U'_O \tag{11-26}$$

此种电路比较简单，其缺点是降低了稳压精度，尤其是在 R_2 较大时更为显著。另外，由于器件参数的限制，它的调节范围很小。

【例 11-2】   利用固定输出的三端集成稳压器构成的电路如图 11.15 所示。已知调节端的漏电流为 5mA。

(1) 求图 11.15(a)中的电流 I_{R2} 值。

(2) 求图 11.15(b)中的 U_O 值。

(3) 这两个电路分别具有什么功能？

解   (1) 已知三端集成稳压器 CW7805 的输出电压 $U_{32} = 5\text{V}$，则

$$I_{R2} = 0.005 + U_{32}/R_1 \approx 1\text{A}$$

(2) $U_O = U_{32} + I_{R2}R_2 \approx 5 + 5 = 10(\text{V})$。

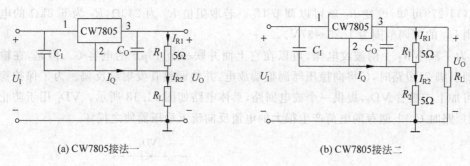

(a) CW7805接法一　　　　　　　　　(b) CW7805接法二

图 11.15　例 11-2 电路

（3）图 11.15(a)所示电路的负载电流（即 I_{R2}）不受负载变化的影响，具有恒流源功能；而图 11.15(b)所示电路的负载电压（即 U_O）不受负载变化的影响，具有恒压源功能。

11.4.5　三端可调输出集成稳压器

本节介绍三端可调输出集成稳压器，有输出正电压的 CW117、CW317 等系列，以及输出为负电压的 CW137、CW337 等系列。它们具有调节端而无公共端，流入电流几乎全部流到输出端，流到调节端的电流非常小，可以用少量的外部元件方便地组成精密可调的稳压电路。输出电流一般分为三个等级，数字末尾跟字母 L 的型号的输出电流为 0.1A，跟字母 M 的型号的输出电流为 0.5A，不跟字母的型号的输出电流为 1.5A。它们不但保持了三端的简单结构，而且稳压精度高，输出波纹小。

图 11.16 所示是塑料封装的三端可调输出集成稳压器 CW117 和 CW137 的引脚排列图。下面以 CW117 为例进行介绍。

CW117 的输入、输出为正电压。与一般的串联型稳压电路一样，由于 CW117 电路中引入了深度的电压负反馈，输出电压非常稳定。当输入电压在 2～40V 范围内变化时，电路均能正常工作，输出端与调节端间的电压等于基准电压 1.25V。调节端的流出电流很小，约为 50μA，由一个恒流特性很好的恒流源提供，所以它的大小不受供电电压的影响，非常稳定。如果将电压调整端直接接地，在电路正常工作时，输出电压就等于基准电压 1.25V。

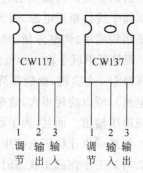

图 11.16　CW117 和 CW137 的引脚排列图

可调式三端稳压器的外接采样电阻是稳压电路不可缺少的组成部分，CW117 的典型电路如图 11.17 所示。电路中 R_1 为泄放电阻，根据最小负载电流（取 5mA）需求可以计算出 R_1 的最大值，$R_{1max}=1.25/0.005=250(\Omega)$，实际取值可以略小，比如 240Ω。接入 R_1 和 R_2 使输出电压可调，调整 R_2 可以改变取样比。

由于调整端的电流较小（约 50μA），可以忽略不计。由于 $U_{R1}=U_{21}=1.25$V，因此输出电压为

$$U_O \approx U_{R1} + I_1 R_2 = 1.25 \times \left(1 + \frac{R_2}{R_1}\right) \tag{11-27}$$

从式(11-27)可知,改变 R_2 就可以调节 U_O。若取阻值 R_1 为 240Ω,R_2 为 $6.8\text{k}\Omega$ 的电位器,则 U_O 的可调范围为 $1.25\sim37\text{V}$。

为了减小 R_2 上的波纹电压,可以在它上面并联一个 $10\mu\text{F}$ 的电容 C。但是,在输出端(即引脚 2)短路时,C 将向稳压器调整端放电,并使调整管发射结反偏。为了保护稳压器,可加上二极管 VD_2,提供一个放电回路,具体电路如图 11.18 所示。VD_1 用于防止输入端短路时 C_O 上储存的电荷产生很大的电流反向流入稳压器使之损坏。

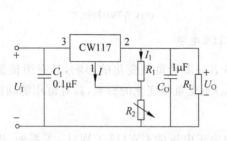

图 11.17　CW117 的典型应用电路

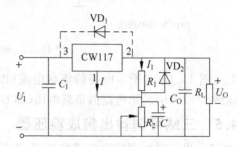

图 11.18　输出电压可调的基本电路

11.5　开关型直流稳压电路

前面介绍的直流稳压电路,包括分立元件组成的串联型直流稳压电路以及集成稳压器都属于线性稳压电源,因为其中的调整管总是工作在线性放大区。线性稳压电路的优点是结构简单、调整方便、输出电压脉动较小。但是这种线性稳压电路存在一个主要缺点:调整管串联于输入和负载之间,工作在放大区,输出电压的稳定性依靠调节调整管的管压降 U_{CE} 来实现,而管压降 U_{CE} 较大,一般有 $5\sim10\text{V}$ 的压降,流过的电流也大(大于负载电流),所以功耗很大,效率较低,一般为 $40\%\sim60\%$,甚至仅为 $30\%\sim40\%$,并且只能实现降压输出。而且,为了解决调整管散热问题,必须安装体积相对较大的散热装置。

如果可以让稳压电路中的调整管工作在开关状态(饱和状态和截止状态交替变换),那么当其工作在截止状态时,因电流(为穿透电流 I_{CEO})很小而管耗很小。当其工作在饱和状态时,因管压降(为饱和压降 U_{CES})很小而管耗也很小。这将大大提高电路的效率。开关型稳压电路中的调整管正是工作在开关状态而命名,其效率可以达到 $70\%\sim95\%$。

本节仅对开关型稳压电路做简单介绍,详细内容请参阅专门的开关型直流稳压电源教材。

11.5.1　特点及分类

开关型稳压电路与串联调整型稳压电路相比,具有以下几个方面的特点。

(1)效率较高。由于开关型稳压电路的调整管损耗很低,效率可以达到 $70\%\sim95\%$。

(2)体积小、重量轻。由于调整管的功耗低,因此不需要采用散热器。而且,现在很多开关型稳压电路省去电源变压器,并且开关频率通常很高(一般大于 40kHz),因此大大减小滤波电感和电容的容量。与同功率的线性稳压电路相比,整个电源体积小、重量轻。

（3）对电网电压的波动要求较低。由于开关型稳压电路的输出电压与调整管导通和截止时间的比例有关，而输入电压的幅度波动对其影响较小。因此允许电网电压有较大的波动。一般线性稳压电路允许电网电压有 10% 以内的波动，而开关型稳压电路在电网电压 50% 内波动时仍可正常工作。

（4）输出电压中波纹和噪声成分大。因调整管工作在开关状态，容易产生尖峰干扰和谐波信号，虽然经过整流滤波，与线性稳压电路相比，输出电压中的波纹和噪声成分仍较大。不过，随着技术的进步，这些问题将会得到较好的解决。

开关型稳压电源的电路形式很多，可分为不同的种类。

（1）按调整管与负载的连接方式分，有串联型和并联型。

（2）按控制方式分，有脉冲宽度调制型（PWM），即开关工作频率固定，控制导通脉冲的宽度；脉冲频率调制型（PFM），即开关导通脉冲的宽度固定，控制开关的工作频率；混合调制型（即 PWM 与 PFM 混合式），为以上两种控制方式的结合，即脉冲宽度和脉冲频率都变化。三种型号中，脉冲宽度调制型应用最多。

（3）按调整管是否参与振荡分，有自激式和他激式。自激式开关电源无须专门设置振荡电路，用开关调整管兼做振荡管，只须设置正反馈电路使电路振荡工作，因此电路比较简单。而他激式开关电源须专设振荡器和启动电路，电路结构比较复杂。

（4）按是否使用工频变压器分，有低压开关稳压电路，即 50Hz 电网电压先经工频变压器转换成较低电压后再输入开关稳压电路，这种电路需要笨重的工频变压器，且效率低，已经被淘汰；高压开关稳压电路，即无工频变压器的开关电路，采用高压大功率管，可以将电网电压直接进行整流滤波，然后再进行稳压，体积和重量大大减小，效率较高。

（5）按电源是否隔离和反馈控制信号耦合方式分，有隔离式、非隔离式和变压器耦合式、光电耦合式等。

以上这些方式的组合可构成多种方式的开关型稳压电源。因此设计者需根据各种方式的特征进行有效地组合，确定出满足需要的高质量开关型稳压电源。

在实际的应用中，脉冲宽度调制型、脉冲频率调制型和混合调制型开关稳压电源这三种开关稳压电源中，脉冲宽度调制型使用得较多，在目前开发和使用的开关电源集成电路中，绝大多数也为脉冲宽度调制型。因此，下面就主要介绍脉冲宽度调制型开关稳压电源的电路组成和工作原理。

11.5.2　串联型开关稳压电路

串联型开关稳压电路由换能电路和控制电路（包括取样电路、基准电压电路、误差放大器、三角波发生电路和电压比较器）构成。

换能电路的电路图如图 11.19 所示。换能电路中的稳压管与负载电阻串联，因此称为串联型开关稳压电路。换能电路将输入的未稳压的直流电压 U_1 转换为脉冲电压 U_0'，再将脉冲电压 U_0' 经 LC 滤波电路转换成直流电压 U_0。u_B 是矩形波控制信号，控制开关管的工作状态；VD 为续流二极管。

当基极电位 u_B 为高电平时，调整管饱和导通，二极管 VD 因为承受反向电压而截止，因此等效电路图如图 11.19(b) 所示，电流方向如图 11.19(b) 所示。这种情况下，电感

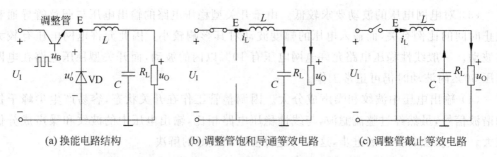

(a) 换能电路结构　　　　　(b) 调整管饱和导通等效电路　　　　(c) 调整管截止等效电路

图 11.19　串联型开关稳压电路的换能电路

L 的存储能量逐渐增加,电容 C 充电,而发射极电位 $u_E = U_I - U_{CES} \approx U_I$。

当基极电位 u_B 为低电平时,调整管截止,电感 L 开始释放能量,其感应电动势使得二极管 VD 导通,电容 C 也放电,等效电路图如图 11.19(c) 所示,电流方向如图 11.19(c) 所示。发射极电位 $u_E = -U_D$,U_D 为二极管导通压降。电感不断释放磁场能量,电流逐渐变小。

根据以上分析可知,给定图 11.20 中控制信号 u_B 的情况下,$u_o'(u_o' = u_E)$、i_L 以及输出电压 u_O 的波形图如图 11.20 所示。为了简化分析,电流 i_L 用折线来近似。用 T 来表示控制信号 u_B 的周期,T_{on} 表示一个周期内调整管导通时间,T_{off} 表示一个周期内调整管截止时间,ρ 表示占空比 T_{on}/T。

换能电路的电感 L 数值不能太小,否则会在 T_{on} 期间储能不够多,而导致 T_{off} 还未结束时能量已经放尽,从而导致输出电压为零,即出现非常大的起伏。同时为了使输出电压的交流分量足够小,C 的取值也应足够大。

如果将 u_o' 看成直流分量和交流分量的和,则输出电压 u_O 的平均值等于 u_o' 的直流分量,即有

$$U_O = \frac{T_{on}(U_I - U_{CES}) + T_{off}(-U_D)}{T} \approx \frac{T_{on}U_I}{T} = \rho U_I \qquad (11\text{-}28)$$

由此可见,输出直流电压与占空比以及输入直流电压近似成正比,通过调节占空比可以调节输出电压。

在换能电路中,如果输入电压发生波动,输出电压也随之波动。如果能够在输出电压 u_O 变大时减小控制信号 u_B 的占空比,在输出电压 u_O 变小时增大控制信号 u_B 的占空比,那么输出电压就能够稳定。因此,如果将输出电压 u_O 的采样电压通过反馈来调节控制信号 u_B 的占空比,就可以实现稳压的目的。基于此思想构建出的串联型开关稳压电路的电路图如图 11.21 所示,主要包括换能电路以及虚线框中的取样电路、基准电压电路、误差放大器 A_1、三角波发生电路和电压比较器 A_2。

串联型开关稳压电路的工作原理如下。采样电压 U_F 与基准电压 U_{REF} 之差经放大器 A_1 放大后,作为电压比较器 A_2 的阈值电压 U_P,与三角波信号 u_S 进行比较,得到方波控制信号 u_B。当 $U_P > u_S$ 时,比较器 A_2 输出低电平;当 $U_P < u_S$ 时,比较器 A_2 输出高电平。U_P 越大则方波信号的占空比越小,即导通时间 T_{on} 越小。当采样电压 U_F 大于基准电压 U_{REF},$U_P > 0$,占空比小于 50%;当采样电压 U_F 小于基准电压 U_{REF},$U_P < 0$,占空比大于 50%。

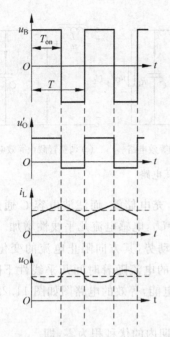

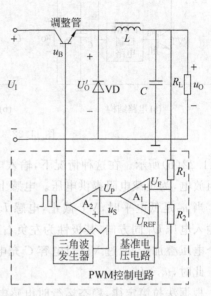

图 11.20　串联型开关稳压电路的工作波形　　　图 11.21　串联型开关稳压电路

当输出电压 u_O 升高时,采样电压 U_F 升高,U_F 与基准电压 U_{REF} 之差增大,从而放大后得到的阈值电压 U_P 增大。经比较器 A_2 得到的周期性方波信号的 T_{on} 减小,即占空比减小,从而输出电压 u_O 随之减小,调节的结果使输出电压 u_O 基本保持不变。这个过程可以如下描述。

$$u_O \uparrow \rightarrow U_F \uparrow \rightarrow U_P \uparrow \rightarrow T_{on} \downarrow \rightarrow u_O \downarrow$$

当输出电压 u_O 降低时,与上述变化相反,可以如下描述。

$$u_O \downarrow \rightarrow U_F \downarrow \rightarrow U_P \downarrow \rightarrow T_{on} \uparrow \rightarrow u_O \uparrow$$

通过上面分析可知,由于三角波的周期是固定的,因此控制信号 u_B 的周期也是固定的。控制的过程是输出电压 u_O 决定着控制信号 u_B 的占空比,从而达到稳压的目的,因此属于脉宽调制型开关电路。

11.5.3　并联型开关稳压电路

串联开关型稳压电路调整管与负载串联,对于直流分量来说,输出电压等于输入电压与调整管压降(即 U_{CE})之差,因此输出电压总是小于输入电压。在实际应用中,有些场景需要利用直流稳压电路来稳压并提升电压,使输出电压大于输入电压。在这类电路中,开关管一般与负载并联,因此属于并联开关型稳压电路,该类稳压电路通过电感的储能作用,将感生电动势与输入电压相叠加后作用于负载,从而输出电压高于输入电压。

并联开关型稳压电路如图 11.22 所示。其中 U_I 是经过整流滤波后的直流供电电压,晶体管 VT 为开关管,u_B 为周期性方波控制信号,电感 L 和电容 C 组成滤波电路,二极管 VD 为续流二极管。VT 的工作状态受 u_B 的控制。

当 u_B 是高电平时,VT 饱和导通,VD 因承受反向电压而截止,等效的电路如

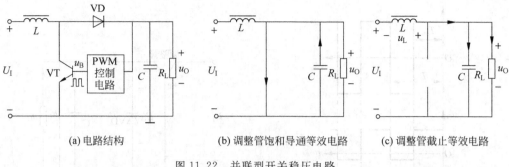

(a) 电路结构   (b) 调整管饱和导通等效电路   (c) 调整管截止等效电路

图 11.22   并联型开关稳压电路

图 11.22(b)所示。在这种情况下,输入电压给电感 L 充电储能,而滤波电容 C 通过负载电阻放电,为负载电阻提供电压。电感上的电压 $U_L = U_I$,电感电流几乎线性增加。

当 u_B 是低电平时,VT 截止,电感 L 产生感应电动势,其方向阻止电流的变化,因此与输入电压 U_I 同方向,其极性为左负右正,而电感中的电流随着时间几乎线性下降。这两个电压叠加后,通过 VD 对电容 C 充电,补充 C 的电能,等效的电路图如图 11.22(c)所示。此时,$u_O = U_I + u_L$。

根据法拉第定律,稳态运行时电感电压在一个周期内的伏秒积为零,即

$$U_I \rho T - (u_O - U_I)(1 - \rho)T = 0 \tag{11-29}$$

式中,ρ 是控制信号 u_B 的占空比。从而得到输出电压

$$u_O = U_I/(1 - \rho) \tag{11-30}$$

式(11-30)表明,输出电路电压平均值总是大于输入电压,而且是随着占空比 ρ 的增大而增大。

11.6   晶闸管及可控整流电路

晶闸管是闸流晶体管的简称,又称为可控硅,是一种大功率半导体可控器件,具有体积小、耐压高、效率高、控制灵敏等优点。晶闸管既有单向导电的整流作用,又有可以控制的开关作用,具有输出电压可调及弱电控制强电等特点。被广泛用于可控整流、逆变、调压、可控开关等方面,应用最多的是可控整流。

根据结构和用途的不同,晶闸管可分为很多不同的种类,比较常用的有单向晶闸管、双向晶闸管、光控晶闸管、逆导晶闸管、可关断晶闸管、快速晶闸管等。本节介绍普通单向晶闸管的工作原理及其在整流电路中的应用。

11.6.1   单向晶闸管的结构和工作原理

单向晶闸管是用硅材料制成的半导体器件,外形有螺栓形、平板形等。其电路符号、内部结构以及等效电路如图 11.23 所示。从晶闸管的电路符号可以看到,它和二极管一样是一种单方向导电的器件,与二极管不同之处是多了一个控制极 G,这就使它具有与二极管完全不同的工作特性。

晶闸管是 PNPN 四层半导体结构,共有三个 PN 结,有三个极:阳极 A、阴极 K 和控

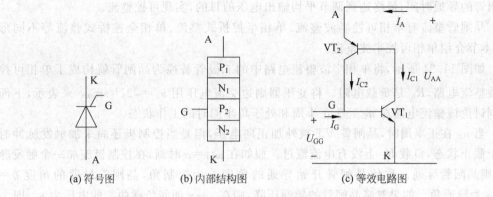

(a) 符号图　　　(b) 内部结构图　　　(c) 等效电路图

图 11.23　单向晶闸管

制级 G。可以把它看作是由一个 PNP 管和一个 NPN 管所组成,P_1、N_1、P_2 组成 PNP 管,N_1、P_2、N_2 组成 NPN 管。

　　接下来分析晶闸管的工作原理。如果控制级 G 不加电压,则无论在阳极还是阴极间加上何种极性的电压,晶闸管内的 3 个 PN 结中,至少有一个结是反偏的,因而阳极没有电流产生,这时晶闸管是关断的。若阳极加正电压时,则称为正向阻断;若阳极加负电压时,则称为负向阻断。

　　如果在晶闸管 A 和 K 之间接入正向阳极电压 U_{AA},在控制极加入正向控制电压 U_{GG},VT_1 的基极便产生输入电流 I_G,并经过放大形成集电极电流 $I_{C1}=\beta_1 I_G$,I_{C1} 又是 VT_2 的基极电流,经过 VT_2 的放大,产生集电极电流 $I_{C2}=\beta_2\beta_1 I_G$,$I_{C2}$ 又作为 VT_1 的基极电流再次进行放大。如此地反复循环,形成正反馈过程,晶闸管的电流越来越大,内阻急剧下降,管压降减小,直至晶闸管完全导通,此时晶闸管的 A 与 K 之间压降约为 $0.6\sim1.2V$。而流过晶闸管的电流 I_A 由外加电源和外接的负载电阻决定。由于管内的正反馈,晶闸管导通过程极短,一般不超过几微秒。

　　晶闸管一旦导通,控制级就不再起控制作用,不论 U_{GG} 存在与否,晶闸管仍导通。如果要关断处于导通状态的晶闸管,则只有减小 U_{AA},使之不能维持正反馈过程,使阳极电流减小到刚好小于某一值时,晶闸管就从导通状态转变为截止状态,这个电流称为维持电流。

　　晶闸管阳极 A 和阴极 K 之间加反向电压时,两个三极管均处于反向电压,不能放大输入的信号,因此无论 U_{GG} 为何值,晶闸管都处于截止状态。

　　综上所述,晶闸管是一个可以进行控制的单向开关器件,它的导通条件为以下两点。

　　(1) 阳极 A 和阴极 K 之间加上阳极高、阴极低的正偏电压。

　　(2) 控制级 G 要加比阴极电位高的触发电压。

　　晶闸管关断条件为晶闸管阳极 A 接电源负极,阴极 K 接电源正极,或使晶闸管中电流减小到维持电流以下。

11.6.2　单相可控半波整流电路

　　由于晶闸管具有和二极管相似的单向导电性,所以晶闸管也具有整流的作用。与二极管相比,晶闸管具有一个特有的功能,即可以通过改变控制极上电压的相位,达到控制晶闸管的导通时间,最终达到调节平均输出电压的目的,实现可控整流。

晶闸管整流有单相可控半波整流、单相半控桥式整流、单相全控桥式整流等不同形式,本节介绍单相可控半波整流。

如图 11.24 所示,将单相半波整流电路中的二极管替换为晶闸管就构成了单相可控半波整流电路,R_L 是负载电阻。将变压器副边交流电压用 $u_2 = \sqrt{2}U_2\sin\omega t$ 来表示,下面分别讨论该整流电路在 u_2 处于正半周和处于负半周时的工作状态。

当 u_2 在正半周时,晶闸管 VT 被外加正向电压,但是当控制极还尚未加触发脉冲时处于截止状态,负载 R_L 上没有电流流过。假如在 $\omega t_1 = \alpha$ 时刻,在控制极施加一个触发脉冲,则晶闸管导通。称使晶闸管开始导通的角度 α 为控制角,晶闸管导通的角度 $\theta = \pi - \alpha$ 为导通角。如果忽略晶闸管的导通压降,则在 $\alpha \sim \pi$ 期间负载两端的电压为 u_2,即

$$u_L = \sqrt{2}U_2\sin\omega t \quad (2k\pi + \alpha \leqslant \omega t \leqslant 2k\pi + \pi, k = 0,1,\cdots) \tag{11-31}$$

当 u_2 在负半周时,晶闸管 VT 被外加反向电压,因此处于截止状态,R_L 两端的电压等于零,即

$$u_L = 0 \quad (2k\pi + \pi \leqslant \omega t \leqslant 2k\pi + 2\pi, k = 0,1,\cdots) \tag{11-32}$$

图 11.25 给出了各个电压和电流的波形图。

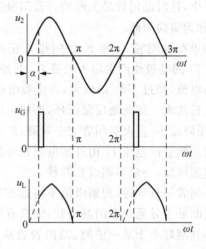

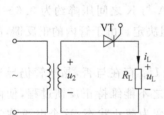

图 11.24 单相可控半波整流电路图　　　图 11.25 单相可控半波整流电路的电压波形

由上面分析可知,通过改变触发脉冲的加入时刻就可以控制晶闸管的控制角 α,从而改变负载上的电压平均值,控制角 α 越大则输出电压平均值越小,从而达到可控整流的目的。

下面来分析整流电路输出电压的平均值 U_O 和输出电流的平均值 I_O。由于整流电路输出电压和输出电流是周期性变化的,因此只须求得一个周期内的平均值。整流电路输出电压的平均值即为负载电阻 R_L 上单向脉动电压的平均值,可表示为

$$U_O = \frac{1}{2\pi}\int_{\alpha}^{\pi}\sqrt{2}U_2\sin\omega t\,\mathrm{d}(\omega t)$$

$$= \frac{\sqrt{2}}{2\pi}U_2(1 + \cos\alpha) \approx 0.45U_2 \cdot \frac{1 + \cos\alpha}{2} \tag{11-33}$$

如果 $\alpha=0$，则晶闸管等效于二极管，在 u_2 正半周时都导通，$U_O \approx 0.45U_2$；如果 $\alpha=\pi$，则晶闸管一直处于截止状态，$U_O=0$。

负载上的平均电流为

$$I_O = \frac{U_O}{R_L} \approx 0.45U_2 \cdot \frac{1+\cos\alpha}{2R_L} \tag{11-34}$$

晶闸管上承受的最大反向电压为

$$U_{TM} = \sqrt{2}U_2 \tag{11-35}$$

流过晶闸管的平均电流等于流过负载的平均电流，即为

$$I_T \approx 0.45U_2 \cdot \frac{1+\cos\alpha}{2R_L} \tag{11-36}$$

11.6.3 单相半控桥式整流电路

单相可控桥式整流电路分为半控和全控两种类型。如果二极管桥式整流电路中的 4 个二极管全部替换为晶闸管，则构成全控桥式整流电路；如果二极管桥式整流电路中的 2 个二极管替换为晶闸管，如图 11.26 所示，则构成半控桥式整流电路。

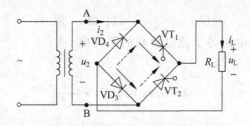

图 11.26 单相半控桥式整流电路

由于全控桥式整流电路的触发电路比较复杂，一般都采用半控桥式整流电路。本节只介绍半控桥式整流电路。

将变压器副边交流电压用 $u_2 = \sqrt{2}U_2\sin\omega t$ 来表示，下面分别讨论该整流电路在 u_2 处于正半周和处于负半周时的工作状态。

(1) 当 u_2 在正半周时，A 点电位高于 B 点电位，晶闸管 VT_1 和二极管 VD_3 处于正向偏压，但是在给 VT_1 的控制极施加一个触发脉冲前，VT_1 处于截止状态。VT_2、VD_4 处于反向偏压而截止。假如在 $\omega t_1 = \alpha$ 时刻在 VT_1 控制极施加一个触发脉冲，则晶闸管 VT_1 和二极管 VD_3 导通。电流由 A 点流出，经 VT_1、R_L 和 VD_3 而流入 B 点形成回路，VT_1、VD_3 电流方向如图 11.26 中实线箭头所示。

(2) 当 u_2 在负半周时，B 点电位高于 A 点电位，晶闸管 VT_2 和二极管 VD_4 处于正向偏压，但是在给 VT_2 的控制极施加一个触发脉冲前，VT_2 处于截止状态。VT_1、VD_3 处于反向偏压而截止。假如在 $\omega t_1 = \pi + \alpha$ 时刻在 VT_2 控制极施加一个触发脉冲，则晶闸管 VT_2 和二极管 VD_4 导通。电流由 B 点流出，经 VT_2、R_L 和 VD_4 而流入 A 点形成回路，VT_2、VD_4 电流方向如图 11.26 中虚线箭头所示。

综上所述，单相半控桥式整流电路的电压波形如图 11.27 所示。

下面来分析整流电路输出电压的平均值 U_O 和输出电流的平均值 I_O。整流电路输出

电压的平均值即为负载电阻 R_L 上单向脉动电压的平均值,可表示为

$$U_O = \frac{1}{\pi} \int_a^\pi \sqrt{2} U_2 \sin\omega t \, \mathrm{d}(\omega t)$$

$$= \frac{\sqrt{2}}{\pi} U_2 (1 + \cos\alpha) \approx 0.9 U_2 \cdot \frac{1 + \cos\alpha}{2}$$

$$(11\text{-}37)$$

如果 $\alpha = 0$,则晶闸管等效于二极管,单相半控桥式整流电路等价于单相桥式整流电路,$U_O \approx 0.9 U_2$;如果 $\alpha = \pi$,则晶闸管一直处于截止状态,$U_O = 0$。

负载上的平均电流为

$$I_O = \frac{U_O}{R_L} \approx 0.9 U_2 \cdot \frac{1 + \cos\alpha}{2R_L} \qquad (11\text{-}38)$$

由以上分析可知,晶闸管上承受的最大反向电压为

$$U_{TM} = \sqrt{2} U_2 \qquad (11\text{-}39)$$

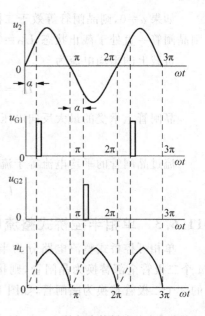

图 11.27　单相半控桥式整流电路的电压波形

流过晶闸管的平均电流等于流过负载的平均电流的一半,即为

$$I_T = 0.5 I_O \approx 0.45 U_2 \cdot \frac{1 + \cos\alpha}{2R_L} \qquad (11\text{-}40)$$

习题 11

11.1　判断题。

1. 直流电源是一种将正弦信号转换为直流信号的波形变换电路。　　　　　（　　）

2. 直流电源是一种能量转换电路,它将交流能量转换为直流能量。　　　　（　　）

3. 在变压器副边电压和负载电阻相同的情况下,桥式整流电路的输出电流是半波整流电路输出电流的 2 倍。因此,它们的整流管的平均电流比值为 2 : 1。　　　（　　）

4. 若 U_2 为电源变压器副边电压的有效值,则半波整流电容滤波电路和全波整流电容滤波电路在空载时的输出电压均为 $\sqrt{2} U_2$。　　　　　　　　　　　（　　）

5. 当输入电压 U_I 和负载电流 I_L 变化时,稳压电路的输出电压是绝对不变的。

（　　）

6. 一般情况下,开关型稳压电路比线性稳压电路效率高。　　　　　　　　（　　）

7. 整流电路可将正弦电压变为脉动的直流电压。　　　　　　　　　　　　（　　）

8. 电容滤波电路适用于小负载电流,而电感滤波电路适用于大负载电流。　（　　）

9. 在单相桥式整流电容滤波电路中,若有一只整流管断开,输出电压平均值变为原来的一半。　　　　　　　　　　　　　　　　　　　　　　　　　　　（　　）

10. 线性直流电源中的调整管工作在放大状态,开关型直流电源中的调整管工作在

开关状态。 （ ）

11.2 选择题。

1. 串联型稳压电路中的放大环节所放大的对象是（ ）。

    A. 基准电压   B. 采样电压   C. 基准电压与采样电压之差

2. 开关型直流电源比线性直流电源效率高的原因是（ ）。

    A. 调整管工作在开关状态

    B. 输出端有 LC 滤波电路

    C. 可以不用电源变压器

3. 在脉宽调制式串联型开关稳压电路中，为使输出电压增大，对调整管基极控制信号的要求是（ ）。

    A. 周期不变，占空比增大

    B. 频率增大，占空比不变

    C. 在一个周期内，高电平时间不变，周期增大

11.3 在桥式整流电容滤波电路中，已知变压器二次电压有效值 U_2 为 10V，$RC \geqslant 3T/2$（T 为电网电压的周期）。测得输出直流电压 U_O 可能的数值为 14V、12V、9V 和 4.5V。

1. 在正常负载情况下，$U_O \approx$（ ）。

2. 电容虚焊时 $U_O \approx$（ ）。

3. 一只整流管和滤波电容同时开路，则 $U_O \approx$（ ）。

11.4 图 11.28 所示为变压器二次侧具有中心抽头的两管全波整流电路，设 $u_2 = \sqrt{2}\,10\sin\omega t\,\text{V}$，$R_L = 100\Omega$，二极管 VD_1、VD_2 为理想元件。

(1) 画出输出电压 u_L 的波形图，并指出 u_2 正半周和负半周时的导电回路。

(2) 列出输出电压平均值 U_L 与变压器二次侧电压有效值 U_2 之间的关系式。

(3) 求流过负载的平均电流 I_L 和流过每个二极管的平均电流 I_D。

(4) 求二极管承受的最大反向电压 U_{DRM}。

11.5 有一负载电阻 $R_L = 120\Omega$，要求获得 30V 的直流电压（平均值），若采用桥式整流电路供电，计算变压器二次侧电压 U_2、整流二极管的电流平均值 I_D 和反向电压最大值 U_{DRM}。

11.6 图 11.29 所示是单相桥式整流电路，带电容滤波。已知变压器二次电压 $U_2 = 20\text{V}$，试分析在下述情况下，R_L 两端的电压平均值 U_L 大约为多少（忽略二极管压降）。

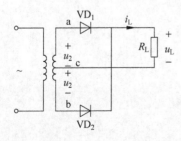

图 11.28 题 11.4 图

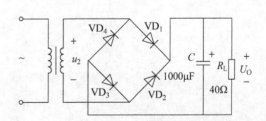

图 11.29 题 11.6 图

（1）电路正常工作；（2）负载 R_L 断开；（3）电容 C 断开；（4）某一个二极管和电容 C 同时断开。

11.7　图 11.30 所示是用 CW117 获得输出电压可调的稳压电路，输出端和调整端之间的电压 V_R 为 1.25V。设 $U_1=10V$，$R_1=200\Omega$，$R_2=50\Omega$，$R_3=220\Omega$，求 U_O 的最大值和最小值。

11.8　桥式整流滤波电路如图 11.31 所示。已知 u_1 是 220V/50Hz 的交流电源，要求输出直流电压 $U_L=30V$，负载直流电流 $I_L=50mA$。求电源变压器二次电压 u_2 的有效值 U_2，并选择整流二极管及滤波电容。

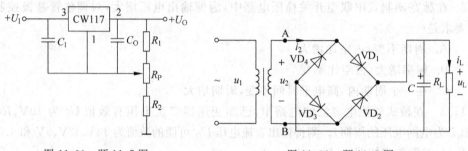

图 11.30　题 11.7 图　　　　　　图 11.31　题 11.8 图

11.9　对于可控半波整流电路，变压器二次交流电压 $u_2=\sqrt{2}\,U_2\sin\omega t$ 中的 $U_2=100V$，负载 $R_L=10\Omega$，控制角 α 的调节范围为 $60°\sim180°$。求：

（1）输出电压的调节范围。

（2）晶闸管两端的最大方向电压。

（3）流过晶闸管的最大平均电流。

参 考 文 献

[1] 邱关源.电路[M].5 版.北京：高等教育出版社,2009.

[2] 陈洪亮,张峰,等.电路基础[M].北京：高等教育出版社,2010.

[3] 吴建华,李华.电路原理[M].北京：机械工业出版社,2009.

[4] 顾伟驷.现代电工学[M].2 版.北京：科学出版社,2009.

[5] 梁奇峰,崔雪英,等.电路基础[M].北京：清华大学出版社,2013.

[6] 陈晓平,李长杰.电路原理[M].2 版.北京：机械工业出版社,2013.

[7] 何琴芳.电路分析基础[M].北京：高等教育出版社,2009.

[8] 康华光.电子技术基础(模拟部分)[M].5 版.北京：高等教育出版社,2006.

[9] 劳五一,劳佳.模拟电子技术基础[M].北京：清华大学出版社,2015.

[10] 龙忠琪.模拟集成电路教程[M].北京：科学出版社,2003.

[11] 龙忠琪,龙胜春,等.模拟电路解题技巧 50 法及题解 300 例[M].北京：科学出版社,2004.

[12] 杨凌.模拟电子线路[M].北京：清华大学出版社,2015.